高等职业教育土建类新形态一体化教材

建筑施工技术

（工作手册式）

主　编　张卫民
副主编　杨海平　冯建勇
主　审　郑　东

中国水利水电出版社
www.waterpub.com.cn
·北京·

内 容 提 要

本书为高等职业教育土建类新形态一体化教材。内容包括施工基础知识、材料进场质量控制、施工测量与放样、混凝土结构施工：钢筋工程、混凝土结构施工：模板工程、混凝土结构施工：混凝土工程、预应力混凝土结构施工、装配式混凝土结构施工、砌体结构施工、钢结构施工，以及与施工项目配套的工作页和施工综合实训任务书等。本书采用项目式编排，为增加实用性，每个项目都配有工作页。本书融合了装配式建筑构件制作与安装“1+X”技能考证、建筑施工现场管理岗位证书考试等内容，从实用出发，通俗易懂，难度适宜，便于开展理论实践一体化、岗课赛证融通教学。书中配丰富的教学课件、微课视频和教学案例分析等数字资源，扫描书中的二维码即可在线学习。

本书适合作为高等职业技术学院、高等专科学校、成人教育建筑工程技术专业，以及土建类其他相关专业的教材，也可作为广大自学者及工程技术人员的自学用书。

图书在版编目（CIP）数据

建筑施工技术 : 工作手册式 / 张卫民主编. -- 北京 : 中国水利水电出版社, 2022.5
高等职业教育土建类新形态一体化教材
ISBN 978-7-5226-0578-4

Ⅰ. ①建… Ⅱ. ①张… Ⅲ. ①建筑施工一技术一高等职业教育一教材 Ⅳ. ①TU74

中国版本图书馆CIP数据核字(2022)第050835号

书　　名	高等职业教育土建类新形态一体化教材 **建筑施工技术（工作手册式）** JIANZHU SHIGONG JISHU (GONGZUO SHOUCESHI)
作　　者	主编　张卫民　副主编　杨海平　冯建勇　主审　郑　东
出版发行	中国水利水电出版社 （北京市海淀区玉渊潭南路1号D座　100038） 网址：www. waterpub. com. cn E-mail：sales@mwr. gov. cn 电话：(010) 68545888（营销中心）
经　　售	北京科水图书销售有限公司 电话：(010) 68545874、63202643 全国各地新华书店和相关出版物销售网点
排　　版	中国水利水电出版社微机排版中心
印　　刷	天津嘉恒印务有限公司
规　　格	184mm×260mm　16开本　22印张　565千字
版　　次	2022年5月第1版　2022年5月第1次印刷
印　　数	0001—2000册
定　　价	**59.00元**

前言

“十四五”时期，高等职业教育面临新的机遇和挑战，经过长期的教学改革积累，教学方法和手段都得到了完善，教学理念不断更新，三教改革持续进行，生产技术发展迅速，建筑工程领域以数字建造技术为代表的智能化技术正在推进行业转型升级，因此教学内容必须持续更新。为贯彻落实全国教育大会精神，加快构建具有中国特色、世界一流水平的教材体系，必须准确认识和把握新时代教材建设的方向和目标。以坚持正确方向作为首要标准，以促进学生全面发展作为基本出发点，以服务国家发展战略作为重要使命，以“立德树人”思想为指导，培养德智体美劳全面发展的社会主义建设者和接班人，用高质量的教材服务于教学是本教材的编写出发点。

本书是高职高专土建类专业教材，用于“建筑施工技术”课程教学。根据高职人才培养方案的人才培养定位，建筑施工与管理能力是高职土建类专业学生的核心能力之一。本书主要涉及建筑主体结构的施工，内容涵盖钢筋混凝土结构、砌体结构和钢结构施工技术。钢筋混凝土结构是目前主流的结构形式，按照近年来的技术发展趋势，装配式钢筋混凝土结构施工技术是我国积极推广的建筑新技术，高职院校已经把装配式建筑构件制作与安装技能纳入“1＋X”证书考试科目，本书编写时按照课证融通要求把这部分内容纳入其中。本书按照项目化教学要求编排内容，根据每个项目的内容适当融入课程思政元素，着力于培养学生正确的建造观，即以人为本、绿色施工、精益建造等理念，通过工作手册给学生充分的实践锻炼任务，便于开展理实一体化教学，促进学生逐步形成良好的职业素养。

本书的特点是：与企业生产密切结合，内容符合职业能力养成的需要；反映了行业新规范、新技术和新工艺；以工作过程为导向，按照工作手册式新形态教材模式系统设计课程内容，融“教、学、做、验、改”为一体，体现高职教育“岗课赛证”融通，学即所用的特点。

本书遵循《混凝土结构工程施工规范》(GB 50666—2011)、《钢结构工程施工规范》(GB 50755—2012)、《砌体结构工程施工规范》(GB 50924—2014)、《混凝土结构工程施工质量验收规范》(GB 50204—2015)、《钢结构工程施工质量验收标准》（GB 50205—2020）、《砌体结构工程施工质量验收规范》（GB 50203—2019）等国家标准编写。建筑工程技术专业面向的核心岗位是施工员，因此本书内容侧重于以施工员的关键工作要求为主编写。

本书由金华职业技术学院张卫民主编、统稿；浙江同济科技职业学院杨海平、金华市建设工程质量安全管理总站冯建勇担任副主编；宁波职业技术学院郑东主审。参与本书编写的教师有金华职业技术学院周群美、盛昌、张正林、罗东平、吴承卉、胡跃，另外，金华职业技术学院建筑工程技术专业李晓珍、李卫平等老师参与了课程资源建设，在此一并表示感谢！

本书内容共分 10 个项目，另附 1 份施工综合实训任务书。其中项目 1、项目 2、项目 7 和施工综合实训任务书由张卫民编写；项目 3 由周群美编写；项目 4 由张正林、盛昌编写；项目 5 由罗东平、张卫民编写；项目 6 由胡跃编写；项目 8 由吴承卉编写；项目 9 和项目 10 由杨海平、张卫民编写。各项目均有配套新形态资源，包括以视频或文档形式呈现的企业案例，便于学生理解技术应用情境；配套的工作页，可用于学生课堂练习或课外拓展作业。每个工作任务均赋予一定的分值考核，便于形成性考核。有条件的学校可安排集中 3 周的综合实训，强化学生的技术应用能力，此部分可以单列成绩。

由于第一次以工作手册的形式编写教材，工作任务的设置有一定难度，加之编者水平有限，不足之处在所难免，恳请专家和广大读者不吝赐教、批评指正，以便在今后的工作中改进和完善。

编者

2021 年 11 月

目录

工 作 页

项目1 施工基础知识

建筑施工是需要大量人工、材料、机械投入的生产活动，通过施工过程把设计蓝图转化成为工程实体。施工生产需要严格按照设计图纸和标准、规范作业，施工过程还需要符合建筑法律法规的规定，按照建设行政主管部门的要求办理相关手续，进行生产过程留痕管理，即要形成完整的工程资料用于存档备案。因为施工生产过程复杂，涉及大量人工、材料、机械和其他生产资源的使用和管理，因此施工生产需要提前进行部署，编制施工组织设计或专项施工方案，然后按照方案组织施工。建筑施工过程材料用量大，作业环境复杂，需要进行精心组织和管理，做到节能减排，实现精益建造和绿色施工。

任务1.1 组建项目部，配备相应人员

工程项目建设单位在招标文件中应要求投标人按有关法律法规、规范、标准等的规定配备建设工程施工项目部、现场监理部关键岗位人员。建筑施工企业、工程监理企业在参与投标时，应根据工程项目的规模、特点和招标文件要求，在投标文件中明确施工项目部、现场监理部关键岗位人员的配备情况。关键岗位人员数量不得低于相关规定。各关键岗位人员应持有相应的岗位资格证书，岗位资格证书注明单位名称的，应与本人执业单位一致。

组建项目部，配备相应人员

施工企业通过投标获得项目后，就需要着手组织施工人员，组建项目部进驻施工场地，开展施工准备及后续工作。根据住房和城乡建设部《建筑施工企业安全生产管理机构及专职安全生产管理人员配备办法》（建质〔2008〕91号）和有关法律法规、标准、规范等规定，一般施工项目部关键岗位人员包括项目负责人、项目技术负责人、施工员、安全员、质量员、标准员、机械员、材料员、资料员；现场监理部关键岗位人员包括总监理工程师、总监代表、专业监理工程师、监理员。

住房和城乡建设主管部门及其质量安全监督机构在工程项目开工安全生产条件审查时会重点审查施工项目部、现场监理部关键岗位人员配备情况，查验各关键岗位人员证书原件，确保配备到位、人证相符。建筑施工企业、工程监理企业应与任命的施工项目部、现场监理部关键岗位人员建立劳动关系（签订劳动合同或聘用协议），安排专人管理关键岗位人员相关资料，并

安全生产常识

图 1.1 作业人员岗前安全教育

将持证人员信息录入“省级工程建设企业及执（从）业人员资信平台”。

除关键岗位人员外，施工项目部还要组织与施工方案匹配的各工种作业人员，包括钢筋工、模板工、砌筑工、架子工、电工、焊工、辅工等，作业人员数量应结合施工需要动态调整，但必须确保施工进度，不能因劳动力不足造成进度滞后。特种作业人员必须取得特种作业上岗证书方可上岗。人员组织到位后，应进行岗前安全教育（图 1.1），确保所有人员具备相应的施工安全知识和技能。

任务 1.2 布置施工场地，保障施工条件

布置施工场地，保障施工条件

场地布置是项目部结合施工场地状况进行施工场地部署，并绘制施工总平面布置图用于后期施工。施工总平面图，是指导现场施工的总体布置图，是施工组织设计的一个重要组成部分。它把拟建项目组织施工的主要活动描绘在一张总图上，作为现场平面管理的依据，实现施工组织平面规划。

施工总平面图上的信息包括：水源、电源及引到现场的临时管线，排水沟渠，工作人员临时住所，各种必须建在现场附近的附属工厂、材料堆场，半成品周转场地、设备堆场、各类物资仓库、易燃品仓库、垃圾堆放区和工地临时办公用房，临时道路系统和计划提前修筑供施工期间使用的道路（图 1.2）。

图 1.2 施工现场平面布置

1.2.1 施工现场平面布置要点

1.2.1.1 划分施工区、办公区和生活区

各区域间应设置隔离围墙，办公区与生活区应相对独立，但交通应便利。如果因场条件限制，进入办公区、生活区须经过施工区时，必须设安全防护通道。确定办公区的临时

设施布置，根据各方管理人员岗位设置和人员配备，计划好办公室的搭设数量和平面位置，配套供水、供电、卫生、排污等设施；确定生活区临时设施布置，根据总劳动力动态计划，设计生活区的宿舍、食堂、浴室、厕所、洗衣水池等设施，配套供水、供电、卫生、排污等设施。绘图要按比例布置各种临时设施、施工设备和材料堆场；三个区域要有明显隔离，连通三个区域的道路应安全、方便。

1.2.1.2　确定施工主干道和分支施工道路

主干道一般宽 5～6m，由施工场地大门至主施工场地，分支施工道路宽 3～4m，应沿拟建单位工程周边环通。

1.2.1.3　确定主要施工场地

施工用的场地要尽量靠近工程施工现场，钢筋加工厂、管道加工厂等应考虑材料加工时半成品或成品的堆放，并考虑运输车辆的进出方便。确定施工区主要临时设施布置，考虑材料库、工具房、机修间、配电间、钢筋加工间、管道加工间等的临时设施布置。

1.2.1.4　确定主要材料堆场和大型设备的布置位置

材料堆场尽量靠近加工车间或施工用料现场，考虑运输车辆的进出方便。塔吊、施工电梯等布置要考虑安装位置便于材料、人员运输，便于设备的安装与拆除，避免相互干扰和周边活动的影响。塔吊平面位置，主要取决于建筑物的平面形状和场地条件。一般布置在建筑物边，高层建筑必须考虑附墙加固措施，离墙距离大概 5m；塔吊的服务半径应能基本覆盖塔楼；若有预制构件或钢结构吊装，选用的塔吊应进行起吊能力验算（最远距离、最重构件）；群塔布置应能相互避开塔身，但覆盖范围最好能小部分搭接，还应考虑拆卸方便。

1.2.1.5　确定临时用电主配电间和配电箱的布置

施工临时用电至少三级配电，考虑缩短供电线路架设总路程，可以在适当位置布置分配电间，配电间下设二级配电箱和三级配电箱。大型设备用电要单独设立供电线路。二级配电箱和三级配电箱要尽量靠近用电现场。要考虑劳动生产人员交通工具的停放点，必要时提供充电设施。

Ⓜ 触电事故与预防

1.2.1.6　给水、排水布置

确定供水线路和供水点的布置（包括高层建筑的消防用水），施工区的用水点每个单位工程四周要均匀布置，高层建筑要有专用高压水泵将水送到施工用水楼层，沿建筑物的高度设置 D100 的消防供水管，每层配消防箱。确定排水和排污系统的布置，现场的雨水排放要有组织，用水紧缺地区，要考虑雨水、污水回收利用，设计雨水、污水沉淀回收再利用设备和沉淀后的排放系统。

1.2.1.7　其他注意事项

大型设备的布置要考虑安装、拆卸方便，还要考虑使用方便，要详细阅读和分析单位工程的建筑与结构图纸。道路的设计要充分考虑材料运输车辆的行走和回转场所。材料堆放区要便于运输车辆的回转。办公区充分考虑施

Ⓜ 场容管理

工管理人员分工分配办公室，要考虑提供给业主、监理单位和各专业分包施工队伍的办公场所。生活区要根据劳动力高峰期的最大可能居住人数来设计宿舍、食堂、浴室、厕所的规模。

1.2.2 施工现场总平面布置图绘制

施工总平面布置图是工程施工组织设计（及部分专项施工方案）的重要组成部分，在工程投标中，也是技术标的重要组成部分。施工总平面布置图基本上采用CAD进行绘制，也可以用BIM软件进行布置。施工总平面布置图的主要内容及绘制步骤如图1.3所示。

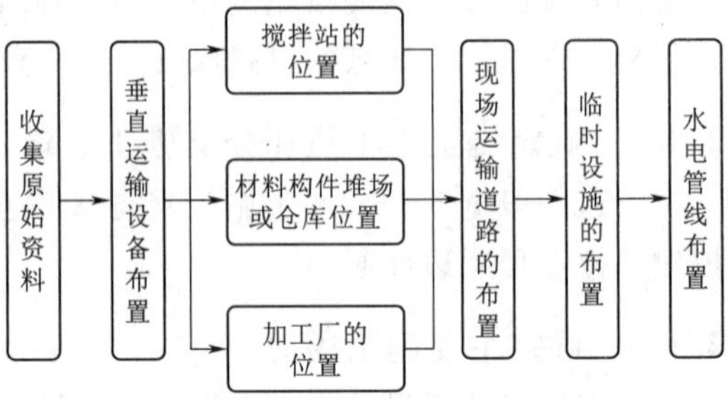

图1.3 施工总平面布置图绘制流程

（1）绘制拟建建筑物（构筑物）、确定施工现场区域（可从设计院拷贝建筑总平面电子图，再进行图形处理）（图1.4）。

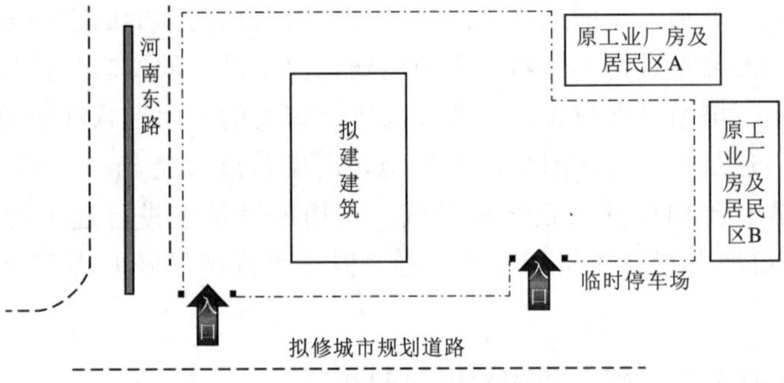

图1.4 拟布置场地

（2）设置围墙、出入口，引入场外交通道路；对施工现场区域按现场办公区、临时生活区、现场生产区进行划分。

（3）现场生产区布置（施工阶段不同布置要求会有所不同，以上部结构施工为例）：

进行主要机械设备的布置，首先考虑塔吊布置，再考虑施工电梯布置，其他机械如混凝土泵可在布置内部运输道路后进行布置。其次布置内部运输道路、加工厂、搅拌站、生产区临时设施（仓库、钢筋棚、木工棚、门卫室、蓄水池、洗车池等）、堆场（材料、加工半成品、构件）、现场办公区及临时生活区。如果现场场地狭小，现场办公区及临时生活区另租场搭设或甲方另指定位置搭设的，应另附平面布置图。最后布置临时水电管网、排水系统（图1.5）。绘图时不要遗漏必要的图例、说明及标注、指北针等。

（4）施工总平面布置图绘制依据。各种设计资料，包括建筑总平面图、地形地貌图、区域规划图、建筑项目范围内有关的一切已有和拟建的各种设施位置。建设项目的现场考察情况（周边道路及交通情况、原有建筑物情况、用水用电接驳口、现场排水口、施工区域及围墙出入口设置情况等）。建设项目的建筑概况、施工方案、施工进度计划，以便了解各施工阶段情况，合理规划施工场地。各种建筑材料构件、加工品、施工机械和运输工

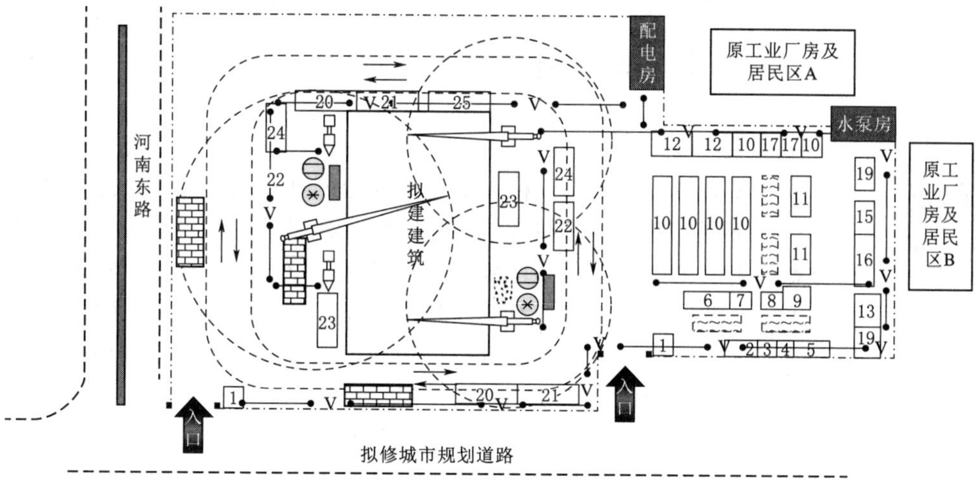

（a）临时用电布置图

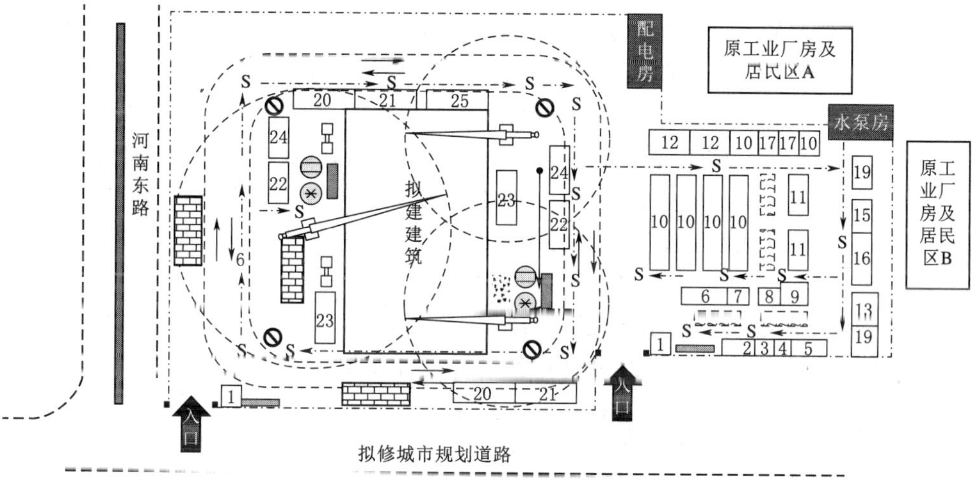

（b）临时供水布置图

图 1.5　施工现场平面布置图

具一览表（含需要数量及外廓尺寸等信息），以便规划工地内部的储放场地和运输线路。各构件加工厂规模、仓库及其他临时设施的需求数量及规格。此外，还要符合相关规范，如《建设工程施工现场消防安全技术规范》（GB 50720—2011）、《施工现场临时建筑物技术规范》（JGJ/T 188—2009），以及当地主管部门和建设单位关于施工现场安全文明施工的相关规定，施工单位安全文明施工标准。

（5）施工总平面布置图绘制原则。在满足施工要求的前提下，少占地，不挤占道路。主要施工机械设备的布置满足施工需求。最大限度地压缩场内运输距离，尽可能避免二次搬运。在满足施工需要的前提下，临时工程越少越好，以降低临时工程费。要充分考虑劳动保护、环境保护、技术安全、消防要求等。应遵守当地主管部门和建设单位关于施工现场安全文明施工的相关规定。

任务 1.3 做好施工准备，确保顺利开工

做好施工准备，确保顺利开工

建筑工程施工具有一定的风险，需要具备一定的条件，建设行政主管部门要求建设单位根据工程规模按照相应规定办理施工许可证，这是开工应具备的法律条件。施工单位在开工前还需要从建设单位获得全套施工图纸，提前熟悉施工图纸，并会同设计单位进行图纸会审，由设计单位对图纸进行交底，施工单位必须明确设计意图，按图施工。施工单位需要根据施工图纸，编制施工组织设计，如果有超过一定规模的危险性较大的施工项目，还需要编制专项施工方案，方案经过专家论证，审核通过后方可组织施工。

1.3.1 施工许可制度

建筑工程施工许可制度是为了加强对建筑活动的监督管理，维护建筑市场秩序，保证建筑工程的质量和安全。根据《中华人民共和国建筑法》，在我国境内从事各类房屋建筑及其附属设施的建造、装修装饰和与其配套的线路、管道、设备的安装，以及城镇市政基础设施工程的施工，建设单位在开工前应当依照规定，向工程所在地的县级以上人民政府建设行政主管部门申请领取施工许可证。工程投资额在 30 万元以下或者建筑面积在 $300m^2$ 以下的建筑工程，可以不申请办理施工许可证。省、自治区、直辖市人民政府建设行政主管部门可以根据当地的实际情况，对限额进行调整，并报国务院建设行政主管部门备案。特殊的建筑工程，可不用领取施工许可证，如按照国务院规定的权限和程序批准开工报告的建筑工程。

申请领取施工许可证，应当具备下列条件：

（1）已经办理该建筑工程用地批准手续。

（2）依法应当办理建设工程规划许可证的，已经取得建设工程规划许可证。

（3）需要拆迁的，其拆迁进度符合施工要求。

（4）已经确定建筑施工企业。

（5）有满足施工需要的资金安排、施工图纸及技术资料。

（6）有保证工程质量和安全的具体措施。

建设行政主管部门应当自收到申请之日起七日内，对符合条件的申请颁发施工许可证。

1.3.2 图纸会审

图纸会审是指工程各参建单位（建设单位、监理单位、施工单位等相关单位）在收到施工图审查机构审查合格的施工设计文件后，在设计交底后进行全面细致的熟悉和审查施工图纸的活动。各单位相关人员应熟悉工程设计文件，并应参加建设单位主持的图纸会审会议，建设单位应及时主持召开图纸会审会议，组织监理单位、施工单位的相关人员进行图纸会审，并整理成会审纪要。图纸会审由施工单位整理会议纪要，与会各方会签。

1. 图纸会审的主要内容

（1）审查是否无证设计或越级设计，图纸是否经设计单位正式签署。是否经过相关部

门图审合格。

（2）地质勘探资料是否齐全。

（3）设计图纸与说明是否齐全，有无分期供图的时间表。

（4）设计地震烈度是否符合当地要求。

（5）几家设计单位共同设计的图纸相互间有无矛盾；专业图纸之间、平立剖面图之间有无矛盾；标注有无遗漏。

（6）总平面图与施工图的几何尺寸、平面位置、标高等是否一致。

（7）消防设计是否满足要求。

（8）建筑结构与各专业图纸本身是否有差错及矛盾；结构图与建筑图的平面尺寸及标高是否一致；建筑图与结构图的表示方法是否清楚；是否符合制图标准；预埋件是否表示清楚；有无钢筋明细表；钢筋的构造要求在图中是否表示清楚。

（9）施工图中所列各种标准图册，施工单位是否具备。

（10）材料来源有无保证，能否代换；图中所要求的条件能否满足；新材料、新技术的应用有无问题。

（11）地基处理方法是否合理，建筑与结构构造是否存在不能施工、不便于施工的技术问题，或容易导致质量、安全、工程费用增加等方面的问题。

（12）工艺管道、电气线路、设备装置、运输道路与建筑物之间或相互间有无矛盾，布置是否合理，是否满足设计功能要求。

（13）施工安全、环境卫生有无保证。

2. 图纸会审程序

图纸会审应在开工前进行。如施工图纸在开工前未全部到齐，可先进行分部工程图纸会审。

（1）图纸会审的一般程序：业主或监理方主持人发言→设计方图纸交底→施工方、监理方代表提问题→逐条研究→形成会审记录文件→签字、盖章后生效。

（2）图纸会审前必须组织预审。施工、监理单位须提前熟悉图纸，发现的问题应归纳汇总，会上派一位代表发言，其他人可视情况适当解释、补充。

（3）施工方及设计方专人对提出和解答的问题做好记录，以便查核。

（4）整理成为图纸会审纪要，由各方代表签字盖章认可。

（5）图纸会审和设计交底由建设单位主持，会议纪要应由总监理工程师签认。

3. 图纸会审会议纪要

图纸会审后应有施工图会审记录，其中应标明以下几点：

（1）工程名称、工程编号、时间、地点。

（2）表号：图纸会审表的表号。

（3）图纸卷册名称、编号：所审图纸的卷册名称，图纸中应注明。

（4）主持人：此处为业主或总监理签名、主持。

（5）参加人员：所有参与人员，包括工程各参建单位（建设单位、监理单位、设计单位、施工单位）的与会人员。

（6）提出意见包括以下几点：

1）图号：有问题图纸编号。

2）提出单位：提出问题的单位。

3）提出意见：提出的问题。

4）处理意见：对提出的问题做出的回复（由设计单位出回复）。

（7）签字、盖章：应有设计单位代表、建设单位代表、施工单位代表、监理单位代表的签字，以及各单位盖章。

1.3.3 施工组织设计和安全专项方案编制

1.3.3.1 施工组织设计

施工组织设计是用来指导施工项目全过程各项活动的技术、经济和组织的综合性文件，是施工技术与施工项目管理有机结合的产物，它能保证工程开工后施工活动有序、高效、科学合理地进行。施工组织设计至少包括以下五项基本内容。

1. 工程概况

工程概况包括工程的基本情况、工程性质和作用，主要说明工程类型、使用功能、建设目的、建成后的地位和作用。

2. 施工部署及施工方案

该项主要指施工安排及施工前的准备工作，各个分部分项工程的施工方法及工艺。

3. 施工进度计划

该计划使施工工序在时间安排上有序进行，使工期、成本、资源等通过优化调整达到既定目标，在此基础上编制相应的人力和时间安排计划，资源需求计划和施工准备计划，来达到进度控制的目的，有效安排施工进度。可以采用网络计划或者横道图表示。

4. 施工平面布置图

根据场区情况设计绘制施工平面平置图，大体包括各类起重机械的数量、位置及其开行路线；搅拌站、材料堆放仓库和加工厂的位置，运输道路的位置，行政、办公、文化活动等设施的位置，水电管网的位置等内容。

5. 主要技术经济指标

施工组织设计的主要技术经济指标包括施工工期、施工质量、施工成本、施工安全、环境保护和施工效率，以及其他技术经济指标。

除以上内容外，针对技术组织、安全生产、文明施工、季节施工等均可独立按章节编制详细计划。

1.3.3.2 安全专项施工方案

1. 法律法规对危险性较大的分部分项工程管理规定

为加强建设工程项目的安全技术管理，防止建筑施工安全事故，保障人身和财产安全，依据《建设工程安全生产管理条例》，危险性较大的工程需要编制专项施工方案。危险性较大的工程是指依据《建设工程安全生产管理条例》第二十六条所指的七项分部分项工程，并应当在施工前单独编制安全专项施工方案。

为规范和加强危大工程安全管理，中华人民共和国住房和城乡建设部（简称“住建部”）先后印发了《危险性较大工程安全专项施工方案编制及专家论证审查办法》和《危险性较大的分部分项工程安全管理办法》，确立了危大工程安全管理基本制度，有效促进了安全管理和技术水平的提升，对遏制危大工程安全事故起到了重要作用。2018 年，住建部发布《危险性较大的分部分项工程安全管理规定》是在上述两个文件基础上，针对近年来危大工程安全管理面临的新问题、新形势而制定的，对危险性较大的施工项目进一步健全管理制度。需要编制专项方案的危险性较大和超过一定规模的危大工程项目见表 1.1。

表 1.1　需要编制安全专项方案的工程

分部分项工程范围	危险性较大	超过一定规模
基坑工程	深度超过 3m	深度超过 5m，影响毗邻建筑
模板工程及支撑体系	高度 5m，跨度 10m，施工总荷载 $10kN/m^2$，集中线荷载 1510kN/m	高度 5m，跨度 10m，施工总荷载 $10kN/m^2$，集中线荷载 1510kN/m
起重吊装及安装拆卸工程	单件起重量 10kN	单件起重量 100kN
脚手架工程	落地架高度 24m 悬挑架（20m 以下）	落地架高度 24m，悬挑架 20m
拆除/爆破工程	建筑物、构筑物拆除工程、采用爆破拆除的工程	可能影响周边安全的爆破工程；文物保护建筑、优秀历史建筑或历史风貌控制范围的拆除工程
其他	建筑幕墙安装、钢结构安装、网架和索膜安装	施工高度 50m 及以上、跨度大于 36m 及以上、跨度大于 60m 及以上

2. 安全专项施工方案的相关规定

《危险性较大的分部分项工程安全管理规定》（住房和城乡建设部令第 37 号）对专项施工方案有以下规定：

第十条　施工单位应当在危大工程施工前组织工程技术人员编制专项施工方案。

实行施工总承包的，专项施工方案应当由施工总承包单位组织编制。危大工程实行分包的，专项施工方案可以由相关专业分包单位组织编制。

第十一条　专项施工方案应当由施工单位技术负责人审核签字、加盖单位公章，并由总监理工程师审查签字、加盖执业印章后方可实施。

危大工程实行分包并由分包单位编制专项施工方案的，专项施工方案应当由总承包单位技术负责人及分包单位技术负责人共同审核签字并加盖单位公章。

第十二条　对于超过一定规模的危大工程，施工单位应当组织召开专家论证会对专项施工方案进行论证。实行施工总承包的，由施工总承包单位组织召开专家论证会。专家论证前专项施工方案应当通过施工单位审核和总监理工程师审查。

专家应当从地方人民政府住房城乡建设主管部门建立的专家库中选取，符合专业要求且人数不得少于 5 名。与本工程有利害关系的人员不得以专家身份参加专家论证会。

第十三条　专家论证会后，应当形成论证报告，对专项施工方案提出通过、修改后通过或者不通过的一致意见。专家对论证报告负责并签字确认。

专项施工方案经论证需修改后通过的，施工单位应当根据论证报告修改完善后，重新履行本规定第十一条的程序。

专项施工方案经论证不通过的，施工单位修改后应当按照本规定的要求重新组织专家论证。

1.3.4 施工规范、图集的使用

建筑施工除了要依据图纸外，还需要按照标准、规范、图集进行施工。所涉及的标准规范较多，一般在编制施工组织设计时，需要罗列所参照的最新标准、规范、图集等。

结构设计规范对应：应该做什么？用于明确结构功能目标，如《混凝土结构设计规范》（GB 50010—2010）、《砌体结构设计规范》（GB 50003—2011）、《钢结构设计标准》（GB 50017—2017）。

工程施工规范对应：应该怎么做？用于明确结构建造规则，如《混凝土结构工程施工规范》（GB 50666—2011）、《钢结构工程施工规范》（GB 50755—2012）、《砌体结构工程施工规范》（GB 50924—2014）。

质量验收规范对应：做得怎么样？用于明确结构验收要求，如《混凝土结构工程施工质量验收规范》（GB 50204—2015）、《钢结构工程施工质量验收标准》（GB 50205—2020）、《砌体结构工程施工质量验收规范》（GB 50203—2019）。

三者相辅相成，既有统一性，又有不同的侧重点。高职院校施工课程主要让学生懂施工技术，会质量验收，又要适当了解设计原理。在学习施工技术课程时，应经常查阅规范，熟悉规范条款。

国家建筑设计标准是工程建设标准化的重要组成部分，是工程建设标准化的一项重要基础性工作，是建筑工程领域重要的通用技术文件，其产物便是各种建筑图集。其中《混凝土结构施工图平面整体表示方法制图规则和构造详图（现浇混凝土框架、剪力墙、梁、板）》(22G101—1)《混凝土结构施工图平面整体表示方法制图规则和构造详图（现浇混凝土板式楼梯）》（16G101—2)、《混凝土结构施工图平面整体表示方法制图规则和构造详图（独立基础、条形基础、筏形基础及桩基承台）》（16G101—3）是钢筋混凝土结构施工的必备图集，在后续课程中会陆续介绍其使用方法。

任务1.4 做好交底，确保施工安全

Ⓜ 施工安全与技术交底

建筑施工是有一定危险性的生产活动，需要结合现场的施工环境，识别项目的危险源，对现场的安全管理进行规划。质安人员需要查看现场是否有重大的安全隐患，项目部一般需要编制安全文明施工方案。在开工前要对参建人员进行安全交底，明确参建人员的责任和义务，并对危险性较大的施工项目进行针对性培训教育。

1.4.1 施工现场常规安全管理措施

1.4.1.1 施工准备阶段的安全管理

按照施工组织设计或安全专项方案布置现场，如临时道路、临时用水、临时用电、消

防设施布置，安全文明标语、标志布置，主要提升设备，大型机械的布置等。临建设施搭设完成后进行检查验收，验收通过后才能使用。

认识安全生产标志

项目部应落实施工班组的人身保险办理，落实施工合同中安全文明施工管理的约定。制定现场安全文明检查制度，确定检查时间、检查内容及整改落实措施。

作业人员需要经过企业、项目、班组三级安全教育。安全教育内容包括：安全生产思想教育，安全生产技术知识教育，安全生产技能教育，场规、场纪、劳动纪律教育，法制教育。所有参建人员均应接受安全文明培训和学习，明确现场安全文明施工管理制度和要求、安全注意事项、安全防护设施的使用方法、应急逃生预案等。要组织施工班组进行安全文明施工交底，交底要落实到每个工人。项目部需采集施工人员信息，办理安全文明三级教育卡，对于特殊工种（架子工、电工、电焊工等）要收集操作证件，会同交底记录一并交予资料员保管。

1.4.1.2 施工过程中的安全检查

1. 定期检查

安全部门每月对项目进行安全检查，由项目经理带队，组织工程、安全、技术、材料、机械和消防部门协同进行。每周对施工现场进行安全专项检查，由项目领导带队，技术、安全等专职管理人员共同参加，按照标准全面认真地检查，做好检查记录。

2. 专业性安全检查

专业性安全检查应对某特定对象：脚手架、物料提升机、电梯、塔吊、机械、压力容器、防尘防毒等的安全问题，或在施工中存在的普遍性安全问题进行单项检查，参加检查的人员主要有专职安全员、班组长和有实际操作、维修能力的工人参加。

3. 经常性安全检查

经常性安全检查主要为班组进行班前、班后岗位安全检查，安全管理人员日常进行安全检查，生产管理人员在检查生产同时检查安全。

4. 季节性及节假日安全检查

季节性安全检查是针对气候特点可能对施工造成的不良影响而组织的检查。其主要有：以夏季防暑降温为重点的安全检查；汛期施工准备工作安全检查；防火、防毒工作安全检查；台风前防范检查，台风、大雨过后安全检查等。

节假日检查是针对节假日前后防止职工纪律松懈、思想麻痹等进行的安全检查，特别是春节、元旦、劳动节、国庆节前后检查，检查应由项目领导组织有关部门人员进行，节日加班，更要重视认真检查安全防范措施的落实。

5. 自检、互检和交接检查

（1）自检：班组作业前、后对自身所处的环境和工作程序要进行安全检查，可随时消灭安全隐患。

（2）互检：班组之间开展的安全检查，可以起到互相监督、共同遵章守纪。

（3）交接检查：上道工序完毕，交给下道工序施工使用前，应由工长、安全员、班组长及其他有关人员参加，进行安全检查或验收，确认无误或合格后，办理文明施工工序交接卡，方能交给下道工序使用。如脚手架、物料提升机、塔吊、安全网支设、孔洞临边的防护等。在搭设和使用前，都要经过交接检查。

1.4.1.3 安全隐患的整改

检查中发现的安全隐患应进行登记，为整改提供依据，同时为安全活动分析提供信息。各级检查中发现的安全隐患必须进行整理，并对单位工程、施工作业队、班组等下达隐患整改通知单，按照定人、定期限、定措施进行整改。对存在发生事故的隐患，检查人员应责令停工，立即整改。被检查单位对不能够立即整改的项目应制定临时措施或整改方案报质量安全部门。隐患整改完毕要及时通知有关部门复查、经复查确认隐患整改合格的要进行消项。

1.4.1.4 作业纪律

进入现场应戴好安全帽，系好下额带，女工应将长发盘起再戴安全帽。遵守施工现场劳动纪律，着装整齐，严禁光背、穿拖鞋、凉鞋、短裤及在施工现场追逐打闹，严禁酒后作业，作业过程中要集中精神。工作中相互配合，相互礼让，互相尊重，严禁在作业区发生吵架斗殴事件。

1.4.2 施工现场临时用电安全交底

施工现场临时用电一般需要编制《施工临时用电专项方案》，现场电路设置、用电器具安装、维修应该由专职电工完成。其他操作人员需要使用用电设备时应遵守相关规定，并接受用电安全交底，了解用电常识。具体内容如下：

（1）现场生产用电设备需派专人管理，无关人员严禁乱动电气设备，操作人员上岗时应对设备进行认真细致的检查，下班时应关闭现场电气闸刀。施工场内的一切电源电线的安装和拆除，必须由持证电工专管，电器必须严格接地、接零和使用漏电保护器。

（2）配电箱须安装漏电保护开关，做到一机一闸一保护，所有机械、电器设备均要有效保护接地或接零。固定式配电箱及开关箱的底面离地面垂直高度不小于1.3m，移动式配电箱及开关箱底面与地面垂直距离大于0.6m，应有防雨措施，并装门加锁。

（3）施工主线应采用“三相五线制”（图1.6），现场线路必须按规定摆设整齐，不准乱拖在地面上，以防碾压，埋设地下时应树立标志。

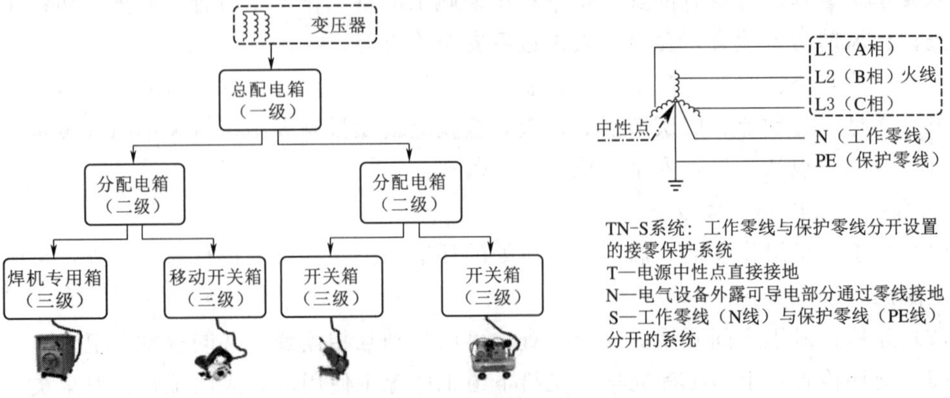

图1.6 三相五线制

（4）在高压线下严禁施工，桩架边缘与高压线的最少安全允许距离：10kV 以下高压线为 6m，35～110kV 高压线为 8m，220kV 高压线的安全距离为 10m，350～500kV 高压线的安全距离为 15m，施工时须采取相应的防护措施。

（5）电工接线时不能带电操作，拆修时应在合闸处挂上“严禁合闸”的警告牌，并派专人看管。施工所用电缆线必须认真检查，确认安全后方可使用；所有带电设备移动前须切断电源。

（6）焊机必须采用接零和漏电保护，以保证操作人员安全；对于接焊导线及焊钳接导线处，都应可靠地绝缘。操作前应检查所有工具、电焊机、电源开关及线路是否良好，金属外壳应有安全可靠接地或接零，进出线应有完整的防护罩，进出线端应用铜接头焊牢。

（7）夜间施工灯光要充足，不准把灯具挂在竖起的钢筋上或其他金属构件上，临时电线要架空，确保符合安全用电要求。

1.4.3　施工现场起重作业安全交底

机械设备施工安全管理

1.4.3.1　班前检查

（1）指挥人员班前检查内容。

1）检查现场环境，要保证安全作业距离及各种安全条件。

2）钢丝绳：当钢丝绳在一个捻节距内断丝数达钢丝绳总丝数的 10%、钢丝直径磨损或腐蚀量超过原直径的 40%、整条绳股断裂、当钢丝绳直径相对于公称直径减小 7%或更多时，或即使未发现断丝，但有麻芯外露、钢丝绳有明显的腐蚀、局部外层钢丝伸长呈笼形状态时必须停止使用并强制报废换新。

3）卸扣：卸扣有明显永久变形或轴销不能转动自如、扣体和轴销任何一处截面磨损量达原尺寸的 10%以上、卸扣任何一处出现裂纹、卸扣不能闭锁时必须停止使用并强制报废换新。

4）吊钩保险扣：吊装前应对吊钩保险扣的安全性能和扣紧度进行全面检查。

（2）塔吊司机班前检查内容。

1）检查各传动部分，结构部分的安全和润滑情况。

2）检查各限位装置，安全装置是否灵活可靠。

3）检查起重钢丝绳的磨损情况，有无损伤，是否要更换。

1.4.3.2　塔吊作业人员配合

（1）塔吊司机应取得特种作业上岗证，并按照规范操作塔吊。开始操作时，司机应先鸣笛发出警示，提醒注意。

（2）司机在作业中要按照信号指挥人员发出的信号、手势进行操作，下料时要鸣笛示意。如发现信号不清或指挥有误将引起事故时，司机有权拒绝执行并采取措施防止事故发生。

（3）地面指挥人员监督指导班组作业人员进行吊物捆绑，不准用吊钩直接吊拉重物，必须用索具或专用器具。捆绑作业应由司索工按照规范操作，确保吊装安全。

（4）指挥人员应到挂钩、摘钩处相近 6m 范围内进行指挥，不得站在高处、远处进行

“遥控”指挥；挂钩工在挂钩、摘钩后，指挥人员须认真检查确认安全无误后方可指挥起吊。

1.4.3.3 起重吊装“十不吊”规定

（1）指挥信号不明不准吊。

（2）斜拉斜挂不准吊。

（3）吊物重量不明或超负荷不准吊。

（4）散物捆扎不牢或物料装放过满不准吊。

（5）吊物上有人不准吊。

（6）埋在地下物不准吊。

（7）安全装置失灵或带病不准吊。

（8）现场光线阴暗看不清吊物起落点不准吊。

（9）棱角尖锐物与钢丝绳直接接触无保护措施不准吊。

（10）六级以上强风不准吊。

1.4.3.4 群塔作业安全管控

（1）群塔作业时，塔与塔之间的高度必须保持2m以上足够的安全距离，低塔起重臂保持与高塔塔身5m以上的距离。

（2）低塔顶升加节时，高塔停止作业。高塔顶升，低塔不得在高塔顶升范围内作业。

（3）低塔让高塔：低塔在转臂前应先观察高塔运行情况再进行作业。

（4）后塔让先塔：在两塔机塔臂交叉区域内运行时，后进入该区域机避让先进入该区域的塔机。

（5）运行塔让静塔：在两塔机塔臂交叉区域内作业时，进行运转的塔机应避让处于静止状态的塔机。

（6）轻车让重车：在两塔机同时运行时，无载荷塔机应主动避让有载荷塔机，塔吊在转臂时，严禁与相邻塔吊在同一地点同时进行吊装作业。

（7）多塔作业中，起重机在停工，休息或中途停电时，应放松抱闸，将重物卸下，不得使重物悬挂在空中。

1.4.4 施工现场高处作业安全交底

1.4.4.1 高处作业基本安全要求

施工前，应由该工程项目技术负责人，逐级向施工队、班组、高处作业人员做好安全技术交底工作。必须在高处作业各项安全技术措施落实和人身防护用品齐备且符合安全要求的条件下，才能开始作业，不可在作业条件欠缺的情况下盲目作业。对高处作业所用的设施、设备及个人防护用品，在投入使用前，要认真进行检查，发现不合格者不能使用，有缺陷者要及时进行修理，待完好后经复查合乎安全要求方可使用。

严格执行作业人员身体检查制度。经体检结果凡患有心脏病、高血压、精神病、癫痫病、眩晕等病，不适合高处作业的人员均不可从事高处作业。

加强个人防护，凡从事高处作业者其衣着要符合规定要求。上衣应采用紧身工作服，即袖口、下摆、中腰有调节的纽扣和腰带；下衣裤角应裹紧，以防止在行走中刮碰、造成身体失去平衡发生附落事故。脚下要穿软底防滑鞋，切忌穿拖鞋、塑料底鞋、带钉子鞋、高跟鞋及皮鞋，以防滑倒和摔下。作业时正确戴好安全帽，系好帽带。严禁不系帽带和戴安全帽的同时戴其他帽子。对从事危险性比较大的攀登和悬空作业人员，必须经过专业技术和安全技术培训，经考试合格发给岗位证书后再持证上岗。

高空作业中所用的物料应堆放平稳，不可放置在临边，也不可妨碍通行和装卸，所放物料的重量必须在高空作业平台的承重限度以内，切不可超重造成平台压垮而出现物体坠落伤害事故。要随时清扫干净作业中的走道、通道板和登高用具。作业中拆卸下的物体、剩余材料及废料要认真清理并及时送走，不得随意放置或向下丢弃，以防落下伤人或砸坏其他物资。高处作业传递工具或材料时不能抛掷，应用绳子系吊。要固定或撤除作业场所内可能坠落的任何物料，防止落下伤人。

要经常进行高处作业安全设施的检查，如发现有缺陷应立即进行解决，出现危及人身安全的隐患时，应立即停止作业，待采取措施消除隐患后方能开始作业。要保证安全防护设施完善、健全，安全标志齐全、醒目。对安全防护设施和安全标志，不得毁损和擅自移位及拆除。

在高处作业中，可根据作业区域的气候情况和环境条件，采取可靠的防滑、防寒和防冻等安全措施。对于高出周围环境或建筑物的在避雷安全范围以外区域的建筑物施工时，应事先安置安全可靠的避雷装置，以防雷击事故。

随着高处作业工作量的增加，应按类别、定期或不定期地逐项检查其安全防护设施情况，并做好记录。对于钢结构构件的吊装作业，应预先搭设好在高处作业要进行的临时固定、电焊、高强螺栓联结等工序的安全防护设施。为减少悬空作业的危险性，钢结构吊装尽可能先在地面组装构件，减少悬空状态下的作业。

1.4.4.2　高处作业安全防护用品

安全帽、安全带（绳）、安全网，通常称为“三宝”，这三宝是防止物体打击、高处坠落等安全防护的基本用品。

1. 安全帽

要根据作业人员头围的大小，选择适合于自己的安全帽。缓冲衬垫的松紧要由带子调节，头顶和帽体内部的空间应有一定的距离，帽箍至帽体内侧面也应有一定的水平距离，确保遭受外力冲击时，帽体有足够的间隙可供变形，同时满足人体头部与帽体之间通风的需要。使用时不要安全帽歪戴在脑后，否则会降低安全帽对于冲击的防护作用。

佩戴安全帽作业时，要系紧下颚系带，防止因物体坠落安全帽脱落起不到防护作用，特别是进行装卸作业时，更应注意这种情况。安全帽由于长期使用会逐渐损坏，要求经常进行检查，仔细检查有无龟裂、下凹、裂痕和磨损等情况，不得使用有缺陷的安全帽。帽子材料具有硬化、变脆的性质，使用时不要长时间在阳光下直接曝晒，平时休息时不可坐在安全帽上。

2. 安全带（绳）

选用安全带（绳）必须满足防护用品的质量要求，应选用有合格证的产品，不得使用粘胶，不耐老化的丙纶或遇水后强度明显降低的织物。安全带在使用前，应做一次外观检查，发现安全挂绳有磨损、断股、变质等情况，应停止使用。

在高空作业时如安全绳无处拴挂，则应设置很粗的固绳，再将安全绳系在固绳上进行作业，这样防作业人员不慎从高处坠落时，可很快抓住固绳，避免发生伤害。为保证安全带绳的强度不降低，应在使用后加强维护和保管，要经常保持其清洁。不用时应将安全带（绳）卷成盘，放置在干燥的货架上或吊挂起来，并注意防潮霉变。对金属配件可涂些机油或凡士林以防生锈。

3. 安全网

安全网是用来防止人或物坠落，或用来避免和减轻坠落物击伤的网具，一般由网体、边绳、系绳等构件组成。在高空进行建筑施工和设备安装时，在其下或其侧设置。

1.4.4.3 高处作业人员

搭设和拆除各种类型脚手架的人员必须符合架子工的基本条件和要求。从事建筑登高作业的架子工属于特殊工种作业人员，必须具备的条件如下：

（1）年满18周岁以上。

（2）工作认真负责，身体健康，没有妨碍从事本工种作业的疾病和生理缺陷。

（3）具有本工种作业所需的文化程度和安全、专人技术知识及实践经验。

（4）必须经特种安全技术培训，考试合格取得安全操作证者，方准独立作业。

从事悬空作业人员，每年要进行一次身体检查，凡患有高血压、心脏病、低血压、贫血病、癫痫病、神经衰弱及四肢有残缺的人员，以及年龄不满18周岁和饮酒以后的作业人员，均不得从事悬空作业。

项目2 材料进场质量控制

建筑工程材料质量是确保工程质量的前提，如果在材料进场时没有很好地控制材料质量，将直接影响工程质量。近年来由于商品混凝土不合格导致已经建成的建筑物拆除的案例并不少见。不同工程项目、不同施工阶段，对材料需求各不相同，整个施工过程用到的材料繁多，但不管什么材料，只要用于工程项目，都需要提供产品质量证明文件，对重要的建筑材料还需要进行见证取样复检，只有复检合格才能允许使用。此外，材料费是工程中的重要开支，在工程造价中，一般要占建筑工程总成本的60%以上，因此加强材料管理，对提高工程质量，节约材料费用，减少材料浪费，降低工程成本，提高企业效益有着重要作用。

Ⓣ 案例：豪宅变成“豆腐渣”！

任务2.1 钢筋进场质量验收

Ⓜ 钢筋进场质量控制

钢筋是钢筋混凝土结构的主要建筑材料，对结构的受力性能有重大影响。钢筋原材料进场，要按照规范要求进行验收，建设单位、监理单位、施工单位需有专人到场参与验收。

2.1.1 钢筋进场验收

Ⓜ 现场钢筋管理

(1) 检查钢筋是否有产品质量证明书、每一捆钢筋上是否有挂牌。

(2) 检查外表，钢筋应平直、无损伤；表面不得有裂纹、油污、颗粒状或片状老锈（钢筋表面如有油污，必须退场）。

(3) 检查钢筋挂牌，合格的钢筋铭牌的正确悬挂方式，应用钢钉固定在钢筋上，不能用铁丝绑扎钢筋信息牌，现场钢筋应分类堆放（图2.1）。

(4) 复核证件信息：检查钢筋质量证明书中厂名、生产日期、炉罐号、钢筋级别、直径等信息是否与每捆钢筋上的挂牌一致（重点注意捆数、直径、炉罐号）（图2.2）。还需检查质量证明书（原件）中是否盖有检测单位印章。

《钢筋混凝土用钢　第1部分：热轧光圆钢筋》（GB 1499.1—2017）和《钢筋混凝土用钢　第2部分：热轧带肋钢筋》（GB 1499.2—2018）对钢筋的直径允许偏差有详细规定，验收时可参照执行。

Ⓜ 钢筋取样

(5) 见证取样（图2.3）。

1) 取样时同一厂家、同一类型的成型钢筋，不超过30t为一批，每批

图 2.1 钢筋挂牌及堆放

图 2.2 钢筋直径检测及炉号检查

图 2.3 钢筋见证取样

随机抽取 3 根成型钢筋。

2）取样时端头部分去掉，切口应平滑，与长度方向垂直且样品长度不应小于 500mm。

2.1.2 钢筋复检

钢筋的复检需要委托具有资质的第三方检测，由检测单位出具检测合格报告后方能在工程上使用。

2.1.2.1　重量偏差检测

用电子秤称钢筋的实际重量，并根据理论重量算出重量偏差。

$$重量偏差=\frac{试件实际重量-(试件长度\times理论质量)}{试件总长度\times理论重量}\times100\%$$

钢筋实际重量与理论重量的允许偏差应符合表 2.1 规定。

表 2.1　钢筋实际重量与理论重量的允许偏差

公称直径/mm	实际重量与理论重量的允许偏差/%
6～12	±7
14～20	±5
22～50	±4

2.1.2.2　力学性能检测

检验钢筋的屈服强度、抗拉强度、伸长率性能应符合规范规定。有抗震设防要求的结构，其纵向受力钢筋的强度应满足设计要求；当设计无要求时，一、二、三级抗震等级设计的框架和斜撑构件（含梯段）中的纵向受力钢筋应采用 HRB400E、HRB500E 或 HRBF400E、HRBF500E 钢筋，其强度和最大力下的总伸长率应符合下列规定：

(1) 钢筋的抗拉强度实测值与屈服强度实测值的比值（强屈比）不应小于 1.25。

(2) 屈服强度实测值与标准值的比值（超屈比）不应大于 1.30。

(3) 钢筋的最大力下的总伸长率不应小于 9%。

检查数量：按进场的批次和产品的抽样检验方案确定。

检验方法：检查抽样检验报告。

2.1.2.3　钢筋堆放

在钢筋进场前，提前做好地垄，防止钢筋受潮。钢筋进场需按照批次的级别、品种、直径、外形分垛堆放，悬挂标示牌，注明产地、规格、品种、数量、进场时间、检验状态、标示人等信息，内容应填写齐全清晰（图 2.4）。

图 2.4　钢筋堆放

钢筋标示牌号以阿拉伯数字或以阿拉伯数字及英文字母表示：

(1) HRB400、HRB500 分别以 4、5 表示。

(2) HRB400E、HRB500E 分别以 4E、5E 表示。

(3) HRBF400、HRBF500 分别以 C4、C5 表示。

(4) 出场名以汉语拼音字头表示。

(5) 公称直径毫米数以阿拉伯数字表示。

任务 2.2　混凝土进场质量控制

商品混凝土，学名为预拌混凝土。预拌混凝土的使用，至少要满足以下标准规范要求：

(1)《预拌混凝土》(GB/T 14902—2012)。

(2)《混凝土结构工程施工质量验收规范》(GB 50204—2015)。

(3)《混凝土质量控制标准》(GB 50164—2011)。

施工方应择优选取信誉良好的搅拌站供货，对商品混凝土搅拌站，主要考察其供货能力、质量保证能力、市场信誉、价格竞争力。需要索取的资料包括：营业执照、建筑业企业资质证、质量管理体系认证或产品质量认证证书、搅拌计量系统检定合格证书（包括外加剂、水泥、水、砂石、掺和料等）。所有这些资料，应提供清晰复印件并要求商混站在复印件上加盖红章。注意各种证件的有效期限，能够覆盖工程施工需要。上述资料备齐后，就可以向监理和业主进行乙购材料供货商资质报审，监理及业主同意采用后，正式签订采购合同。

混凝土原材料进场质量控制

原材料质量合格与否，直接决定混凝土质量。混凝土供应商应提供由第三方检测的原材料试验报告。根据《混凝土结构工程施工质量验收规范》(GB 50204—2015) 第 7.3.1 条：采用预拌混凝土时，其原材料质量、混凝土制备与质量检验等均应符合现行国家标准《预拌混凝土》(GB/T 14902) 的规定。预拌混凝土进场时，应检查混凝土质量证明文件，抽检混凝土的稠度。

2.2.1 进场质量证明文件

预拌混凝土的质量证明文件主要包括：混凝土配合比通知单、混凝土质量合格证、强度检验报告（可以后提供）、必要的原材料合格检验报告、混凝土运输单以及合同规定的其他资料。由于混凝土的强度试验需要一定的龄期，强度检验报告可以在达到确定混凝土强度龄期后提供。

商品混凝土进场质量控制

2.2.2 进场质量检验

预拌混凝土作为一种比较特殊的建筑材料，被广泛应用在工程实践中，但由于在搅拌站生产，以拌和物形态运至施工现场，需要浇注成型和养护来形成工程实体，并通过试件强度来评定混凝土最终质量，对预拌混凝土进场质量控制应形成相应的报验资料，监理单位需要履行签字确认手续。

2.2.2.1 报验形式

按照工程质量控制体系设计，建筑材料、构配件和设备的进场应该同时遵守两方面程序：一是进场检验程序；二是检验批验收程序，并形成各自相应的工程资料。

在工程实践中，为简化资料填报工作，如北京市地方标准《建筑工程资料管理规程》(DB11/T 695—2017) 第 5.3.11 条规定，建筑工程材料、构配件、设备的进场检验批可采用《材料、构配件进场检验记录》C4-44 填写，也就是用《材料、构配件进场检验记录》代替材料进场检验批验收记录。监理单位应该要求施工单位在预拌混凝土进场时，以填报《材料、构配件进场检验记录》形式进行报验，并辅以进场验收检查原始记录。

2.2.2.2 验收内容

预拌混凝土的进场质量控制内容，在《混凝土结构工程施工质量验收规范》(GB 50204—2015) 第 7.3 节“混凝土拌和物”中以检验批形式进行了明确规定，其中主控项目 4 项、一般项目 3 项。

2.2.2.3　工作要点

（1）每个检验批的预拌混凝土进场应单独填报一张《材料、构配件进场检验记录》。

（2）对于《材料、构配件进场检验记录》中的进场数量，应根据每个检验批（流水段）的混凝土施工估算用量填报，但估算用量必须大于工程实体的理论用量。

（3）对于《材料、构配件进场检验记录》中的日期填写，以每个检验批最后一车混凝土的进场检查验收时间为准，对于过程中其他车混凝土的检查验收时间，可在进场验收检查原始记录中予以载明。

2.2.2.4　试块留置

混凝土取样

混凝土试块应在混凝土浇筑地点随机取样。

1. 标准养护试块取样与留置原则

按同一部位和强度的混凝土：一次连续浇筑混凝土方量少于等于 100m^3 时，取样不得少于一次；一次连续浇筑混凝土方量超过 100m^3 时，同一配合比的混凝土每 200m^3 取样不得少于一次。

2. 同条件养护试块取样与留置原则

（1）结构实体同条件试块（混凝土结构验收的重要依据）：同条件养护试件所对应的结构构件或结构部位，应由监理（建设）、施工等各方共同选定；根据既体现建筑结构重要部位又适度控制实体检验数量的原则，重要部位建议：竖向构件中的墙、柱、核心筒，水平构件中跨度不小于 8m 的梁、跨度不小于 5m 的单向板、跨度不小于 6m 的双向板、预应力混凝土梁、跨度不小于 2m 的悬挑梁板，若有工程不满足上述条件，则应按规范“同一强度等级的同条件养护试件不宜少于 10 组，且不应少于 3 组”，项目在具体实施中由施工单位与监理协商确定。

（2）拆模同条件试块：该试块用于判定混凝土是否达到设计要求或规范要求的强度，确认是否进行拆模。带有梁板底模的，按每一施工流水段至少留置一组同条件拆模试块。

（3）达到受冻临界强度同条件试块（控制冬季施工竖向结构模板拆除），按每一施工流水段至少留置一组同条件试块。

（4）掺加防冻剂混凝土同条件试块（检验掺加防冻剂混凝土质量）：按每一楼层、同一配合比的混凝土至少留置一组同条件试块。

（5）构件吊装混凝土同条件试块（检查混凝土构件强度能否满足吊装要求）：须根据吊装部署酌情留置同条件试块。

（6）预应力工程混凝土同条件试块（判定能否达到预应力张拉或放张条件）：须根据预应力张拉部署酌情留置同条件试块。

3. 防水混凝土试块留置原则

（1）连续浇筑混凝土量 500m^3 以下时，应留置两组（12 块）抗渗试块。

（2）每增加 250～500m^3 混凝土，应增加留置两组（12 块）抗渗试块。

（3）如果使用材料、配合比或施工方法有变化时，均应另行仍按上述规定留置。

（4）抗渗试块应在浇筑地点制作，留置的两组试块其中一组（6 块）应在标准养护室养护，另一组（6块）与现场相同条件下养护，养护期不得少于28d。

2.2.2.5 试块制作

在制作混凝土试块工作过程中，需要在浇筑工作之前对试模的尺寸大小以及外部形态进行有效的检测，同时充分保证每一个面角度完成之后可以达到90°的垂直状态，尤其是针对浇筑高强度混凝土之前，需要更加重视试模的尺寸大小。在具体的工作过程中，需要在试模的内壁涂刷一层矿物质油作为脱模剂，因为矿物油很容易脱膜，并且不会和混凝土材料之间产生化学反应，所以不会直接影响到混凝土的整体强度。除此之外，在制作混凝土试块过程中需要依照标准的制作流程，对混凝土的振捣程度进行合理的控制，要有效避免混凝土表面存在多余气泡问题，防止过振。

在混凝土试块的制作工作中，必须要选择符合标准的混凝土拌和物，可以使用人工运用铁锹充分搅拌三次之后，然后再进行后续的振捣工作。首先，需要将混凝土材料的拌和物直接倒入到试模当中，同时用抹刀沿着试模的外壁来进行充分振捣，要有效保证拌和物的高度比试模高度更高。完成该项工作之后需要进行固定振荡工作，需要将试模当中多余的混凝土进行彻底的清理，然后使用抹刀对混凝土表面进行充分抹平。

制作过程中注意事项：成型前，应检查试模（100mm边长）尺寸及角度，试模不变形，组装后的各相邻面的不垂直度不应超过±0.5°。试模内表面应涂一薄层矿物油或其他不与混凝土发生反应的脱模剂（特别注意要薄层）。取样拌制的混凝土应在拌制后最短的时间内成型，一般不宜超过15min。取样的混凝土拌和物应至少用铁锹再来回拌和三次，保证混凝土拌和均匀。混凝土取样前要对混凝土的坍落度进行测试，太大、太小均不合适，要满足规范与图纸要求，要及时标注试块制作时间及编号。

2.2.2.6 试块养护

试块成型后，在混凝土初凝后进行抹面，沿试模口表面抹平压光，终凝前常置于原地或露天，为了防止内部水分蒸发而影响水泥的水化速度，应及时用塑料布或湿麻袋将试块覆盖严实。如果地方建设行政主管部门有要求，试块需植入芯片进行跟踪管理。录入芯片内容：制作日期及编号、混凝土强度等级、制作时间、部位等信息。试块在(20±5)℃的室内静置1昼夜，当气温降低时，可适当延长时间，但不应超过两昼夜，然后对试件进行编号并拆模。试块硬化拆模后，应及时送往温度(20±2)℃、湿度为95%以上的标准养护室时行养护。标准养护室内的试块应放在支架上，彼此间隔10～20mm，试件表面应保持潮湿，并不得被水直接冲淋。同条件养护试件的拆模时间可与实际构件的拆模时间相同，拆模后，试件仍需保持同条件养护（图2.5）。

图2.5 同条件养护试块

2.2.2.7 送检

混凝土的强度增长最关键的是前28d。但28d中前7d尤其关键，前7d强度增长最快，28d过后强度基本不再增长了。在试块到龄前，将试块从标养室取出，擦干水分，送检测单位进行检测。

任务 2.3　支模架材料的选用与质量控制

通过前面两项任务的学习，应该清楚所有构成工程实体的建筑工程材料均应严格控制质量，尤其是对建筑主体安全构成重要影响的材料还应该复检。在建筑工程施工中还有一些措施项目，如基坑支护结构、作业脚手架、支撑脚手架（图 2.6）等，虽然措施项目部不构成工程实体，但它们是施工必不可少的临时结构，对确保施工安全非常重要。如支模架坍塌（图 2.7）有可能造成群死群伤事故。根据《建筑施工脚手架安全技术统一标准》(GB 51210—2016)，危险性较大的脚手架搭设需要编制专项方案，在方案中首先就要明确脚手架搭设主要材料的质量。

Ⓜ
高大模板
施工安全

图 2.6　支撑脚手架

图 2.7　支模架坍塌事故

2.3.1　支模架材料质量控制

2.3.1.1　杆件

支模架立杆和横杆一般采用钢管材质，是支模架主要受力杆件。一般情况下，结构件受力较复杂或超重脚手架钢管选择 Q345 级钢；一般脚手架钢管均选择 Q235 级钢，这是因为脚手架破坏均为稳定破坏，选择 Q235 级钢较为适宜，如选择 Q345 级钢，其钢材的潜力不能充分发挥利用。构件强度取值依据《冷弯薄壁型钢结构技术规范》(GB 50018—2002) 取值，而非《钢结构设计标准》(GB 50017—2017)。如《建筑施工承插型盘扣件钢管支架安全技术规程》(JGJ 231—2010)、地方标准《建筑施工承插型插槽式钢管支架安全技术规程》(DB33/T 1117—2015) 对立杆的材质要求是 Q345A 钢材。

《建筑施工脚手架安全技术统一标准》(GB 51210—2016) 规定钢管外径、壁厚、外形允许偏差，见表 2.2。

不同的架体形式，对材质要求又有一定的区别，如《建筑施工承插型盘扣件钢管支架安全技术规程》(JGJ 231—2010) 要求钢管壁厚允许偏差为±0.1mm；《建筑施工门式钢管脚手架安全技术规范》(JGJ 128—2010) 钢管壁厚允许偏差：[－0.2，上限未定] mm。因此，要针对不同的架体种类，查阅相关规范获取验收依据。

表 2.2　　钢管外径、壁厚、外形允许偏差

<table>
<tr><th rowspan="2">钢管直径/mm</th><th colspan="5">偏 差 项 目</th></tr>
<tr><th>外径</th><th>壁厚</th><th>弯曲度/(mm/m)</th><th>椭圆度/mm</th><th>管端截面</th></tr>
<tr><td>≤20</td><td>±0.3mm</td><td rowspan="5">±10%S</td><td rowspan="3">1.5</td><td>0.23</td><td rowspan="5">与轴线垂直、无毛刺</td></tr>
<tr><td>21～30</td><td rowspan="3">±0.5mm</td><td rowspan="3">0.38</td></tr>
<tr><td>31～40</td></tr>
<tr><td>41～50</td><td rowspan="2">2</td></tr>
<tr><td>51～70</td><td>±1.0%</td><td>7.5/1000D</td></tr>
</table>

注　S 为钢管壁厚；D 为钢管直径。

2.3.1.2　可调托座和底座

可调托座、底座安装在立杆上下端用于微调架体高度（图 2.8），由于处在架体传力路径上，也是重要受力构件，对其材质有如下要求：

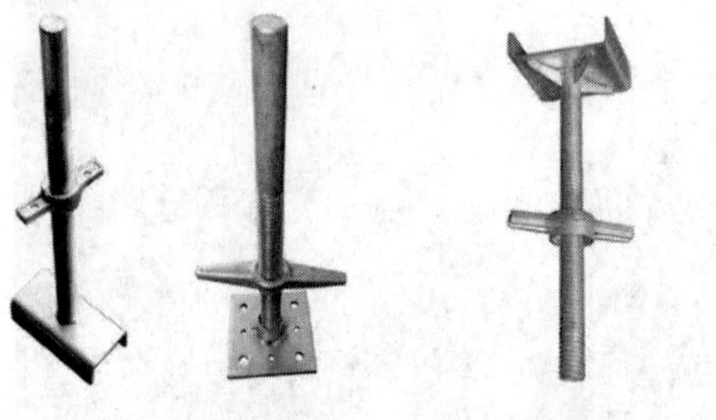

(a) 底座　　(b) 托座

图 2.8　可调托座和底座

(1) 底座的钢板厚度不得小于 6mm，托座 U 形钢板厚度不得小于 5mm，钢板与螺杆应采用环焊，焊缝高度不应小于钢板厚度，并宜设置加劲板。

(2) 可调底座和可调托座螺杆插入脚手架立杆钢管的配合公差应小于 2.5mm。

(3) 可调底座和可调托座螺杆与可调螺母啮合的承载力应高于可调底座和可调托座的承载力，应通过计算确定螺杆与调节螺母啮合的齿数，螺母厚度不得小于 30mm。

2.3.1.3　钢丝绳

脚手架所用钢丝绳应符合现行国家标准《一般用途钢丝绳》(GB/T 20118)、《重要用途钢丝绳》(GB 8918)、《钢丝绳用普通套环》(GB/T 5974.1) 和《钢丝绳夹》(GB/T 5976) 的规定。钢丝绳在卸料平台、悬挑式脚手架上均有应用（图 2.9），对临时结构的安全至关重要，在不同应用场所要求也不同。

重要结构钢丝绳：指施工平台、物料平台等在施工过程中载人结构用钢丝绳。

一般结构钢丝绳：指悬挑脚手架及其他结构按构造设置的钢丝绳。

2.3.1.4　其他

(1) 周转使用的脚手架杆件、构配件应制定维修检验标准，每使用一个安装拆除周期后，应及时检查、分类、维护、保养，对不合格品应及时报废。

(2) 脚手架构配件应具有良好的互换性，且可重复使用。构配件出厂质量应符合相关产品标准的要求，杆件、构配件的外观质量应符合下列要求：

1) 不得使用带有裂纹、折痕、表面明显凹陷、严重锈蚀的钢管。

2) 铸件表面应光滑，不得有砂眼、气孔、裂纹等缺陷，表面黏砂应清除干净。

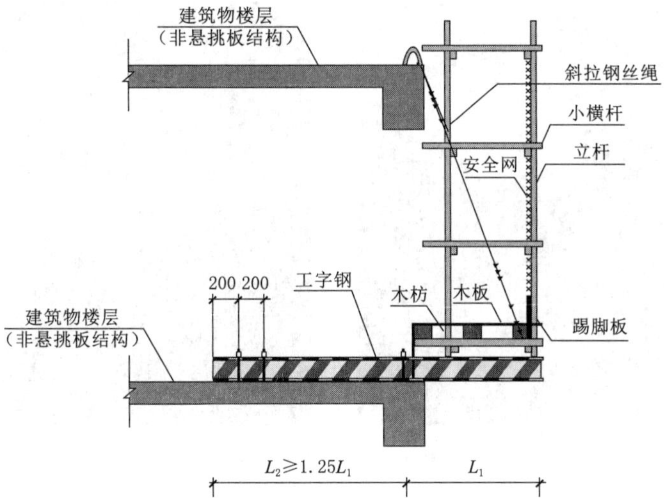

图 2.9 钢丝绳在悬挑架上的应用

3）冲压件不得有毛刺、裂纹、明显变形、氧化皮等缺陷。

4）焊接件的焊缝应饱满，焊渣应清除干净，不得有未焊透、夹渣、咬肉、裂纹等缺陷。

（3）工厂化制作的构配件应有生产厂的标志。

2.3.2 模板材料质量控制

2.3.2.1 胶合板

工地上常用的模板为胶合板（分竹胶板、木胶板两种），其规格一般为 915mm×1830mm、1220mm×2440mm，厚度为 11～18mm。相比木胶板，竹胶板具有以下优点：

（1）耐用：竹胶板强度高、韧性好。

（2）强度：静曲强度相当于木材强度的 8～10 倍，为木胶板强度的 4～5 倍，所以周转次数较多。

（3）脱模方面：竹胶板表面光滑，容易脱模。

（4）防水性能：比一般模板要好些，即使受潮也不易弯曲变形。

胶合板进场验收参照《混凝土模板用胶合板》（GB/T 17656—2018）。

2.3.2.2 铝模板

铝模板全称为建筑用铝合金模板。是继木模板、钢模板之后出现的新一代模板系统（图 2.10）。铝模板按模数设计，由专用设备挤压成型，可按照不同结构尺寸自由组合。铝模板经专用设备挤压后制作而成，由铝面板、支架和连接件三部分系统所组成的具有完整的配套使用的通用配件，能组合拼装成不同尺寸的外形尺寸复杂的整体模架，是装配化、工业化施工的系统模板，解决了以往传统模板存在的缺陷，大大提高了施工效率。

铝模板分为拉片体系与螺杆体系，铝模板拉片体系相较螺杆体系无须打孔，拆模后墙体不会留孔，大大降低了外墙渗漏的风险，具有施工质量好、安装效率高、成本低等

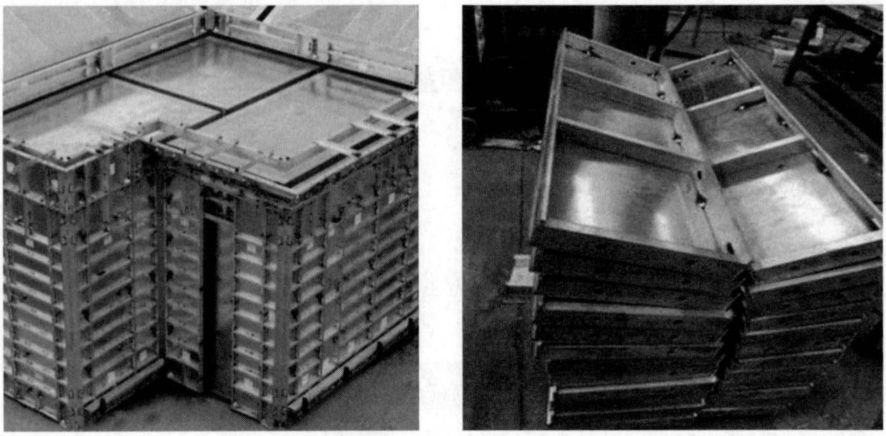

图 2.10 铝合金模板

特点。

铝合金模板材质采用 6061 - T6 铝合金型材，型材化学成分、力学性能应符合国家标准《变形铝及铝合金化学成分》（GB/T 3190—2008）、《一般工业用铝及铝合金挤压型材》（GB/T 6892—2015）的规定。铝模板进场时应提供质量证明文件。

项目3 施工测量与放样

精益建造是建筑施工的现实要求，也是工匠精神的体现。测量放样是为施工提供精确定位的重要工作，影响最终建筑产品的位置、尺寸等，是施工过程中的关键工序。施工测量工作可分为施工准备阶段的测量和施工过程中的测量。施工准备阶段的测量工作包括施工控制网的建立、场地布置、工程定位和基础放线等。施工过程中的测量工作是指在施工中，随着工程的进展，在每道工序之前所进行的细部测设，如基桩或基础模板的测设、砌筑中墙体皮数杆设置、楼层轴线测设、楼层间高程传递等。每道工序完成后，应及时进行验收测量，无误后方可进行下一道工序作业。施工测量贯穿于整个施工过程，它对保证工程质量和施工进度都起着重要的作用。本项目将介绍建筑物的定位放线与主体工程的轴线投侧、高程传递等工作。在施工现场，由于干扰因素很多，测设方法和计算方法力求简捷，同时注意做好测量标志的保护工作，特别注意人身和仪器的安全。

任务 3.1 建筑物定位与放样

民用建筑一般可分为单层、多层和高层建筑，由于其结构特征不同，其放样方法和精度要求也有所不同，但放样过程基本相同。

3.1.1 施工放样应具备的资料

进行建筑物的施工放样时，应具备下列资料：

(1) 总平面图。

(2) 建筑设计说明。

(3) 建筑物、构筑物的轴线平面图。

(4) 建筑物的基础平面图。

(5) 土方的开挖图。

(6) 建筑物的结构图。

(7) 管网图。

(8) 场区控制点坐标、高程及点位分布图。

建筑物定位与放线

3.1.2 建筑物的定位

建筑物的定位就是指在实地标定建筑物的外廓主轴线，它是建筑物细部位置放样的依据。在建筑物定位前，应做好准备工作：熟悉设计图纸、进行现场踏勘、检测测量控制点、清理施工现场、拟订放样方案及绘制放样简图。

根据施工现场情况及设计条件，建筑物的定位可采用以下几种方法。

3.1.2.1 根据测量控制点测设

当建筑物附近有导线点、三角点及三边测量点等测量控制点时，可根据控制点和建筑物各角点的坐标，用极坐标法或角度交会法测设建筑物的位置。

3.1.2.2 根据建筑基线测设

在施工现场布设有专供建筑物放样用的十字轴线等建筑基线时，可根据建筑基线上控制点和建筑物各角点的坐标，用直角坐标法测设建筑物的位置。

3.1.2.3 根据建筑方格网测设

在施工现场布设有建筑方格网时，可根据附近方格网点和建筑物各角点的设计坐标，用直角坐标法测设建筑物的位置。

3.1.2.4 根据建筑红线测设

在城市建设中，新建建筑物均由规划部门给设计或施工单位规定建筑物的边界位置。限制建筑物边界位置的线称为建筑红线。建筑红线一般与道路中心线相平行。各种房屋建筑，必须建造在建筑红线的范围之内，设计单位与建设单位往往从合理利用规划土地的角度出发，将房屋设计在与建筑红线相隔一定距离的地方，放样时，可根据实地已有的建筑用地边界点来测设。

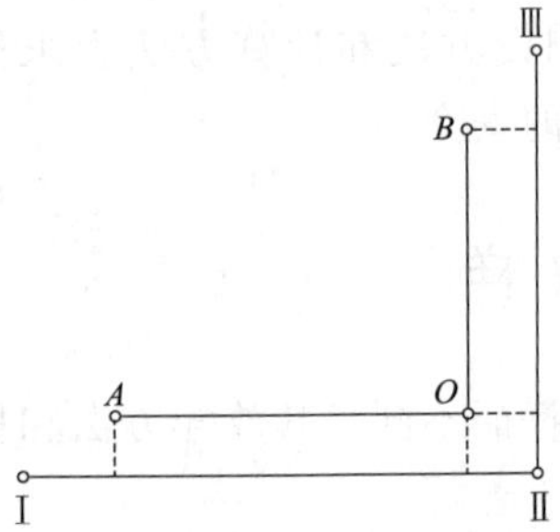

图 3.1 根据建筑红线测设

如图 3.1 所示，Ⅰ、Ⅱ、Ⅲ三点为地面上测设的场地边界点，其连线Ⅰ—Ⅱ、Ⅱ—Ⅲ为建筑红线。建筑物的主轴线 AO、BO 就是根据建筑红线来测定的，由于建筑物主轴线和建筑红线平行或垂直，所以用直角坐标法来测设主轴线就比较方便。

当 A、O、B 三点在地面上标定出来后，应在 O 点架设经纬仪，检查 $\angle AOB$ 是否等于 90°。AO、BO 的长度也要进行实量检核，如误差在容许范围内，即可作合理的调整。

当建筑红线与建筑物主轴线不一定平行或垂直时，可用极坐标法、角度交会法或距离交会法来测设。

3.1.2.5 根据已有建筑物测设

在现有建筑群内新建或扩建时，设计图上通常给出拟建的建筑物与原有建筑物或道路中心线的位置关系，建筑物的定位就可根据给定的数据在现场测设。图 3.2 中所表示的是几种常见的情况，图中绘有阴影线的为原有建筑物，没有阴影线的为拟建建筑物。

图 3.2（a）中拟建的建筑物轴线 AB 在原有建筑物轴线 MN 的延长线上。测设直线 AB 的方法如下：先作 MN 的垂线 MM' 及 NN'，并使 $MM'=NN'$，然后在 M' 处架设经纬仪作 $M'N'$ 的延长线 $A'B'$，再在 A'、B' 处架设经纬仪作垂线得 A、B 两点，其连线 AB，即为所要确定的直线。一般也可以用线绳紧贴 MN 进行穿线，在线绳的延长线上定出 AB 直线。

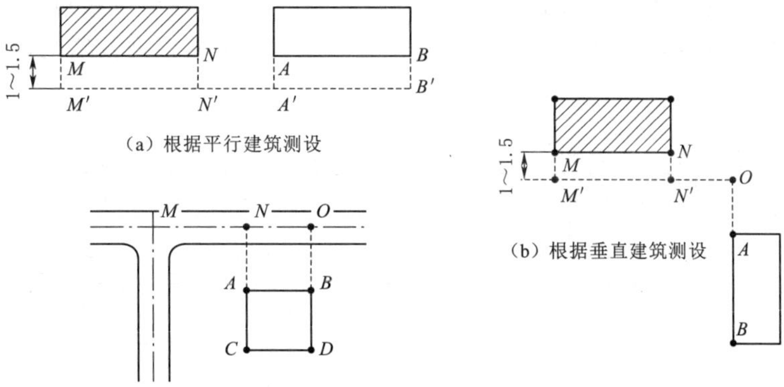

（a）根据平行建筑测设
（b）根据垂直建筑测设
（c）根据道路中线测设

图 3.2　根据已有建筑物测设（单位：m）

图 3.2（b）图是按上法，定出 O 点后转 90°，根据坐标数据定出 AB 直线。

图 3.2（c）图中，拟建的建筑物平行于原有的道路中心线，测法是，先定出道路中心线位置，然后用经纬仪作垂线，定出拟建建筑物的轴线。

3.1.3　建筑物的放线

3.1.3.1　建筑物基础放线

建筑物定位的角点桩（外墙轴线交点，简称角桩）测定以后，根据建筑物平面图，可将内部开间所有轴线都一一测出。然后检查房屋轴线的距离，其误差不得超过轴线长度的 1/2000。最后根据中心轴线，用石灰在地面上撒出基槽开挖边线，以便开挖。

如同一建筑区各建筑物的纵横边线在同一直线上，在相邻建筑物定位时，必须进行校核调整，使纵向或横向边线的相对偏差在 5cm 以内。

3.1.3.2　龙门板的设置

施工开槽时，轴线桩要被挖除。为了方便施工，在一般民用建筑中，常在基槽外一定距离处钉设龙门板（图 3.3）。钉设龙门板的步骤和要求如下：

（1）在建筑物四角与内纵、横墙两端基槽开挖边线以外 1～1.5m（根据土质情况和挖槽深度确定）处钉设龙门桩，龙门桩要钉得竖直、牢固，木桩侧面与基槽平行。

（2）根据建筑场地水准点，在每个龙门桩上测设“±0 标高线”（高程起算面，设计中常以建筑物底层室内地坪标高为高程起算面）。若现场条件不许可时，也可测设比“±0 标高线”高或低一定数值的线。但同一建筑物最好只选用一个标高。如地形起伏选用两个标高时，一定要标注清楚，以免使用时发生错误。

（3）沿龙门桩上测设的高程线钉设龙门板，这样龙门板顶面的标高就在一个水平面上了。龙门板标高的测定允许偏差为±5mm。

（4）根据轴线桩，用经纬仪将墙、柱的轴线投到龙门板顶面上，并钉小钉标明，称为轴线钉。投点允许偏差为±5mm。

(5) 用钢尺沿龙门板顶面检查轴线钉的间距，其相对误差不应超过 1/2000。经检核合格后，以轴线钉为准，将墙宽、基槽宽标在龙门板上，最后根据基槽上口宽度拉线撒出基槽开挖灰线。

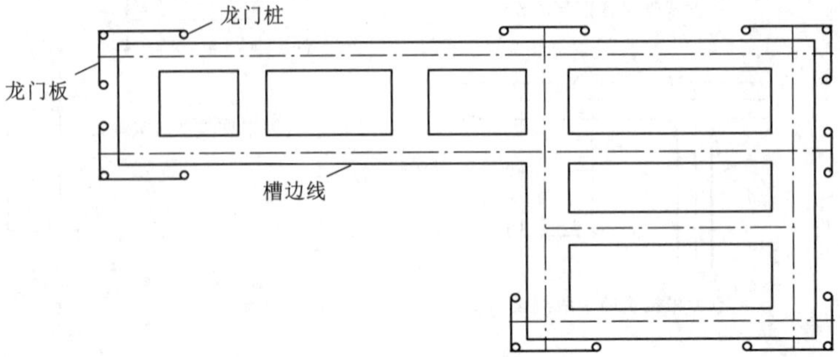

(a) 平面布置图

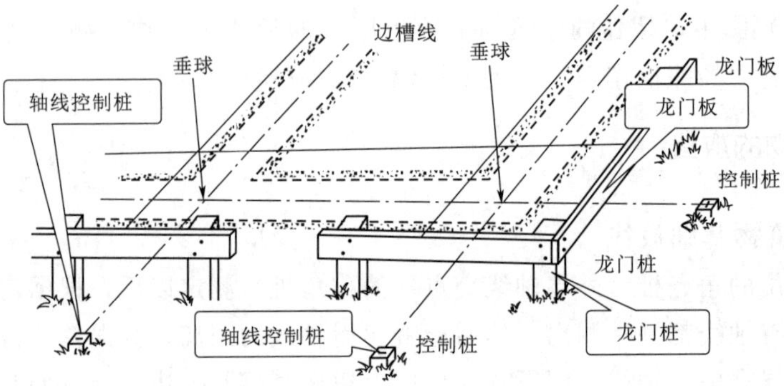

(b) 立体示意图

图 3.3 龙门板设置

3.1.3.3 引桩（轴线控制桩）的测设

由于龙门板需用较多木料，而且占用场地，使用机械挖槽时龙门板更不易保存。因此可以采用在基槽外各轴线的延长线上测设引桩的方法，如图 3.4 所示，作为开槽后各阶段施工中确定轴线位置的依据。即使采用龙门板，为了防止被碰动，也应测设引桩。在多层楼房施工中，引桩是向上层投测轴线的依据。

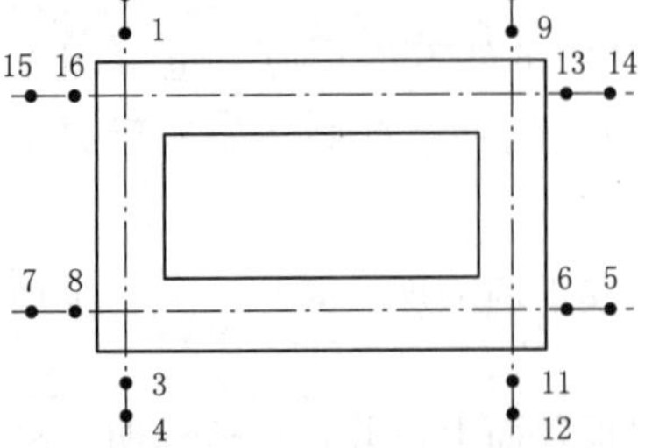

图 3.4 引桩（轴线控制桩）的测设

引桩一般钉在基槽开挖边线 2～4m 的地方，在多层建筑施工中，为便于向上投点，应在较远的地方测定，如附近有固定建筑物，最好把轴线投测在建筑物上。引桩是房屋轴线的控制桩，在一般小型建筑物放线中，引桩多根据轴线桩测设。在大型建筑物放线时，为了保证引桩的精度，一般都先测引桩，再根据引桩测设轴线桩。

任务 3.2 建筑物的轴线投测与高程传递

轴线投测与高程传递

在建筑施工中，建筑的楼层轴线测设和楼层间高程传递是两项主要细部测量工作，其放样方法和精度要求根据不同结构类型和层数要求也不尽相同。

3.2.1 建筑物的轴线投测

建筑施工中，须用仪器将建筑物主轴线及其他中心线精确地投测到建筑物的底层，同时把门窗和其他洞口的边线也弹出，以控制浇筑混凝土时架立钢筋、支模板以及墙体砌筑的尺寸。

投测建筑物的主轴线时，首先应在建筑物的底层或墙的侧面设立轴线标志，二楼以上各楼层轴线均须由底层轴线向上投测，以控制建筑物的垂直度。

高层建筑物竖向投测的精度要求随其结构形式、施工方法和高度的不同而有差异。对于钢结构、钢筋混凝土结构和砌体结构，其主轴线竖向投测的允许偏差应满足表 3.1 中的规定（表中 H 为建筑物高度）。

表 3.1 主轴线竖向投测允许偏差

项目		限差/mm
每层（层间）		±3
建筑总（全）高 H/m	$H \leqslant 30$	±5
	$30 < H \leqslant 60$	±10
	$60 < H \leqslant 90$	±15
	$90 < H \leqslant 120$	±20
	$120 < H \leqslant 150$	±25
	$150 < H$	±30

建筑物主轴线投测方法常用外控法和内控法。

3.2.1.1 外控法

当建筑物外围施工场地比较宽阔时，常用外控法。它是在建筑物外部，把经纬仪置于轴线控制桩上，瞄准轴线方向后用盘左盘右取平均的方法，将主轴线投测到上一层面。如图 3.5 所示，将经纬仪分别安置在 A 轴的控制桩 A_1 点和 A_1' 及 B 轴线控制桩 B_1 和 B_1' 上，分别照准首层的被投测轴线点 a_1、a_1'、b_1 和 b_1'，用盘左和盘右度盘位置向上投测到施工层的楼板 a_2、a_2'、b_2 和 b_2' 上，并取平均位置作为该层投影点，其连线即为 A 轴和 B 轴在楼板上的投影。

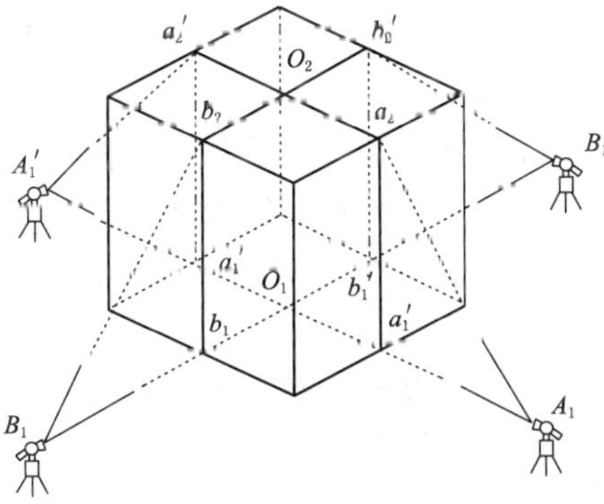

图 3.5 外控法

当建筑物超过 10 层以上，因仪器距建筑物太近，仰角大，投测不便且影响投测精度，因此须将轴线控制桩延长引测到施工围墙以外 120m 远的安全地面或附近多层建筑物的楼顶上，重新钉桩，如图 3.6 中的 A_1 和 A_2 点，即为 A 轴线延长后新的轴线控制桩。在新的轴线控制桩上安置经纬仪，瞄准 10 楼面上的 A 轴线的标志 a_{10} 及 a_{10}'，再逐层向上投测，这种方法称为延长轴线法。

3.2.1.2 内控法

当施工场地窄小，无法在建筑物外面轴线上安置经纬仪进行投测，特别是在建筑物密集的城市市区建造高层建筑，均使用内控法。

内控形式是在建筑物内首层建立施工平面控制网，在各楼层与控制点竖向相应位置上预留 200mm×200mm 传递孔，利用光学垂准仪、激光铅垂仪、重垂球等建立的垂准线，将首层控制点竖向投测到不同高度的楼层，如图 3.7 所示。

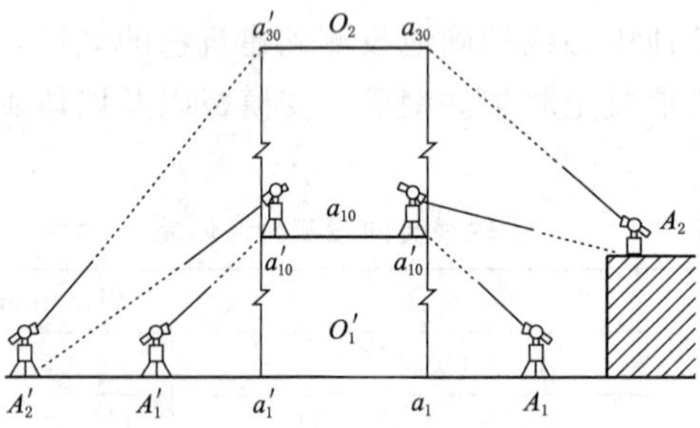

图 3.6 超过 10 层建筑的外控测量

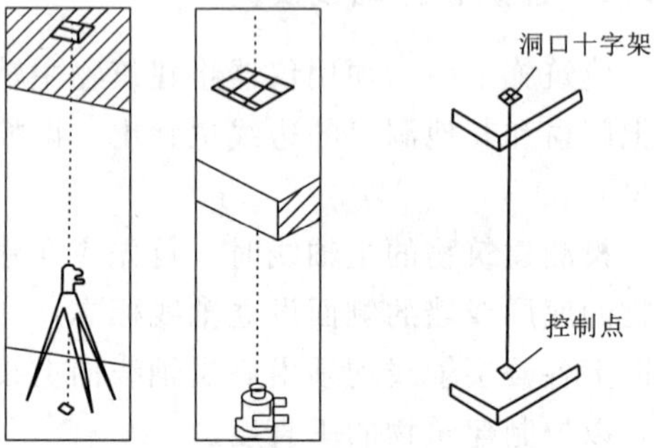

图 3.7 内控法

根据建筑物的施工现场条件，在建筑物内部的首层布设内控点，精确地测定内控点的位置。内控点宜选在建筑物的主要轴线上，并便于向上竖向投测。这种根据垂准线原理进行的轴线投测，由于使用的仪器不同，可分为下列三种投测方法。

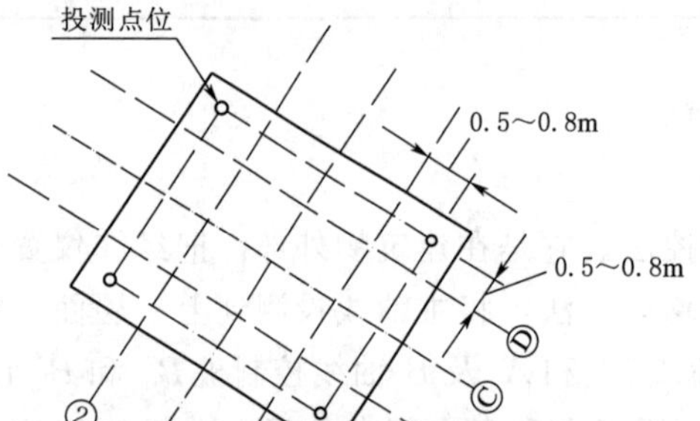

图 3.8 吊坠法预留吊孔示意图

1. 吊线坠法

此法是悬吊特制的较重的线坠，以首层靠近建筑物轮廓的轴线交点为准，直接向各施工楼层悬吊引测轴线，吊坠法预留吊孔示意图如图 3.8 所示。此法经济、简单、直观。依次逐层悬吊线坠投测，只要操作准确、认真，精度能满足要求。

2. 光学垂准仪法

光学垂准仪是作为铅直投测的仪器，向上或向下投点。向上投测称为天顶法，向下投测称为天底法。

天顶法是在经纬仪上加装望远镜弯管目镜，把仪器放在建筑物旁边或首层地板预先设置好的控制桩上进行投测。经纬仪天顶法竖向投测的原理，主要是视准轴线和仪器的竖轴在同一铅垂线上，当望远镜指向天顶方向时，在天顶的目标分划板上成像，经棱镜 90°折射，即可在目镜上进行观测。操作步骤如下：

(1) 在投测点安置仪器，将望远镜指向铅垂向上方向，慢慢将仪器水平旋转一周，由弯管目镜仔细观察，如视线总是指向一点，则说明视线正处于铅垂线上。

(2) 在施工层的预留孔上，固定预先做好的分划板，这时从弯管目镜中观察，望远镜十字丝交点就是被投测点的位置。一般经纬仪在三个水平位置 0°、120°、240°左右进行投测，在分划板上投出一个误差三角形，取其重心作为被投测点的位置。

(3) 在同一施工层上需投测多点，以便互相检查，保证投测准确无误。

天底法是采用光学铅垂仪或特制的具有空心的竖轴、望远镜能向下直立、视线可以通过空心竖轴垂直向下照准基准点的经纬仪，如图 3.9 (a) 所示。投测方法是在施工层上安置铅垂仪，视线通过各层的预留孔照准首层的轴线或预先已设置好的轴线点，如图 3.9 (b) 中的 P 点后，再在安置仪器的施工层上投测出轴线点的位置。

3. 激光铅垂仪法

激光铅垂仪是一种专用于铅直定位的仪器，广泛应用于高层建筑、烟囱、电视塔的竖向定位测量。铅垂仪主要由氦氖激光器、竖轴、发射望远镜、水准管和基座等组成。竖轴是一个空心筒轴，两端有螺扣，用来连接激光器套筒和发射望远镜。激光器通过两组固定螺丝固定在套轴里，激光套管装在竖轴下端，而发射望远镜安置在竖轴的上端，这就组成了向上发射激光束的大顶式激光铅垂仪。如果反向安装，就组成了向下发射激光束的大底式激光铅垂仪。

用激光铅垂仪进行竖向投测步骤如下：

(1) 首先应该根据建筑物平面布置和结构情况，选择适当的投测点，其点数不得少于 3 个，位置离墙、柱、梁 0.6～1m，并设置固定标志，如图 3.10 所示。在埋设投测点控制桩以后，要准确测量控制桩间的距离和角度，并测量控制桩与周围轴线关系数据。

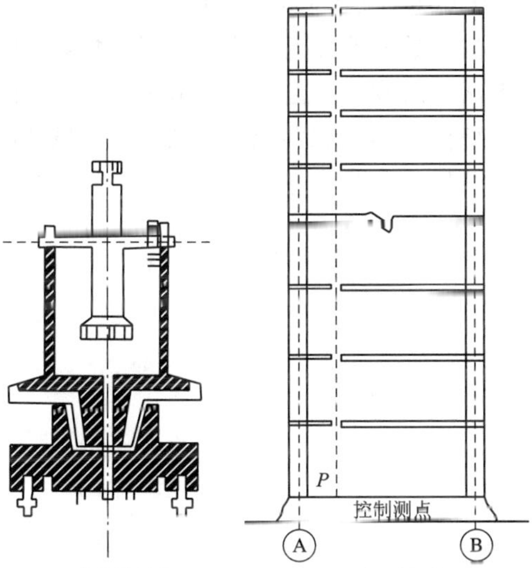

(a) 光学铅垂仪　　(b) 投测方法

图 3.9　天底法

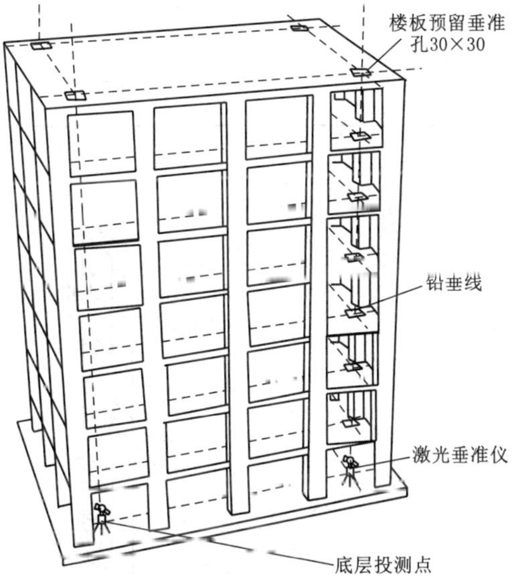

图 3.10　设置固定标志

(2) 安置仪器于控制桩上，仔细对中、整平后，接通电源，激光器即发射出铅直的激光束，并调到最强的激光输出，以便在目标上得到最亮的光斑。在欲投测层的预留孔上放置绘有坐标格网的接收靶，这时激光束在靶上形成一个光斑就是所投测的点。实测中经常是用三个水平位置如 0°、120°、240°投测，如三个投影点不重合，而形成误差三角形，则取其重心为欲求的投测点，如图 3.11 所示。

(3) 在投测层上测量各投测点间的距离和角度，与底层的控制桩点数据校核，然后将各点在楼面上画出十字标志，作为本层定位的依据。

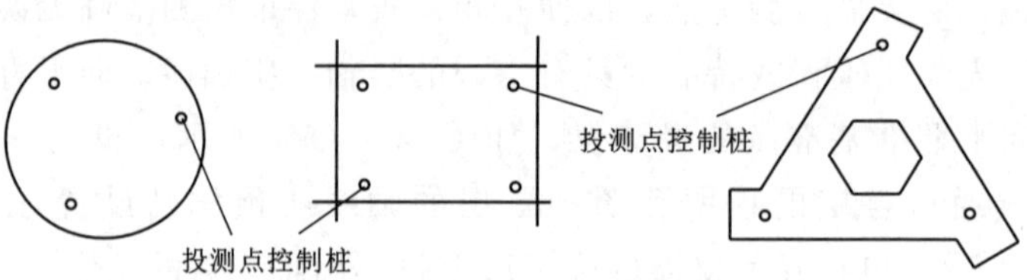

图 3.11 投测点控制桩布置

3.2.2 建筑物的高程传递

在建筑施工中，要从下层楼面向上层楼面传递高程。高程传递的目的是根据现场水准点或±0.00标高线，将高程向上传递至施工楼层，作为施工中各楼层测设标高的依据。高层传递过程中，差限要满足表3.2要求。传递高程的方法有以下几种。

表 3.2 标高竖向投测限差

项　目		限差/mm
每层（层间）		±3
建筑总（全）高 H/m	$H\leqslant 30$	±5
	$30<H\leqslant 60$	±10
	$60<H\leqslant 90$	±15
	$90<H\leqslant 120$	±20
	$120<H\leqslant 150$	±25
	$150<H$	±30

3.2.2.1 利用皮数杆传递高程

如图3.12所示，在皮数杆上自±0.00标高线起，门窗口、楼板、过梁等构件的标高都已标明。一层楼砌好后，则从一层皮数杆起一层一层往上接，就可以把标高传递到各楼层。在接杆时要检查下层杆位置是否正确。

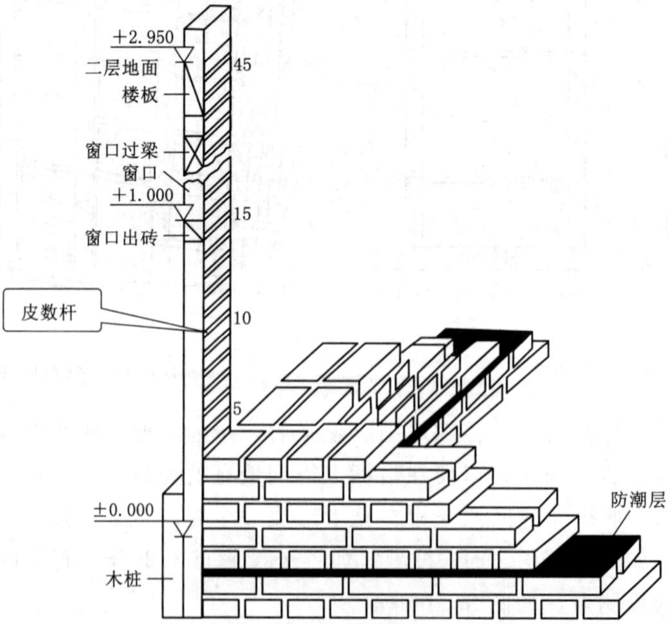

图 3.12 利用皮数杆传递高程

3.2.2.2　利用钢尺直接丈量

沿某一墙角自±0.00标高处起用钢尺向上直接丈量，把高程传递上去。然后根据下面传递上来的高程立皮数杆，作为该层墙身砌筑和安装门窗、过梁及室内装修、地坪抹灰时控制标高的依据。

3.2.2.3　水准测量法

如图3.13所示，在高层建筑的垂直通道（如电梯井、垂准孔等）中悬吊钢尺，钢尺下端挂一重锤，用钢尺代替水准尺，在下层与上层各架一次水准仪，将高程传递上去，从而测设出各楼层的设计标高。

传递点的数目，根据建筑物的大小和高度确定。规模较小的多层建筑，宜从2处分别向上传递，规模较大的高层建筑，宜从3处分别向上传递。

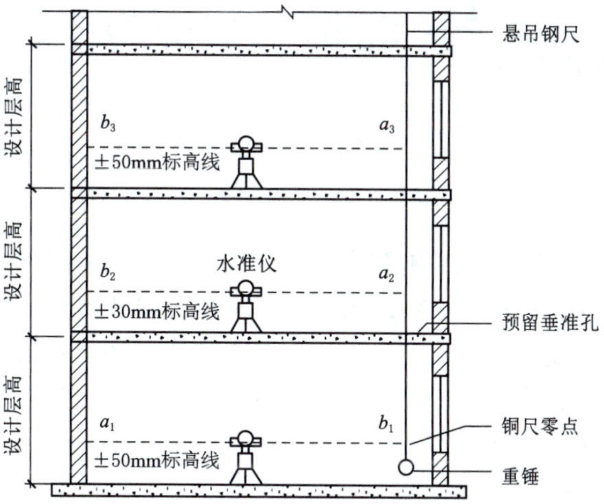

图3.13　水准测量法

将水准仪安置在施工楼层上，检测由下面传递上来的各水平线，误差为±3mm。在各施工楼层抄平时，水准仪应后视两条水平线作校核。

注意：操作前水准仪应检验与校正；施测时尽可能保持前后视距相等；钢尺应检定，应施加尺长改正、温度改正和拉力改正。如图3.14所示，也可以用全站仪代替上面的钢尺丈量垂直距离。在使用全站仪量距中，应注意仪器棱镜常数的校正以及温度、大气压值的变化。

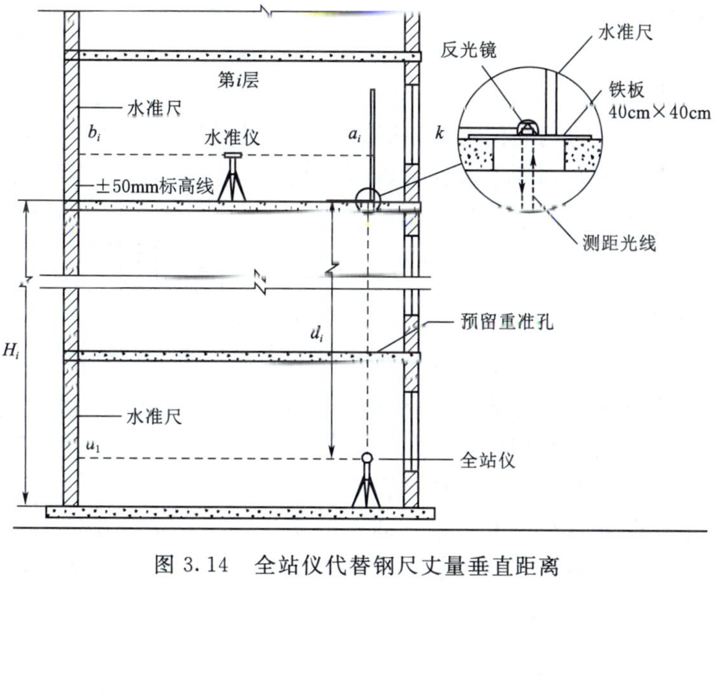

图3.14　全站仪代替钢尺丈量垂直距离

项目4 混凝土结构施工：钢筋工程

钢筋工程是钢筋混凝土结构施工中的重要施工内容，钢筋在结构中起骨架作用，是主要受力材料。按照结构施工图准确无误地施工，确保构件内钢筋型号、根数、位置、保护层厚度、锚固长度、连接正确是施工中必须确保的要求，否则将严重影响构件质量，甚至影响整栋建筑的安全。学习这部分的内容需要结合施工规范，认真阅读施工图和图集，做到精益建造。

任务4.1 钢　筋　下　料

钢筋下料的依据为结构施工图、《混凝土结构施工图平面整体表示方法制图规则和构造详图（现浇混凝土框架、剪力墙、梁、板）》(22G101—1)、《混凝土结构施工图平面整体表示方法制图规则和构造图集（现浇混凝土板板式楼梯）》(16G101—2)、《混凝土结构施工图平面整体表示方法制图规则和构造图集（独立基础、条形基础、筏形基础、桩基础）》(16G101—3)，以及《混凝土结构施工钢筋排布规则与构造详图》（18G901）系列图集。

4.1.1 钢筋下料长度

4.1.1.1 外包尺寸

结构施工图中所给出的钢筋长度是钢筋外缘之间的长度，称为外包尺寸（量度尺寸）。通常在施工图纸或图集中看到的钢筋尺寸标注，指的就是钢筋的外包尺寸，是施工中量度钢筋长度的基本依据。

4.1.1.2 下料长度

当钢筋为直线段时，钢筋的中心线长度与外包尺寸相等。但是，当发生钢筋弯曲时，钢筋的外侧会受到拉伸而伸长，内侧会受到压缩而缩短，但是钢筋的中心线、长度会保持不变。也就是说，当钢筋发生弯曲时，钢筋的中心线长度为钢筋原来的实际长度，也称下料长度，如图4.1所示。

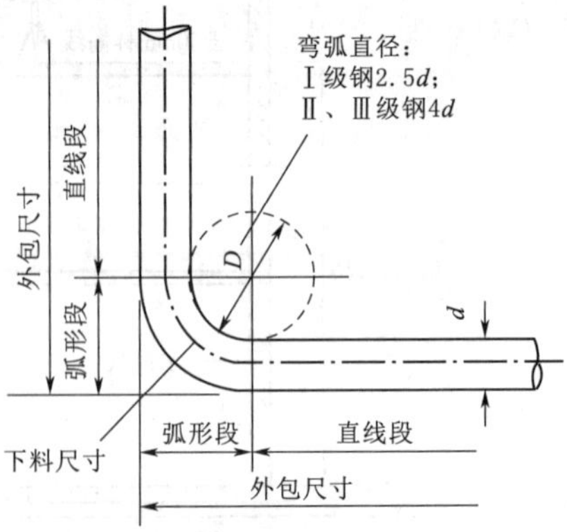

图4.1 钢筋中心线长度

4.1.1.3 量度差值

从图 4.1 中可以看出，当钢筋发生弯曲时，外包尺寸大于下料长度。外包尺寸和下料长度之间存在一个差值，这个差值称为“量度差值”，用公式表示，如下：

$$\text{量度差值}=\text{外包尺寸}-\text{下料长度} \tag{4.1}$$

根据理论推理和实践经验，总结出常见弯曲角度的弯曲量度差值如表 4.1 所列。

表 4.1 钢筋弯曲量度差值

钢筋弯曲角度/(°)	30	45	60	90	135
钢筋弯曲量度差值/d	0.35	0.5	0.85	2	2.5

实际工程中，各式各样的钢筋都是经由直钢筋加工而成。钢筋加工时，先按照下料长度来进行备料，再加工成型。因此，首先需要知道钢筋的下料长度，然后根据下料长度截取直段钢筋，再进行钢筋加工。根据施工图纸，可以方便得到钢筋加工成型后的外包尺寸和钢筋弯曲情况及数量，而不知道钢筋在未发生弯曲前的实际长度（下料长度）。为了得到钢筋的下料长度，将式（4.1）变换为

$$\text{下料长度}=\text{外包尺寸}-\text{量度差值} \tag{4.2}$$

这样就能够按施工图纸，先计算出钢筋的外包尺寸，再扣减掉钢筋弯曲量度差值，即可得钢筋的下料长度。

4.1.2 柱钢筋下料

4.1.2.1 柱基础插筋

柱基础插筋以基础顶面为界，分为上下两个部分，各自构造要求不同。

柱钢筋下料

基础顶面向下部分的做法有很多种（详见《国家建筑标准设计图集》(16G101—3)，当基础高度不满足柱钢筋的直锚长度要求时，柱钢筋在基础内（基础顶面以下）的构造如图 4.2 所示。柱钢筋从基础顶面向下伸至基础底部，支承在基础底板钢筋网上并直角弯折，弯折后的水平直段长度为 $15d$。第一道柱箍筋距基础顶面以下 100mm 采用非复合箍，箍筋间距不大于 500mm，且不小于两道。

柱钢筋在基础顶面向上的外露部分，用来连接上部柱钢筋，连接方式一般采用电渣压力焊，构造如图 4.3 所示。与上部柱钢筋的连接点位置应位于非连接区以外，相邻钢筋的连接点应交替错开，错开距离满足不小于 $35d$ 且不小于 500mm。底层柱的底端（嵌固部位）非连接区的长度为 $H_{n1}/3$，H_{n1} 为底层柱的净高，从基础顶面算至二层梁的底面。

柱基础插筋的下料长度为两段之和，计算公式见式（4.3）：

$$\text{柱基础插筋的下料长度}=15d+\text{基础高}-\text{基础钢筋保护层}-X\text{ 向基础筋直径}-Y\text{ 向基础筋直径}+\text{非连接区 }H_{n1}/3-\text{量度差值} \tag{4.3}$$

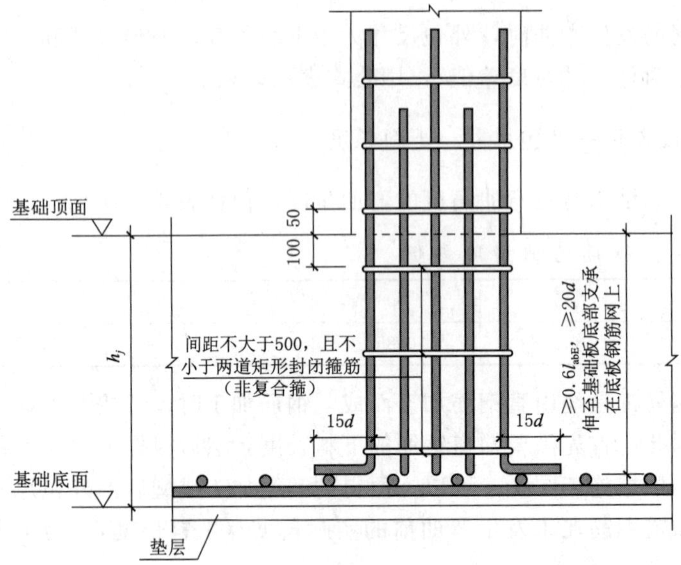

图 4.2 柱插筋在基础中的构造

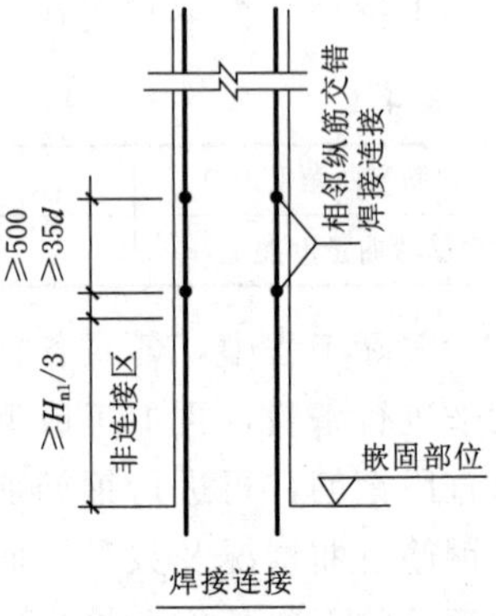

图 4.3 基础顶面柱钢筋焊接连接构造

注意：量度差值应按照钢筋的实际弯曲形状考虑。此处，柱基础插筋只有一个 90°弯折，量度差值应按照 $2d$ 取值。后文中会有不同的钢筋弯曲形状，应按具体情况进行考虑，如梁上部通长筋，一般在两端各有一个 90°弯折，量度差值应按 2 倍 $2d$ 取值。但在公式中，统一用“量度差值”表示。

4.1.2.2 首层及中间层柱纵筋

首层及中间层柱纵筋构造相似，均为一根直钢筋，计算时不需要考虑弯曲量度差。

首层柱纵筋与基础插筋相连接，向上伸至二楼楼面的非连接区，构造如图 4.4 所示。首层柱纵筋以二楼楼面为界，分为上下两部分。下部为基础插筋顶到二楼楼面，长度为首层层高（基础顶至二层楼面）扣减掉底层柱的底端非连接区的长度为 $H_{n1}/3$。上部为二楼的非连接区。二层非连接区大小为 $H_{n2}/6$、h_c、500mm，三者取大，其中 H_{n2} 为二楼净高，h_c 为柱子的长边尺寸。

首层柱纵筋下料长度，计算公式见式（4.4）：

$$首层柱纵筋下料长度=首层层高-首层非连接区长\ H_{n1}/3+二层非连接区长 \tag{4.4}$$

中间层柱纵筋与下层柱纵筋相连接，向上伸至该层楼面的非连接区，构造如图 4.5 所示。与首层柱纵筋类似，计算时以该层楼面为界，分为上下两部分。下部为下层柱纵筋非连接区顶到该层楼面，长度为该层层高扣减掉该层柱的非连接区的长度。上部为上层的非连接区。中间层的非连接区大小均为 $H_n/6$、h_c、500mm，三者取大，h_c 为柱子的长边尺寸。需注意，不同楼层，H_n 的大小不一定相同，需按实际楼层层高及该层框架梁高进行计算。

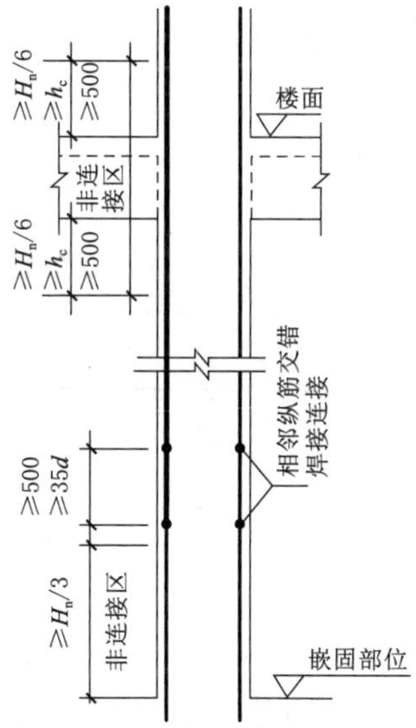

图 4.4　首层柱纵筋构造

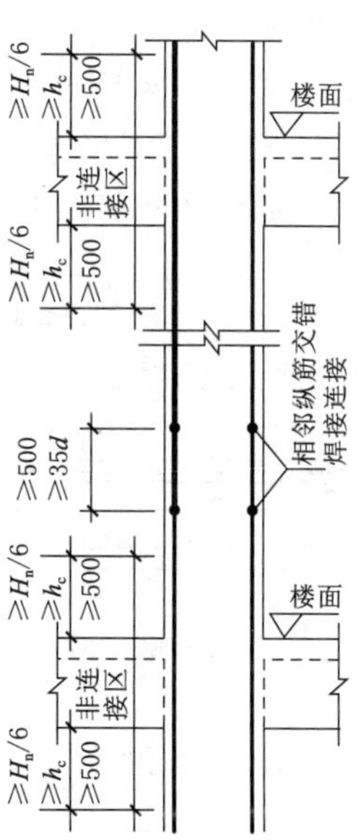

图 4.5　中间层柱纵筋构造

中间层柱纵筋下料长度，计算公式见式（4.5）：

中间层柱纵筋下料长度＝本层层高－本层非连接区长＋上层非连接区长　(4.5)

若中间层为标准层，每层的层高及框架梁高均相同，上下层的非连接区长度均相同，则中间层柱纵筋的下料长度为标准层的层高。

4.1.2.3　柱顶纵筋

边柱、角柱与中柱的柱顶构造不尽相同，分别进行计算。

1. 中柱柱顶纵筋

《混凝土结构施工图平面整体表示方法制图规则和构造详图（现浇混凝土框架、剪力墙、梁、板）》(22G101—1）图集中，中柱柱顶构造做法有4种。当柱顶直锚长度不能满足要求，且柱顶有不小于100mm厚的现浇板时的构造做法如图4.6所示。中柱纵向钢筋伸至柱顶，从梁底面算起，竖直段应不小于$0.5l_{abE}$，然后向外锚固进入梁或板内，水平弯折段为$12d$。

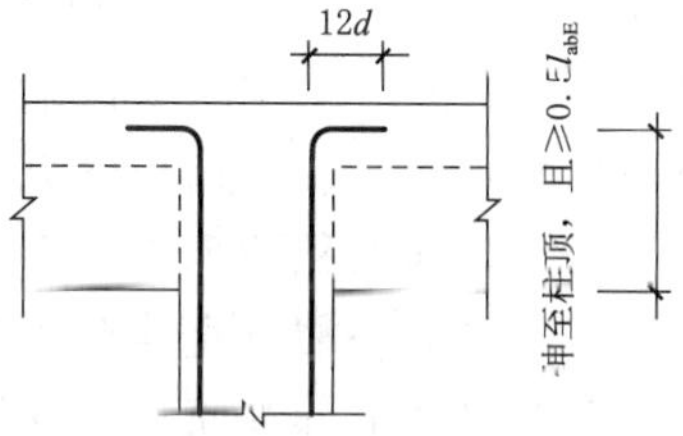

图 4.6　中柱柱顶纵向钢筋构造

中柱柱顶下部为顶层柱纵筋非连接区顶，中柱柱顶纵筋下料长度，计算公式见式（4.6）：

中柱柱顶纵筋下料长度＝顶层层高－顶层非连接区长－纵筋保护层厚度＋$12d$－量度差值　(4.6)

2. 边柱和角柱柱顶纵筋

《混凝土结构施工图平面整体表示方法制图规则和构造详图（现浇混凝土框架、剪力墙、梁、板）》(22G101—1）图集中，边柱、角柱柱顶纵筋做法较多，下面选取节点②和③进行计算说明，构造做法如图4.7所示。柱顶节点处，柱纵筋与梁上部纵筋搭接，从梁底面算起，搭接长度为 $1.5l_{abE}$。若从梁底算起，$1.5l_{abE}$ 超过了柱内侧边缘，则采用节点②；若从梁底算起，$1.5l_{abE}$ 未超过柱内侧边缘，则采用节点③。另外，不管是节点②，还是节点③，当柱外侧纵向钢筋配筋率大于 1.2%时，柱纵筋需分两批截断，一批在 $1.5l_{abE}$ 处截断，另一批继续向前延伸 $20d$ 再截断。

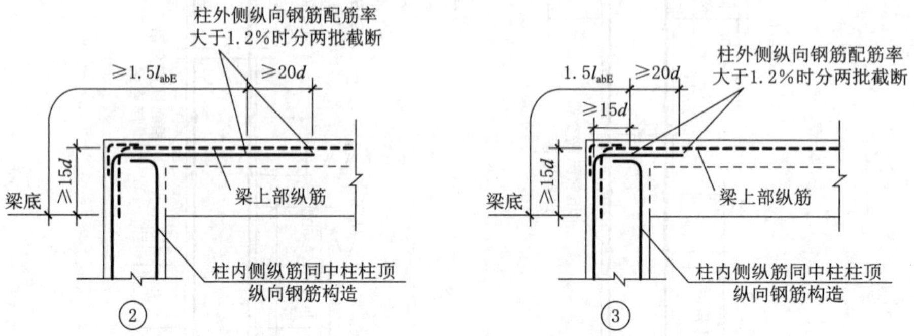

从梁底算起 $1.5l_{abE}$ 超过柱内侧边缘　　　　从梁底算起 $1.5l_{abE}$ 未超过柱内侧边缘

图 4.7　边柱和角柱柱顶纵向钢筋构造

边柱、角柱与中柱的底部构造是相同的，只是顶部柱纵筋的水平段长度不同。由于梁柱钢筋的搭接长度 $1.5l_{abE}$ 是从梁底面算起，以梁底面为界，将边柱和角柱柱顶纵筋分为两个部分，下部为梁底到顶层非连接区顶部，上部为搭接区 $1.5l_{abE}$，边柱和角柱柱顶纵筋下料长度，计算公式见式（4.7）：

$$\text{边柱和角柱柱顶纵筋下料长度}=\text{顶层柱净高}-\text{顶层非连接区长}+1.5l_{abE}-\text{量度差值} \tag{4.7}$$

梁钢筋下料

4.1.3　梁钢筋下料

4.1.3.1　梁上部纵向钢筋

1. 上部通长筋

中间层框架梁的纵向钢筋构造如图 4.8 所示。框架梁上部需设置至少 2 根通长筋，一、二级抗震等级不应少于 2Φ14，且分别不应少于梁两端顶面和底面纵向钢筋中较大截面面积的 1/4，三、四级抗震等级不应少于 2Φ12。当不考虑通长筋的搭接时，通长筋由梁的一端一直伸至另外一端，沿梁的全长布置。

框架梁的上部纵筋和下部纵筋在端支座处的锚固一般有两种形式：直锚和弯锚。弯锚的构造要求如图 4.8 所示。当端支座的尺寸不满足直锚要求时，应采用弯锚。弯锚的支座锚固长度可以两个部分：平直段和竖直弯折段。平直段部分的长度在满足不小于 $0.4l_{abE}$ 的前提下，还应伸至柱外侧纵筋内侧（纵筋保护层厚度），然后向下或向上弯折。竖直弯折段部分为 $15d$。

弯锚时，端支座外包尺寸见式（4.8）：

$$\text{端支座外包尺寸}=\text{支座宽}-\text{纵筋保护层}+15d \tag{4.8}$$

注意：“支座宽－柱纵筋保护层”即弯锚平直段部分的长度，还应满足不小于 $0.4l_{abE}$。

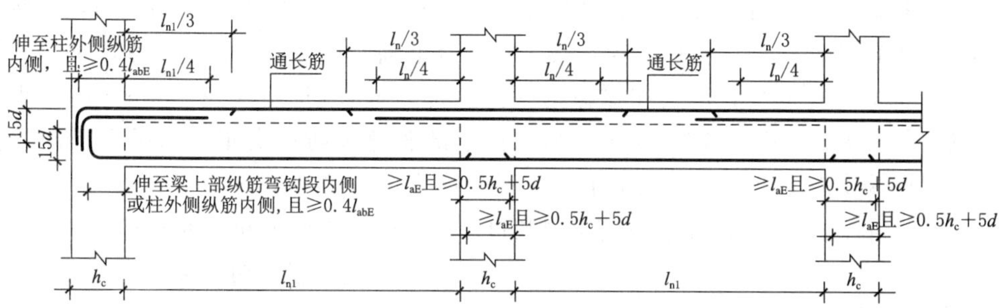

图 4.8　楼层框架梁纵向钢筋构造

若上部通长筋需要连接，连接位置宜位于跨中 1/3 净跨范围内；下部纵筋连接位置宜位于距支座 1/3 净跨范围内，且同一连接区段内钢筋接头面积百分率不宜大于 50%。

若支座满足式（4.9）的要求，则梁纵筋在端支座处可采用直锚，否则应采用弯锚。直锚要求如图 4.9 所示。

$$(\text{支座宽}\ h_c - \text{纵筋保护层厚度}) \geqslant \max\{l_{aE}, h_c/2+5d\} \tag{4.9}$$

式中：h_c 为支座沿梁纵向方向的尺寸；d 为纵筋直径，纵筋保护层厚度＝箍筋保护层厚度＋箍筋直径。

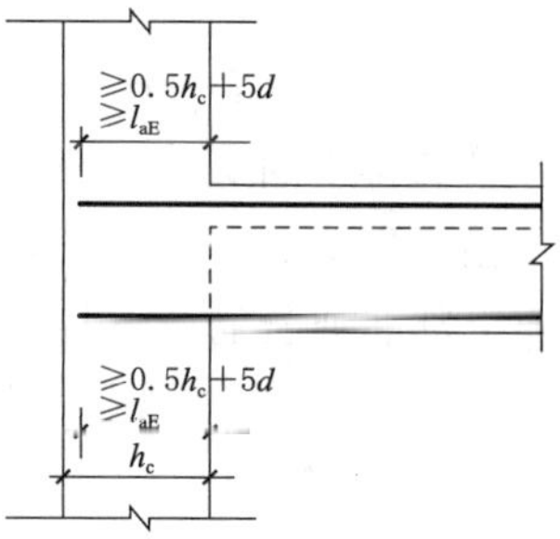

图 4.9　端支座直锚构造

注意：直锚长度没有弯锚中“伸至柱外侧纵筋内侧”的要求。当“支座宽－纵筋保护层厚度”部分的尺寸大于直锚长度时，钢筋长度取 $\max\{l_{aE}, h_c/2+5d\}$ 即可，梁纵筋不用再向前延伸（至柱边）。非抗震时，则用 l_a 代替 l_{aE}。

直锚时，端支座内的外包尺寸公式见式（4.10）：

$$\text{端支座外包尺寸} = \max\{l_{aE}, h_c/2+5d\} \tag{4.10}$$

注意，计算时务必先验算其前提条件，能直锚则采用直锚，若不能满足直锚要求时则应采用弯锚。实际工程中，一般采用弯锚，只有当支座较宽时才采用直锚，故后面的计算均按弯锚考虑。

梁上部通长筋两端均弯锚时下料长度，计算公式见式（4.11）：

$$\text{梁上部通长筋两端均弯锚时下料长度} = \text{梁全长} - \text{纵筋保护层厚度} \times 2 + 15d \times 2 - \text{量度差值} \tag{4.11}$$

2. 端支座上部非通长筋

当端支座处采用弯锚时，端支座上部非通长筋形状为 L 形。第一排非通长筋在支座内的锚固同上部通长筋，从支座边向梁内延伸长度的长度为 $l_n/3$。l_n 为梁的净跨长，对端支座，l_n 为本跨净跨长；对中间支座，l_n 为支座两侧净跨长中的较大者。第一排端支座上部非通长筋的下料长度计计算公式见式（4.12）：

$$\text{第一排端支座上部非通长筋的下料长度} = l_n/3 + \text{支座宽}\ h_c - \text{纵筋保护层厚度} + 15d - \text{量度差值} \tag{4.12}$$

端支座处的第二排上部非通长筋在支座内的锚固同第一排上部非通长筋类似，一般在支座内也是弯锚，上下排钢筋钢筋需要有 25mm 的净距。由于有上排钢筋的存在，在支座内向下弯折时，第二排上部非通长筋的起弯点在第一排上部非通长筋的后面，不然就会碰到第一排上部非通长筋。也就是说，第二排上部非通长筋在支座内的水平段部分的长度比第一排上部非通长筋少，需要扣减掉第一排上部非通长筋的直径和25mm的净距。而弯折后的竖直段长度相同，都是$15d$。第二排上部非通长筋从支座边向梁内延伸长度为$l_n/4$。第二排端支座上部非通长筋的下料长度计算公式见式（4.13）：

$$第二排端支座上部非通长筋下料长度=l_n/4+端支座外包尺寸-25mm-一排筋直径-量度差值 \quad (4.13)$$

3. 中间支座上部非通长筋

中间支座的上部非通长筋是一根直钢筋，第一排中间支座上部非通长筋两边从支座边向梁内延伸长度的长度为$l_n/3$，中间贯通支座。l_n为梁的净跨长，对中间支座，l_n为支座两侧净跨长中的较大者。第一排中间支座上部非通长筋的下料长度计计算公式见式（4.14）：

$$第一排中间支座上部非通长筋下料长度=l_n/3\times2+支座宽 \quad (4.14)$$

第二排中间支座上部非通长筋两边从支座边向梁内延伸长度的长度为$l_n/4$，中间贯通支座。l_n为梁的净跨长，对中间支座，l_n为支座两侧净跨长中的较大者。第二排中间支座上部非通长筋的下料长度计算公式见式（4.15）：

$$第二排中间支座上部非通长筋的下料长度=l_n/4\times2+支座宽 \quad (4.15)$$

4. 架立筋

当梁采用复合箍筋时，若通长筋根数少于箍筋肢数时，箍筋上部转角处将无纵向钢筋，此时箍筋处于不稳定状态。因此需要设置架立筋，对箍筋起架立作用，以形成钢筋骨架。架立筋两端与该跨梁两侧的上部第一排非通长筋搭接，搭接长度为150mm。架立筋下料长度计算公式见式（4.16）：

$$架立筋下料长度=净跨长-左侧负筋长-右侧负筋长+搭接长\times2 \quad (4.16)$$

注意：端支座与中间支座的l_n取值规则不同，不同中间支座净跨长l_n也不尽相同，不能简单地认为“净跨长－左侧负筋长－右侧负筋长”$=l_n-l_n/3-l_n/3=l_n/3$，而应视具体情况进行分析。

4.1.3.2 梁下部纵向钢筋

梁下部纵向钢筋一般是按跨布置的，即在一跨范围内通长布置。当相邻两跨配筋相同，且满足钢筋定尺长度的前提下，也可将相邻两跨钢筋拉通。

梁下部纵向钢筋端支座锚固规定同梁上部纵向钢筋。通常情况下，端支座处多采用弯锚，中间支座处多采用直锚，所以支座锚固形式并不固定，需视具体情况取用。

另外需注意，由于中间支座多采用直锚（直锚长度为$\max\{l_{aE},h_c/2+5d\}$，多数情况下$l_{aE}\geqslant h_c/2+5d$，故直锚长取l_{aE}），当直锚长度较大而支座宽度较小时（实际中经常出现），会出现$l_{aE}\geqslant h_c$的情况。此时中间支座处梁下部纵筋从支座边算起的长度（l_{aE}）进入支座锚固，而支座宽度并不满足直锚长度（$l_{aE}\geqslant h_c$）的要求，钢筋必须继续伸入相邻跨才能满足直锚要求。此时直锚钢筋并未全部位于支座中（一部分位于相邻跨），但亦认为满足直锚要求。若一段弯锚，一段直锚时，下部纵向钢筋下料长度计算公式见式（4.17），其他锚固情况按照实际情况考虑：

$$下部纵向钢筋下料长度=净跨长+左右端支座外包尺寸-量度差值 \quad (4.17)$$

4.1.3.3 有加密区的梁箍筋根数计算

框架梁和屋面框架梁的梁端箍筋要求加密，如图 4.10 所示。第一道箍筋从支座边 50mm 处开始设置，抗震等级为一级的框架梁和屋面框架梁，箍筋加密区范围从支座处开始计算，取 $\{2h_b,500\text{mm}\}$ 中的较大值，其中 h_b 为框架梁截面高度；抗震等级为二级至四级的框架梁和屋面框架梁，箍筋加密区范围从支座处开始计算，取 $\{1.5h_b,500\text{mm}\}$ 中的较大值。

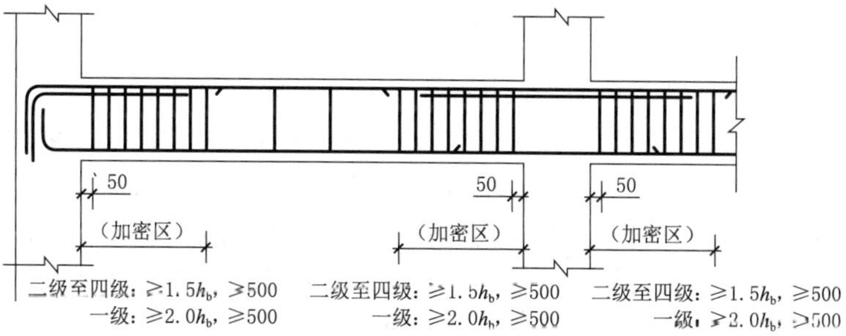

图 4.10 框架梁箍筋加密区范围

加密区箍筋根数及非加密区箍筋根数计算公式见式（4.18）、式（4.19）：

$$加密区箍筋根数=(加密区长度-50)/加密区间距+1 \quad (4.18)$$

$$非加密区箍筋根数=非加密区长度/非加密区间距-1 \quad (4.19)$$

注意：无论是“（加密区长度－50）/加密区间距”还是“非加密区长度/非加密区间距”部分的计算结果如果不是整数，都应该向上取整（如计算结果为 5.1，则应向上取为整数 6）。文后凡是涉及根数计算的问题，采用长度/间距的形式，其结果都应向上取整，不再赘述。

注意：计算加密区箍筋个数时采用的加密区长度为图集中规定的加密区长度；一级抗震等级框架梁的箍筋加密区长度为：$\geqslant 2h_b$ 且 $\geqslant$500mm；二级至四级抗震等级框架梁的箍筋加密区长度为 $\geqslant 1.5h_b$ 且 $\geqslant$500mm。而计算非加密区箍筋个数时，非加密区长度应采用实际加密区长度。

4.1.3.4 侧面纵向构造钢筋与侧面纵向抗扭钢筋

梁侧面纵向构造钢筋和梁侧面纵向抗扭钢筋都是布置在梁两侧中间部分的侧面纵向钢筋，构造如图 4.11 所示。《混凝土结构设计规范》（GB 50010）中规定，当梁的腹板高度 $h_w \geqslant$450mm（h_w 为截面的腹板高度：对矩形截面，取有效高度；对 T 形截面，取有效高度减去翼缘高度；对工形截面，取腹板净高）时，在梁的两个侧面应沿高度配置纵向构造钢筋，每侧纵向构造钢筋（不包括梁上、下部受力钢筋及架立钢筋）的截面面积不应小于腹板截面面积 bh_w 的 0.1%，且其间距不宜大于 200mm。

梁侧面纵向抗扭钢筋的布置要求和布置方式与梁侧面纵向构造钢筋是相同的，两者在梁上的位置是完全相同的，布置了抗扭钢筋后就不需要再布置构造钢筋。《混凝土结构施工图平面整体表示方法制图规则和构造详图（现浇混凝土框架、剪力墙、梁、板）》（22G101—1）图集中规定，以字母“G”打头的钢筋就是构造钢筋，以字母“N”打头的钢筋就是抗扭钢筋。

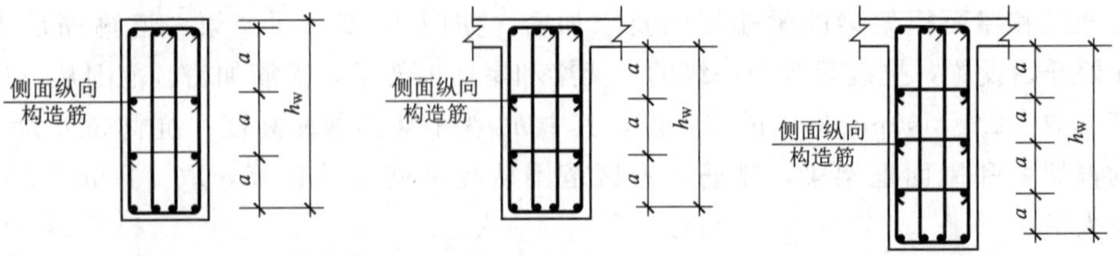

图 4.11 梁侧面纵向构造筋和拉筋构造

梁侧面纵向构造钢筋和梁侧面纵向抗扭钢筋的不同之处如下：

(1) 梁侧面纵向构造钢筋按构造要求设置，不需要进行力学计算。梁侧面纵向抗扭钢筋则是由设计人员通过抗扭计算确定钢筋规格和根数。

(2) 搭接和锚固不同。梁侧面纵向构造钢筋只需按构造要求配置，而不考虑其受力，其搭接长度和锚固长度可取为 $15d$。梁侧面纵向抗扭钢筋需要考虑其抗扭作用，搭接长度为 l_1（非抗震）或 l_{lE}（抗震），锚固长度和锚固方式同框架梁下部纵筋。对于端支座，即伸至柱外侧纵筋的内侧，再弯 $15d$ 的直钩，并且保证其直锚水平段长度不小于 $0.4l_{aE}$；对于中间支座来说，即锚入支座不小于 l_{aE}，且超过柱中心线 $5d$。

对于抗扭构件，其箍筋设置也不同。受扭所需的箍筋应做成封闭式，且应沿截面周边布置；当采用复合箍筋时，位于截面内部的箍筋不应计入受扭所需的箍筋面积；受扭所需箍筋的末端应做成 135°弯钩，弯钩端头平直段长度不应小于 $10d$（d 为箍筋直径）。

梁侧面纵向构造钢筋和梁侧面纵向抗扭钢筋都需要用到拉筋，两者对拉筋规格和间距的要求也相同。具体规定为：当梁宽不大于 350mm 时，拉筋直径为 6mm；当梁宽大于 350mm 时，拉筋直径为 8mm。拉筋间距为非加密区箍筋间距的 2 倍。当设有多排拉筋时，上下两排拉筋竖向应错开设置。

侧面纵向构造钢筋下料长度计算公式见式（4.20）：

$$\text{侧面纵向构造钢筋下料长度} = \text{通跨净跨长} + 15d \times 2 + 6.25d \times 2 \tag{4.20}$$

侧面纵向抗扭钢筋下料长度计算公式见式（4.21）：

$$\text{侧面纵向抗扭钢筋下料长度} = \text{通跨净跨长} + \text{锚固长} \times 2 \tag{4.21}$$

侧面纵向构造钢筋与侧面纵向抗扭钢筋的锚固不同，构造钢筋为非受力钢筋，搭接长度和锚固长度均为 15d；侧面纵向抗扭钢筋为受力钢筋，其锚固长度为 l_{aE} 或 l_a，锚固方式与梁下部纵向钢筋相同，搭接长度为 l_{lE} 或 l_l。

4.1.4 板钢筋下料

板钢筋下料

4.1.4.1 板底部钢筋

《混凝土结构施工图平面整体表示方法制图规则和构造详图（现浇混凝土框架、剪力墙、梁、板）》（22G101—1）图集中绘制的板钢筋构造是按照中间支座为梁绘制，如图 4.12 所示，当中间支座为剪力墙、圈梁或砌体墙时，其构造相同。

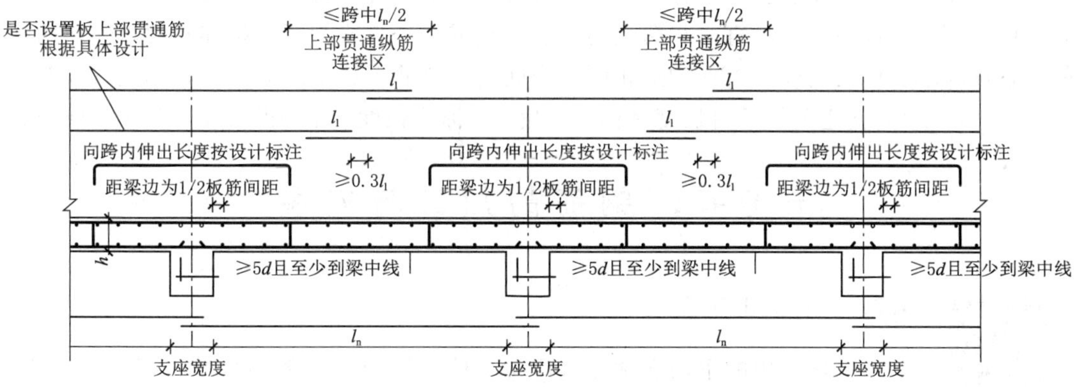

图 4.12 有梁楼盖楼面板钢筋构造

无论是板上部钢筋还是板下部钢筋，第一根板钢筋均在距梁边 1/2 板筋间距的地方开始设置。不考虑板底筋拉通的情况下，板下部纵筋在一跨范围内通长设置。板底部钢筋两端伸入支座内直锚，从梁边开始计算，直锚长度不小于 5d 且至少到支座梁的中线。板底筋为一级钢时，两端需设置 180°弯钩，三级钢时不需要设置弯钩。对于三级钢，板底部钢筋的下料长度就是该跨板的跨度。

4.1.4.2 端支座负筋

板端部的支座不同时，其锚固要求也不同。《混凝土结构施工图平面整体表示方法制图规则和构造详图（现浇混凝土框架、剪力墙、梁、板）》(22G101—1) 图集的楼板部分已经不再适用于砌体结构，图集取消了板端部的支座为砌体墙和圈梁的情况。以下均以支座为梁为例，计算板负筋下料长度。

板端部支座为梁时，构造如图 4.13 所示。板上部纵筋伸至支座梁外侧上部角筋的内侧，然后向下直角弯钩。要求平直段部分的长度当设计按铰接时，应不小于 0.35l_{ab}，当设计充分利用钢筋的抗拉强度时不小于 0.6l_{ab}，直角弯钩部分的长度为 15d。

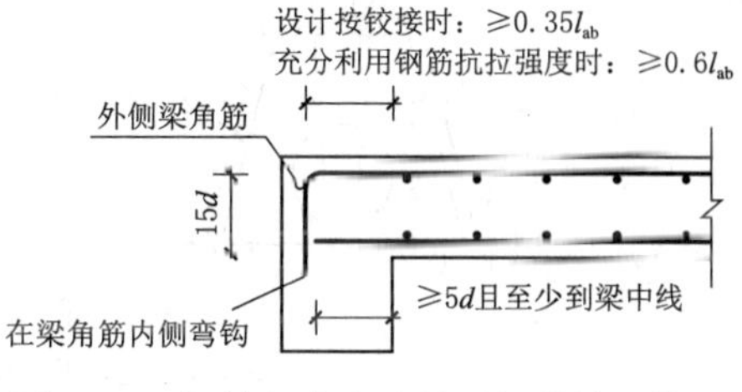

图 4.13 板端部支座为梁时钢筋锚固构造

端支座负筋，一般由一个平直段和两端的直角弯钩段组成，端支座负筋自支座中线向跨内的延伸长度，由设计书写在线段的下方位置。在支座内的锚固构造如图 4.13，端支座负筋一侧伸至支座梁外侧上部角筋的内侧，然后向下直角弯折，弯折段的长度为 15d。另一侧在板内的构造如图 4.12 所示，弯折段由板面向下伸至距板底一个保护层厚度的地方。端支座负筋下料长度计算公式见式 (4.22)：

$$端支座负筋下料长度=端支座外包尺寸+板内净尺寸+弯折长度 \tag{4.22}$$

4.1.4.3 中间支座负筋

当中间支座负筋由支座向两侧对称延伸时，可仅在支座一侧线段下方标注延伸长度，另一侧不注。当向支座两侧非对称延伸时，应分别在支座两侧线段下方注写延伸长度。中间支座负筋，一般由一个平直段和两端的弯折段组成。平直段为两侧延伸长度之和，两端的弯折段与端支座负筋在板内的构造相同。中间支座负筋下料长度计算公式见式（4.23）：

中间支座负筋下料长度＝标注长度1＋标注长度2＋弯折长度×2 （4.23）

任务4.2 钢筋的加工与安装

钢筋加工与安装

4.2.1 钢筋的加工

进场备用的钢筋必须经过质量验收，不合格的钢筋严禁在工程上使用。由于钢筋长度一定，有的还是盘圆的，使用时需要加工处理。

4.2.1.1 钢筋除锈

钢筋的表面应洁净。油渍、漆污和用锤敲击时能剥落的浮皮、铁锈等应在使用前清除干净。在焊接前，焊点处的水锈应清除干净。

钢筋的除锈，一般可通过以下两个途径：一是在钢筋冷拉或钢丝调直过程中除锈，对大量钢筋的除锈较为经济且高效；二是用机械方法除锈，如采用电动除锈机除锈，对钢筋的局部除锈较为方便。此外，还可采用手工除锈（用钢丝刷、砂盘）、喷砂和酸洗除锈等。

图4.14所示为电动除锈机，该机的圆盘钢丝刷有成品供应，也可用废钢丝绳头拆开编成，其直径为20～30cm、厚度为5～15cm、转速约为1000r/min，电动机功率为1.0～1.5kW。为了减少除锈时灰尘飞扬，应装设排尘罩和排尘管道。

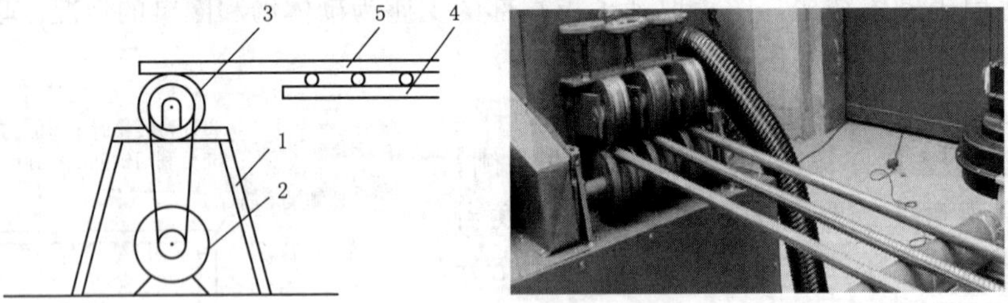

图4.14 电动除锈机

1—支架；2—电动机；3—圆盘钢丝刷；4—滚轴台；5—钢筋

在除锈过程中发现钢筋表面的氧化铁皮鳞落现象严重并已损伤钢筋截面，或在除锈后钢筋表面有严重的麻坑、斑点伤蚀截面时，应降级使用或剔除不用。

4.2.1.2 钢筋调直

1. 钢筋调直机

图4.15所示为钢筋调直机外形，其主要作用是对盘圆钢筋进行调直。

图 4.15　钢筋调直机

2. 数控钢筋调直切断机

数控钢筋调直切断机是在原有调直机的基础上应用电子控制仪，准确控制钢丝断料长度，并自动计数。该机的工作原理，如图 4.16 所示。在该机摩擦轮（周长 100mm）的同轴上装有一个穿孔光电盘（分为 100 等分），光电盘的一侧装有一只小灯泡，另一侧装有一只光电管。当钢筋通过摩擦轮带动光电盘时，灯泡光线通过每个小孔照射光电管，就被光电管接收而产生脉冲讯号（每次讯号为钢筋长 1mm），控制仪长度部位数字上立即示出相应读数。当信号积累到给定数字（钢丝调直到所指定长度）时，控制仪立即发出指令，使切断装置切断钢丝。与此同时长度部位数字回到零，根数部位数字示出根数，这样连续作业，当根数信号积累至给定数字时，即自动切断电源，停止运转。

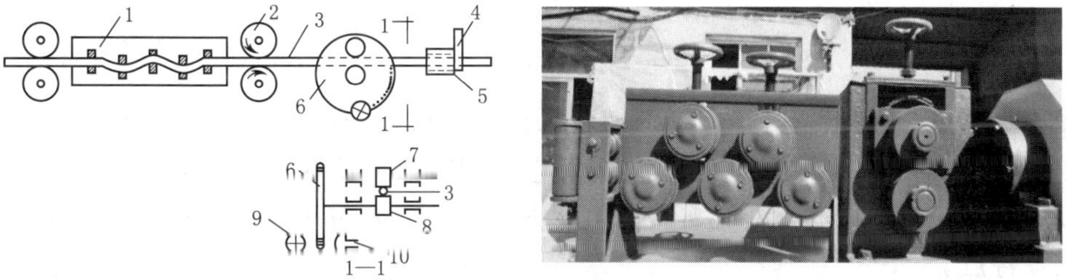

图 4.16　数控钢筋调直切断机工作简图

1—调直装置；2—牵引轮；3—钢筋；4—上刀口；5—下刀口；6—光电盘；7—压轮；8—摩擦轮；9—灯泡；10—光电管

钢筋数控调直切断机断料精度高（偏差仅 1～2mm），并实现了钢丝调直切断自动化。采用此机时，要求钢丝表面光洁，截面均匀，以免钢丝移动时速度不匀，影响切断长度的精确性。

3. 卷扬机拉直设备

卷扬机拉直设备如图 4.17 所示，两端采用地锚承力。冷拉滑轮组回程采用荷重架，标尺量伸长。该法设备简单，宜用于施工现场或小型构件厂。

钢筋调直后应进行力学性能和重量偏差的检验，其强度应符合有关标准的规定。盘卷钢筋和直条钢筋调直后的断后伸长率、重量负偏差应符合表 4.2 规定。

检查数量：同一厂家、同一牌号、同一规格的调直钢筋，重量不大于 30t 为一批；每批见证取 3 件试件。

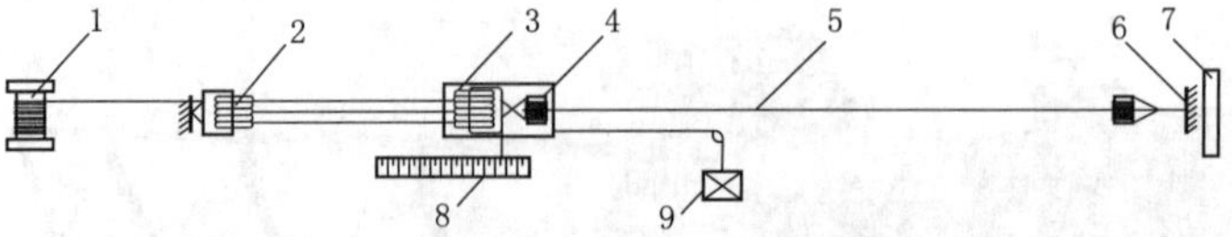

图 4.17 卷扬机拉直设备布置

1—卷扬机；2—滑轮组；3—冷拉小车；4—钢筋夹具；5—钢筋；
6—地锚；7—防护壁；8—标尺；9—荷重架

表 4.2 盘卷钢筋和直条钢筋调直后的断后伸长率、重量负偏差要求

钢筋牌号	断后伸长率 A/%	重量负偏差/%	
		直径 6～12mm	直径 14～16mm
HPB300	≥21	≥−10	—
HRB400、HRBF 400	≥15	≥−8	≥−6
RRB400	≥13		
HRB500、HRBF500	≥14		

检验方法：3个试件先进行重量偏差检验，再取其中2个试件经时效处理后进行力学性能检验。检验重量偏差时，试件切面应平滑且与长度方向垂直，且长度不应小于500mm；长度和重量的量测精度分别不应低于1mm和1g。

4.2.1.3 钢筋切断

1. 钢筋切断机

图4.18为钢筋切断机外形。钢筋切断机是一种剪切钢筋所使用的工具。一般有全自动钢筋切断机，和半自动钢筋切断机之分。它是钢筋加工必不可少的设备之一，它主要用于钢筋的定长切断。钢筋切断机与其他切断设备相比，具有重量轻、耗能少、工作可靠、效率高等特点。

2. 电动动液压切断器

电动液压切断器，见图4.19。切断力80kN，活塞行程为30mm，压柄作用力220N，总重量6.5kg，可切断直径16mm以下的钢筋。这种机具体积小、重量轻，操作简单，便于携带。

图 4.18 钢筋切断机

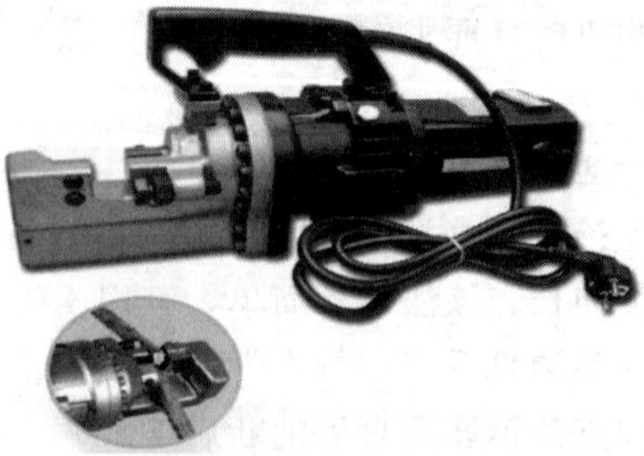

图 4.19 电动液压切断器

4.2.1.4 钢筋弯曲加工

1. 受力钢筋

(1) 光圆钢筋末端应作 180°弯钩，其弯弧内直径不应小于钢筋直径的 2.5 倍，弯钩的弯后平直部分长度不应小于钢筋直径的 3 倍。

(2) 当设计要求钢筋末端需作 135°弯钩时［图 4.20（a）］，HRB400 级和 HRB500 级钢筋的弯弧内直径 D 不应小于钢筋直径的 4 倍，弯钩的弯后平直部分长度应符合设计要求。

(3) 钢筋作不大于 90°的弯折时［图 4.20（b）］，弯折处的弯弧内直径不应小于钢筋直径的 5 倍。

2. 箍筋

除焊接封闭环式箍筋外，箍筋的末端应作弯钩。弯钩形式应符合设计要求；当设计无具体要求时，应符合下列规定：

(1) 箍筋弯钩的弯弧内直径除应满足受力钢筋的弯弧内直径要求外，尚应不小于受力钢筋的直径。

(2) 箍筋弯钩的弯折角度应为 135°（图 4.21）。

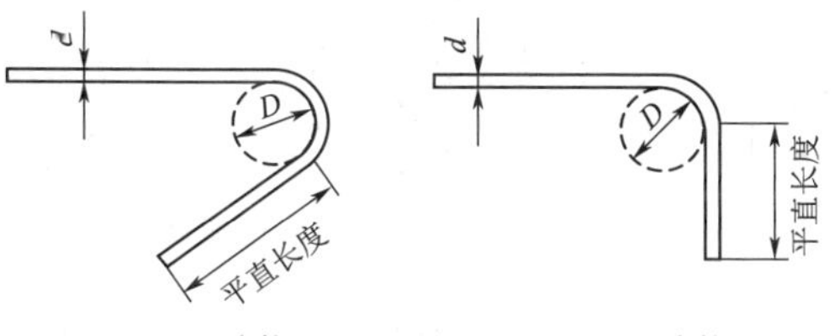

(a) 135°弯钩　　(b) 90°弯钩

图 4.20 受力钢筋弯折

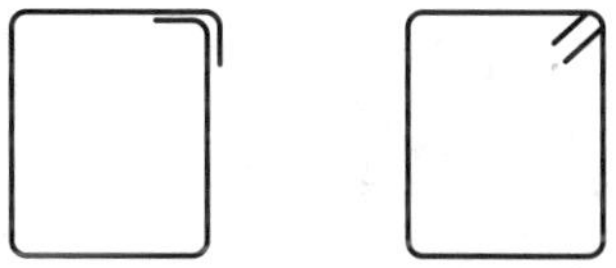

(a) 90°/90°　　(b) 135°/135°

图 4.21 箍筋示意

(3) 箍筋弯后的弯钩平直部分长度：对一般结构，不宜小于箍筋直径的 5 倍；对有抗震要求的结构，不应小于箍筋直径的 10 倍，具体构造可查阅 22G101—1 图集中的构造详图。

用于钢筋弯曲成型的机具设备主要有以下几种：

(1) 钢筋弯曲机。钢筋弯曲机（图 4.22）是用于弯曲钢筋的加工机械。工作机构是一个在垂直轴上旋转的水平工作圆盘，把钢筋置于图中虚线位置，支承销轴固定在机床上，中心销轴和压弯销轴装在工作圆盘上，圆盘回转时便将钢筋弯曲。为了弯曲各种直径的钢筋，在工作盘上有几个孔，用以插压弯销轴，也可相应地更换不同直径的中心销轴。

图 4.22 钢筋弯曲机

(2) 手工弯曲工具。在缺机具设备条件下，也可采用手摇扳手弯制较细的钢筋、拉筋等。

钢筋弯曲成型工艺有以下几种：

(1) 划线。钢筋弯曲前，对形状复杂的钢筋（如弯起钢筋），根据钢筋料牌上标明的尺寸，用石笔将各弯曲点位置划出。划线时应注意以下几个方面：

1) 根据不同的弯曲角度扣除弯曲调整值，其扣法是从相邻两段长度中各扣一半。

2) 钢筋端部带半圆弯钩时，该段长度划线时增加 $0.5d$（d 为钢筋直径）。

3) 划线工作宜从钢筋中线开始向两边进行；两边不对称的钢筋，也可从钢筋一端开始划线，如划到另一端有出入时，则应重新调整。

4) 第一根钢筋成型后应与设计尺寸校对一遍，完全符合后再成批生产。

(2) 钢筋弯曲成型。钢筋在弯曲机上成型时（图4.23），心轴直径应是钢筋直径的2.5～5.0倍，成型轴宜加偏心轴套，以便适应不同直径的钢筋弯曲需要。弯曲细钢筋时，为了使弯弧一侧的钢筋保持平直，挡铁轴宜做成可变挡架或固定挡架（加铁板调整）。

钢筋弯曲点线和心轴的关系，如图4.24所示。由于成型轴和心轴在同时转动，就会带动钢筋向前滑移。因此，钢筋弯90°时，弯曲点线约与心轴内边缘齐；弯180°时，弯曲点线距心轴内边缘为（1.0～1.5）d（钢筋硬时取大值）。

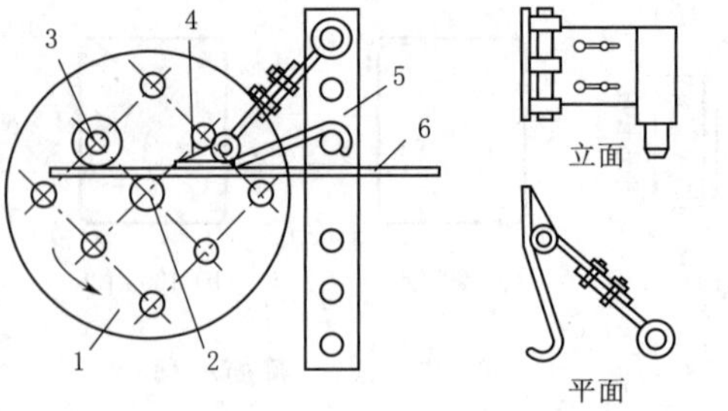

(a) 工作简图　　(b) 可变挡架构造

图4.23 钢筋弯曲成型

1—工作盘；2—心轴；3—成型轴；4—可变挡架；5—插座；6—钢筋

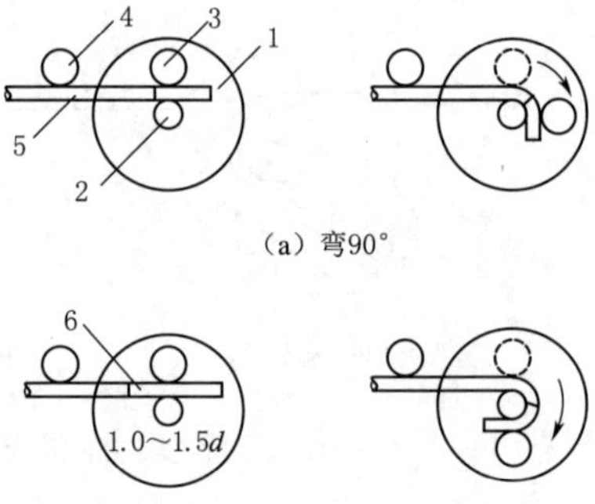

(a) 弯90°

(b) 弯180°

图4.24 弯曲点线与心轴关系

1—工作盘；2—心轴；3—成型轴；4—固定挡铁；5—钢筋；6—弯曲点线

注意：对HRB400级以上钢筋，不能弯过头再弯过来，以免钢筋弯曲点处发生裂纹。

(3) 曲线形钢筋成型。弯制曲线形钢筋时（图4.25），可在原有钢筋弯曲机的工作盘中央，放置一个十字架和钢套；另外在工作盘四个孔内插上短轴和成型钢套（和中央钢套相切）。插座板上的挡轴钢套尺寸，可根据钢筋曲线形状选用。钢筋成型过程中，成型钢套起顶弯作用，十字架只协助推进。

(4) 螺旋形钢筋成型。螺旋形钢筋，除小直径的螺旋筋已有专门机械生产外，一般可用手摇滚筒成型（图4.26）。近年来，有些地区改用机械传动的滚筒。由于钢筋有弹性，滚筒直径应比螺旋筋内径略小。

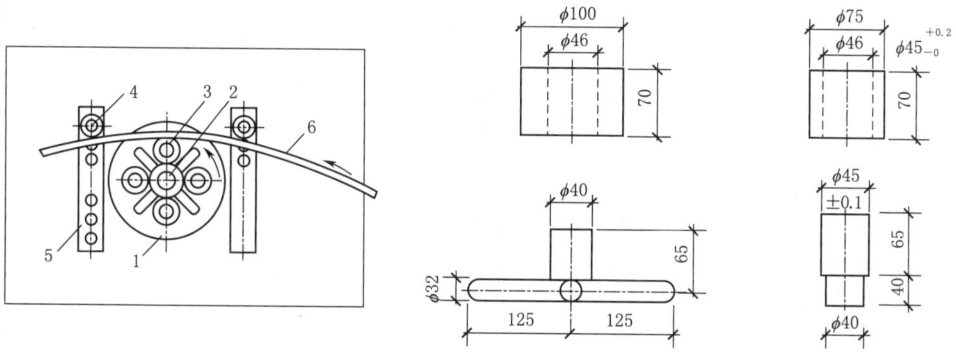

（a）工作简图　（b）十字撑及圆套详图　（c）桩柱及圆套详图

图 4.25 曲线形钢筋成型

1—工作盘；2—十字撑及圆套；3—桩柱及圆套；4—挡轴圆套；5—插座板；6—钢筋

4.2.2 钢筋的安装

4.2.2.1 钢筋的连接

钢筋接头连接方法有绑扎连接、焊接和机械连接。绑扎连接由于需要较长的搭接长度，浪费钢筋，且连接不可靠，故宜限制使用。

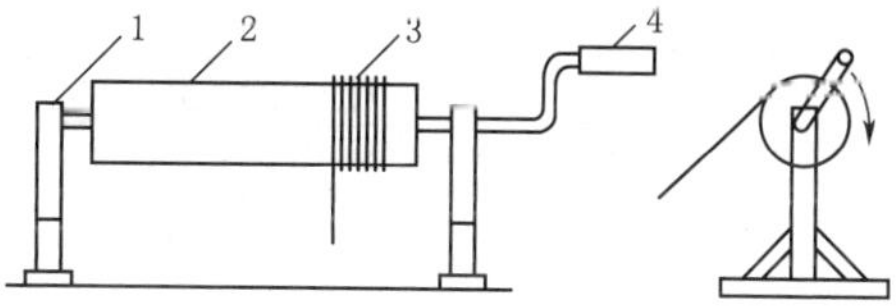

图 4.26 螺旋形钢筋成型

1—支架；2—卷筒；3—钢筋；4—摇把

1. 焊接连接

不同的钢筋类别适宜采用的焊接方法不一，具体应参考《钢筋焊接及验收规程》（JGJ 18—2012）确定，避免造成焊接不合格的质量事故。

（1）电弧焊。钢筋电弧焊是以焊条作为一极、钢筋为另一极，利用焊接电流通过产生的电弧热进行焊接的一种熔焊方法，如图 4.27 所示。

电弧焊是利用弧焊机使焊条与焊件之间产生高温电弧，使焊条和电弧燃烧范围内的焊件熔化，待其凝固便形成焊缝或接头。

弧焊机有直流与交流之分，常用的为交流弧焊机。

图 4.27 钢筋电弧焊

钢筋电弧焊的接头形式如图 4.28 所示，包括搭接焊、帮条焊、坡口焊和熔槽帮条焊等接头形式。焊接时应符合下列要求：

1）应根据钢筋级别、直径、接头形式和焊接位置，选择焊条、焊接工艺和焊接参数。

2）焊接时，引弧应在垫板、帮条或形成焊缝的部位进行，不得烧伤主筋。

3）焊接地线与钢筋应接触紧密。

4）焊接过程中应及时清渣，焊缝表面应光滑，焊缝余高应平缓过渡，弧坑应填满。

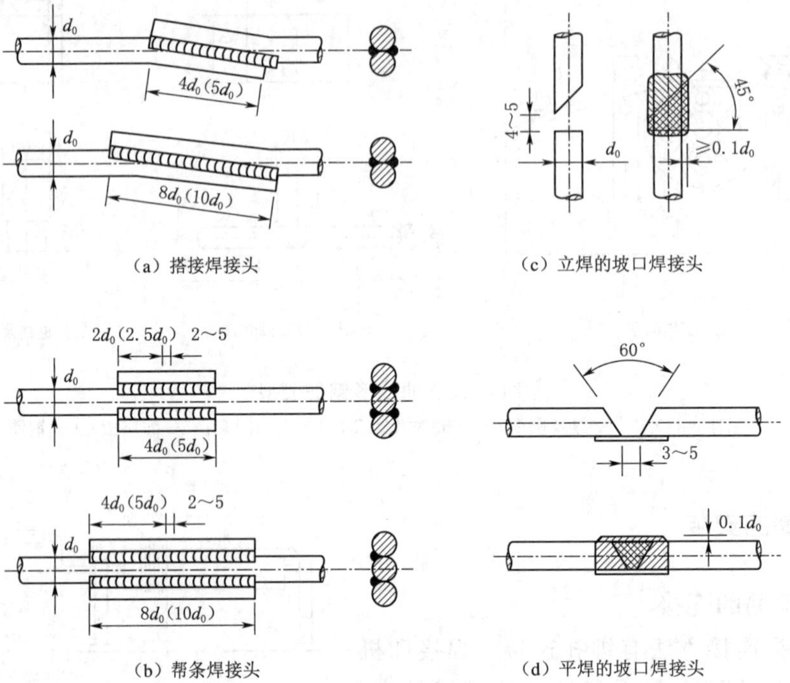

图4.28 钢筋电弧焊的接头形式

HPB300级钢筋搭接接头的长度、绑条的长度、焊缝的长度符合图4.28的长度规定，图中括号内数据为HRB335级钢筋的长度［注：根据《钢筋混凝土用钢 第2部分：热轧带肋钢筋》（GB/T 1499.2—2018）HRB335级钢筋已取消牌号］。

帮条焊和搭接焊宜采用双面焊。当不能进行双面焊时，可采用单面焊。当帮条级别与主筋相同时，帮条直径可与主筋相同或小一个规格；当帮条直径与主筋相同时，帮条级别可与主筋相同或低一个级别。施焊前，钢筋的装配与定位，应符合下列要求：

1）采用帮条焊时，两主筋端面之间的间隙应为2～5mm。

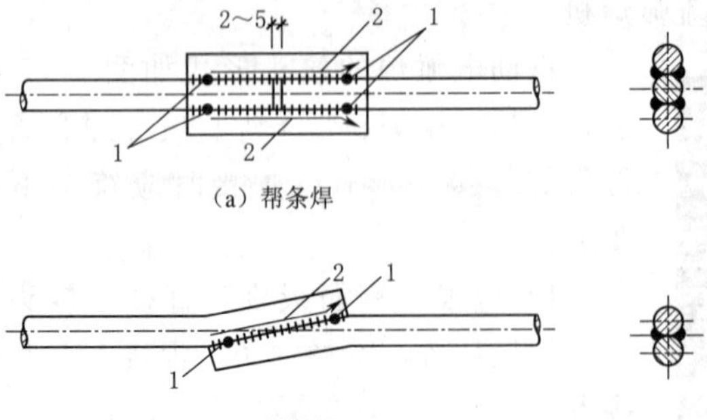

图4.29 帮条焊与搭接焊的定位
1—定位焊缝；2—弧坑拉出方位

2）采用搭接焊时，焊接端钢筋应预弯，并使两钢筋的轴线在一直线上。

3）帮条和主筋之间应采用四点定位焊固定［图4.29（a）］；搭接焊时，应采用两点固定［图4.29（b）］；定位焊缝与帮条端部或搭接端部的距离应大于或等于20mm。

施焊时，应在帮条焊或搭接焊形成焊缝中引弧；在端头收弧前应填满弧坑，并应使主焊缝与定位焊缝的始端和终端熔合。

电弧焊分为预埋件电焊弧和剖口焊两种。

预埋件电弧焊中，T字接头电弧焊分为贴角焊和穿孔塞焊两种（图4.30）。

采用贴角焊时，焊缝的焊脚K：对HPB300级钢筋不得小于$0.5d$，对HRB400级钢筋，不得小于$0.6d$（d为钢筋直径）。

采用穿孔塞焊时，钢板的孔洞应做成喇叭口，其内口直径应比钢筋直径d大4mm，倾斜角度为45°，钢筋缩进2mm。

施焊中，电流不宜过大，不得使钢筋咬边和烧伤。

剖口焊是把钢筋加工出剖口再焊接的工艺，施焊前的准备工作，应符合下列要求：

1）钢筋坡口面应平顺，切口边缘不得有裂纹、钝边和缺棱。

2）钢筋坡口平焊时，V形坡口角度宜为55°～65°［图4.31（a）］；坡口立焊时，坡口角度宜为40°～55°，其中下钢筋为0°～10°，上钢筋为35°～45°［图4.31（b）］。

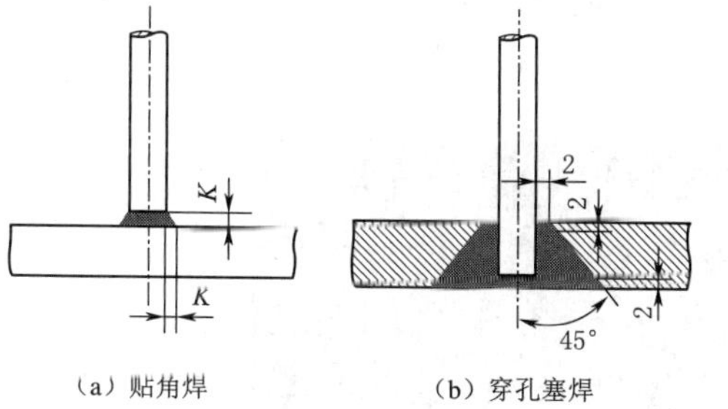

图4.30 预埋件电弧焊T字接头

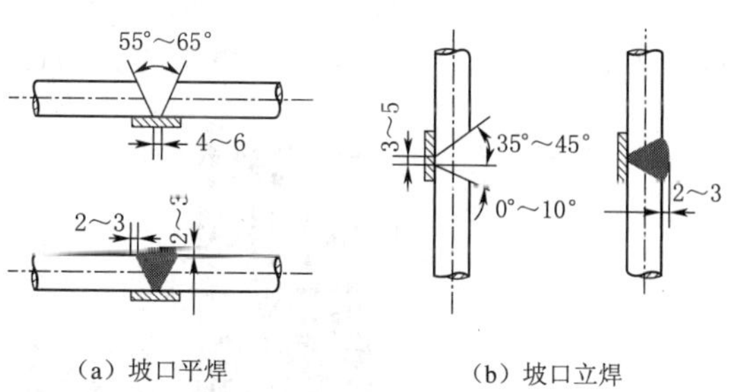

图4.31 钢筋坡口接头

3）钢垫板的长度宜为40～60mm，厚度宜为4～6mm；坡口平焊时，垫板宽度应为钢筋直径加10mm；立焊时，垫板宽度宜等于钢筋直径。

4）钢筋根部间隙，坡口平焊时宜为4～6mm；立焊时，宜为3～5mm；其最大间隙均不宜超过10mm。

电弧焊接头质量检验有以下几个方面：

1）取样数量。电弧焊接头外观检查，应在清渣后逐个进行目测或量测。当进行力学性能试验时，应按下列规定抽取试件：以300个同一接头形式、同一钢筋级别的接头作为一批，从成品中每批随机切取3个接头进行拉伸试验；在装配式结构中，可按生产条件制作模拟构件。

2）外观检查。钢筋电弧焊接头外观检查结果，应符合下列要求：焊缝表面应平整，不得有凹陷或焊瘤；焊接接头区域不得有裂纹；焊接接头尺寸的允许偏差及咬边深度、气孔、夹渣等缺陷允许值，应符合规定；坡口焊、熔槽帮条焊接头的焊缝余高不得大于3mm；预埋件T字接头的钢筋间距偏差不应大于10mm，钢筋相对钢板的直角偏差不得大于4°。

外观检查不合格的接头、经修整或补强后，可提交二次验收。

3）拉伸试验。钢筋电弧焊接头拉伸试验结果，应符合下列要求：3个热轧钢筋接头试件的抗拉强度均不得小于该级别钢筋规定的抗拉强度；3个接头试件均应断于焊缝之外，并应至少有2个试件呈延性断裂。

当试验结果有一个试件的抗拉强度小于规定值，或有1个试件断于焊缝，或有2个试件发生脆性断裂时，应再取6个试件进行复验。复验结果当有一个试件抗拉强度小于规定值，或有一个试件断于焊缝，或有3个试件呈脆性断裂时，应确认该批接头为不合格品。

模拟试件试验结果不符合要求时，复验应再从成品中切取，其数量和要求应与初始试验时相同。

（2）电渣压力焊。钢筋电渣压力焊是将两根钢筋安放成竖向对接形成，利用焊接电流通过两根钢筋端面间隙，在焊剂层下形成电弧和电渣过程，产生电弧热和电阻热，熔化钢筋，加压顶锻完成的一种压焊方法，如图4.32所示。这种焊接方法比电弧焊节省钢材、工效高、成本低，适用于现浇钢筋混凝土结构中竖向或斜向（倾斜度在4∶1范围内）钢筋的连接。电渣压力焊在供电条件差、电压不稳、雨季或防火要求高的场合应慎用。电渣压力焊在建筑施工中多用于现浇钢筋混凝土结构构件内竖向或斜向且直径在14～22mm的HPB300钢筋的焊接接头，更粗的钢筋接头建议采用机械连接方式。

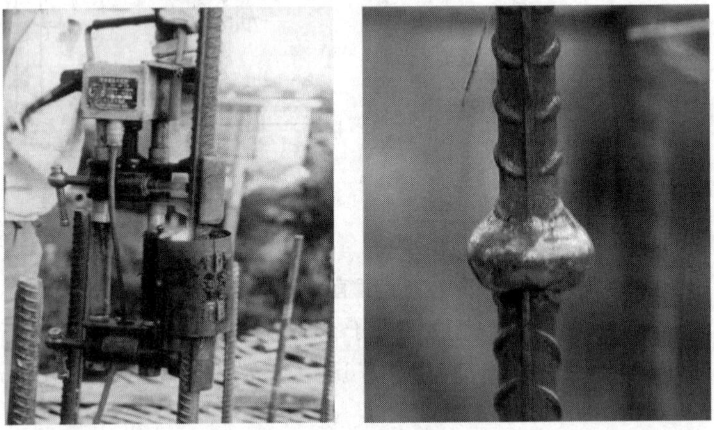

图4.32 电渣压力焊

焊接时，先将钢筋端部约120mm范围内的铁锈除尽，将夹具夹牢在下部钢筋上，并将上部钢筋扶直夹于活动电极中，自动电渣压力焊还在上下钢筋间放钢丝阉等，再装上药盒和装满焊药，接通电路，用手柄使电弧引燃（引弧），然后稳定一定时间，使之形成渣池并使钢筋熔化（稳弧），随着钢筋的熔化，用手柄使上部钢筋缓缓下送，稳弧达到规定时间后，在断电同时手柄进行加压顶锻（顶锻），以排除夹渣和气泡，形成接头，待冷却一定时间后，即拆除药盒、间收焊药、拆除夹具和清除焊渣；引弧、稳弧、顶锻三个过程连续进行。

施工中最常用的焊剂牌号为“焊剂431”，它是高锰、高硅、低氟类型，可交流、直流两用，适合于焊接重要的低碳钢钢筋及普通低合金钢钢筋。与“焊剂431”性能相近的还有“焊剂350”“焊剂360”“焊剂430”“焊剂433”等，大批量焊接前须选用恰当的焊剂试焊，并检验接头质量，避免形成大批量接头质量事故。

电渣压力焊、接头质量检验有以下几个方面：

1）取样数量：电渣压力焊接头应逐个进行外观检查。当进行力学性能试验时，应从每批接头中随机切取 3 个试件做拉伸试验，且应按下列规定抽取试件：

a. 在一般构筑物中，应以 300 个同级别钢筋接头作为一批。

b. 在现浇钢筋混凝土多层结构中，应以每一楼层或施工区段中 300 个同级别钢筋接头作为一批，不足 300 个接头仍应作为一批。

2）外观检查：电渣压力焊接头外观检查结果应符合下列要求：

a. 四周焊包凸出钢筋表面的高度应大于或等于 4mm。

b. 钢筋与电极接触处，应无烧伤缺陷。

c. 接头处的弯折角不得大于 4°。

d. 接头处的轴线偏移不得大于钢筋直径 0.1 倍，且不得大于 2mm。

外观检查不合格的接头应切除重焊，或采用补强焊接措施。

3）拉伸试验：电渣压力焊接头拉伸试验结果，3 个试件的抗拉强度均不得小于该级别钢筋规定的抗拉强度。当试验结果有 1 个试件的抗拉强度低于规定值，应再取 6 个试件进行复验。复验结果中如仍有 1 个试件的抗拉强度小于规定值，应确认该批接头为不合格品。

（3）电阻点焊。钢筋电阻点焊是将两根钢筋安放成交叉叠接形式，压紧于两电极之间，利用电阻热熔化母材金属，加压形成焊点的一种压焊方法，如图 4.33 所示。

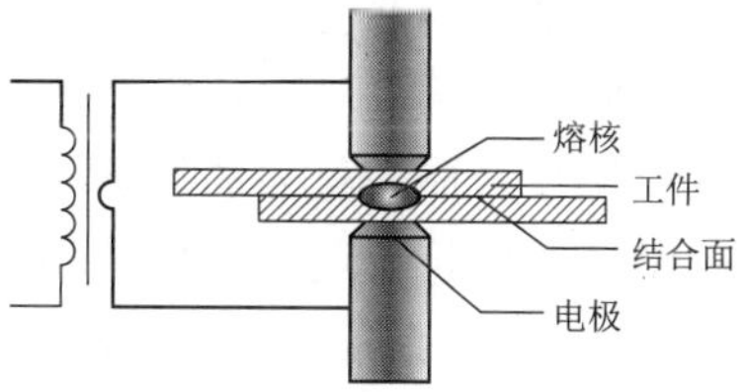

图 4.33 电阻点焊

电阻点焊主要用于焊接钢筋网片、钢筋骨架等（适用于直径 6～14mm 的 HPB300 钢筋和直径 3～5mm 的冷拔低碳钢丝），它生产效率高，节约材料，应用广泛。

电阻点焊是将已除锈的钢筋交叉点放在点焊机的两电极间，待钢筋通电发热至一定温度后，加压使焊点金属焊合。常用的点焊机有单点点焊机、多点点焊机和悬挂式点焊机。电阻点焊的主要工艺参数有电流强度、通电时间和电极压力。电流强度和通电时间一般均宜采电流强度大和通电时间短的参数，电极压力则根据钢筋级别和直径选择。

（4）气压焊。钢筋气压焊是采用氧气乙炔火焰或其他火焰对两钢筋对接处加热，使其达到可塑状态，加压完成的一种压焊方法，如图 4.34 所示。由于加热和加压使接合面附近金属受到镦锻式压延，被焊金属产生强烈的塑性变形，促使两接合面接近到原子间的距离，进入原子作用的范围内，实现原子间的互相嵌入扩散及键合，并在热变形过程中，完成晶粒重新组合的再结晶过程而获得牢固的接头。

钢筋气压焊工艺具有设备简单、操作方便、质量好、成本低等优点，但对焊工技术技能要求严，焊前对钢筋端面处理要求高。被焊两钢筋直径之差不得大于 7mm。气压焊接的钢筋要用砂轮切割机断料，要求端面与钢筋轴线垂直。焊接前列磨端面、清除氧化物和污物，并喷涂一层焊接活化剂以保护端面不再氧化。

（5）钢筋埋弧压力焊。预埋件钢筋埋弧压力焊是将钢筋与钢板安放成 T 形连接形式，利用焊接电流通过，在焊剂层下产生电弧，形成熔池，加压完成的一种压焊方法（图4.35）。这种焊接方法工艺简单、工效高、质量好、成本低。

2. 钢筋机械连接

钢筋机械连接是指通过连接件的机械咬合作用或钢筋端面的承压作用，将一根钢筋中的力传递至另一根钢筋的连接方法。这种方法具有接头质量稳定可靠，不受钢筋化学成分的影响，人为因素的影响也小；操作简便，施工速度快，且不受气候条件影响；无污染、无火灾隐患，施工安全等优点。下面介绍几种常用的钢筋机械连接的方法：

4.34　气压焊

图4.35　预埋件钢筋埋弧压力焊

（1）带肋钢筋套筒挤压连接。这种连接是将两根待接钢筋插入钢套筒，用挤压连接设备沿径向挤压钢套筒，使之产生塑性变形，依靠变形后的钢套筒与被连接钢筋纵、横肋产生的机械咬合成为整体的钢筋连接方法（图4.36）。

钢筋套筒挤压连接的质量稳定性好，可与母材等强，但操作工人的工作强度大，有时液压油会污染钢筋，且综合成本较高。钢筋挤压连接，要求钢筋最小中心间距为90mm。钢套筒的屈服承载力和抗拉承载力的标准值不应小于被连接钢筋的屈服承载力和抗拉承载力标准值的1.10倍。

（2）钢筋锥螺纹套筒连接。用专用套丝机，把两根待接钢筋的连接端加工成符合要求的锥形螺纹，通过预先加工好的相应的连接套筒，然后用特制扭力钳按规定的力矩值把两根待接钢筋拧紧咬合连成一体的钢筋机械连接接头（图4.37）。

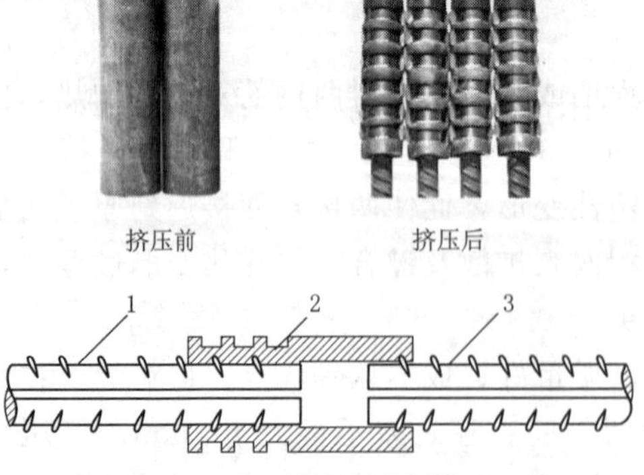

图4.36　钢筋套筒挤压连接

1—已挤压的钢筋；2—钢套筒；3—未挤压的钢筋

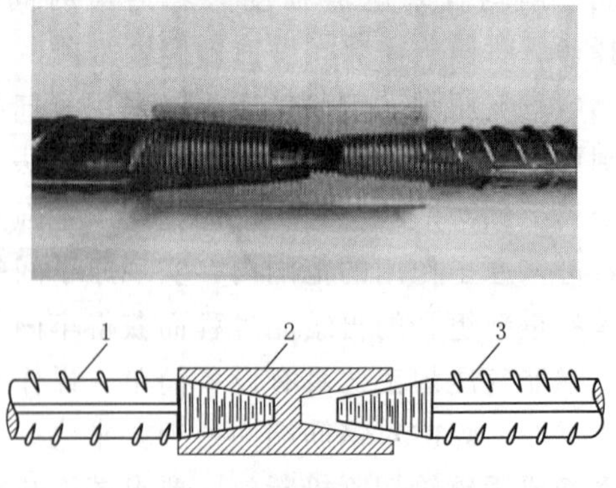

图4.37　钢筋锥螺纹套筒连接

1—已连接的钢筋；2—锥螺纹套筒；3—待连接的钢筋

锥螺纹套筒连接质量稳定性一般，施工速度快，综合成本较低。

（3）钢筋镦粗直螺纹套筒连接。钢筋镦粗直螺纹套筒连接是先将钢筋端头镦粗，再切削成直螺纹，然后用带直螺纹的套筒将钢筋两端拧紧的钢筋连接方法（图 4.38）。

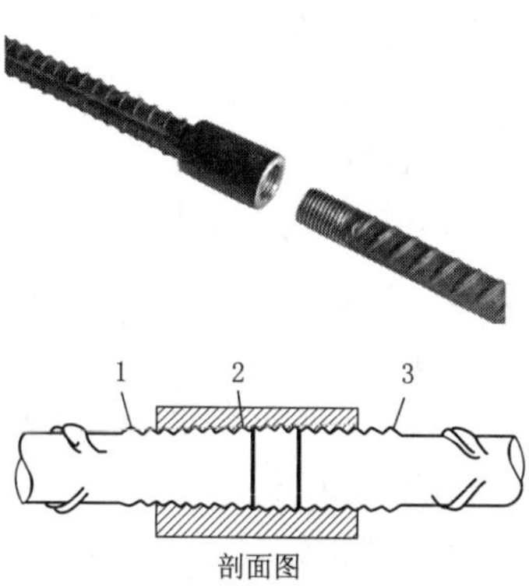

图 4.38 钢筋直螺纹套筒连接
1—已连接的钢筋；2—直螺纹套筒；3—正在拧入的钢筋

镦粗直螺纹钢筋接头的特点：钢筋端部经冷镦后不仅直径增大，使套丝后丝扣底部横截面积不小于钢筋原截面积，而且由于冷镦后钢材强度的提高，致使接头部位有很高的强度，断裂均发生母材。镦粗直螺纹钢筋接头的螺纹精度高，接头质量稳定性好，操作简便，连接速度快，价格适中。

镦粗直螺纹套筒要求连接套筒表面无裂纹，螺牙饱满，无其他缺陷。连接套筒两端头的孔，必须用塑料盖封上，以保持内部洁净干燥起到防锈作用。

4.2.2.2 钢筋安装施工

钢筋工程样板

1. 施工准备

（1）技术准备。具体如下：

1）准备工程所需的图纸、规范、标准等技术资料，并确定其是否有效。

2）工艺性能试验。

3）按图纸和操作工艺标准向班组进行安全、技术交底，对钢筋绑扎安装顺序予以明确规定。

4）复杂重要结构节点可做模型，确定安装顺序。

（2）材料要求。具体如下：

1）钢筋：应有出厂合格证、出厂检验报告和按规定作力学性能复试。进口钢筋和当加工过程中发生脆断等特殊情况，还需作化学成分检验。钢筋应无老锈及油污。对有抗震设防要求的钢筋工程，其纵向受力钢筋的强度要满足设计要求，当设计无具体要求时，受力钢筋强度实测值应符合《混凝土结构工程施工质量验收规范》（GB 50204—2015）的有关规定。

2）成型钢筋：钢筋的规格、尺寸、形状应符合设计要求，并应有加工出厂合格证；钢筋加工检验批质量验收合格。

3）铁丝：可采用 20～22 号铁丝（火烧丝）或镀锌铁丝。铁丝切断长度要满足使用要求。其中 22 号铁丝只用于绑扎直径 12mm 以下的钢筋。

4）垫块：宜用钢筋保护层专用塑料卡具，厚度同保护层，或用拉筋、支撑筋。竖向构件宜优先采用塑料卡。

（3）主要机具。主要机具包括钢筋钩子、撬棍、钢筋扳子、绑扎架、钢丝刷子、钢筋运输车、粉笔、墨斗、尺子等。

(4) 作业条件。具体如下：

1) 核对加工成型钢筋应符合设计及规范要求。

2) 做好抄平放线工作，弹好水平标高线，墙、柱、梁部位外皮尺寸线。

3) 根据弹好的外皮尺寸线，检查下层预留搭接钢筋的位置、数量、长度，如不符合要求时，应进行处理。绑扎前先整理调直下层伸出的搭接筋，并将锈蚀、水泥砂浆等污垢清理干净。

4) 绑扎钢筋作业面已清理干净。

2. 操作工艺

(1) 基础钢筋。基础钢筋绑扎现场如图4.39所示。

图4.39 基础钢筋绑扎现场

1) 工艺流程：弹钢筋位置线→钢筋半成品运输到位→按线布放钢筋→绑扎。

2) 工艺要点：

a. 将基础垫层清扫干净，用粉笔和墨斗在上面弹放钢筋位置线。

b. 按钢筋位置线布放基础钢筋，从下到上逐层安装。

c. 绑扎钢筋。双向主筋的钢筋网，需将全部钢筋相交点扎牢。相邻绑扎点的铁丝扣成八字形，以免网片歪斜变形。

d. 基础底板采用双层钢筋网时，在上层钢筋网下面应设置钢筋撑脚或混凝土撑脚，以保证钢筋位置正确，钢筋撑脚下部应垫在下片钢筋网上。当采用多层钢筋网时，层与层之间可使用钢支架，设置间距可按设计计算确定。

e. 钢筋的弯钩应朝上，不要倒向一边；双层钢筋网的上层钢筋弯钩应朝下。

f. 独立柱基础为双向弯曲，其底面短向的钢筋一般放在长向钢筋的上面。

g. 现浇柱与基础连用的插筋，其箍筋尺寸应比柱的箍筋小一个柱筋直径，以便连接。箍筋的位置一定要绑扎固定牢靠，以免造成柱轴线偏移。墙、柱主筋插入基础深度要符合设计要求，并根据弹好的墙柱位置，将预留插筋点焊固定牢固，以确保位置准确。

h. 基础中纵向受力钢筋的混凝土保护层厚度不应小于40mm，当无垫层时不应小于70mm。

i. 基础浇筑完毕后，把基础上预留墙柱插筋扶正理顺，保证插筋位置准确。

3) 钢筋的连接：

a. 钢筋的接头宜设置在受力较小处。同一纵向受力钢筋不宜设置两个或两个以上接头。接头末端至钢筋弯起点的距离不应小于钢筋直径的10倍。

b. 同一构件中相邻纵向受力钢筋的绑扎搭接接头宜相互错开。绑扎搭接接头中钢筋的横向净距不应小于钢筋直径，且不应小于25mm。

钢筋绑扎搭接接头连接区段的长度为1.3L（L为搭接长度），凡搭接接头中点位于该连接区段长度内的搭接接头均属于同一连接区段。同一连接区段内，纵向钢筋搭接接头面积百分率为该区段内有搭接接头的纵向受力钢筋截面面积与全部纵向受力钢筋截面面积的比值。同一连接区段内，纵向受拉钢筋搭接接头面积百分率应符合设计要求；当设计无具体要求时，应符合下列规定：①对梁类、板类及墙类构件，不宜大于 25%；②对柱类构件，不宜大于 50%；③当工程中确有必要增大接头面积百分率时，对梁类构件，不应大于 50%；对其他构件，可根据实际情况放宽。

c. 当钢筋的直径 d 大于 18mm 时，不宜采用绑扎接头。

d. 当受力钢筋采用机械连接接头或焊接接头时，设置在同一构件内的接头宜相互错开。纵向受力钢筋机械连接接头及焊接接头连接区段的长度为 35 倍 d（d 为纵向受力钢筋的较大直径）且不小于 500mm，凡接头中点位于该连接区段长度内的接头均属于同一连接区段。同一连接区段内，纵向受力钢筋机械连接及焊接的接头面积在分率为该区段内有接头的纵向受力钢筋截面面积与全部纵向受力钢筋截面面积的比值。同一连接区段内，纵向受力钢筋的接头面积百分率应符合设计要求；当设计无具体要求时，应符合下列规定：①在受拉区不宜大于 50%；②接头不宜设置在有抗震设防要求的框架梁端、柱端的箍筋加密区；当无法避开时，对等强度高质量机械连接接头，不应大于 50%；③直接承受动力荷载的结构构件中，不宜采用焊接接头；当采用机械连接接头时，不应大于 50%。

（2）柱钢筋。柱钢筋绑扎现场如图 4.40 所示。

图 4.40　柱钢筋绑扎现场

1）工艺流程：修整柱筋→套柱箍筋→立柱纵筋→画箍筋间距线→绑箍筋→安装保护层→护筋。

2）工艺要点：

a. 修整柱筋：根据弹好的外皮尺寸线，检查下层预留搭接钢筋的位置、数量、长度，如不符合要求时，应进行处理。绑扎前先整理调直下层伸出的搭接筋，并将锈蚀、水泥砂浆等污垢清理干净。

b. 套柱箍筋：按图纸要求间距，计算好每根柱箍筋数量，先将箍筋箍口交错布置套在下层伸出的搭接筋上。

c. 立柱筋：柱筋连接可采用绑扎搭接、焊接、机械连接，柱子主筋立起后，应在接头位上中下用铁丝绑扎三个点，绑扣向柱中心，并绑扎牢固。绑扎接头的搭接长度、接头面积百分率应符合设计要求。如设计无要求时应符合规范的规定。如果柱子主筋采用光圆钢筋搭接时，角部弯钩应与模板成45°，中间钢筋的弯钩应与模板成90°角。

d. 画箍筋间距线：在立好的柱子竖向钢筋上，按图纸要求用粉笔划箍筋间距线。

e. 柱箍筋绑扎：按已划好的箍筋位置线，将已套好的箍筋往上移动，由上往下绑扎，宜采用缠扣绑扎，如图4.41所示。

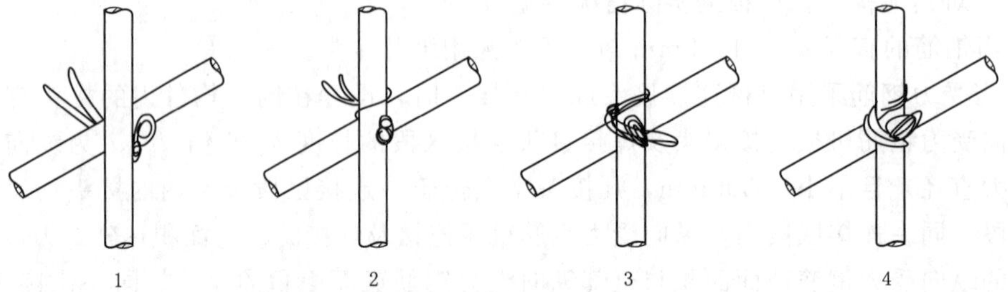

图4.41 缠扣绑扎顺序

箍筋与主筋要垂直，箍筋与主筋交点均要绑扎。

箍筋的弯钩叠合处应沿柱子竖筋交错布置，并绑扎牢固，见图4.42。如箍筋采用90°搭接，搭接处应焊接，焊缝长度单面焊缝不小于$10d$。

柱基、柱顶、梁柱交接处箍筋间距应按设计要求加密。柱上下两端箍筋应加密，加密区长度及加密区内箍筋间距应符合设计图纸要求。如设计要求箍筋设拉筋时，拉筋应钩住箍筋。

梁柱节点核芯区加密箍绑扎方法如下：①分层穿筋套箍法（梁高大于500mm应开模安装），首先将梁下部的钢筋穿好，然后根据梁高计算出核芯区内需加柱箍筋数量，将所需箍筋（未绑扎）套到柱主筋上。再穿梁的上部钢筋，按规定密箍间距，绑扎箍筋，再绑扎梁筋。②U形箍套箍法，箍筋采用两个U形箍套叠，焊成封闭箍，焊缝长度为$5d$，或者采用开口箍。

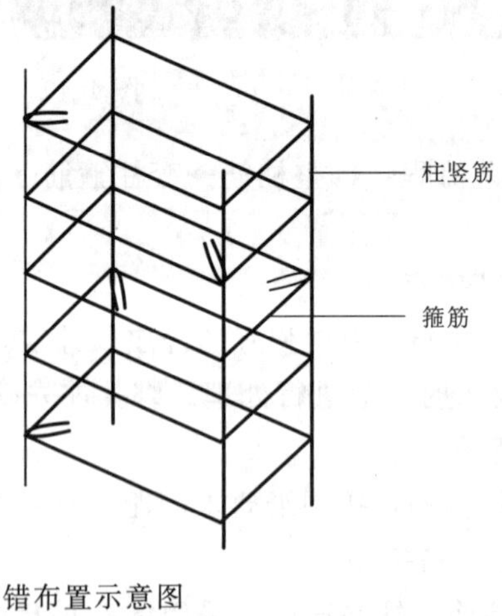

图4.42 柱箍筋交错布置示意图

(3) 剪力墙钢筋现场绑扎。绑扎现场如图4.43所示。

1) 工艺流程：修整预留搭接筋→绑暗柱→绑竖向筋→绑水平筋→绑扎拉筋或支撑

筋→安装保护层→护筋。

2）工艺要点：

a. 修整预留搭接筋：绑扎时应先将下层伸出钢筋调直理顺，然后再绑扎或焊接。若下层伸出的钢筋位移较大时，应征得设计同意进行处理。

b. 绑暗柱：见前文柱钢筋。

c. 绑扎墙竖向筋：先立 2～4 根竖向筋，并划好水平筋分档标志，然后于下部及齐胸处绑两根定位水平筋，并在横筋上划好分档标志，然后绑其余纵向筋，最后绑其余横筋。如剪力墙中有暗梁、暗柱时，应先绑暗梁、暗柱再绑周围横筋。

图 4.43　剪力墙钢筋绑扎现场

d. 剪力墙的钢筋网绑扎。全部钢筋的相交点都要扎牢，中间梅花点绑扎，绑扎时相邻绑扎点的铁丝扣成八字形，以免网片歪斜变形。双排钢筋之间应绑拉筋或支撑筋，其纵横间距不大于 600mm。

e. 剪力墙水平分布钢筋的搭接长度应符合设计规范要求。同排水平分布钢筋的搭接接头之间及上、下相邻水平分布钢筋的搭接接头之间沿水平方向的净间距不宜小于 500mm。若搭接采用焊接时应符合《钢筋焊接及验收规程》（JGJ 18—2012）的规定。

f. 剪力墙竖向筋可在同一高度搭接，搭接长度不应小于 $1.2l_a$，l_a 为基本锚固长度可通过平法图集查阅获得。

g. 剪力墙分布钢筋的锚固：剪力墙水平分布钢筋应伸至墙端，并向内水平弯折 $10d$ 后截断，其中 d 为水平分布钢筋直径。当剪力墙端部有翼墙或转角墙使，内墙两侧的水平分布钢筋和外墙内侧的水平分布钢筋应伸至翼墙或转角墙外边，并分别向两侧水平弯折后截断，其水平弯折长度不宜小于 $15d$。在转角墙处，外墙外侧的水平分布钢筋应在墙端外角处弯入翼墙，并与翼墙外侧水平分布钢筋搭接。搭接长度为 $1.2l_a$。

带边框的剪力墙，其水平和竖向分布钢筋宜分别贯穿柱，梁或锚固在柱、梁内。

h. 剪力墙洞口连梁应沿全长配置箍筋，箍筋直径不宜小于 6mm，间距不宜大于 150mm。在顶层洞口连梁纵向钢筋伸入墙内的锚固长度范围内，应设置间距不大于 150mm 的箍筋，箍筋直径与该连梁跨内箍筋直径相同。同时，门窗洞边的竖向钢筋应按受拉钢筋锚固在顶层连梁高度范围内。

i. 剪力墙与框架柱连接处，剪力墙的水平横筋应锚固到框架柱内，其锚固长度要符合设计要求。如先浇筑柱混凝土后绑扎剪力墙筋时，柱内要预留连接筋或柱内预埋铁件，待柱拆模绑墙筋时作为连接用。其预留长度应符合设计或规范的规定。

j. 混凝土浇筑前，对伸出的墙体钢筋进行修整，并绑一道临时横筋固定伸出筋的间距（甩筋的间距）。墙体混凝土浇筑时派专人看管钢筋，浇筑完后，立即对伸出的钢筋（甩筋）进行修整以保证钢筋位置的准确。

（4）梁钢筋绑扎。绑扎现场如图 4.44 所示。

图 4.44 梁钢筋绑扎现场

1）工艺流程：画箍筋间距→摆横向框架梁或主梁箍筋→穿主梁主筋→按箍筋间距绑扎成型→安装纵向框架梁或次梁钢筋。

梁高大于500应开模安装，即先立一面侧模，随即安装梁钢筋然后安装箍筋，再封另一面侧模。

2）工艺要点：

a. 在梁侧模板上画出箍筋间距。

b. 摆放箍筋，箍筋开口处应相互错开。

c. 先穿主梁的下部纵向受力钢筋，将箍筋按已画好的间距逐个分开；穿次梁的下部纵向受力钢筋，并套好箍筋；放主次梁的架立筋；隔一定间距将架立筋与箍筋绑扎牢固；调整箍筋间距使间距符合设计要求，绑架立筋，再绑主筋，主次梁同时配合进行。经对焊加工的钢筋，在现场进行绑扎时对焊处要错开搭接位置，凡距离钢筋端头搭接长度500mm以内不得有对焊接头。

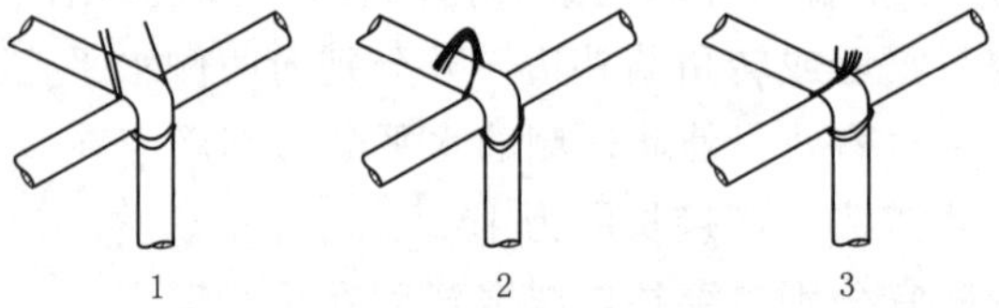

图 4.45 梁钢筋套扣法绑扎顺序

d. 框架梁上部纵向钢筋应贯穿中间节点，梁下部纵向钢筋伸入中间节点锚固长度及伸过中心线的长度要符合设计要求。框架梁纵向钢筋在端节点内的锚固长度也要符合设计要求。

e. 绑梁上部纵向筋的箍筋，宜用套扣法绑扎，如图4.45所示。

f. 箍筋在叠合处的弯钩，在梁中应交错绑扎，箍筋弯钩为135°，平直部分长度为$10d$，如做成封闭箍时，单面焊缝长度为$5d$。

g. 梁端第一个箍筋应设置在距离柱节点边缘50mm处。梁端与柱交接处箍筋应加密，其间距与加密区长度均要符合设计要求。

h. 在主、次梁受力筋下均应垫垫块（或塑料卡），保证保护层的厚度。受力筋为双排时，可用短钢筋垫在两层钢筋之间，钢筋排距应符合设计要求。

（5）板钢筋绑扎。绑扎现场如图4.46所示。

1）工艺流程：模板上画线→摆放下层钢筋→绑扎板下层筋→绑扎上层钢筋→安装马凳。

2）工艺要点：

a. 梁边 50cm 画线，按划好的间距，先摆放受力主筋、后放分布筋。预埋件、电线管、预留孔等及时配合安装（图 4.46）。

图 4.46　板钢筋绑扎现场

b. 在现浇板中有板带梁时，应先绑板带梁钢筋，再摆放板钢筋。

c. 绑扎板筋时一般用顺扣（图 4.47）或八字扣，除外围两根钢筋的相交点应全部绑扎外，其余各点可交错绑扎（双向板相交点需全部绑扎）。如板为双层钢筋，两层钢筋之间须加钢筋马凳，以确保上部钢筋的位置。负弯矩钢筋每个相交点均要绑扎。

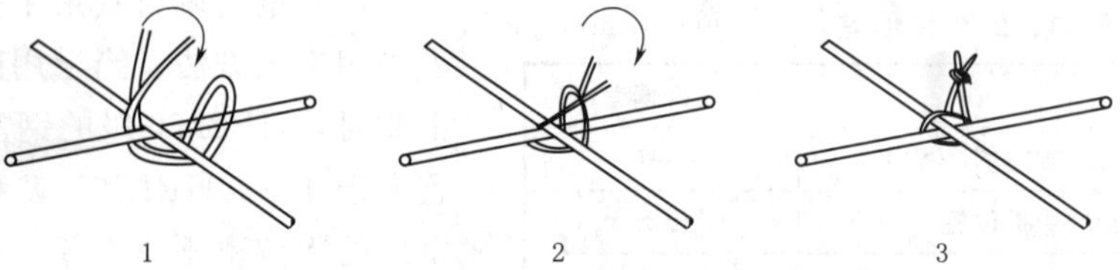

图 4.47　楼板钢筋绑扎顺序

4.2.3　钢筋工程质量隐蔽验收

钢筋工程质量验收

4.2.3.1　钢筋工程质量控制标准

1. 主控项目

（1）钢筋进场时，应按现行国家标准《钢筋混凝土用热轧带肋钢筋》（GB 1499）等的规定抽取试件作力学性能检验，其质量必须符合有关标准的规定。

（2）对有抗震设防要求的框架结构，其纵向受力钢筋的强度应满足设计要求；当设计无具体要求时，对一、二级抗震等级，检验所得的强度实测值应符合下列规定：

1）钢筋的抗拉强度实测值与屈服强度实测值的比值不应小于 1.25。

2）钢筋的屈服强度实测值与强度标准值的比值不应大于 1.3。

（3）当发现钢筋脆断、焊接性能不良或力学性能显著不正常等现象时，应对该批钢筋进行化学成分检验或其他专项检验。

（4）受力钢筋的弯钩和弯折应符合下列规定：

1）HPB300 级钢筋末端应作 180°弯钩，其弯弧内直径不应小于钢筋直径的 2.5 倍，弯钩的弯后平直部分长度不应小于钢筋直径的 3 倍。

2）当设计要求钢筋末端需作 135°弯钩时，HRB400 级以上钢筋的弯弧内直径不应小于钢筋直径的 4 倍，弯钩的弯后平直部分长度应符合设计要求。

3）钢筋作不大于 90°的弯折时，弯折处的弯弧内直径不应小于钢筋直径的 5 倍。

（5）除焊接封闭式箍筋外，箍筋的末端应作弯钩，弯钩形式应符合设计要求；当设计

无具体要求时，应符合下列规定：

1）箍筋弯钩的弯弧内直径除应满足第4条的规定外，尚应不小于受力钢筋直径。

2）箍筋弯钩的弯折角度应为135°。

3）箍筋弯后平直部分长度：对一般结构，不宜小于箍筋直径的5倍；对有抗震等要求的结构，不应小于箍筋直径的10倍。

(6）纵向受力钢筋的连接方式应符合设计要求。

(7）在施工现场，应按国家现行标准《钢筋机械连接通用技术规程》(JGJ 107)、《钢筋焊接及验收规程》(JGJ 18）的规定抽取钢筋机械连接接头、焊接接头试件作力学性能检验，其质量应符合有关规程的规定。

(8）钢筋安装时，受力钢筋的品种、级别、规格和数量必须符合设计要求。

2. 一般项目

(1）钢筋应平直、无损伤，表面不得有裂纹、油污、颗粒状或片状老锈。

表4.3 钢筋加工的允许偏差 单位：mm

项目	允许偏差
受力钢筋顺长度方向的净尺寸	+10
弯起钢筋的弯折位置	±20
箍筋外廓尺寸	±5

(2）钢筋调直宜采用机械方法，也可采用冷拉方法。当采用冷拉方法调直钢筋时，HPB235级的钢筋的冷拉率不宜大于4%，HRB400级和RRB400级钢筋的冷拉率不宜大于1%。钢筋加工的允许偏差见表4.3。

(3）钢筋加工的形状、尺寸应符合设计要求。

(4）钢筋的接头宜设置在受力较小处。同一纵向受力钢筋不宜设置两个或两个以上接头。接头末端至钢筋弯起点的距离不应小于钢筋直径的10倍。

(5）在施工现场，应按国家现行标准《钢筋机械连接通用技术规程》(JGJ 107)、《钢筋焊接及验收规程》(JGJ 18）的规定对钢筋机械连接接头、焊接接头的外观进行检查，其质量应符合有关规程的规定。

(6）当受力钢筋采用机械连接接头或焊接接头时，设置在同一构件内的接头宜相互错开。纵向受力钢筋机械连接接头及焊接接头连接区段的长度为35倍d（d为纵向受力钢筋的较大直径）且不小于500mm，凡接头中点位于该连接区段长度内的接头均属于同一连接区段。同一连接区段内，纵向受力钢筋机械连接及焊接的接头面积百分率为该区段内有接头的纵向受力钢筋截面面积与全部纵向受力钢筋截面面积的比值。

同一连接区段内，纵向受力钢筋的接头面积百分率应符合设计要求；当设计无具体要求时，应符合下列规定：

1）在受拉区不宜大于50%。

2）接头不宜设置在有抗震设防要求的框架梁端、柱端的箍筋加密区；当无法避开时，对等强度高质量机械连接接头，不应大于50%。

3）直接承受动力荷载的结构构件中，不宜采用焊接接头；当采用机械连接接头时，不应大于50%。

(7）同一构件中相邻纵向受力钢筋的绑扎搭接接头宜相互错开。绑扎搭接接头中钢筋的横向净距不应小于钢筋直径，且不应小于25mm。

钢筋绑扎搭接接头连接区段的长度为 1.3L_1（L_1 为搭接长度），凡搭接接头中点位于该连接区段长度内的搭接接头均属于同一连接区段。同一连接区段内，纵向钢筋搭接接头面积百分率为该区段内有搭接接头的纵向受力钢筋截面面积与全部纵向受力钢筋截面面积的比值。

同一连接区段内，纵向受拉钢筋搭接接头面积百分率应符合设计要求；当设计无具体要求时，应符合下列规定：

1）对梁类、板类及墙类构件，不宜大于 25%。

2）对柱类构件，不宜大于 50%。

3）当工程中确有必要增大接头面积百分率时，对梁类构件，不应大于 50%；对其他构件，可根据实际情况放宽。

（8）在梁、柱类构件的纵向受力钢筋搭接长度范围内，应按设计要求配置箍筋。当设计无具体要求时，应符合下列规定：

1）箍筋直径不应小于搭接钢筋较大直径的 0.25 倍。

2）受拉搭接区段的箍筋间距不应大于搭接钢筋较小直径的 5 倍，且不应大于 100mm。

3）受压搭接区段的箍筋间距不应大于搭接钢筋较小直径的 10 倍，且不应大于 200mm。

4）当柱中纵向受力钢筋直径大于 25mm 时，应在搭接接头两个端面外 100mm 范围内各设置两个箍筋，其间距宜为 50mm。

（9）钢筋安装位置的偏差应符合表 4.4 的规定。

表 4.4　钢筋安装位置的允许偏差和检验方法　单位：mm

项目			允许偏差	检验方法
绑扎钢筋网	长、宽		±10	钢尺检查
	网眼尺寸		±20	钢尺量连续三档，取最大值
绑扎钢筋骨架	长	±10	钢尺检查	
	宽、高	±5	钢尺检查	
受力钢筋	间距		±10	钢尺量两端、中间各一点，取最大值
	排距		±5	
	保护层厚度	基础	±10	钢尺检查
		柱、梁	±5	钢尺检查
		板、墙、壳	±3	钢尺检查
绑扎箍筋、横向钢筋间距			±20	钢尺量连续三档，取最大值
钢筋弯起点位置			20	钢尺检查
预埋件	中心线位置		5	钢尺检查
	水平高差		+3，0	钢尺和塞尺检查

注　1. 检查预埋件中心线位置时，应沿纵、横两个方向量测，并取其中的较大值。
2. 表中梁类、板类构件上部纵向受力钢筋保护层厚度的合格点率应达到 90% 及以上，且不得有超过表中数值 1.5 倍的尺寸偏差。

4.2.3.2　钢筋工程隐蔽验收

钢筋绑扎完成后，混凝土浇筑前，施工单位应会同监理单位进行钢筋隐蔽验收，确保钢筋安装质量（图 4.48），并做好隐蔽工程记录，相关各方签字确认，以备查证。

图 4.48 钢筋施工质量验收现场

钢筋工程隐蔽工程验收记录表见表 4.5。

表 4.5 隐蔽工程验收记录表（例表）

<table>
<tr><td colspan="4" rowspan="2">隐蔽工程验收记录</td><td>资料编号</td><td></td></tr>
<tr><td></td><td></td></tr>
<tr><td>工程名称</td><td colspan="5">×××</td></tr>
<tr><td>施工单位</td><td colspan="2">×××</td><td>监理单位</td><td colspan="2">×××</td></tr>
<tr><td>验收项目</td><td colspan="2">钢筋绑扎、连接</td><td>验收日期</td><td colspan="2">××××年××月××日</td></tr>
<tr><td>验收部位</td><td colspan="5">1-8/A-C 轴一层顶板、梁、楼梯、框架柱　　标高：-0.090m　3.510m</td></tr>
<tr><td colspan="6">验收内容：
(1) 钢筋进场材料质量证明文件齐全、有效且通过进场验收。进场复试结果合格。钢筋连接套筒材料质量证明文件齐全、有效。
钢筋实验：HRB400E　ϕ8 实验编号：GJ18-01434；HRB400E
ϕ10 试验编号：GJ18-01435；HRB400E
ϕ20 实验编号：GJ18-01437；HRB400E
ϕ22 实验编号：GJ18-01433；HRB400E
(2) 顶板距梁起步筋 50mm、框架柱距下层顶板起步筋 50mm、梁距框架柱起步筋 50m。
(3) 板配筋。
1) 顶板：板厚 120mm，LB1 板配筋为双层单向 X&Yϕ8@200，LB2 板配筋为 X：ϕ10@200，Y：ϕ8@200，LB3 板配筋为 X&Yϕ10@200；
2) 空调板：板厚 100mm 配筋为 ϕ8@150 分布筋为 ϕ8@200；
3) 门厅入口悬挑板：板厚 120mm 配筋为 ϕ8@200 双层双向拉通。
(4) 梁配筋。
L1 (2)：250×450 上部纵筋 3ϕ22，下部纵筋 5ϕ22 2/3，箍筋 ϕ10@200(2)；
L2 (2)：250×450 上部纵筋 2ϕ22，下部纵筋 5ϕ22 2/3，箍筋 ϕ10@200 (2)；
L3 (7)：250×500 上部纵筋 2ϕ22，下部纵筋 3ϕ20，箍筋 ϕ8@200 (2)；
L4 (2)：300×500 上部纵筋 2ϕ20，下部纵筋 5ϕ20，箍筋 ϕ8@200 (2)；
L5 (2)：300×500 上部纵筋 2ϕ22，下部纵筋 7ϕ22 2/5，箍筋 ϕ8@200 (2)。</td></tr>
<tr><td>附影像资料</td><td colspan="5">页</td></tr>
<tr><td colspan="6">验收意见：
经检查：符合施工图纸及混凝土结构工程施工质量验收规范，合格，同意进行下一道工序。</td></tr>
<tr><td colspan="6">验收结论：　☑ 同意隐蔽　　□不同意，修改后进行复查</td></tr>
<tr><td rowspan="2">签字栏</td><td colspan="2">专业监理工程师</td><td colspan="2">专业质检员</td><td>专业工长</td></tr>
<tr><td colspan="2"></td><td colspan="2"></td><td></td></tr>
<tr><td>制表日期</td><td colspan="5">××××年××月××日</td></tr>
</table>

注 本表由施工单位填写。

项目5 混凝土结构施工：模板工程

支模架体系是对新浇筑的混凝土进行塑形和支撑的临时性装置。在传统混凝土结构施工过程中，需要先搭设支模架，安装模板并经过验收后才能浇筑混凝土。模板体系对于确保构件尺寸和混凝土浇筑施工安全都有重要作用，本项目主要学习模板体系的安装及拆除工艺。

本项目学习可参考以下技术规程：

《建筑施工高处作业安全技术规范》（JGJ 80—2016）

《建筑施工扣件式钢管脚手架安全技术规程》（JGJ 130—2011）

《建筑施工承插型盘扣式钢管支架安全技术规程》（JGJ 231—2010）

《混凝土结构工程施工质量验收规范》（GB 50204—2015）

《危险性较大的分部分项工程安全管理规定》（中华人民共和国住房和城乡建设部令第37号）

TLC插卡型早拆模板体系

支模架搭设规范要求

任务5.1 学习支模架的搭设

5.1.1 支模架的分类及特点

脚手架按照作用分为支模架和平台架两种，其中支模架主要用作支撑模板，因此又称支撑架。支模架按照钢管连接形式，有扣件式、碗扣式、承插型盘扣式等形式。扣件式、碗口式支模架由于技术落后，逐渐被限制使用；盘扣式脚手架是目前较为先进的支模架种类，推荐选用。

5.1.1.1 扣件式钢管脚手架

《建筑施工扣件式钢管脚手架安全技术规程》（JGJ 130—2011）对扣件式脚手架有详细的规定，该架体主要由钢管和扣件组成（图5.1），当脚手架的几何尺寸及构造符合规范的有关要求时承载力较大。因搭设过程中钢管长度易于调整，故搭设较灵活，装拆方便，可适应各种平面、立面的建筑物或构筑物使用。一次投资费用较低，比较经济，也是建筑市场沿用多年的架体形式。

扣件式支模架有以下缺点：扣件、零件容易丢失，杆件靠扣件的抗滑力传送荷载，传力效果不稳定，受安装质量的影响较大；节点处的杆件为偏心连接，降低了杆件的承载能力；扣件节点的连接质量受扣件自身质量和工人操作水平的影响较为显著，因此架体的整

图 5.1 扣件式脚手架

体承载效果较难控制。因为以上缺点，扣件式钢管脚手架目前很多地区已经发文限制使用，尤其是对高大支模架工程不允许使用。

5.1.1.2 碗扣式支模架

《建筑施工碗扣式钢管脚手架安全技术规程》（JGJ 166—2016）对其有详细的规定，它是由定型杆件加碗扣组成的架体（图 5.2）。

图 5.2 碗扣式支模架

碗扣式支模架的优点：

（1）承载力大。立杆连接方式是同轴心承插，横杆与立杆靠碗扣接头连接，接头具有可靠的抗弯、抗剪、抗扭力学性能。

（2）通用性强。采用与扣件式架体通用的钢管，故可用扣件连接钢管。

（3）易于加工、不易丢失。碗扣式构件制作简单，成本适中，可直接对现有扣件式脚手架进行加工改造，不需要特殊加工设备。无零散易丢件，可把构件丢失减少到最低程度。

碗扣式支模架的缺点是横杆为几种尺寸的定型杆，立杆上碗扣节按 0.6m 间距设置，使构架尺寸受到限制。目前一些省市和行业均限制使用碗口式架体，如湖北省宜昌市从 2022 年 1 月 1 日起全面禁止使用碗口式架体，推荐使用承插型盘扣式支模架。

5.1.1.3　承插型盘扣式支模架

《建筑施工承插型盘扣式钢管支架安全技术规程》(JGJ 231—2010) 对其有详细的规定。这种架体立杆采用套管承插连接，水平杆和斜杆采用杆端和接头卡入连接盘，用楔形插销连接，形成结构几何不变体系的钢管支架。承插型盘扣式支模架由立杆、水平杆、斜杆、可调底座及可调托座等配件构成（图 5.3）。根据其用途可分为模板支架和平台脚手架两类。

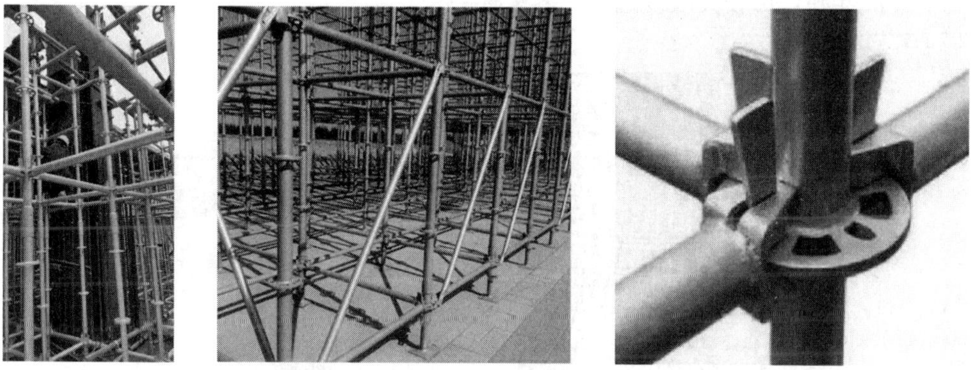

图 5.3　承插型盘扣式支模架

承插型盘扣式支模架的优点：

(1) 承载力大。节点抗扭转能力强，强度、刚度、稳定性可靠，可使得施工安全得到有效保障。

(2) 模块化、工具化作业，搭拆快捷，可大幅提高施工效率。

(3) 无零散配件，不易丢失，损耗极低，并方便运输及清点。

承插型盘扣式支模架的缺点：

(1) 相对于扣件式钢管脚手架来说，固定的产品型号与尺寸，搭设不够灵活。

(2) 对搭设工人的技术要求较高。

(3) 配件五花八门，导致产品通用件低、成本高。

5.1.1.4　承插型轮扣式支模架

承插型轮扣式支模架（图 5.4），是由盘扣式脚手架衍生出来的一种新型建筑支撑系统，具有承载力大，搭建速度快，稳定性强，易于场地管理等特点。中国建筑业协会团体标准《建筑施工承插型轮扣式模板支架安全技术规程》(T/CCIAT 0003—2019) 对其有详细的规定。

轮扣（直插）式脚手架是具有自锁功能的直插式新型钢管脚手架，参照住房和城乡建设部颁发的《建筑施工承插型盘扣式钢管支架安全技术规程》(JGJ 231—2010) 标准生产，主要构件为立杆和横杆，盘扣节点结构合理，立杆轴向传力，使脚手架整体在三维空间结构强度高、整体稳定性好，并具有可靠的自锁功能，能有效提高脚手架的整体稳定强度和安全度，能更好地满足施工安全的需要。具有拼拆迅速、省力，结构简单、稳定可靠，通用性强，承载力大，安全高效，不易丢失，便于管理，易于运输等特点。

承插型轮扣式支模架的优点：

（1）承载性能好：轮扣式多功能钢管脚手架的立杆轴心线与横杆轴心线的垂直交叉精度高，各个节点所受的拉力和压力分布合理，整体受力性能好。

（2）具有多功能性：轮扣式多功能钢管脚架能与可调下底托、可调上托、双可调早拆、挑梁、挑架等配件配合使用，可与各类钢管脚手架相互配合使用。

（3）经济性好：可较大限度地防止零配件丢失。

图 5.4 承插型轮扣式支模架

承插型轮扣式支模架的缺点：

（1）不宜在基层不硬实、地面不平整和不能进行混凝土硬化的地面上搭设。

（2）只能作为落地式脚手架使用，不能作为悬挑脚手架使用。

5.1.2 四种形式架体技术要点对比

5.1.2.1 扫地杆及顶部水平杆设置位置、U托设置技术要点对比（表5.1）

表5.1 扫地杆及顶部水平杆设置位置、U托设置技术要点 单位：mm

内容	架体形式	顶部自由端长度	扫地杆距地高度
扫地杆及顶部水平杆设置位置	钢管扣件式	500	距钢管底端200
	碗扣式	650	距地面400
	承插型盘扣式	650	距地面550
	承插型轮扣式	650	距地面500
内容	架体形式	可调托撑伸出钢管最大长度	可调托撑插入钢管最小长度
U托设置技术要点	钢管扣件式	300	150
	碗扣式	300	150
	承插型盘扣式	400	150
	承插型轮扣式	300	200

5.1.2.2　剪刀撑设置要点对比（表 5.2）

表 5.2　　剪刀撑设置要点

连接形式	水平剪刀撑设置原则		竖向剪刀撑设置原则	
扣件式	普通型	1. 顶部设置水平剪刀撑 2. 当（搭设高度超过 8m 或施工总荷载大于 15kN/m^2 或集中线荷载大于 20kN/m 时）需设置顶底剪力撑且水平剪刀撑间距不宜超过 8m	普通型	外侧满设，内部每 5～8m 设置，剪刀撑宽度为 5～8m
	加强型	1. 顶部设置水平剪刀撑 2. 当（搭设高度超过 6m 或施工总荷载大于 15kN/m^2 或集中线荷载大于 2kN/m 时）需设置顶底剪刀撑且水平剪刀撑间距不宜超过 6m	加强型	1. 纵横间距 0.9～1.2m 时，外侧满设，内部每 4 跨设置，剪刀撑宽度为 4 跨 2. 纵横间距 0.6～0.9m 时，外侧满设，内部每 5 跨设置，剪刀撑宽度为 5 跨 3. 纵横间距 0.4～0.6m 时，外侧满设，内部每 3～3.2m 置，剪刀撑宽度为 3～3.2m 跨
碗扣式（有设置斜撑干或钢管式两种）	1. 安全等级为Ⅰ级的模板支架应在架体顶层水平杆设置层、竖向每隔不大于 8m 设置一道水平剪刀撑 2. 安全等级为Ⅱ级的模板支撑架宜在架体顶层水平杆设置层设置一道水平剪刀撑 3. 每道水平剪刀撑应连续设置，剪刀撑的宽度宜为 6～9m		1. 安全等级为Ⅰ级的模板支撑架应在架体周边、内部纵向和横向每个不大于 6m 设置一道竖向钢管扣件剪刀撑 2. 安全等级为Ⅱ级的模板支撑架应在架体周边、内部纵向和横向每隔不大于 9m 设置一道竖向钢管扣件剪刀撑 3. 每道竖向剪刀撑应连续设置，剪刀撑的宽度宜为 6～9m	
承插型盘扣式	1. 不超过 4 个步距可不设置剪刀撑 2. 超过 4 个步距设置顶层水平剪刀撑，剪刀撑间距不应超过 6 个步距		1. 架体高度不超过 8m 时，外立面向内第一跨连续设置，内部每隔 5 跨设置 2. 高度超这 8m 时，满布斜杆	
承插型轮扣式	1. 不超过 4 个步距可不设置剪刀撑 2. 超过 4 个步距设置顶层水平剪刀撑，剪刀撑间距不应超过 6 个步距		按照扣件式设置	

5.1.2.3　常规架体参数对比（表 5.3）。

表 5.3　　常规架体参数

连接形式	立杆间距设置	立杆步距设置
扣件式	1. 立杆间距和步距可随意搭配 2. 立杆间距 1.2m 步距 1.8m 时，剪刀撑设置必须使用加强型 3. 根据规范附表 C 设置，当立杆间距为 1.2m 时，步距不应为 1.8m 4. 立杆间距宜取 0.4m、0.6m、0.75m、0.9m、1.0m、1.2m 5. 步距宜取 0.6m、0.9m、1.2m、1.5m、1.8m	

续表

连接形式	立杆间距设置	立杆步距设置
碗扣式（有设置斜撑干或钢管式两种）	1. 按照0.3m模数设置 2. 立杆间距不应大于1.8m，不宜大于1.5m	1. 按照0.6m模数设置 2. 步距不宜大于1.8m
承插型盘扣式	1. 立杆间距按照0.3m模数设置 2. 立竿间距无法大于2m	1. 步距按0.5m模数 2. 搭设高度小于8m，步距不宜大于1.5m
承插型轮扣式	1. 按照0.3m模数设置 2. 立杆间距不应大于1.8m，不宜大于1.5m	1. 按照0.6m模数设置 2. 步距不宜大于1.8m 3. 参照碗扣式

5.1.3 扣件式钢管架搭设与拆除

平台脚手架为施工提供临时操作用的平台（图5.5），其架体结构与支模架（支撑架）类似，在此一并介绍。

图5.5 外架及作业层水平隔离防护

5.1.3.1 施工准备

脚手架或支模架搭设前，应按专项施工方案向施工人员进行交底。按规范规定、专项施工方案要求对钢管、扣件、脚手板、可调托撑等进行检查验收，不合格产品不得使用。经检验合格的构配件应按品种、规格分类，堆放整齐、平稳，堆放场地不得有积水，同时应清除搭设场地杂物，平整搭设场地，并使排水畅通。

支模架材料进场控制

5.1.3.2 地基与基础

良好的架体底座和地基，对于架体的安全极为重要，在搭设脚手架或支模架时，必须加设底座、垫木（板）或基础并做好对地基的处理。脚手架或支模架地基与基础的施工，必须根据架体所受荷载、搭设高度、搭设场地土质情况适当处理，应符合现行国家标准《建筑地基基础工程施工质量验收规范》（GB 50202—2018）的有关规定。

1. 一般要求

（1）地基应平整夯实。

（2）钢立柱不能直接立于土地面上，应加设底座和垫板（或垫木），垫板（木）厚度不小于50mm。

（3）遇有坑槽时，立杆应下到槽底或在槽上加设底梁（一般可用枕木或型钢梁）。

（4）地基应有可靠的排水措施，防止积水浸泡。

（5）架体旁有开挖的沟槽时，应控制外立杆距沟槽边的距离：当架高在30m以内时，不小于1.5m；架高为30～50m时，不小于2.0m；架高在50m以上时，不小于2.5m。

当不能满足上述距离时，应核算土坡承受脚手架的能力，不足时可加设挡土墙或其他可靠支护，避免槽壁坍塌危及架体安全。

(6) 位于通道处的架体底部垫木（板）应低于其两侧地面，并在其上加设盖板，避免扰动。

2. 一般做法

(1) 30m 以下的脚手架、支模架其内立杆大多处在基坑回填土之上。回填土必须严格分层夯实。垫木宜采用长 2.0～2.5m，宽不小于 200mm，厚 50～60mm 的木板，垂直于墙面放置（用长 4.0m 左右垫木平行于墙放置亦可），在架体外侧挖一浅排水沟排除雨水，如图 5.6 所示。

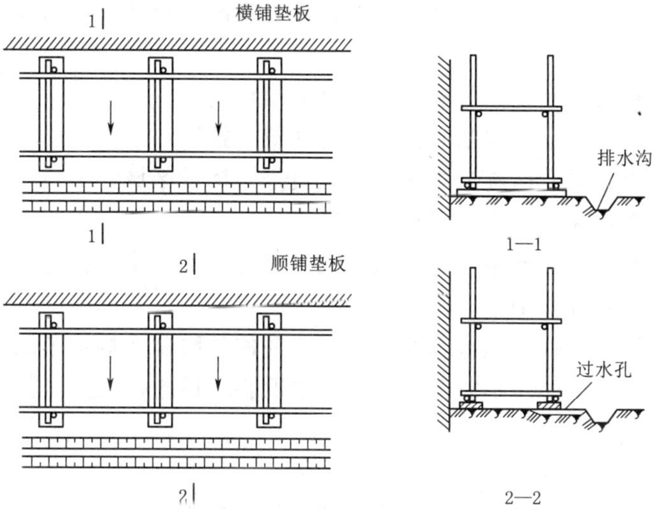

图 5.6　普通脚手架基底作法

(2) 架高超过 30m 的高层脚手架的基础作法为：①采用道木支垫；②在地基上加铺 20cm 厚道渣后铺混凝土预制块或硅酸盐砌块，在其上沿纵向铺放 12～16 号槽钢，将脚手架立杆坐于槽钢上。高层脚手架基底作法如图 5.7 所示。

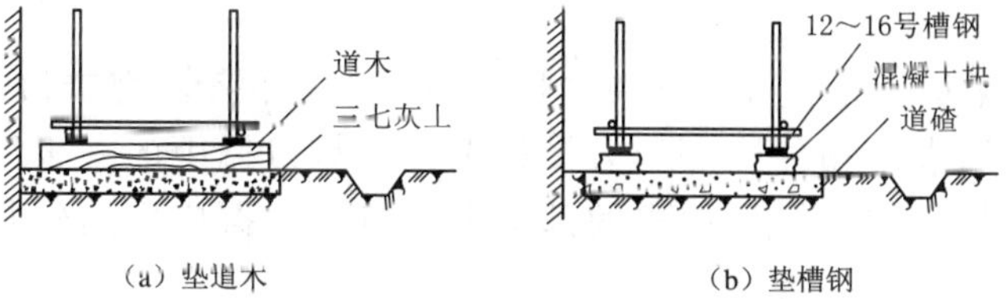

图 5.7 高层脚手架基底作法

5.1.3.3　架体搭设

脚手架或支模架搭设的技术要求、允许偏差与检验方法，应严格按照相关规范执行。

1. 搭设程序

底座检查、放线定位→铺设垫木→安放并固定底座→立第一节立杆→安装扫地大横杆（贴地大横杆）→安装扫地小横杆→安装第二步大横杆→安装第二步小横杆→设临时抛撑（每隔六根立杆设一道，待安装连墙杆后拆除）→安装第三步大横杆→安装第三步小横杆→设临连墙杆→拆除临时抛撑；接立杆→接续安装大横杆→小横杆等→架高七步以上时加设剪刀撑→在操作层设脚手板。

对砌筑用脚手架应随外墙升高而逐层向上架设。立杆顶部应高出女儿墙顶部 1.0m，高出檐口上皮 1.5m。操作层应设置护栏及挡脚板，要求顶部栏杆距离脚手板 1.0m，中栏杆距离脚手板为 0.40m，挡脚板高为 180mm。

2. 搭设应注意的问题

（1）事先应确定构造方案，并经有关方面审查批准方可施工。搭设应严格按规定的方案进行。

（2）严格按搭接顺序和工艺要求进行杆件的搭设。

（3）搭设过程中应注意采取临时支顶或与建筑物拉结。

（4）搭设过程中应采取措施禁止非操作人员进入搭设区域。

（5）扣件应扣紧，并应注意拧紧程度要适当。

（6）搭设中及时剔除、杜绝使用变形过大的杆件和不合格的扣件。

（7）搭设工人应系好安全带，确保安全。

（8）随时校正杆件的垂直偏差和水平偏差，使偏差限制在规定范围之内。

（9）在搭设过程中，如需临时停工，应当采取临时措施保证架子的安全稳定性，防止倒塌。

3. 安装扣件应注意的问题

（1）安装扣件时，应注意开口朝向要合理，大横杆所用的对接扣件开口应朝内侧，避免开口朝上，防止雨水流入。

（2）扣件拧紧程度要均匀、适当，扭矩控制在 39～49N·m 为宜。

（3）立杆与大横杆、立杆与小横杆相接点（中心节点）距离扣件中心应不大于 150mm。

（4）杆件端头伸出扣件的长度应不小于 100mm，底部斜杆与立杆的连接扣件离地面不大于 500mm。

（5）大横杆应采用直角扣件扣紧在立杆内侧，或上下各步交错扣紧于立杆的内侧和外侧；小横杆应使用直角扣件固定于大横杆上方；剪刀撑中的一根用旋转扣件固定于立杆上，另一根斜杆扣在小横杆伸出的部分上；横向斜撑应用旋转扣件扣在立杆或大横杆上。

4. 安装连墙杆应注意的问题

架体是否安全可靠，在很大程度上取决于连墙杆。未按规定设置连墙杆，是架体倒塌事故发生的重要原因。连墙杆的使用应注意以下问题：

（1）连墙杆的设置以及它的间距必须遵照有关规定，水平距离不大于 6.0m，垂直距离不大于 4.0m（架高 50m 以上）或 6.0m（架高 50m 以内）。

（2）采用钢管作为连墙杆时，要使用扣件扣紧，防止滑脱。

（3）连墙杆应尽量与脚手架纵向平面保持垂直。

（4）连墙杆应尽量在立杆与大横杆的交叉部位设置。

（5）对有特殊设施和特殊荷载作用的部位，以及脚手架的高度超出建筑物的上层部位，应加密连墙杆。

5.1.3.4　架体拆除

拆除前应全面检查脚手架或支模架的扣件连接、连墙件、支撑体系等是否符合构造要求。然后根据检查结果补充完善专项方案中的拆除顺序和措施，经审批后方可实施。拆除前应对施工人员进行交底，清除架体上杂物及地面障碍物。

1．拆除的步骤

拆除时，地面应留1人负责指挥、捡料分类和管理安全，上面不少于2人进行拆除工作，整个拆除工作应不少于3人，应明确分工，统一行动，且应具有足够的操作面。拆除程序与安装程序相反，一般先拆除栏杆、脚手板、剪刀撑，再拆除小横杆、大横杆和立杆。先递下作业层的大部分脚手板或模板，将一块区域的材料转到下步区域内，以便操作者站立其上。拆除杆件的人站在这块脚手板上将上部可拆杆件全部拆除掉。再下移一步，自上而下逐步拆除。除抛撑留在最后拆除外，其余各杆件如小横杆、连墙杆、大横杆、立杆、剪刀撑、横向斜撑等均一并拆除。

2．拆除时应注意的问题

划出工作区，并做出明显标志，严禁非工作人员入内。严格执行拆除程序，遵守自上而下、先装后拆的原则，要做到一步一清，杜绝上下同时进行拆除的现象发生。拆除工作应有统一指挥。在指挥者的统一安排下，做到上下一致、动作协调、相互呼应，以防止构件坠落伤及人员。

当脚手架拆至下部最后一根长立杆的高度（约6.5m）时，应先在适当位置搭设临时抛撑加固后，再拆除连墙件。当单、双排脚手架采取分段、分立面拆除时，对不拆除的脚手架两端，应先按有关规定设置连墙件和横向斜撑加固。

拆下的杆件及脚手板应传递或用滑轮和绳索运送而下，严禁从高空抛下，以防止伤人和损害材料；扣件拆下应集中于随身的工具袋中，待装满后吊送下来，禁止从上面丢下。拆下的各种材料工具应及时检查、整修与保养，并应按品种、规格分别存放。

对扣件、螺栓等散状小件应使用容器集中存储，以免丢失。使用后的钢管应检查，对变形钢管应调直后存放。

注意钢管和扣件防腐处理。钢管应视环境湿度大小，每年或每两年对钢管外壁除锈后涂一道防锈漆，钢管内壁每2～4年涂刷两次，每次涂刷两道；扣件和螺栓每次使用后，用煤油或其他洗料洗净，涂上机油防锈。

5.1.3.5　检查与验收

新钢管应有产品质量合格证和质量检验报告，钢管表面应平直光滑，不应有裂缝、结疤、分层、错位、硬弯、毛刺、压痕和深的划道；钢管外径、壁厚、端面等的偏差，应分别符合相关规定。钢管应涂有防锈漆。

旧钢管表面锈蚀深度和钢管弯曲变形应符合规定，锈蚀检查应每年一次。检查时，应在锈蚀严重的钢管中抽取三根，在每根锈蚀严重的部位横向截断取样检查，当锈蚀深度超过规定值时不得使用。

扣件应有生产许可证、法定检测单位的测试报告和产品质量合格证。并应进行抽样复试，技术性能应符合现行国家标准《钢管脚手架扣件》（GB 15831—2006）的规定。扣件在使用前应逐个挑选，有裂缝、变形、螺栓出现滑丝的严禁使用。当对扣件质量有怀疑时，应按现行国家标准规定抽样检测。新、旧扣件均应进行防锈处理。

冲压钢脚手板应有产品质量合格证，尺寸偏差应符合规定，且不得有裂纹、开焊与硬弯，有防滑措施。新、旧脚手板均应涂防锈漆保护。

木脚手板的质量应符合规定，宽度、厚度允许偏差应符合现行国家标准《木结构工程施工质量验收规范》（GB 50206）的规定，不得使用扭曲变形、劈裂、腐朽的脚手板。

可调托撑应有产品质量合格证和质量检验报告，其质量应符合规定，支托板厚不应小于5mm，变形不应大于1mm，严禁使用有裂缝的支托板、螺母。

构配件质量检查应符合表5.4的规定。

表5.4　构配件质量检查表

项　目	要　　求	抽检数量	检查方法
钢管	应有产品质量合格证、质量检验报告	750根为一批，每批抽取1根	检查资料
	钢管表面应平整光滑，不应有裂缝、结疤、分层、错位、硬弯、毛刺、压痕、深的划道及严重锈蚀等缺陷；严禁打孔；钢管使用前必须涂刷防锈漆	全数	目测
钢管外径及壁厚	外径48.3mm，允许偏差±0.5mm；壁厚3.6mm，允许偏差±0.36mm，最小壁厚3.24mm	3%	游标卡尺测量
扣件	应有生产许可证、质量检验报告、产品质量合格证、复试报告	按《钢管脚手架扣件》（GB 15831）规定	检查资料
	不允许有裂缝、变形、螺栓滑丝；扣件与钢管接触部位不应有氧化皮；活动部位应能灵活转动，旋转扣件两旋转面间隙应小于1mm；扣件表面应进行防锈处理	全数	目测
扣件螺栓拧紧扭力矩	扣件螺栓拧紧扭力矩值不应小于40N·m，且不应大于65N·m	按规范	
可调托撑	可调托撑受压承载力设计值不应小于40kN，应有产品质量合格证、质量检验报告	3%	检查资料
	可调托撑螺杆外径不应小于36mm，可调托撑螺杆与螺母旋合长度不得少于5扣，螺母厚度不小于30mm，插入立杆内的长度不得小于150mm，支托板厚不小于5mm，变形不大于1mm，螺杆与支托板焊接要牢固，焊缝高度不小于6mm	3%	游标卡尺、钢板尺测量
	支托板、螺母有裂缝的严禁使用	全数	目测

续表

项　目	要　　求	抽检数量	检查方法
脚手板	新冲压钢脚手板应有产品质量合格证		检查资料
	冲压钢脚手板板面挠曲不大于 12mm（$l \leqslant 4m$）或不大于 16mm（$l > 4m$）；板面扭曲不大于 5mm（任一角翘起）	3%	钢板尺
	不得有裂纹、开焊与硬弯；新、旧脚手板均应涂防锈漆	全数	目测
	木脚手板材质应符合现行国家标准《木结构设计规范》（GB 50005）中Ⅱa 级材质的规定，扭曲变形、劈裂、腐朽的脚手板不得使用	全数	目测
	木脚手板的宽度不宜小于 200mm，厚度不应小于 50mm；板厚允许偏差－2mm	3%	钢板尺
	竹脚手板宜采用由毛竹或材楠竹制作的竹串片板、竹笆板	全数	目测
	竹串片脚手板宜采用螺栓将并列的竹片串连而成。螺栓直径宜为 3～10mm，螺栓间距宜为 500～600mm，螺栓离板端宜为 200～250mm，板宽 250mm，板长 2000mm、2500mm、3000mm	3%	钢板尺

安装后的扣件螺栓拧紧扭力矩应采用扭力扳手检查，抽样方法应按随机分布原则进行。抽样检查数目与质量判定标准，应按表 5.5 的规定确定。不合格的必须重新拧紧至合格。

表 5.5　　扣件拧紧抽样检查数目及质量判定标准　　单位：个

项次	检　查　项　目	安装扣件数量	抽查数量	允许的不合格数量
1	连接立杆与纵（横）向水平杆或剪刀撑的扣件；接长立杆、纵向水平杆或剪刀撑的扣件	51～90	5	0
		91～150	8	1
		151～280	13	1
		281～500	20	2
		501～1200	32	3
		1201～3200	50	5
2	连接横向水平杆与纵向水平杆的扣件（非主节点处）	51～90	5	1
		91～150	8	2
		151～280	13	3
		281～500	20	5
		501～1200	32	7
		1201～3200	50	10

下列情况都应进行架体及其地基基础的检查与验收：

（1）基础完工后及脚手架搭设前。

(2) 作业层上施加荷载前。

(3) 每搭设完 6～8m 高度后。

(4) 达到设计高度后。

(5) 遇有六级强风及以上风或大雨后；冻结地区解冻后。

(6) 停用超过一个月。

应根据规范、专项施工方案及变更文件、技术交底文件、构配件质量检查表进行脚手架检查、验收。

脚手架使用中，应定期检查杆件的设置和连接，连墙件、支撑、门洞桁架等的构造。地基应无积水，底座应无松动，立杆应无悬空，扣件螺栓应无松动。高度在 24m 以上的双排、满堂脚手架和高度在 20m 以上的满堂支撑架，其立杆的沉降与垂直度的偏差应符合规定。安全防护措施应符合要求，无超载使用情况。

5.1.3.6 安全管理

架子工应持证上岗。搭拆脚手架人员必须戴安全帽、系安全带、穿防滑鞋。

脚手架的构配件质量与搭设质量，应进行检查验收，并应确认合格后使用。钢管上严禁打孔。

作业层上的施工荷载应符合设计要求，不得超载。不得将模板支架、缆风绳、泵送混凝土和砂浆的输送管等固定在架体上。严禁悬挂起重设备，严禁拆除或移动架体上安全防护设施。在脚手架上进行电、气焊作业时，应有防火措施和专人看守。临街搭设脚手架时，外侧应有防止坠物伤人的防护措施。

满堂支撑架顶部的实际荷载不得超过设计规定。满堂脚手架与满堂支撑架在安装过程中，应采取防倾覆的临时固定措施。在使用过程中，应设有专人监护施工，当出现异常情况时，应停止施工，并应迅速撤离作业面上人员。应在采取确保安全的措施后，查明原因、做出判断和处理。

当有六级强风及以上风、浓雾、雨或雪天气时应停止脚手架搭设与拆除作业。雨、雪后上架作业应有防滑措施，并应扫除积雪。夜间不宜进行脚手架搭设与拆除作业。

脚手板应铺设牢靠、严实，并应用安全网双层兜底。施工层以下每隔 10m 应用安全网封闭。单、双排脚手架、悬挑式脚手架沿墙体外围应用密目式安全网全封闭，密目式安全网宜设置在脚手架外立杆的内侧，并应与架体结扎牢固。在脚手架使用期间，严禁拆除主节点处的纵、横向水平杆，纵、横向扫地杆和连墙件。当在脚手架使用过程中开挖脚手架基础下的设备或管沟时，必须对脚手架采取加固措施。

搭拆脚手架时，地面应设围栏和警戒标志，并应派专人看守，严禁非操作人员入内。

5.1.4 承插型盘扣式支模架搭设

承插型盘扣式支模架是性能比较优越的支模架形式，适用于高大支模架的搭设（图 5.8）。

5.1.4.1 施工准备

模板支架及脚手架施工前应根据工程特征、地基承载力、搭设高度，按规范的基本要求编制专项施工方案，并应经审核批准后实施。搭设操作人员必须经过专业技术培训和专业考试合格后，持证上岗。模板支架及脚手架搭设前，施工管理人员应按专项施工方案的要求对操作人员进行技术和安全作业交底。进入施工现场的钢管支架及构配件质量应在使用前进行复检。经验收合格的构配件应按品种、规格分类码放，并应标挂铭牌备用。构配件堆放场地应排水畅通、无积水。当采用预埋方式设置脚手架连墙件时，应提前与相关部门协商，并应按设计要求预埋。模板支架及脚手架搭设场地必须平整、坚实、有排水措施。

图 5.8 高大承插型盘扣式支模架

5.1.4.2 地基与基础

基础应按专项施工方案进行施工，并应按承载力要求进行验收。土层地基上的立杆应采用可调底座和垫板，垫板的长度不宜少于 2 跨。当地基高差较大时，可利用立杆 0.5m 节点位差配合可调底座进行调整。模板支架及脚手架应在地基基础验收合格后搭设。

5.1.4.3 模板支架搭设与拆除

（1）模板支架搭设高度不宜超过 24m；当超过 24m 时，应另行专门设计。

（2）模板支架应根据施工方案计算得出的立杆排列尺寸选用定长的水平杆，并应根据支撑高度组合套插的立杆段、可调托座和可调底座。

（3）模板支架的斜杆或剪刀撑设置应符合以下要求：

1）当搭设高度不超过 8m 的满堂模板支架时，步距不宜超过 1.5m，架体四周外立面向内的第一跨每层均应设置竖向斜杆，架体整体底层以及顶层均应设置竖向斜杆，并应在架体内部区域每隔 5 跨由底至顶纵、横向均设置竖向斜杆或采用扣件钢管搭设的剪刀撑。当满堂模板支架的架体高度不超过 4 个步距时，可不设置顶层水平斜杆；当架体高度超过 4 个步距时，应设置顶层水平斜杆或扣件钢管水平剪刀撑（图 5.9)。

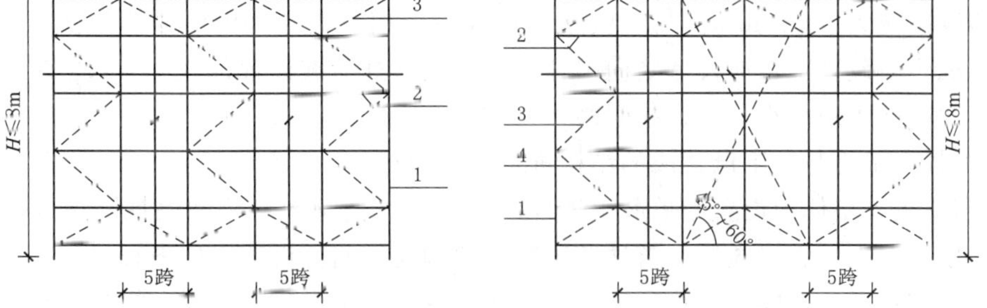

(a) 斜杆设置立面图

(b) 剪刀撑设置立面图

图 5.9 水平剪刀撑设置

1—立杆；2—水平杆；3—斜杆；4—扣件钢管剪刀撑

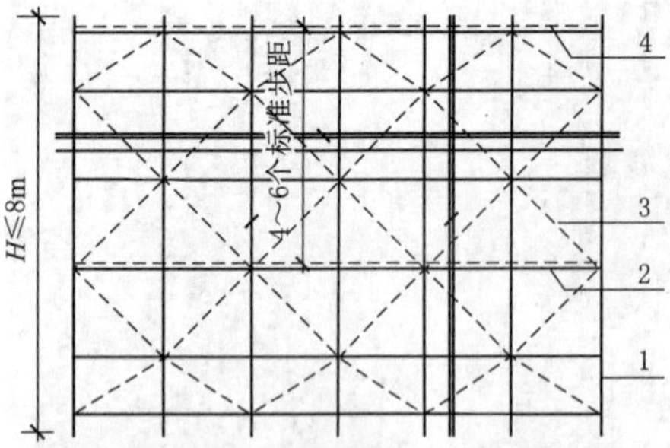

图 5.10 满堂架高度大于 8m 水平斜杆设置立面图

1—立杆；2—水平杆；3—斜杆；4—水平层斜杆或扣件钢管剪刀撑

2）当搭设高度超过 8m 的模板支架时，竖向斜杆应满布设置，水平杆的步距不得大于 1.5m，沿高度每隔 4～6 个标准步距应设置水平层斜杆或扣件钢管剪刀撑。周边有结构物时，最好与周边结构形成可靠拉结（图 5.10）。

3）当模板支架搭设成无侧向拉结的独立塔状支架时，架体每个侧面每步距均应设竖向斜杆。当有防扭转要求时，在顶层及每隔 3～4 个步距应增设水平层斜杆或钢管水平剪刀撑（图 5.11）。

4）对长条状的独立高支模架，架体总高度与架体的宽度之比 H/B 不宜大于 3。

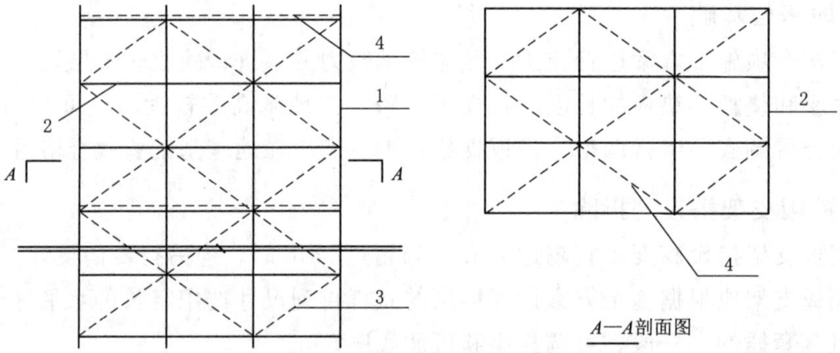

图 5.11 无侧向拉结塔状支模架斜杆设置

1—立杆；2—水平杆；3—斜杆；4—水平层斜杆

5）模板支架可调托座伸出顶层水平杆或双槽钢托梁的悬臂长度严禁超过 650mm，且丝杆外露长度严禁超过 400mm，可调托座插入立杆或双槽钢托梁长度不得小于 150mm。

6）高大模板支架最顶层的水平杆步距应比标准步距缩小一个盘扣间距。

7）模板支架可调底座调节丝杆外露长度不应大于 300mm，作为扫地杆的最底层水平杆离地高度不应大于 550mm。当单肢立杆荷载设计值不大于 40kN 时，底层的水平杆步距可按标准步距设置，且应设置竖向斜杆；当单肢立杆荷载设计值大于 40kN 时，底层的水平杆应比标准步距缩小一个盘扣间距，且应设置竖向斜杆。

8）模板支架宜与周围已建成的结构进行可靠连接。

9）当模板支架体内设置与单肢水平杆同宽的人行通道时，可间隔抽除第一层水平杆和斜杆形成施工人员进出通道，与通道正交的两侧立杆间应设置竖向斜杆；当模板支架体内设置与单肢水平杆不同宽人行通道时，应在通道上部架设支撑横梁，横梁应按跨度和荷载确定。通道两侧支撑梁的立杆间距应根据计算设置，通道周围的模板支架应连成整体。洞口顶部应铺设封闭的防护板，两侧应设置安全网。通行机动车的洞口，必须设置安全警示和防撞设施。

10）脚手架拆除应按后装先拆、先装后拆的原则进行，严禁上下同时作业。连墙件应随脚手架逐层拆除，分段拆除的高度差不应大于两步。如因作业条件限制，出现高度差大于两步时，应增设连墙件加固。

5.1.4.4 检查与验收

（1）对进入现场的构配件的检查与验收规定：

1）应有产品标识及产品质量合格证。

2）应有产品主要技术参数及产品使用说明书。

3）当对支架质量有疑问时，应进行质量抽检和试验。

（2）模板支架应根据情况按进度分阶段进行检查和验收：

1）基础完工后及模板支架搭设前。

2）超过 8m 的高支模架搭设至一半高度后。

3）搭设高度达到设计高度后和混凝土浇筑前。

（3）脚手架应根据情况按进度分阶段进行检查和验收：

1）基础完工后及脚手架搭设前。

2）首段高度达到 6m 时。

3）架体随施工进度逐层升高时。

4）搭设高度达到设计高度后。

（4）对模板支架应重点检查和验收内容：基础应符合设计要求，并应平整坚实，立杆与基础间应无松动、悬空现象，底座、支垫应符合规定；搭设的架体三维尺寸应符合设计要求，搭设方法和斜杆、钢管剪刀撑等设置应符合规程规定；可调托座和可调底座伸出水平杆的悬臂长度应符合设计限定要求；水平杆扣接头与立杆连接盘的插销应击紧至所需插入深度的标志刻度。

（5）对脚手架应重点检查和验收的内容：搭设的架体三维尺寸应符合设计要求，斜杆和钢管剪刀撑设置应符合规程规定；立杆基础不应有不均匀沉降，立杆可调底座与基础面的接触不应有松动和悬空现象；连墙件设置应符合设计要求，应与主体结构、架体可靠连接；外侧安全立网、内侧层间水平网的张挂及防护栏杆的设置应齐全、牢固；周转使用的支架构配件使用前应做外观检查，并应做记录；搭设的施工记录和质量检查记录应及时、齐全。

5.1.4.5 安全管理与维护

搭设人员应持证上岗，并正确佩戴安全帽、安全带和防滑鞋。

模板支架混凝土浇筑作业层上的施工荷载不应超过设计值。混凝土浇筑过程中，应派专人在安全区域内观测模板支架的工作状态，发生异常时观测人员应及时报告施工负责人，情况紧急时施工人员应迅速撤离，并应进行相应加固处理。严禁在模板支架及脚手架基础开挖深度影响范围内进行挖掘作业。在脚手架或模板支架上进行电气焊作业时，必须有防火措施和专人监护。模板支架及脚手架应与架空输电线路保持安全距离，工地临时用电线路架设及脚手架接地防雷击措施等应按现行行业标准《施工现场临时用电安全技术规范》（JGJ 46）的有关规定执行。

模板支架及脚手架使用期间，不得擅自拆除架体结构杆件。如需拆除时，必须报请工程项目技术负责人以及总监理工程师同意，确定防控措施后方可实施。使用结束后，按照方案要求实施拆除作业，拆除的构件应安全地传递至地面，严禁抛掷。作业区域内，应设置安全警戒线，不得上下交叉作业。

任务5.2 熟悉模板材质、构造与应用

模板工程样板

5.2.1 模板的一般规定

5.2.1.1 模板的作用和要求

混凝土构件在施工完成后需要有正确的外形及尺寸，模板和支架是保证混凝土浇筑后能满足这一要求的必备措施，对模板的要求如下：

(1) 保证混凝土浇筑后，构件各部位形状、尺寸和相互位置正确。

(2) 具有足够的承载能力、刚度和稳定性，能可靠地承受新浇混凝土的自重和侧压力，以及在施工过程中产生的荷载。

(3) 构造简单，装拆方便，重量轻，并便于钢筋的绑扎与安装，混凝土的浇筑及养护工艺要求。

(4) 模板面板必须平整光滑，模板接缝应严密，不得漏浆。

(5) 通用性强，并能多次周转使用。

5.2.1.2 模板材料质量控制

1. 钢材

为保证模板结构的承载能力，防止出现脆性破坏，应根据模板体系的重要性、荷载特征、连接方法等，选用适合的钢材型号和材性，且宜采用Q235钢和Q345钢。模板的支架材料宜优先选用钢材。

模板的钢材应符合现行国家标准《碳素结构钢》(GB/T 700)、《低合金高强度结构钢》(GB/T 1591) 的规定。钢管应符合现行国家标准《直缝电焊钢管》(GB/T 13793) 或《低压流体输送用焊接钢管》(GB/T 3092) 中规定的Q235普通钢管的要求，并应符合现行国家标准《碳素结构钢》(GB/T 700) 中Q235A级钢的规定。不得使用有严重锈蚀、弯曲、压扁及裂纹的钢管。

钢铸件应符合现行国家标准《一般工程用铸造碳钢件》(GB/T 11352) 中的规定。钢管扣件应符合现行国家标准《钢管脚手架扣件》(GB 15831) 的规定。

连接用的焊条应符合现行国家标准《碳钢焊条》(GB/T 700) 或《低合金钢焊条》(GB/T 1591) 的规定。

连接用的普通螺栓应符合现行国家标准《六角头螺栓C级》(GB/T 5780) 和《六角头螺栓》(GB/T 5782) 的规定。

组合钢模板及配件制作质量应符合现行国家标准《组合钢模板技术规范》(GBJ 214) 的规定。

承重结构采用的钢材应具有抗拉强度、伸长率、屈服强度和硫、磷含量的合格保证，

对焊接结构还应具有碳含量的合格保证。焊接的承重结构以及重要的非焊接承重结构采用的钢材还应具有冷弯试验的合格保证。

2. 木材

模板结构或构件的树种应根据各地区实际情况选择质量好的材料，不得使用有腐朽、霉变、虫蛀、折裂、枯节的木材。

模板结构设计应根据受力种类或用途按表 5.6 的要求选用相应的木材材质等级。木材材质标准应符合现行国家标准《木结构设计规范》(GB 50005) 的规定。

表 5.6 模板结构或构件的木材材质等级

项次	主要用途	材质等级
1	受拉或拉弯构件	Ⅰa
2	受弯或压弯构件	Ⅱa
3	受压构件	Ⅲa

用于模板体系的原木、方木和板材可采用目测法分级，不得利用商品材的等级标准替代。当需要对模板结构或构件木材的强度进行测试验证时，应按现行国家标准《木结构设计规范》(GB 50005) 的检验标准进行。

施工现场制作的木构件，其木材含水率应符合下列规定：制作的原木、方木结构，不应大于 25%；板材和规格材，不应大于 20%；受拉构件的连接板，不应大于 18%；连接件，不应大于 15%。

3. 胶合模板板材

胶合模板板材表面应平整光滑，具有防水、耐磨、耐酸碱的保护膜，并有保温性能好、易脱模和可以两面使用等特点。板材厚度不应小于 12mm，并应符合国家现行标准《混凝土模板用胶合板》(ZBB 70006) 的规定。

各层板的原材含水率不应大于 15%，且同一胶合模板各层原材间的含水率差别不应大于 5%。胶合模板应采用耐水胶，其胶合强度不应低于木材或竹材顺纹抗剪和横纹抗拉的强度，并应符合环境保护的要求。

进场的胶合模板除应具有出厂质量合格证外，还应保证外观及尺寸合格。

5.2.2 木模板

木模板（图 5.12）及其支架系统一般在加工厂或现场木工棚制作，然后再在现场拼装。图 5.13 是基本元件，通常称拼板，每块重量以两个人能搬动为宜。拼板由一些板条用拼条拼钉而成，板条厚度一般为 25～50mm，宽度不宜超过 200mm，以保证干缩时缝隙均匀，浇水后易于密缝，受潮后不易翘曲。梁底模板的板条宽度则不受限制以减少拼缝，防止漏浆。梁底的拼板由于承受较大的荷载要加厚至 40～50mm。拼条根据受力情况可平放也可立放，拼条间距根据浇混凝土的侧压力大小以及板条的厚度确定，一般为 400～500mm。利用拼板可以拼成基础、柱、梁、楼板等模板。

图 5.12 木模板

木模板的主要优点是制作拼装随意，适用于浇筑各种外形的混凝土结构或构件。此外，木材导热系数低，混凝土冬期施工时，木模板有一定的保温作用。

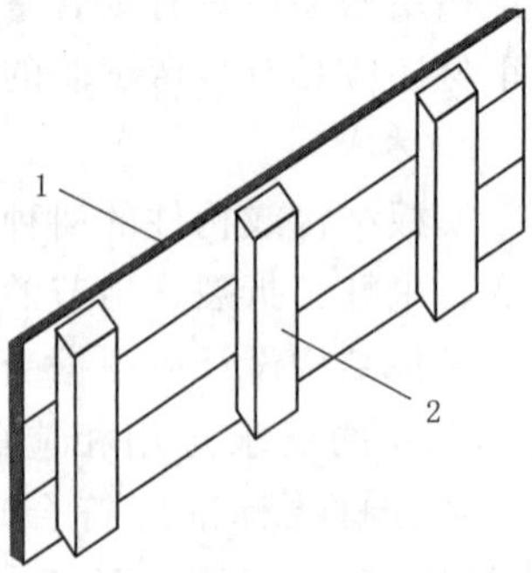

图 5.13 拼板
1—板条；2—拼条

5.2.3 定型组合钢模板

定型组合钢模板由钢模板和配件组成（图 5.14），配件包括连接件和支撑件。钢模板通过各种连接件和支承件可组合成多种尺寸和几何形状，以适应建筑结构基础、柱、墙、梁、板等施工的需要。组合钢模尺寸适中，轻便灵活，装拆方便，也可预拼成大模板、滑模、台模等，用起重设备吊装。定型组合钢模板的主要构配件如下。

图 5.14 钢模板

5.2.3.1 钢模板

钢模板包括平面模板、阳角模板、阴角模板和连接角模（图 5.15），此外还有一些异形模板。

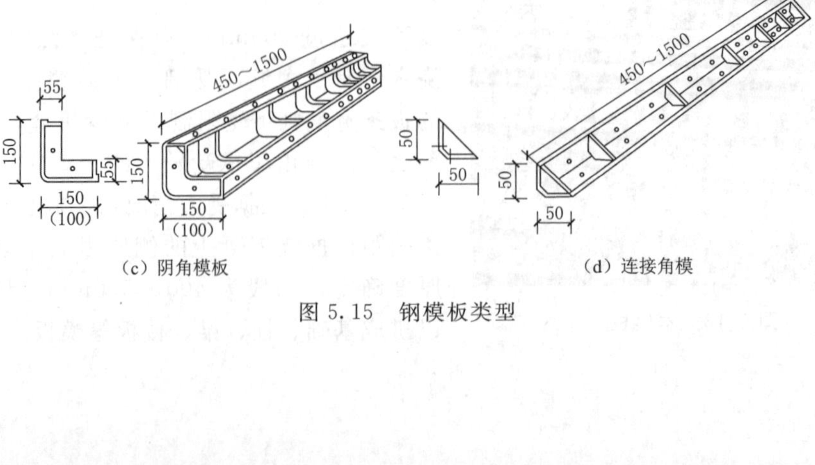

图 5.15 钢模板类型

钢模板采用模数制设计，宽度为 50 mm 进级，长度为 150mm 进级。如拼装时出现不足模数的空缺，则镶嵌木条补缺，用钉子或螺栓将木条与钢模边框上的钉子孔连接。钢模板边框上有连接孔，孔距均为 150mm，端部孔距边肋为 75mm。阴、阳角模用以成型混凝土结构的阴、阳角，连接角模和两块平模拼成 90°的连接模板。

板块由 2.3～2.5mm 厚钢板压轧成型。板块的宽度以 100mm 为基础，按 50mm 进级；长度以 450mm 为基础，按 150mm 进级。常用组合钢模板的尺寸见表 5.7，可以组合拼成长度和宽度方向上以 50mm 进级的各种尺寸。

表 5.7　　常用组合钢模板规格　　单位：mm

名　称	宽　　度	长　度	肋　高
平板模板（P）	600、550、500、450、400、350、300、250、150、100	1800、1500、1200、900、750、600、450	55
阴角模板（E）	150×150、100×150		
阳角模板（Y）	100×100、50×50		
连接角模（J）	50×50		

5.2.3.2　连接件

定型组合钢模板的连接件包括 U 形卡、L 形插销、钩头螺栓、紧固螺栓、对拉螺栓和扣件（图 5.16）。

(1) U 形卡。U 形卡用于相邻钢模板的拼接，其安装间距一般不大于 300mm，即每隔一孔卡插一个，安装方向为一顺一倒互相交错，以抵消因打紧 U 形卡可能产生的位移，

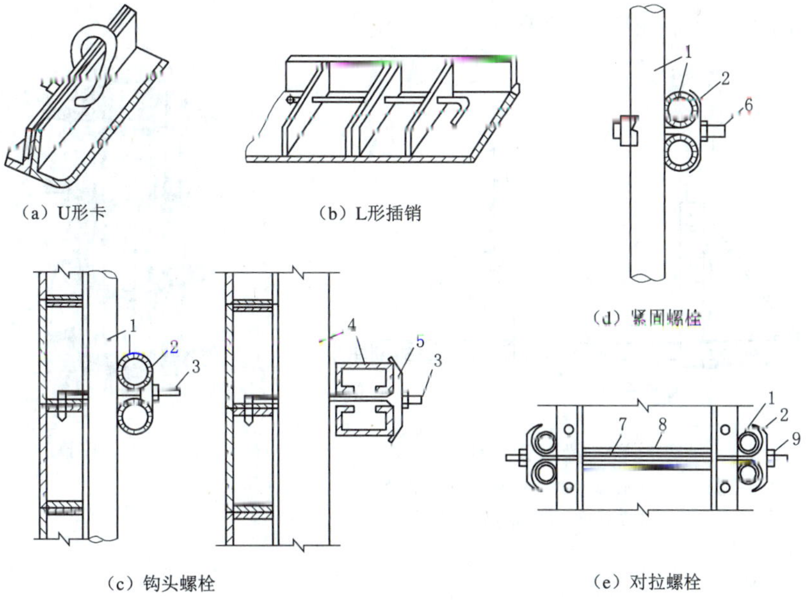

(a) U形卡　(b) L形插销　(c) 钩头螺栓　(d) 紧固螺栓　(e) 对拉螺栓

图 5.16　钢模板类型

1—钢管；2—“3” 形扣件；3—钩头螺杆；4—钢楞；5—碟形扣件；6—紧固螺栓；7—对拉螺栓；8—套管；9—紧固螺帽

如图 5.16（a）所示。

（2）L 形插销。L 形插销用于两个钢模板端肋与端肋连接。将 L 形插销插入钢模板端部的插销孔内，以加强两相邻模板接头处的刚度和保证接头处板面平整，如图 5.16（b）所示。

（3）钩头螺杆。钩头螺栓用于钢模板与内外钢楞的加固，其安装间距一般不大于600mm，长度应与采用的钢楞尺寸相适应，如图 5.16（c）所示。

（4）紧固螺栓。紧固螺栓用于紧固内外钢楞，长度应与采用的钢楞尺寸相适应，如图 5.16（d）所示。

（5）对拉螺栓。对拉螺栓用于连接墙壁两侧模板，保持模板与模板之间的设计厚度，并承受混凝土侧压力及水平荷载，使模板不致变形，如图 5.16（e）所示。

（6）扣件。扣件用于钢楞与钢楞或与钢楞钢模板之间的扣紧。按钢楞的不同形状，分别采用蝶形扣件和“3”形扣件，如图 5.16（c）所示。

5.2.3.3 组合钢模板的支承件

定型组合钢模板的支承件包括柱箍、梁托架、钢楞、桁架、斜撑、支架等。

1. 钢管卡具及柱箍

如图 5.17 所示钢管卡具适用于矩形梁，用于固定侧模板。卡具可用于把侧模固定在底模板上，此时卡具安装在梁下部；卡具也可用于梁侧模上口的卡固定位，此时卡具安装在梁上方。

柱模板四周设钢柱箍（图 5.18）。角钢柱箍由两根互相焊成直角的角钢组成，用弯角螺栓及螺母拉紧，也可用 60mm×5mm 扁钢制成扁钢柱箍或槽钢柱箍，为增加尺寸通用性，建议使用可调柱箍如图 5.19 所示。

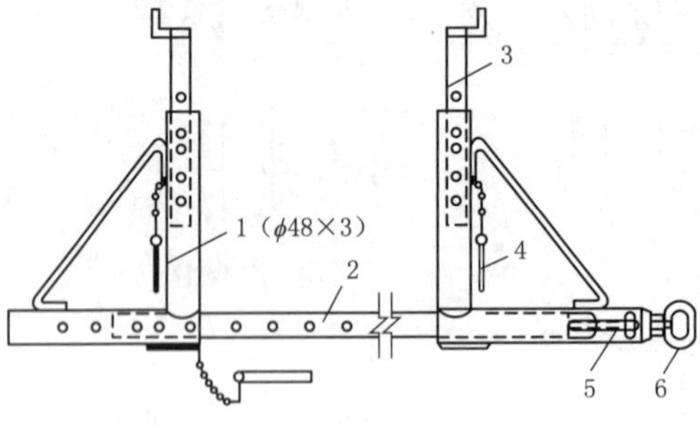

图 5.17 梁钢管卡具

1—三脚架；2—底座；3—调节杆；4—插销；5—调节螺栓；6—钢筋环

图 5.18 柱箍

2. 钢管支撑

钢管支撑由内外两节钢管组成，可以伸缩以调节支柱高度，用于支撑梁板模板。在内外钢管上每隔 100mm 钻一个 ϕ14 销孔，调整好高度以后用 ϕ12 销子固定。支座底部垫木板，100mm 以内的高度调整可在垫板处加木楔调整，如图 5.20 所示。也可在钢管支柱下端装调节螺杆，用以调节 100mm 以内高度。

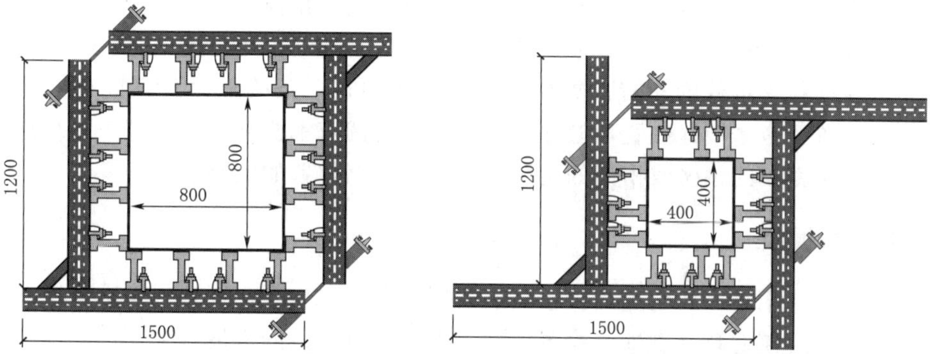

图 5.19　可调柱箍

图 5.20　钢管支撑

3. 钢楞

钢楞（图 5.21）即模板的横档和竖档，分内钢楞和外钢楞。内钢楞配置方向一般应与钢模板垂直，直接承受钢模板传来的荷载。外钢楞承受内钢楞传来的荷载或用来加强模板结构的整体刚度和调整平直度。钢楞一般用圆钢管、矩形钢管、槽钢或内卷边槽钢。

图 5.21　钢楞

5.2.3.4　钢模板配板设计

采用组合钢模时，同一构件的模板可用不同规格的钢模作多种方式的组合排列，因而形成不同的配板方案。配板方案对支模效率、工程质量和经济效益都有一定影响。合理的配板方案应满足：钢模块数少，木模嵌补量少，并能使支承件布置简单，受力合理。配板原则如下：

（1）优先采用通用规格及大规格的模板，并合理排列模板。宜以其长边沿梁、板、墙的长度方向或柱的高度方向排列，以利使用长度规格大的钢模，并扩大钢模的支承跨度。如结构的宽度恰好是钢模长度的整倍数，也可将钢模的长边沿结构的短边排列。模板端头接缝宜错开布置，以提高模板的整体性。

（2）合理使用角模。对无特殊要求的阳角，可不用阳角模，而用连接角模代替。阴角模宜用于长度大的阴角，梁口及其他短边转角（阴角）处，可用方木嵌补。

（3）方便模板支承件的布置。钢模端头接缝集中在一条线上时，直接支承钢模的钢楞，其间距布置要考虑接缝位置，应使每块钢模都有两道钢楞支承。对端头错缝连接的模板，其直接支承钢模的钢楞或桁架的间距，可不受接缝位置的限制。

5.2.4 胶合板模板

胶合板模板（图5.22）是在传统木模板的构造和工艺的基础上，以胶合板模板替代需要刨光和涂刷脱模材料（刷油、涂脱模剂、加履面材料）的木模板。

图5.22 胶合板模板

5.2.4.1 胶合板模板的特点

（1）板幅大、自重轻、板面平整。

（2）承载力大，经表面处理后耐磨性好，能多次重复使用。

（3）材质轻，模板的运输、堆放、使用和管理等都较为方校。

（4）保温性能好，冬期施工有助于混凝土的保温。

（5）锯截方便，易加工成各种形状的模板。

（6）便于按工程的需要弯曲成型，用做曲面模板。

（7）表面平整，用于清水混凝土模板最为理想。

5.2.4.2 胶合板模板的分类

混凝土结构所用的胶合板模板有木胶合板和竹胶合板两类。

1. 木胶合板模板

木胶合板是一组单板（薄木片）按相邻层木纹方向互相垂直组坯胶合而成的板材，其表板和内层板对称地配置在中心层或板芯的两侧。混凝土模板用的木胶合板属具有高耐候性、耐水性的Ⅰ类胶合板。胶合板模板规格见表5.8。

模板用的木胶合板通常由5层、7层、9层、11层等奇数层单板经热压固化而胶合成型。相邻层的纹理方向相互垂直，通常最外层表板的纹理方向和胶合板面的长向平行，因此，整张胶合板的长向为强方向，短向为弱方向，使用时须加以注意。

表 5.8　**混凝土模板用木胶合板规格尺寸**　单位：mm

模数制		非模数制		厚度
宽度	长度	宽度	长度	
600	1800	915	1830	12.0
900	1800	1220	1830	15.0
1000	2000	915	2135	18.0
1200	2400	1220	2440	21.0

未经板面处理的胶合板用做模板时，脱模时易将板面木纤维撕破，影响混凝土表面质量。这种现象随胶合板使用次数的增加而逐渐加重。在使用前应对板面进行处理，处理的方法为冷涂刷涂料，把常温下同化的涂料胶涂刷在胶合板表面，构成保护膜。经覆膜罩面处理后的胶合板，增加了板面耐久性；脱模性能较好，外观平整光滑，适用于有特殊要求的、混凝土外表面不加修饰处理的清水混凝土工程。

2. 竹胶合板模板

竹胶合板是一组竹片铺放成的单板互相垂直组坯胶合而成的板材。竹胶合板收缩率小、膨胀率和吸水率低，承载能力大，是一种较好的建筑模板。

竹胶合板的芯板与面板所用材料不同，芯板用竹条编织，起到增加强度的作用；面板通常为编席单板，也可采用薄木胶合板。为了提高竹胶合板的耐水性、耐磨性和耐碱性，竹胶合板表面可进行环氧树脂涂面或瓷釉涂料涂面处理。竹胶合板模板的规格见表 5.9。

表 5.9　**竹胶合板模板规格尺寸**　单位：mm

长　度	宽　度	厚　度
1830	915	9、12、15、18
1830	1220	
2000	1000	
2135	915	
2440	1220	
3000	1500	

5.2.4.3　胶合板模板的使用注意事项

（1）合理配模，减少裁制损耗。

（2）尽量采用预制并整装整拆块体模板，减少拆装损耗，减缓面板和方材“由大改小”的进程。

（3）设置留孔（对穿拉杆孔）条板，避免对模板的多次钻孔。

（4）尽量采用非钉接的拼接固定方式，减少钉接结合。

5.2.4.4　胶合板模板施工工艺

1. 胶合板模板配制

（1）按设计图纸尺寸直接配制模板。形体简单的结构构件，可根据结构施工图纸尺寸，直接列出模板规格和数量进行配制。模板厚度、横档及楞木的断面和间距，以及支撑系统的配置，都可按支承要求通过计算选用。

（2）采用放大样方法配制模板。形体复杂的结构构件，如楼梯、圆形水池等，可在平整的地坪上，按结构图的尺寸画出结构构件的实样，量出各部分模板的准确尺寸或套制样板，同时确定模板及其安装的节点构造，进行模板的制作。

(3) 用计算方法配制模板。形体复杂不易采用放大样方法，但有一定几何形体规律的构件，可用计算方法结合放大样的方法，进行模板配制。

(4) 用结构表面展开法配制模板。一些形体复杂且由各种不同形体组成的结构构件，如设备基础，其模板的配制可先画出模板平面团和展开图，再进行配模设计和模板制作。

2. 胶合板模板施工

胶合板模板施工工艺与木模板相似。施工工艺包括配模、支架设计、模板加工、组装、支架（支撑系统）设置。梁板支模需先搭设支架并固定后装设或铺设模板；柱、墙则先安装模板，后装设支撑系统并调整固定。

墙模、柱模、梁侧模及其他立模，多采用先预制成块模（带边框、背肋）而后支装；平板底模多采用先在支架上铺设固定横梁（也称主龙骨）和搁栅（也称次龙骨），在搁栅上裁铺固定面板。采用单层或者双层龙骨，要依支架的构造和支点的设置情况而定。胶合板模板背肋按模板设计确定间距且不应超过500mm。柱、墙模板和深梁侧模板的背肋沿高度方向设置，其柱箍、对穿拉杆或外楞按“上疏下密”设置，以适应侧压力“上小下大”的要求。墙体模板需设置对拉螺栓、主次楞以增加强度（图5.23），模板的底部须设底脚锚（埋件）予以固定。梁侧模必须设置可靠支撑。采取简单有效的方式处理好板间和边角接缝，确保平整和不跑浆、漏浆。

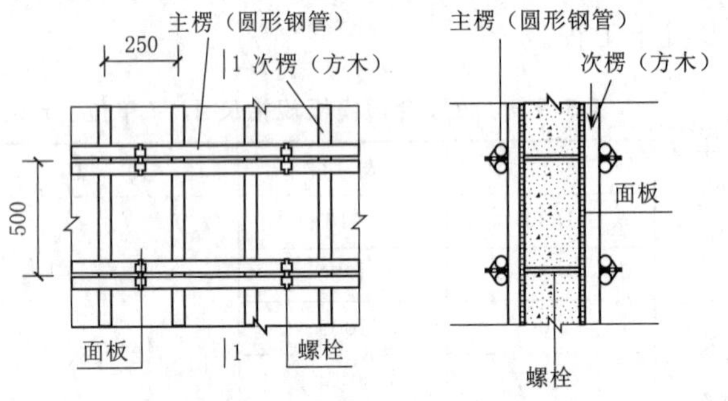

(a) 墙模板正立面图　　(b) 1—1剖面图

图5.23　某墙体模板示意图

5.2.5 铝合金模板

铝合金模板（图5.24）全称为混凝土工程铝合金模板，是继胶合板模板、组合钢模板体系、钢框木（竹）胶合板体系、大模板体系、早拆模板体系后新一代模板系统。铝合金模板以铝合金型材为主要材料，经过机械加工和焊接等工艺制成的适用于混凝土工程的模板，并按照50mm模数设计由面板、肋、主体型材、平面模板、转角模板、早拆装置组合而成。铝合金模板设计和施工应用是混凝土工程模板技术上的革新，可极大改善混凝土的外观质量。

铝合金模板体系按照受力方式不同可分为拉杆体系和拉片体系两大类。

拉杆体系铝合金模板由模板体系、紧固体系、支撑体系和配件体系所组成的具有完整的配套模板系统，适用于城市管廊、公共建筑、住宅建筑等的模板系统。

拉片体系铝合金模板由模板体系、支撑体系、配件体系三部分体系组成，具有完整的配套模板系统，一般适应于住宅建筑。

模板体系按照结构形式分为平面模板、转角模板和组件。其中，转角模板包括阳角模

图 5.24　铝合金模板

板、阴角模板和阴转角模板，组件包括单斜铝梁、双斜铝梁、楼板早拆头、梁底早拆头。

支撑体系按照材料分为钢支撑、铝支撑、其他支撑。

紧固体系按照受力形式分为钢背楞加固和拉片对拉加固，加固件按照材料分为铝背楞、钢背楞、轻钢龙骨背楞、其他合金背楞、方管背楞等。

配件体系以螺栓、销钉销片、螺杆、拉片为主的配件。

铝合金模板按通用形式分为标准模板和非标模板。符合边肋高度为 65mm、孔径为 16.5mm、孔心于面板距离为 40mm，长度、宽度、孔心距按照 50mm 整数倍的矩形平面板、转角模板和形状统一的常用组件，均为标准板。不符合上述条件之一的模板或组件，均为非标模板。非矩形模板和非常规组件不纳入上述标准件和非标件的标识范围。

5.2.5.1　铝合金模板体系的优点

（1）强度、稳定性好：按照标准挤压型材形成的铝合金模板构件有较高的强度、刚度和稳定性。

（2）拼缝少，精度高：建筑铝合金模板拆模后，可达到饰面及清水混凝土的标准，无须再进行其他工序。

（3）周期短、效率高：由于铝合金模板组装方便、单件重量最大只有不到 30kg，摆脱了机械限制，人工拼装效率显著提升，熟练工人正常情况下每人每天 20～30m^2，在正常标准层拼装情况下 5～6d 周转一层，周转速度快，显著提高施工进度，节约管理成本。

（4）多次循环利用：铝合金模板构件采用整体挤压形成的铝合金型材做原材，规范化使用情况下模板可翻转达到 300 余次。

（5）综合成本较低：对于拥有多相同相似栋楼来说，综合成本显著降低。

（6）应用范围较广：铝合金模板可用于超高层、地下室、住宅楼、管廊等。

（7）施工现场环保：铝合金模板构配件均可重复使用，施工拆模后，现场环境安全、干净、整洁。

（8）回收利用率高：铝模板报废后，均为可再生材料，均摊成本优势明显，属于绿色建筑材料。

5.2.5.2　铝合金模板体系的缺点

（1）深化图要求高：由于配置铝合金模板需要前期将建筑图、结构图等图纸优化成铝合金模板专用图纸，对于深化人员专业水平要求较高。

（2）配模设计要求高：基于市场上配模软件的不同，相对于使用二维配模（CAD、新联创等）软件人员来说，需要具备一定的经验储备、一定的想象能力和知识储备。

（3）非标率高：由于建筑结构的单一性，建筑结构模数化低，导致非标率（20%～35%）居高不下，严重制约着厂家的发展壮大。

（4）现场改动性差：由于铝合金模板统一配置，型材统一在工厂加工，在施工现场一旦出错，无法更改，只能重新做。

（5）铁背楞笨重：市场上多数厂家使用铁背楞加固铝合金模板，而铁背楞笨重，严重制约着施工效率，阻碍着铝合金模板发展。

5.2.5.3 铝合金模板体系应用流程

铝合金模板体系应用流程：建筑图纸、结构图纸设计完成→铝合金模板技术人员审核图纸、报价→协商合作内容、签订合同→技术人员设计配模图（模板拼装图）→按图纸生产→工厂预拼装→检验合格→出厂、发货→工地施工。

任务5.3 模板安装施工

5.3.1 模板安装一般规定

5.3.1.1 技术准备

（1）应审查模板结构设计与施工说明书中的荷载、计算方法、节点构造和安全措施，设计审批手续应齐全，尤其是高大支模架工程应按危险性较大工程管理规定编制专项施工方案，必要时需组织专家论证。

（2）应进行全面的安全技术交底，操作班组应熟悉设计与施工说明书，并应做好模板安装作业的分工准备。

（3）应对模板和配件进行挑选、检测，不合格者应剔除，并应运至工地指定地点堆放。

（4）备齐操作所需的一切安全防护设施和器具。

5.3.1.2 模板安装基本规定

（1）模板安装应按设计与施工说明书顺序拼装。木杆、钢管、门架及碗扣式等支架立柱不得混用。

（2）竖向模板和支架立柱支承部分安装在基土上时，应加设垫板，垫板应有足够强度和支承面积，且应中心承载。基土应坚实，并应有排水措施。对湿陷性黄土应有防水措施；对特别重要的结构工程可采用混凝土、打桩等措施防止支架柱下沉。对冻胀性土应有防冻融措施。

（3）当满堂或共享空间模板支架立柱高度超过8m时，若地基土达不到承载要求，无法防止立柱下沉，则应先施工地面下的工程，再分层回填夯实基土，浇筑地面混凝土垫层，达到强度后方可支模。

（4）模板及其支架在安装过程中，必须设置有效防倾覆的临时固定设施。

（5）现浇钢筋混凝土梁、板，当跨度大于 4m 时，模板应起拱；当设计无具体要求时，起拱高度宜为全跨长度的 1/1000～3/1000。

（6）现浇多层或高层房屋和构筑物，安装上层模板及其支架时，下层楼板应具有承受上层施工荷载的承载能力，否则应加设支撑支架。上层支架立柱应对准下层支架立柱，并应在立柱底铺设垫板。

（7）当层间高度大于 5m 时，应选用桁架支模或钢管立柱支模。当层间高度小于或等于 5m 时，可采用木立柱支模。

（8）安装模板应保证工程结构和构件各部分形状、尺寸和相互位置的正确，构造应符合模板设计要求。模板应具有足够的承载能力、刚度和稳定性，应能可靠承受新浇混凝土自重和侧压力以及施工过程中所产生的荷载。

（9）梁和板的立柱，纵横向间距应相等或成倍数。木立柱底部应设垫木，顶部应设支撑头。钢管立柱底部应设垫木和底座，顶部应设可调支托，U 形支托与楞梁两侧间如有间隙，必须楔紧，其螺杆伸出钢管顶部不得大于 200mm，螺杆外径与立柱钢管内径的间隙不得大于 3mm，安装时应保证上下同心。

5.3.1.3 操作要求

（1）拼装高度为 2m 以上的竖向模板，不得站在下层模板上拼装上层模板。安装过程中应设置临时固定设施。

（2）当承重焊接钢筋骨架和模板一起安装时，梁的侧模、底模必须固定在承重焊接钢筋骨架的节点上。安装钢筋模板组合体时，吊索应按模板设计的吊点位置绑扎。

（3）当支架立柱成一定角度倾斜，或其支架立柱的顶表面倾斜时，应采取可靠措施确保支点稳定，支撑底脚必须有防滑移的可靠措施。所有垂直支架柱应保证其垂直。

（4）在立柱底距地面 200mm 高处，沿纵横水平方向应按纵下横上的程序设扫地杆。可调支托底部的立柱顶端应沿纵横向设置一道水平拉杆。扫地杆与顶部水平拉杆之间的间距，在满足模板设计所确定的水平拉杆步距要求条件下，进行平均分配确定步距后，在每步距处纵横向应各设一道水平拉杆。当层高在 8～20m 时，在最顶步距两水平拉杆中间应加设一道水平拉杆；当层高大于 20m 时，在最顶两步距水平拉杆中间应分别增加一道水平拉杆。所有水平拉杆的端部均应与四周建筑物顶紧顶牢。无处可顶时，应于水平拉杆端部和中部沿竖向设置连续式剪刀撑。

（5）木立柱的扫地杆、水平拉杆、剪刀撑应采用 40mm×50mm 木条或 25mm×80mm 的木板条与木立柱钉牢。钢管立柱的扫地杆、水平拉杆、剪刀撑应采用 $\phi 48\times3.5$ 钢管，用扣件与钢管立柱扣牢。木扫地杆、水平拉杆、剪刀撑应采用搭接，并应用铁钉钉牢。钢管扫地杆、水平拉杆应采用对接，剪刀撑应采用搭接，搭接长度不得小于 500mm，用两个旋转扣件分别在离杆端不小于 100mm 处进行固定。

（6）施工时，在已安装好的模板上的实际荷载不得超过设计值。已承受荷载的支架和附件，不得随意拆除或移动。

（7）安装模板时，安装所需各种配件应置于工具箱或工具袋内，严禁散放在模板或脚手板上；安装所用工具应系挂在作业人员身上或置于所配戴的工具袋中，不得掉落。

(8) 当模板安装高度超过3.0m时，必须搭设脚手架，除操作人员外，脚手架下不得站其他人。

(9) 吊运模板作业前应检查绳索、卡具、模板上的吊环，必须完整有效，在升降过程中应设专人指挥，统一信号，密切配合。吊运大块或整体模板时，竖向吊运不应少于两个吊点，水平吊运不应少于四个吊点。吊运必须使用卡环连接，并应稳起稳落，待模板就位连接牢固后，方可摘除卡环。吊运散装模板时，必须码放整齐，待捆绑牢固后方可起吊。严禁起重机在架空输电线路下面工作。6级风以上应停止一切吊运作业。

(10) 木料应堆放于下风向，离火源不得小于30m，且料场四周应设置灭火器材。

5.3.2 支架立柱安装

钢管规格、间距、扣件应符合设计要求。每根立柱底部应设置底座及垫板，垫板厚度不得小于50mm。

钢管支架立柱间距、扫地杆、水平拉杆、剪刀撑的设置应符合规定。当立柱底部不在同一高度时，高处的纵向扫地杆应向低处延长不少于两跨，高低差不得大于1m，立柱距边坡上方边缘不得小于0.5m。

立柱接长严禁搭接，必须采用对接扣件连接，相邻两立柱的对接接头不得在同步内，且对接接头沿竖向错开的距离不宜小于500mm，各接头中心距主节点不宜大于步距的1/3。严禁将上段的钢管立柱与下段钢管立柱错开固定于水平拉杆上。

满堂模板和共享空间模板支架立柱，在外侧周圈应设由下至上的竖向连续式剪刀撑。中间在纵横向应每隔10m左右设由下至上的竖向连续式的剪刀撑，其宽度宜为4～6m，并在剪刀撑部位的顶部、扫地杆处设置水平剪刀撑。剪刀撑杆件的底端应与地面顶紧，夹角宜为45°～60°。当建筑层高在8～20m时，除应满足上述规定外，还应在纵横向相邻的两竖向连续式剪刀撑之间增加“之”字斜撑，在有水平剪刀撑的部位，应在每个剪刀撑中间处增加一道水平剪刀撑。当建筑层高超过20m时，在满足以上规定的基础上，应将所有之字斜撑全部改为连续式剪刀撑。

当支架立柱高度超过5m时，应在立柱周圈外侧和中间有结构柱的部位，按水平间距6～9m，竖向间距2～3m与建筑结构设置一个固结点。

5.3.3 基础模板安装

基础模板一般来说高度不高，但体积较大，当土质良好时，可以不用侧模，采取原槽灌筑，这样比较经济。但有时也需要支模，模板系统结构可结合场地条件设计，并非有统一样式，只要保证混凝土浇筑时不胀模即可。

5.3.3.1 阶梯基础模板

阶梯基础模板每一台阶模板由四块侧板拼钉而成，其中两块侧板的尺寸与相应的台阶侧面尺寸相等；另两块侧板长度应比相应的台阶侧面长度大150～200mm，高度与其相等。四块侧板用木档拼成方框。上台阶模板通过轿杠木，支撑在下台阶上，下层台阶模板的四周要设斜撑及平撑。斜撑和平撑一端钉在侧板的木档上，另一端顶紧在木桩上。上台阶模板的四周也要用斜撑和平撑支撑，斜撑和平撑的一端钉在上台阶侧板的木档上，另一端钉在下台阶侧板的木档顶上，如图 5.25 所示。

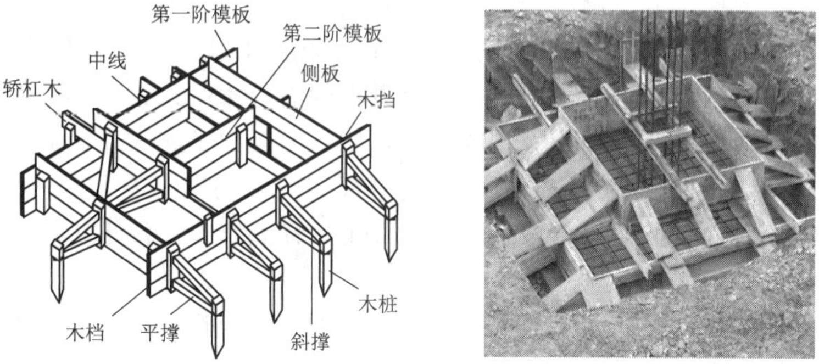

图 5.25 阶梯独立基础模板

阶梯基础模板模板安装时，先在侧板内侧划出中线，在基坑底弹出基础中线。把各台阶侧板拼成方框。然后把下台阶模板放在基坑底，两者中线互相对准，并用水平尺校正其标高，在模板周围钉上木桩。上台阶模板放在下台阶模板上的安装方法相同。

5.3.3.2 条形基础模板

条形基础模板一般由侧板、斜撑、平撑组成。侧板可用长条木板加钉竖向木档拼制，也可用短条木板加横向木档拼成，侧板上部可用搭头木加固。斜撑和平撑钉在木桩（或垫木）与木档之间（图 5.26）。

图 5.26 条形基础模板

条形基础模板安装时，先在基槽底弹出基础边线，再把侧板对准边线垂直竖立，校正调平无误后，用斜撑和平撑钉牢。如基础较长，可先立基础两端的两块侧板，校正后再在侧板上口拉通线，依照通线再立中间的侧板。当侧板高度大于基础台阶高度时，可在侧板内侧按台阶高度弹准线，并每隔 2m 左右在准线上钉圆钉，作为浇捣混凝土的标志。每隔一定距离在侧板上口钉上搭头木，防止模板变形。

柱、墙模板施工

5.3.4 柱模板安装

柱模板的特点是截面尺寸不大而高度比较高。因此，柱模主要解决垂直度、侧向稳定及抵抗混凝土的侧压力等问题。同时还应考虑方便灌筑混凝土、清理垃圾与钢筋工程配合等问题。

如图 5.27 所示，柱子侧模由两块内拼板夹在两块外拼板之间形成。为保证侧模在混凝土侧压力作用下不变形，侧模拼板外需设木制、钢木制或钢制的柱箍。柱箍的间距与混凝土侧压力大小及拼板厚度有关，侧压力越向下越大，因此越靠近底端，柱箍就越密，越向顶端，柱箍就越疏。拼板上端应根据实际情况开有与梁模板连接的缺口，底部开有清理模板内的垃圾孔，沿高度每隔约 2m 开有灌筑口。另外，要特别注意柱子模板与梁模板的接口处理，确保尺寸准确，接缝密实。

在安装前先在基础（楼地面）上用墨线弹出柱的中线及边线，柱脚抄平。对通排柱模板，应先装两端柱模板，校正固定，拉通线安装、校正中间各柱模板。依据边线安装模板，固定柱脚模板，用斜撑将柱模板临时固定，再由柱顶用线锤吊直找正，然后正式固定。由地面起每隔 2m 留一道浇筑口，以便混凝土浇捣，模板底部留设清理口。柱模板应加柱箍，可用工具式柱箍，柱箍间距计算确定，柱模底部柱箍适当加密。模板四周搭设钢管支架，结合斜撑、水平拉杆将模板固定牢靠，以防在混凝土侧压力的作用下发生位移。柱模板与梁模板连接时，柱模板在设计位置留出梁缺口（图 5.28）。

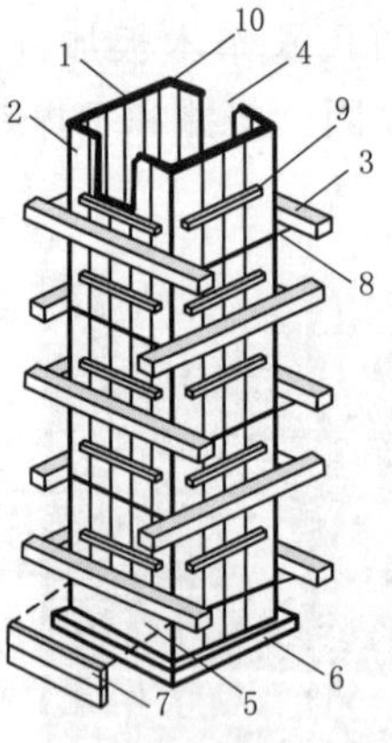

图 5.27 柱模板

1—内拼板；2—外拼板；3—柱箍；4—梁缺口；5—清理孔；6—木框；7—盖板；8—拉紧螺栓；9—拼条；10—三角木条

图 5.28 柱模板留设梁缺口

梁板模板施工

5.3.5 梁模板安装

梁模板的特点是跨度较大而宽度不大。梁模板下面一般架空，混凝土对梁模板既有侧压力，又有竖向压力。梁模板及其支架系统要能承受横向和竖向荷载而不致发生破坏或过大变形，常见梁模板构造如图 5.29 所示。

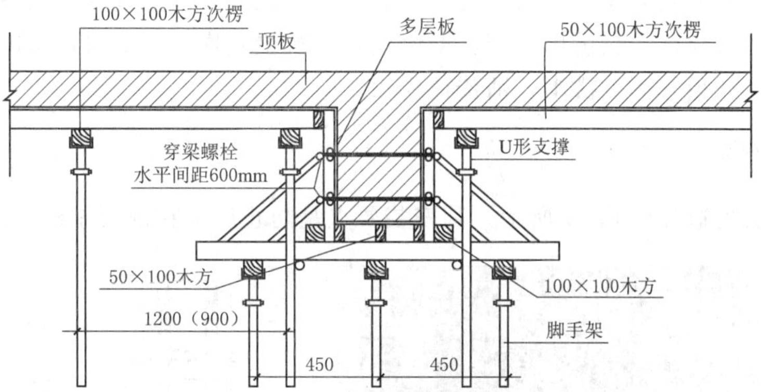

图 5.29　梁模板系统

安装梁模前在柱或墙上找好梁中心线和标高。当梁的跨度大于或等于 4m 时，应使梁模板中部略为起拱，防止由于灌筑混凝土后跨中梁底下垂。起拱高度由设计确定，如设计无规定时，起拱高度宜为全跨长度的 1/1000～3/1000。梁较高时，可先装一侧模板，待钢筋绑扎安装后，再封另一侧模板。主梁与次梁的接合处，在主梁侧板上正确留出次梁的缺口，划好中心线。支柱之间应设拉钎。支柱下垫设通长垫板，垫板下的土应拍平夯实。支柱间距按模板设计确定。梁侧板吊直拉平后，必须设置可靠支撑，可钉斜撑或用专用梁卡具。

5.3.6　楼板模板安装

楼板模板的特点是面积大而厚度一般不大，横向侧压力很小，楼板模板及其支架系统主要承受混凝土自重和其他施工荷载，保证楼板不变形下垂（图 5.30）。

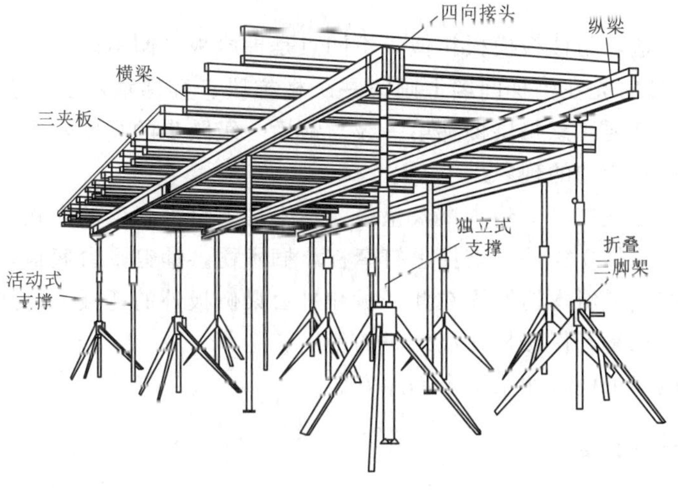

图 5.30　楼板的模板

楼板模板的安装顺序，是在主次梁模板安装完毕后，首先安托板，然后安楞木，铺定型模板。铺好后核对楼板标高、预留孔洞及预埋铁等的部位和尺寸。

肋形楼板模板的安装全过程：安装柱模底框，立柱模，校正柱模，斜撑固定柱模，安主梁底模，立主梁模板的琵琶撑，安次梁侧模，安次梁底模，立次梁模板的琵琶撑，安次梁侧模，安楞木托板并搁上楞木，铺楼板模板。

5.3.7 墙模板安装

剪力墙模板构造如图 5.31 所示，其安装要点是防止底部在混凝土浇筑时侧向胀模。

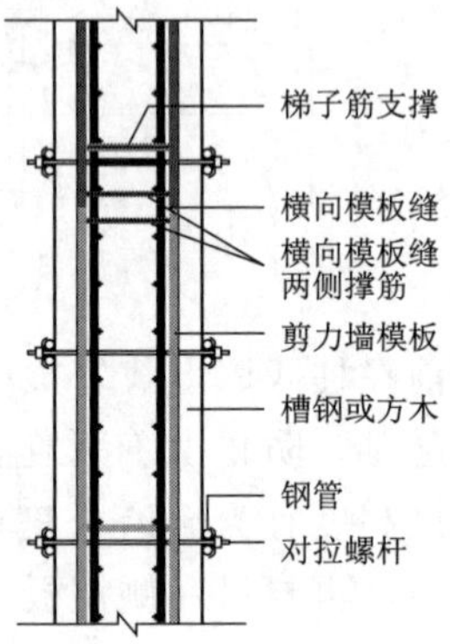

图 5.31 剪力墙模板

安装时先弹墙中心线和两边线，选择一边模板先装，竖立档、横档及斜撑。待钢筋绑扎安装后，墙底清理干净，再竖另一例墙模板。为保证混凝土墙体厚度，两侧板间要加撑头，撑头用钢管、中粗钢筋或混凝土预制块。墙体模板用对拉螺栓时，应验算螺钎的布置间距和直径，以确保能承受新浇混凝土的侧压力和其他水平荷载。

5.3.8 楼梯模板

楼梯模板的构造，与楼板模板相似，不同点是梯段板是倾斜的，并且要形成踏步，如图 5.32 所示。安装时先在楼梯间墙上画第一个楼梯段、楼梯踏步及平台板、平台梁的位置。在划线时，特别要注意每层楼梯第一级与最后一级踏步的高度，不能疏忽粉面层的厚度，造成踏步高低不均匀的现象。

在平台梁下竖起支柱，下垫木楔及垫板。在支柱上钉平台梁的底板，立侧板，钉夹板和托板。同时在贴墙处立支柱，支柱上钉牵杠，搁木楞，铺钉平台底板，然后在楼梯基础侧板上钉托板，将楼梯斜木楞钉固在此托板和平台梁侧板外的托板上。在斜木楞上面铺钉楼梯底板，总体要求是确保楼梯在浇筑时的稳固。

第二个楼梯段楼梯模板照第一个程序安装。

5.3.9 铝合金模板安装

5.3.9.1 铝合金模板施工准备

1. 安装前准备工作

检查工地外架及楼面内脚手架，外围防护网，确定工人作业时是否安全，如不安全及

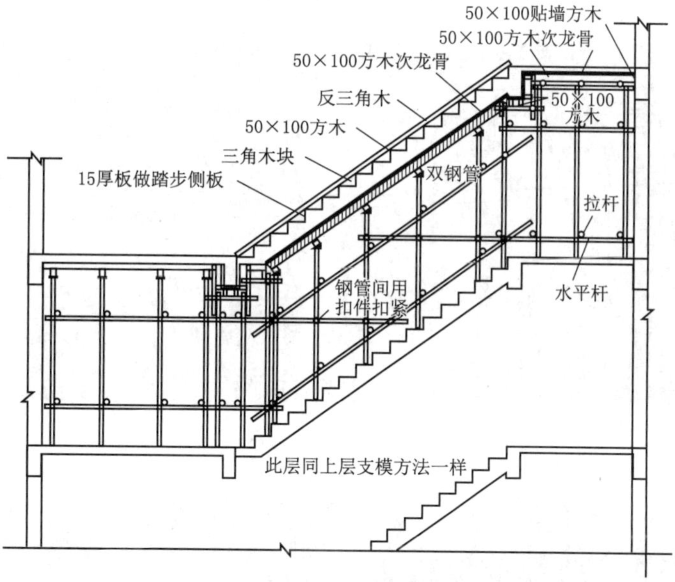

图5.32 楼梯模板

时整改。检查外架连墙杆和横杆是不是过长，否则没办法安装墙板、背楞、穿墙锣杆，如有过长及时整改。

2. 首层安装木枋代替K板

做首层因外墙没有K板，外墙板没法安装，所在外墙楼面标高往下120mm放线，并打上钢筋，加上木方，调整水平并固定好（图5.33）。

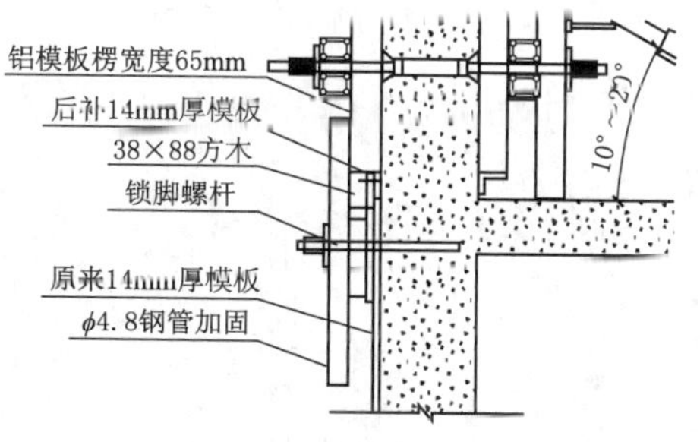

图5.33 首层安装木枋代替K板

3. 施工放线

检查墙边线、墙头线、墙边控制线是否放置完全。检查放线的尺寸是否正确（图5.34）。

4. 安装前作业面检查

（1）检查墙柱钢筋是否有偏位，有要及时整改，避免影响模板的安装及混凝土的成型质量。

（2）地面标高的检查：根据楼板控制线（500mm）用卷尺进行测量地面高度，高的地方用喷漆或记号笔标出范围及打凿的高度，并安排工人进行打凿（图 5.35）。

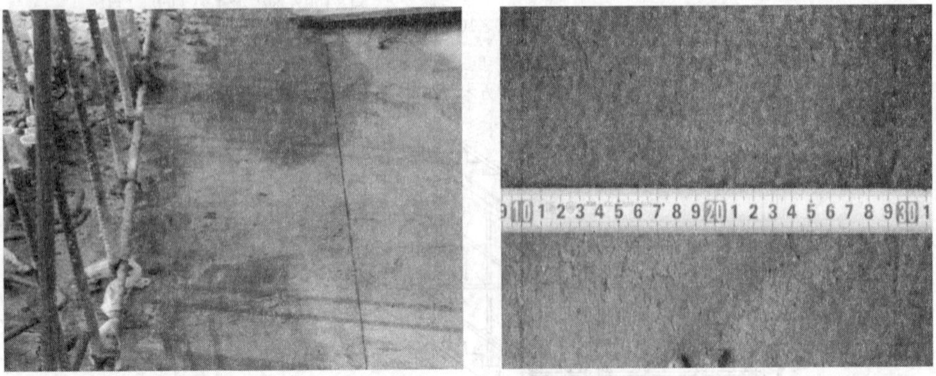

图 5.34 施工放线

图 5.35 找平处理

（3）墙体线盒、线管、线盒定位筋的检查（图 5.36），确保位置、数量正确。

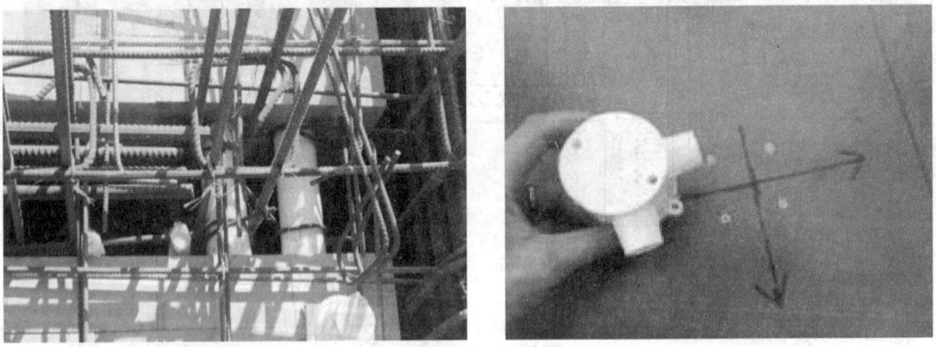

图 5.36 墙体线盒、线管、线盒定位筋检查

（4）墙体焊接定位筋、胶杯胶管的检查（图 5.37）。检查墙体定位钢筋、胶杯胶管是否有偏差，一般控制在－1mm 或－2mm 以内为宜，不能大于墙体厚度。

（5）打模板定位钉（图 5.38）。按照工地实际要求打好定位钉。通常用直径 14mm 或 16mm 的钢筋，每个柱阴、阳角保证要有定位钉，每个墙面保证最少要有两个定位钉，定位钉的间距不大于 600mm。

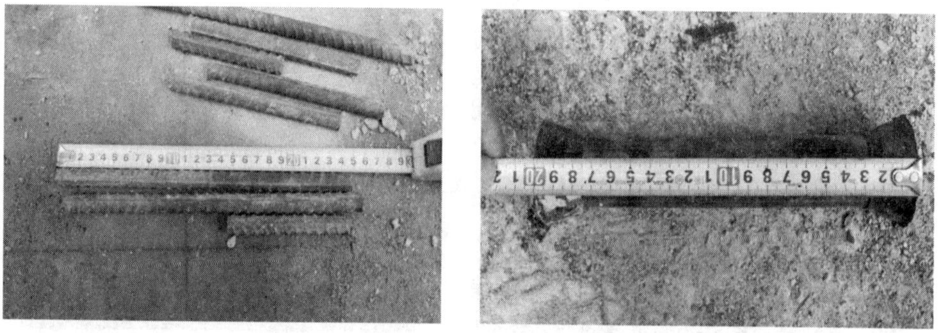

图 5.37 定位筋、胶杯胶管的检查

图 5.38 模板定位钉

5. 铝模板及配件的吊运

将各单元墙模板吊运到工作面，梁板、楼板不急吊上楼面，胶杯、胶管，板模油备足一层使用量吊运到各单元工作面。销钉、销片、穿墙螺杆、螺母、垫片以及单层使用的单支顶吊运到位。墙板安装完成前将各单元分好的梁板、背楞吊运到各单元工作面。梁板安装完成前将楼面板分单元吊运到各单元工作面。楼面板安装完成前将各单元K板，K板螺丝吊运到各单元。沉降用吊模不急于吊上楼面，要待楼面钢筋扎完才可吊上楼面安装。

5.3.9.2 铝合金模板的安装

（1）在楼层上弹好墙柱线及墙柱控制线，洞口线，其中墙柱控制线距墙边线200mm，可检验模板是否偏位和方正；在柱纵筋上标好楼层标高控制点，墙柱的四角及转角处均设置，以便检查楼板面标高。

（2）安装墙柱钢筋及预埋水电箱盒、线管、预留洞口等，完毕后办理隐蔽工程验收手续。

（3）安装墙柱模板。拼装墙柱都按照先内墙后外墙的顺序安装。所有模板都从角部开始安装，使模板都能保持侧向稳定。在安装的过程中，为了安全，用木方或者用支撑撑住一边墙体，防止墙体往一边倒（图 5.39）。在安装背楞时，应根据背楞编号安装，不得随意更换位置，螺母的紧固以稍微受力为止（图5.40）。具体注意事项如下：

图5.39 墙模板安装

图5.40 背楞安装

1）初始安装模板时，把定位砖用钉子固定在混凝土面上直到外角模内侧，以保证模板安装对准放样线。

2）所有模板都是从阴角部位开始安装，这样可使模板保持侧向稳定。角部一块模板就可以给很长的墙模提供足够的侧向支撑。

3）安装模板之前，需保证所有模板接触面及边缘部已进行清理和涂刷脱模剂。

4）当角部稳定和内角模按放样线定位后继续安装整面墙模。为了拆除方便，墙模与内角模连接时销子的头部应尽可能地在内角模内部。

5）封闭模板之前，需在墙模连接件上预先外套PVC管，同时要保证套管与墙两边模板面接触位置要准确，以便浇注后能收回对拉螺丝。

6）当外墙出现偏差时，必须尽快调整至正确位置。

7）墙柱模平整度及垂直度调整。具体为：①先调整墙柱标高，以外墙1m控制线为基准，用红外线仪器进行检测［图5.41（a）］。②在调整墙柱垂直平整度时，用红外线仪以墙边控制线为基准检测每面墙，竖向查上中下及每道背楞位置（每件板）；横向查左中右及每道螺杆位置（每件板）［图5.41（b）］。

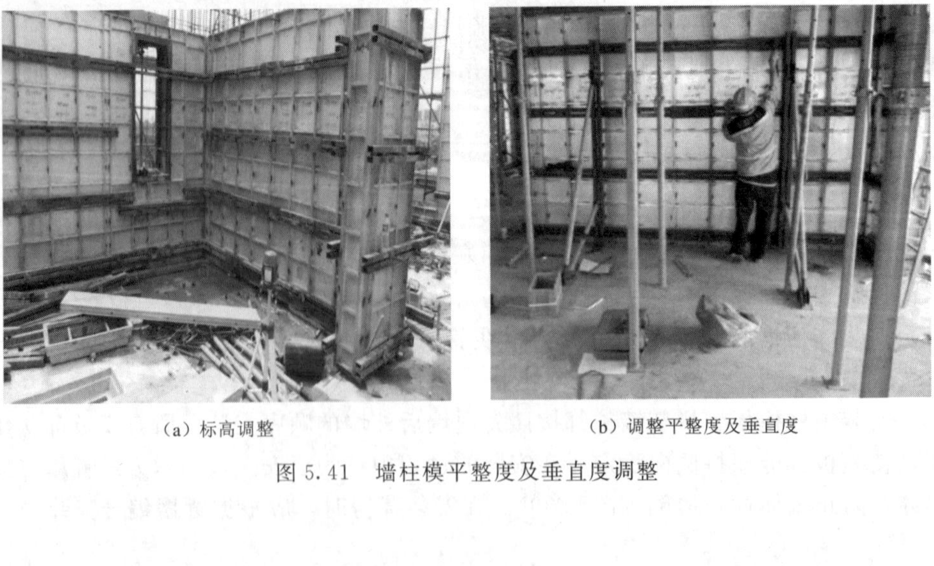

（a）标高调整　（b）调整平整度及垂直度

图5.41 墙柱模平整度及垂直度调整

(4) 安装梁模板和楼板模板。

1) 梁模板安装（图 5.42)。具体包括：①梁模板在墙模板安装完成后进行，每条梁模安装前检查梁与墙模是否垂直，梁两端墙模是否在线上。②梁模板首先需要固定梁底与墙体模板然后才接底板，装完底部构件再装梁侧板。③梁底板安装一般都是连接一件梁底板加相邻的底板，然后在接墙模板或者前一件已安装的底板，再放置好单支顶。④梁模板安装完成后，应及时调整墙体垂直度及平整度到位，并锁好穿墙螺杆。

图 5.42 梁模板安装

安装墙顶边模和梁角模之前，在构件与混凝土接触面处涂脱模剂。墙顶边模和梁角模与墙模板连接时，应从上部插入销子以防止浇筑期间销子脱落。安装完墙顶边模，即可在角部开始安装板模，必须保证接触边已涂脱模剂。

板梁用于支撑板模，在大多数情况下，应按板模布置图组装板梁。用长销子和两条筋条将板梁组合件同相邻的两个板支撑梁连接起来。把工具式立柱朝横梁方向安装在预先安装好的横梁组件上，当拆除工具式立柱时这可保护其底部。用工具式立柱提升横梁到适当位置。通过已在角部安装好的板模端部，用销子将梁和板模连接。

2) 楼板模板安装（图 5.43)。具体包括：①楼板模板安装先要安装转角模板系列，将连好墙模或者梁侧模顶部，调整好位置。②楼板由楼面龙骨及楼板连接而成，搭设主骨架，需要用插销连接好整体，将整条龙骨连成一个整体，再抬上楼面板连接。③按照模板编号依次排放楼面板，并打好钉，如最后一件板难以放入楼面，需适当调整楼板钉，打紧钉，再放入。④楼板拼装完成，在梁底板梁旁板及楼面板涂水性脱模剂。

安装楼板模板时为施工人员提供工作凳。可以同时安装多排顶板，铺设钢筋之前在顶板模面上完成涂脱模剂工作。要保证安装之前板支撑梁边框已涂完脱模剂。

每排第一块模板已与墙顶边模和支撑梁连接，第二块模板只需与第一块板模相连。第二块模板不与横梁相连是为了放置同一排的第三块模板时有足够的调整范围，把第三块模板和第二块模板连接上后，把第二块模板固定在横梁上。用同样的方法放置这一排剩下的模板。

对于跨度大于 4m 的梁、板，模板起拱高度宜为构件跨度的（1/1000～3/1000)，顶

图 5.43 楼板模板安装

板安装完成以后，应检查全部模板面的标高，如果需要调整则可在工具式立柱底部加垫块调整水平度。

铝合金模板快拆体系，需在顶板预留传料口，需经设计单位同意后确定传料口的数量、尺寸及位置，方便模板拆除后直接通过传料口将模板传递至上一层，从而减少卸料平台的设置，并可减少塔吊的使用率。

(5) 安装外围起步板。在有连续垂直模板的地方，如电梯井、外墙面等，用木模外围起步板将楼板围成封闭的一周并且作为上一层垂直模板的连接组件。第一层浇筑以后，二层将接K板作为下一层墙模的起始点。K板起步板与墙模板连接，安装K板之前确保已进行完清洁和涂油工作。在浇筑期间为了防止销子脱落，销子必须从K板下边框向下插入墙外上边框。K板外围上开16.5mm的椭圆孔，浇筑之前，将M16的螺栓安装在紧靠槽底部位置，这些螺栓将锚固在凝固的混凝土里。浇筑后，如果需要可以调整螺栓来调节K板外围的水平度，这也可以控制模板的垂直度。

用吊线来检查K板外围起步板的定位：直的K板外围起步板可以保证下一层墙模的直线度。安装木方外围起步板施工工艺流程：安装前检查→墙模板安装→梁底模板→梁侧模安装→楼板骨架安装→楼板模板安装→吊模及K板安装。

K板为上下楼层的转层模板，对上下楼层的平整度，直线度起着至关重要的作用。K板拆下来后必须对模板承接面铲浆，不能留有任何的杂质和凸起。在外墙模板底部K板与墙模的销子必须打满；安装在外墙模板顶部的K板，销子也必须打满。在楼板面底筋绑扎完成后就可以进行K板螺栓的安装。

5.3.9.3 铝合金模板的拆除

正常的拆模顺序：墙板→梁底板→梁底转角→梁侧板→龙骨→楼面板→楼面转角。在拆楼面板时，不能将同一区域楼面板的所有钉都拆掉再拆板，而是拆一块楼板，再拆除下一块楼板的销钉，防止楼面板从高处掉落摔坏或出现不安全事故。最先拆的应该是吊模，混凝土完全固化后，吊模将很难拆出。

5.3.9.4 铝合金模板施工控制要点

(1) 护模：在浇筑混凝土时，要安排工人跟模，主要跟踪：穿墙螺杆的螺母是否有松动，销钉销片是否有松动，是否有爆模。

（2）板底极差：模板安装完成后及在混凝土浇筑过程中均应对模板顶板极差进行检查复核，对于超标点位应及时调整。

5.3.9.5　工完场清、堆码整齐

模板拆除后应及时清理板上残留物，将其除尽后涂刷脱模剂，模板安装前必须完成该项工作。

存放模板区场地需水泥硬化，按要求用油漆分格划线，用安全网加以防护，并设有安全通道，入口处应有明确标识。模板进场后先核对型号，清点数量，针对模板使用顺序和使用位置进行分类存放。模板区有专人每天进行清理，保持现场整洁。

5.3.9.6　施工维护

浇筑混凝土时需要跟模维护，防止构件松动造成事故。混凝土浇筑完成后及时浇水养护，并做好成品保护工作。模板每 5 层铲浆一次，并增刷脱模剂，以保证混凝土表观成型质量。

任务 5.4　模板工程质量验收与拆除

《混凝土结构工程施工质量验收规范》（GB 50204—2015）对模板分项工程的质量检查和验收做了相关规定，具体如下。

模板工程质量验收

5.4.1　一般规定

（1）楼板及其支架应根据工程结构形式，荷载大小、地基土类别、施工设备和材料供应等条件进行设计。模板及其支架应具有足够的承载能力、刚度和稳定性，能可靠地承受浇筑混凝土的重量、侧压力以及施工荷载。

（2）在浇筑混凝土之前，应对模板工程进行验收。模板安装和浇筑混凝土时，应对模板及其支架进行观察和维护。发生异常情况时，应按施工技术方案及时进行处理。

（3）模板及其支架拆除的顺序及安全措施应按施工技术方案执行。

5.4.2　模板安装质量验收

5.4.2.1　主控项目

（1）安装现浇结构的上层模板及其支架时，下层楼板应具有承受上层荷载的承载能力，或加设支架；上、下层支架的立柱应对准，并铺设垫板。

检查数量：全数检查。

检验方法：对照模板设计文件和施工技术方案观察。

（2）在涂刷模板隔离剂时，不得沾污钢筋和混凝土接槎处。

检查数量：全数检查。

检验方法：观察。

5.4.2.2 一般项目

(1) 模板安装应满足下列要求：

1) 模板的接缝不应漏浆；在浇筑混凝土前，木模板应浇水湿润，但模板内不应有积水。

2) 模板与混凝土的接触面应清理干净并涂刷隔离剂，但不得采用影响结构性能或妨碍装饰工程施工的隔离剂。

3) 浇筑混凝土前，模板内的杂物应清理干净。

4) 对清水混凝土工程及装饰混凝土工程，应使用能达到设计效果的模板。

检查数量：全数检查。

检验方法：观察。

(2) 用作模板的地坪、胎模等应平整光洁，不得产生影响构件质量的下沉、裂缝、起砂或起鼓。

检查数量：全数检查。

检验方法：观察。

(3) 对跨度不小于4m的现浇钢筋混凝土梁、板，其模板应按设计要求起拱；当设计无具体要求时，起拱高度宜为跨度的1/1000～3/1000。

检查数量：在同一检验批内，对梁，应抽查构件数量的10%，且不少于3件；对板，应按有代表性的自然间抽查10%，且不少于3间；对大空间结构，板可按纵、横轴线划分检查面，抽查10%，且不少于3面。

检验方法：水准仪或拉线、钢尺检查。

(4) 固定在模板上的预埋件、预留孔和预留洞均不得遗漏，且应安装牢固，其偏差应符合表5.10的规定。

检查数量：在同一检验批内，对梁、柱和独立基础，应抽查构件数量的10%，且不少于3件；对墙和板，应按有代表性的自然间抽查10%，且不少于3间；对大空间结构，墙可按相邻轴线间高度5m左右划分检查面，板可按纵横轴线划分检查面，抽查10%，且均不少于3面。

检验方法：钢尺检查。

表5.10 预埋件、预留孔洞的允许偏差

项目		允许偏差/mm	项目		允许偏差/mm
预埋钢板中心线位置		3	预埋螺栓	中心线位置	2
预埋管、预留孔中心线位置		3		外露长度	+10，0
插筋	中心线位置	5	预留洞	中心线位置	10
	外露长度	+10，0		尺寸	+10，0

注 检查中心线位置时，应沿纵、横两个方向量测，并取其中的较大值。

(5) 现浇结构模板安装的偏差应符合表5.11的规定。

检查数量：在同一检验批内，对梁、柱和独立基础，应抽查构件量的10%，且不少于3件，对墙和板，应按有代表性的自然间抽查10%，且不少于3间，对大空间结构，墙可按相邻轴线间高度 5m 左右划分检查面，板可按纵、横线划分检查面，抽查 10%，且均不少于 3 面。

表 5.11　　现浇结构模板安装的允许偏差及检验方法

项　　目		允许偏差/mm	检 验 方 法
轴线位置		5	钢尺检查
底模上表面标高		± 5	水准仪或拉线、钢尺检查
截面内部尺寸	基础	± 10	钢尺检查
	柱、墙、梁	+4，−5	钢尺检查
层高垂直度	不大于 5m	6	经纬仪或吊线、钢尺检查
	大于 5m	8	经纬仪或吊线、钢尺检查
相邻两板表面高低差		2	钢尺检查
表面平整度		5	2m 靠尺和塞尺检查

注　检查轴线位置时，应沿纵、横两个方向量测，并取其中的较大值。

（6）预制构件模板安装的偏差应符合表 5.12 的规定。

检查数量：首次使用及大修后的模板应全数检查；使用中的模板应定期检查，并根据使用情况不定期抽查。

表 5.12　　预制构件模板安装的允许偏差及检验方法

项　　目		允许偏差/mm	检 验 方 法
长度	板、梁	±5	钢尺量两角边，取其中较大值
	薄腹梁、桁架	±10	
	柱	0，−10	
	墙板	0，−5	
宽度	板、墙板	0，−5	钢尺量一端及中部，取其中较大值
	梁、薄腹梁、桁、柱	+ 2，−5	
高（厚）度	板	+ 2，−3	钢尺量一端及中部，取其中较大值
	墙板	0，−5	
	梁、薄腹梁、桁架柱	+ 2，−5	
侧向弯曲	梁、板、柱	$L/1000$ 且≤15	拉线、钢尺量最大弯曲处
	墙板、薄腹梁、桁梁	$L/1500$ 且≤15	
板的表面平整度		3	2m 靠尺和塞尺检查
相邻两板表面高低差		1	钢尺检查
对角线差	板	7	钢尺量两个对角线
	墙板	5	
翘曲	板、墙板	$L/1500$	调平尺在两端量测
设计起拱	薄腹梁、桁架、梁	±3	拉线、钢尺量跨中

注　L 为构件长度，单位 mm。

5.4.3 模板拆除质量验收

5.4.3.1 主控项目

(1) 底模及其支架拆除时的混凝土强度应符合设计要求；当设计无具体要求时，混凝土强度应符合表5.13的规定。

检查数量：全数检查。

检验方法：检查同条件养护试件强度试验报告。

表5.13 底模拆除时的混凝土强度要求

构件类型	构件跨度/m	达到设计的混凝土立方体抗压强度标准值的百分率/%	构件类型	构件跨度/m	达到设计的混凝土立方体抗压强度标准值的百分率/%
板	≤2	≥50	梁、拱、壳	≤8	≥75
	>2，≤8	≥75		>8	≥100
	>8	≥100	悬臂结构	—	≥100

(2) 后浇带模板的拆除和支顶应按施工技术方案执行。

检查数量：全数检查。

检验方法：观察。

5.4.3.2 一般项目

(1) 侧模拆除时的混凝土强度应能保证其表面及棱角不受损伤。

检查数量：全数检查。

检验方法：观察。

(2) 模板拆除时，不应对楼层形成冲击荷载。拆除的模板和支架宜分散堆放并及时清运。

检查数量：全数检查。

检验方法：观察。

5.4.4 模板的拆除

模板的拆除时间取决于混凝土的强度、模板的用途、结构性质、混凝土硬化时的气温；及时拆模，可提高模板的周转，为后续工作创造条件。如过早拆模，因混凝土未达到一定强度，过早承受荷载会产生变形甚至会造成重大的质量事故。

5.4.4.1 模板拆除一般要求

模板的拆除措施应经技术主管部门或负责人批准，拆除模板的时间可按现行国家标准《混凝土结构工程施工质量验收规范》(GB 50204—2015) 的有关规定执行。

拆模前应检查所使用的工具应有效和可靠，扳手等工具必须装入工具袋或系挂在身上，并应检查拆模场所范围内的安全措施。

模板的拆除工作应设专人指挥。作业区应设围栏，其内不得有其他工种作业，并应设专人负责监护，多人同时操作时，应明确分工、统一信号或行动，应具有足够的操作面，人员应站于安全处。拆下的模板、零配件严禁抛掷。

拆模顺序一般应是后支的先拆，先支的后拆，先拆除非承重模板后拆除承重模板，一般是谁安谁拆。重大复杂的模板的拆除，事先应制订拆除方案。

当混凝土未达到规定强度或已达到设计规定强度时，如需提前拆模或承受部分超设计荷载时，必须经过计算和技术主管确认其强度能足够承受此荷载后，方可拆除。

拆模的顺序和方法应按模板的设计规定进行。当设计无规定时，可采取先支的后拆、后支的先拆、先拆非承重模板、后拆承重模板，并应从上而下进行拆除。

不承重模板（如侧模板），应在混凝土强度能保证其表面及棱角不因拆除模板而受损坏时，方可拆除。

承重模板，应在与结构同条件养护的试块达到规范规定的强度后，方可拆除。

大体积混凝土的拆模时间除应满足混凝土强度要求外，还应使混凝土内外温差降低到25°以下时方可拆模。否则应采取有效措施防止产生温度裂缝。

后张预应力混凝土结构的侧模宜在施加预应力前拆除，底模应在施加预应力后拆除。设计有规定时，应按规定执行。

高处拆除模板时，应遵守有关高处作业的规定。严禁使用大锤和撬棍，操作层上临时拆下的模板堆放不能超过 3 层。

在提前拆除互相搭连并涉及其他后拆模板的支撑时，应补设临时支撑。拆模时，应逐块拆卸，不得成片撬落或拉倒。

拆模如遇中途停歇，应将已拆松动、悬空、浮吊的模板或支架进行临时支撑牢固或相互连接稳固。对活动部件必须一次拆除。

已拆除了模板的结构，应在混凝土强度达到设计强度值后方可承受全部设计荷载。若在未达到设计强度以前，需在结构上加置施工荷载时，应另行核算，强度不足时，应加设临时支撑。

拆除框架结构模板的顺序，首先是板侧模板，然后是楼板底模、梁侧模板，最后是梁底模板。拆除跨度较大的梁下支柱时，应先从跨中开始，分别拆向两端。

多层楼板模板支柱的拆除，应按下列要求进行：上层楼板正在浇注混凝土时，下一层楼板的模板支柱不得拆除，再下一层楼板的支柱，仅可拆除一部分；跨度 4m 及 4m 以上的梁下均应保留支柱，其间距不得大于 3m。

拆模时，应尽量避免混凝土表面或模板受到损坏，注意模板整块下落时伤人。拆下的模板不得抛扔，应按指定地点堆放。

遇 6 级或 6 级以上大风时，应暂停室外的高处作业。雨、雪、霜后应先清扫施工现场，方可进行工作。

拆除有洞口模板时，应采取防止操作人员坠落的措施。洞口模板拆除后，应按现行行业标准《建筑施工高处作业安全技术规范》（JGJ 80）的有关规定及时进行防护。

5.4.4.2　支架立柱拆除

拆除钢楞、木楞、钢桁架时，应在其下面临时搭设防护支架，使所拆楞梁及桁架先落于临时防护支架上。

立柱的水平拉杆超出2层时，应首先拆除2层以上的拉杆。当拆除最后一道水平拉杆时，应和拆除立柱同时进行。拆除4～8m跨度的梁下立柱时，应先从跨中开始，对称地分别向两端拆除。拆除时，严禁采用连梁底板向旁侧一片拉倒的拆除方法。

对于多层楼板模板的立柱，当上层及以上楼板正在浇筑混凝土时，下层楼板立柱的拆除，应根据下层楼板结构混凝土强度的实际情况，经过计算确定。

拆除平台、楼板下的立柱时，作业人员应站在安全处拉拆。

对已拆下的钢楞、木楞、桁架、立柱及其他零配件应及时运到指定地点。对有芯钢管立柱运出前应先将芯管抽出或用销卡固定。

5.4.4.3 各类构件模板拆除

(1) 拆除条形基础、杯形基础、独立基础或设备基础的模板时，应遵守下列规定：

1) 拆除前应先检查基槽（坑）土壁的安全状况，发现有松软、龟裂等不安全因素时，应在采取安全防范措施后，方可进行作业。

2) 模板和支撑杆件等应随拆随运，不得在离槽（坑）上口边缘1m以内堆放。

3) 拆除模板时，施工人员必须站在安全地方。应先拆内外木楞、再拆木面板；钢模板应先拆钩头螺栓和内外钢楞，后拆U形卡和L形插销，拆下的钢模板应妥善传递或用绳钩放置地面，不得抛掷。拆下的小型零配件应装入工具袋内或小型箱笼内，不得随处乱扔。

(2) 柱模拆除应分别采用分散拆和分片拆两种方法。

分散拆除的顺序为：拆除拉杆或斜撑、自上而下拆除柱箍或横楞、拆除竖楞，自上而下拆除配件及模板、运走分类堆放、清理、拔钉、钢模维修、刷防锈油或脱模剂、入库备用。

分片拆除的顺序为：拆除全部支撑系统、自上而下拆除柱箍及横楞、拆掉柱角U形卡、分二片或四片拆除模板、原地清理、刷防锈油或脱模剂、分片运至新支模地点备用。

柱子拆下的模板及配件不得向地面抛掷。

(3) 拆除墙模应遵守下列规定：

1) 墙模分散拆除顺序应为：拆除斜撑或斜拉杆、自上而下拆除外楞及对拉螺栓、分层自上而下拆除木楞或钢楞及零配件和模板、运走分类堆放、拔钉清理或清理检修后刷防锈油或脱模剂、入库备用。

2) 预组拼大块墙模拆除顺序应为：拆除全部支撑系统、拆卸大块墙模接缝处的连接型钢及零配件、拧去固定埋设件的螺栓及大部分对拉螺栓、挂上吊装绳扣并略拉紧吊绳后，拧下剩余对拉螺栓，用方木均匀敲击大块墙模立楞及钢模板，使其脱离墙体。用撬棍轻轻外撬大块墙模板使全部脱离，指挥起吊、运走、清理、刷防锈油或脱模剂备用。

3) 拆除每一大块墙模的最后两个对拉螺栓后，作业人员应撤离大模板下侧，以后的操作均应在上部进行。个别大块模板拆除后产生局部变形者应及时整修好。

4) 大块模板起吊时，速度要慢，应保持垂直，严禁模板碰撞墙体。

(4) 拆除梁、板模板应遵守下列规定：

1）梁、板模板应先拆梁侧模，再拆板底模，最后拆除梁底模，并应分段分片进行，严禁成片撬落或成片拉拆。

2）拆除时，作业人员应站在安全的地方进行操作，严禁站在已拆或松动的模板上进行拆除作业。

3）拆除模板时，严禁用铁棍或铁锤乱砸，已拆下的模板应妥善传递或用绳钩放至地面。

4）严禁作业人员站在悬臂结构边缘敲拆下面的底模。

5）待分片、分段的模板全部拆除后，方允许将模板、支架、零配件等按指定地点运出堆放，并进行拔钉、清理、整修、刷防锈油或脱模剂，入库备用。

5.4.5 模板工程安全管理

从事模板作业的人员，应经常组织安全技术培训。从事高处作业人员，应定期体检，不符合要求的不得从事高处作业。安装和拆除模板时，操作人员应配戴安全帽、系安全带、穿防滑鞋。安全帽和安全带应定期检查，不合格者严禁使用。

模板及配件进场应有出厂合格证或检验报告，安装前应对所用部件（立柱、楞梁、吊环、扣件等）进行认真检查，不符合要求者不得使用。

模板工程应编制施工设计和安全技术措施，并应严格按施工设计与安全技术措施规定施工。满堂模板、建筑层高 8m 及以上和梁跨大于或等于 15m 的模板，在安装、拆除作业前，工程技术人员应以书面形式向作业班组进行施工操作的安全技术交底，作业班组应对照书面交底进行上、下班的自检和互检。

施工过程中应检查立柱底部基土回填夯实的状况。垫木应满足设计要求，底座位置应正确，顶托螺杆伸出长度应符合规定。立杆的规格尺寸和垂直度应符合要求，不得出现偏心荷载。扫地杆、水平拉杆、剪刀撑等的设置应符合规定，固定应可靠。

安全网和各种安全设施应符合要求。在高处安装和拆除模板时，周围应设安全网或搭脚手架，并应加设防护栏杆。在临街面及交通要道地区，尚应设警示牌，派专人看管。

作业时，模板和配件不得随意堆放，模板应放平放稳，严防滑落。脚手架或操作平台上临时堆放的模板不宜超过 3 层，连接件应放在箱盒或工具袋中，不得散放在脚手板上。脚手架或操作平台上的施工总荷载不得超过其设计值。

对负荷面积大和高 4m 以上的支架立柱采用扣件式钢管、门式和碗扣式钢管脚手架时，除应有合格证外，对所用扣件应用扭矩扳手进行抽检，达到合格后方可承力使用。

多人共同操作或扛抬组合钢模板时，必须密切配合、协调一致、互相呼应。

施工用的临时照明和行灯的电压不得超过 36V；若为满堂模板、钢支架及特别潮湿的环境时，不得超过 12V。照明行灯及机电设备的移动线路应采用绝缘橡胶套电缆线。有关避雷、防触电和架空输电线路的安全距离应遵守国家现行标准《施工现场临时用电安全技术规范》（JGJ 46）的有关规定。施工用的临时照明和动力线应用绝缘线和绝缘电缆线，且不得直接固定在钢模板上。夜间施工时，应有足够的照明，并应制定夜间施工的安全措施。施工用临时照明和机电设备线严禁非电工乱拉乱接。同时还应经常检查线路的完好情况，严防绝缘破损漏电伤人。

安装高度在2m及其以上时，应遵守国家现行标准《建筑施工高处作业安全技术规范》(JGJ 80) 的有关规定。

模板安装时，上下应有人接应，随装随运，严禁抛掷。且不得将模板支搭在门窗框上，也不得将脚手板支搭在模板上，并严禁将模板与上料井架及有车辆运行的脚手架或操作平台支成一体。

支模过程中如遇中途停歇，应将已就位模板或支架连接稳固，不得浮搁或悬空。拆模中途停歇时，应将已松扣或已拆松的模板、支架等拆下运走，防止构件坠落或作业人员扶空坠落伤人。

严禁人员攀登模板、斜撑杆、拉条或绳索等，也不得在高处的墙顶、独立梁或在其模板上行走。

模板施工中应设专人负责安全检查，发现问题应报告有关人员处理。当遇险情时，应立即停工和采取应急措施；待修复或排除险情后，方可继续施工。

寒冷地区冬期施工用钢模板时，不宜采用电热法加热混凝土，否则应采取防触电措施。

当钢模板高度超过15m时，应安设避雷设施，避雷设施的接地电阻不得大于4Ω。

在大风地区或大风季节施工时，模板应有抗风的临时加固措施。若遇恶劣天气，如大雨、大雾、沙尘、大雪及六级以上大风时，应停止露天高处作业。五级及以上风力时，应停止高空吊运作业。雨雪停止后，应及时清除模板和地面上的冰雪及积水。

使用后的木模板应拔除铁钉，分类进库，堆放整齐。若为露天堆放，顶面应遮防雨篷布。使用后的钢模、桁架、钢楞和立柱应将黏结物清理洁净，清理时严禁采用铁锤敲击的方法。清理后的钢模、桁架、钢楞、立柱，应逐块、逐榀、逐根进行检查，发现翘曲、变形、扭曲、开焊等必须修理完善。清理整修好的钢模、桁架、钢楞、立柱应刷防锈漆，对立即待用钢模板的表面应刷脱模剂，而暂不用的钢模表面可涂防锈油一度。

钢模板及配件，使用后必须进行严格清理检查，已损坏断裂的应剔除，不能修复的应报废。螺栓的螺纹部分应整修上油，然后应分别按规格分类装于箱笼内备用。钢模板及配件等修复后，应进行检查验收。凡检查不合格者应重新整修。待合格后方准应用，其修复后的质量标准应符合表5.14的规定。

表5.14　　钢模板及配件修复后的质量标准

项目		允许偏差/mm	项目		允许偏差/mm
钢结构	板面局部不平度	≤2.0	钢模板	板面锈皮麻面，背面粘混凝土	不允许
	板面翘曲矢高	≤2.0		孔洞破裂	不允许
	板侧凸棱面翘曲矢高	≤1.0	零配件	U形卡卡口残余变形	≤1.2
	板肋平直度	≤2.0		钢楞及支柱长度方向弯曲度	≤L/1000
	焊点脱焊	不允许	桁架	侧向平直度	≤2.0

钢模板由拆模现场运至仓库或维修场地时，装车不宜超出车栏杆，少量高出部分必须拴牢，零配件应分类装箱，不得散装运输。经过维修、刷油、整理合格的钢模板及配件，

如需运往其他施工现场或入库，必须分类装入集装箱内，杆应成捆、配件应成箱，清点数量，入库或接收单位验收。装车时，应轻搬轻放，不得相互碰撞。卸车时，严禁成捆从车上推下和拆散抛掷。

钢模板及配件应放入室内或敞棚内，若无条件需露天堆放时，则应装入集装箱内，底部垫高 100mm，顶面应遮盖防水篷布或塑料布，但集装箱堆放高度不宜超过 2 层。

项目6 混凝土结构施工：混凝土工程

混凝土工程包括混凝土搅拌、运输、浇筑、养护、拆模等施工过程。各道工序都对混凝土的最终质量有一定的影响，需要保证每一道工序符合施工规范要求。混凝土一般采用集中搅拌、运输，商品化供应。本项目主要学习混凝土工程各道工序的施工技术，可结合《混凝土结构工程施工规范》（GB 50666—2011）、《混凝土结构工程施工质量验收规范》（GB 50204—2015）、《混凝土结构通用规范》（GB 55008—2021）进行学习，尤其是要注意《混凝土结构通用规范》（GB 55008—2021）为强制性工程建设规范，全部条文必须严格执行。

混凝土搅拌与运输

任务6.1 混凝土搅拌与运输

6.1.1 混凝土搅拌

混凝土搅拌过程就是将水、胶凝材料和粗细集料进行均匀拌和及混合的过程。通过搅拌，使材料达到塑化、强化的作用。混凝土搅拌时原材料必须按照配合比投料，如果骨料含水率变化，需要及时调整施工配合比。

6.1.1.1 搅拌方法

混凝土搅拌方法有人工搅拌和机械搅拌两种。

1. 人工搅拌

人工搅拌一般采用“三干三湿”法，即先将水泥加入砂中干拌两遍，再加入石子翻拌一遍，搅拌均匀后，边缓慢加水，边反复湿拌三遍，以达到石子与水泥浆无分离现象为准。同等条件下，人工搅拌要比机械搅拌多耗10%～15%的水泥，且拌和质量差，只有在混凝土用量不大，而又缺乏机械设备时采用。

2. 机械搅拌

（1）自落式搅拌机。自落式搅拌机搅拌鼓筒内壁装有叶片，随着鼓筒的转动，叶片不断将混凝土拌和料提高，然后利用物料的重量自由下落，达到均匀拌和的目的。自落式搅拌机筒体和叶片磨损较小，易于清理，但搅拌力小、动力消耗大、效率较低。

（2）强制式搅拌机。强制式搅拌机是利用搅拌筒内运动着的叶片强迫物料朝着各个方向运动，由于各物料颗粒的运动方向、速度各不相同，相互之间产生剪切滑移而相互穿插、扩散，从而在很短的时间内，使物料拌和均匀，其搅拌机理被称为剪切搅拌机理。强制式搅拌机具有搅拌质量好、速度快、生产效率高及操作简便、安全等优点，但机件磨损严重。强制搅拌机适用于搅拌干硬性或低流动性混凝土和轻集料混凝土。

（3）混凝土搅拌站（图 6.1）。混凝土搅拌站主要由搅拌主机、物料称量系统、物料输送系统、物料储存系统和控制系统等 5 大系统和其他附属设施组成。混凝土搅拌站是用来集中搅拌混凝土的联合装置。由于它的机械化、自动化程度较高，所以生产效率也很高，并能保证混凝土的质量和节省水泥，常用于混凝土工程量大，工期长，工地集中的大、中型房建，水利，电力，桥梁等工程。目前房屋建筑使用的商品混凝土基本由搅拌站拌和提供。

图 6.1　混凝土搅拌站

6.1.1.2　搅拌制度

为了获得均匀、优质的混凝土拌和物，除合理选择搅拌机的型号外，还必须正确地确定搅拌制度，包括搅拌时间、进料容量及投料顺序。

1. 搅拌时间

搅拌时间是指从全部材料投入搅拌筒中起，到开始卸料为止所经历的时间。它与搅拌质量密切相关：搅拌时间过短，混凝土不均匀，强度及和易性将下降；搅拌时间过长，不但降低搅拌的生产效率，同时会使粗集料在大容量搅拌机中因脱角、破碎等而影响混凝土的质量。对于加气混凝土，也会因搅拌时间过长而使所含气泡减少。混凝土的最短搅拌时间见表 6.1。

表 6.1　　混凝土搅拌的最短时间　　单位：s

序号	混凝土塌落度/mm	搅拌机机型	搅拌机出料量/L		
			<250	250～500	>500
1	≤40	强制式	60	90	120
	40>且<100	强制式	60	60	90
2	≥100	强制式	60	60	60

注　本表摘自《混凝土质量控制标准》（GB 50164—2011）。

2. 进料容量

进料容量是将搅拌前各种材料的体积累积起来的容量，又称干料容量。进料容量为出料容量的 1.4～1.8 倍（通常取 1.5 倍）。如进料容量超过规定容量的 10%以上，就会使材料在搅拌筒内无充分的空间进行掺和，影响混凝土拌和物的均匀性；反之，如装料过少，则又不能充分发挥搅拌机的效能。

3. 投料顺序

在确定混凝土各种原材料的投料顺序时，应考虑如何保证混凝土的搅拌质量，减少机械磨损和水泥飞扬，减少混凝土的粘罐现象，降低能耗和提高劳动生产率等。目前，采用的投料顺序有一次投料法、二次投料法。

(1) 一次投料法。一次投料法是将砂、石、水泥依次放入料斗后再和水一起进入搅拌筒进行搅拌的方法。这种方法工艺简单、操作方便。当采用自落式搅拌时常用的加料顺序是先倒石子，再加水泥，最后加砂。这种投料顺序的优点是水泥位于砂石之间，进入拌筒时可减少水泥飞扬，同时砂和水泥先进入拌筒形成砂浆，可缩短包裹石子的时间，也避免了水向石子表面聚集产生的不良影响，可提高搅拌质量。

(2) 二次投料法。二次投料法又可分为预拌水泥砂浆法和预拌水泥净浆法。

1) 预拌水泥砂浆法是指先将水泥、砂和水投入搅拌筒搅拌 1～1.5min 后，加入石子再搅拌 1～1.5min。

2) 预拌水泥净浆法是先将水和水泥投入搅拌筒搅拌 1/2 搅拌时间，再加入砂石搅拌到规定时间。

由于预拌水泥砂浆或水泥净浆对水泥有一种活化作用，因而搅拌质量明显高于一次投料法。若水泥用量不变，混凝土强度可提高 15%左右，或在混凝土强度相同的情况下，可减少水泥用量 15%～20%。

当采用强制式搅拌机搅拌轻集料混凝土时，若轻集料在搅拌前已经预湿，则合理的加料顺序应是：先加粗、细集料和水泥搅拌 30s，再加水继续搅拌到规定时间；若在搅拌前轻集料未经预湿，则合理的加料顺序是：先加粗、细集料和总用水量的 1/2 搅拌 60s 后，再加水泥和剩余 1/2 总用水量搅拌到规定时间。

6.1.2 混凝土运输

混凝土运输过程中应保持其均匀性，避免产生分层离析现象；混凝土运至浇筑地点，应符合浇筑时所规定的坍落度，见表 6.2；运输工作应保证混凝土浇筑工作连续进行；运送混凝土的容器应严密，其内壁应平整、光洁，不吸水，不漏浆，黏附的混凝土残渣应经常清除。

表 6.2　混凝土浇筑时的坍落度

项次	结　构　种　类	塌落度/mm
1	基础或地面等的垫层、无配筋的厚大结构（挡土墙、基础或厚大的块体等）或配筋稀疏的结构	10～30
2	板、梁和大中型截面的柱子等	30～50
3	配筋密列的结构（薄壁、斗仓、简企、细柱等）	50～70
4	配筋特密的结构	70～90

注 (1) 本表系指采用机械振捣的坍落度，采用人工捣实时可适当增大。
(2) 需要配制大坍落度混凝土时，应掺用外加剂。
(3) 曲面或斜面结构的混凝土，其坍落度值应根据实际需要另行选定。
(4) 轻集料混凝土的坍落度，宜比表中数值减少 10～20mm。
(5) 自密实混凝土的坍落度另行规定。

6.1.2.1 运输时间

混凝土从搅拌机中卸出到浇筑完毕的延续时间不宜超过表 6.3 的规定，对掺用外加剂或采用快硬水泥拌制的混凝土，其延续时间应按试验确定。对于轻集料混凝土，其延续时间应适当缩短。

表 6.3　混凝土从搅拌机卸出到浇筑完毕的延续时间

混凝土生产地点	气温	
	不高于 25℃	高于 25℃
预拌混凝土搅拌站	150	120
施工现场	120	90
混凝土制品厂	90	60

6.1.2.2　运输工具

混凝土的运输可分为地面水平运输、垂直运输和楼面水平运输三种情形。

1. 地面水平运输

当采用商品混凝土或运距较远时，最好采用混凝土搅拌运输车。此类车在运输过程中搅拌筒可缓慢转动进行拌和，防止混凝土的离析。当距离过远时，可装入干料在到达浇筑现场前 15～ 20min 放入搅拌水，能边行走边进行搅拌。

混凝土搅拌运输车是一种用于长距离运送混凝土的高效能机械。它是将运送混凝土的搅拌筒安装在汽车底盘上，将混凝土搅拌站生产的混凝土拌和物装入搅拌筒内，直接运至施工现场的大型混凝土运输工具（图 6.2）。

图 6.2　混凝土搅拌运输车

采用混凝土搅拌运输车应符合下列规定：

(1) 混凝土必须能在最短的时间内均匀、无离析地排出，出料干净、方便，能满足施工要求。当与混凝土泵联合运送时，其排料速度应相匹配。

(2) 从搅拌运输车运卸的混凝土中分别取 1/4 和 3/4 处试样进行坍落度试验，两个试样的坍落度值之差不得超过 30mm。

(3) 混凝土搅拌运输车在运送混凝土时搅动转速通常为 2～4r/min；整个运送过程中拌筒的总转数应控制在 300r 以内。

(4) 若采用干料由搅拌运输车途中加水自行搅拌，搅拌速度一般应为 6～18r/min；搅拌转数自混合料加水投入搅拌筒起直至搅拌结束，应控制在 70～100r/min。

(5) 混凝土搅拌运输车因途中失水，到工地需加水调整混凝土的坍落度时，搅拌筒应以 6～8r/min 搅拌速度搅拌，并另外再转动至少 30r。

如现场搅拌混凝土，可采用载重 1t 左右、容量为 400L 的小型机动翻斗车或手推车运输。运距较远、运量又较大时，可采用皮带运输机或窄轨翻斗车。

2. 垂直运输

垂直运输可采用塔式起重机、混凝土泵、快速提升斗或井架。混凝土泵（图 6.3）是通过输送管将混凝土送到浇筑地点的一种工具。泵送混凝土是目前最为高效的混凝土垂直运输方式，适用于以下工程：

(1) 大体积混凝土。其包括大型基础、满堂基础、设备基础、机场跑道、水工建筑等。

图 6.3 混凝土泵车

(2) 连续性强和浇筑效率要求高的混凝土。其包括高层建筑、贮罐、塔形构筑物、整体性强的结构等。

混凝土输送管道一般用钢管制成，管径通常有 100mm、125mm、150mm 三种。标准管管长 3m，配套管有 1m 和 2m 两种，另配有 90°、45°、30°、15°等不同角度的弯管，以供管道转折处使用。

输送管的管径选择主要根据混凝土集料的最大粒径以及管道的输送距离、输送高度和其他工程条件决定。

采用泵送混凝土应符合下列规定：

(1) 混凝土泵与输送管连通后，应按所用混凝土泵使用说明书的规定进行全面检查，符合要求后方能开机进行空运转。

(2) 混凝土泵启动后，应先泵送适量水以湿润混凝土泵的料斗、活塞及输送管内壁等直接与混凝土接触的部位。

(3) 确认混凝土泵和输送管中无异物后，应采取泵送水泥砂浆、泵送 1∶2 水泥砂浆或泵送与混凝土内除粗集料外的其他成分相同配合比的水泥砂浆润滑混凝土泵和输送管内壁。

(4) 开始泵送时，混凝土泵应处于慢速、匀速并随时可反泵的状态。泵送速度应先慢后快，逐步加速。待各系统运转顺利后，方可以正常速度进行泵送。

(5) 混凝土泵送应连续进行。如必须中断时，其中断时间不得超过混凝土从搅拌至浇筑完毕所允许的延续时间。

(6) 泵送混凝土时，活塞应保持最大行程运转。

(7) 泵送完毕时，应将混凝土泵和输送管清洗干净。

3. 楼面水平运输

楼面水平运输多采用双轮手推车，塔式起重机亦可兼顾楼面水平运输，如用混凝土泵，则可采用布料杆布料（图 6.4）。

图 6.4 布料机作业

任务 6.2　混凝土浇筑、振捣与养护

浇筑混凝土前，必须对模板及其支架、钢筋和预埋件进行检查，并做好记录。符合设计要求后，清理模板内的杂物及钢筋上的油污，堵严缝隙和孔洞，方能浇筑混凝土。

6.2.1　混凝土的浇筑

混凝土自高处倾落的自由高度不应超过 2m。在浇筑竖向结构混凝土前，应先在底部填以 50～100mm 厚与混凝土内砂浆成分相同的水泥砂浆；浇筑时不得发生离析现象；当浇筑高度超过 3m 时，应采用串筒（图 6.5）、溜管或振动溜管使混凝土缓慢下落。混凝土浇筑层的厚度，应符合表 6.4 的规定。

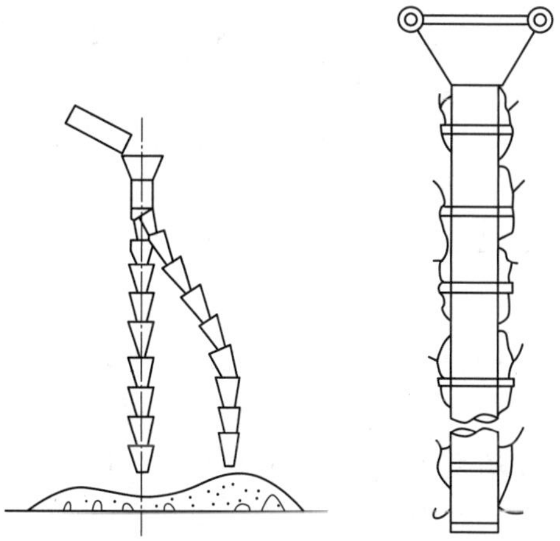

图 6.5　串筒

钢筋混凝土框架结构中，梁、板、柱等构件是沿垂直方向重复出现的，所以一般按结构层次来分层施工。平面上如果面积较大，还应考虑分段进行，以便混凝土、钢筋、模板等工序能相互配合、流水施工。

表 6.4　　混凝土浇筑层的厚度

捣实混凝土的方法		浇筑层的厚度/mm
插入式振捣		振捣器作用部分长度的 1.25 倍
表面振动		200
人工捣固	在基础、无筋混凝土或配筋稀疏的结构中	250
	在梁、墙板、柱结构中	200
	在配筋密列的结构中	150
轻集料混凝土	插入式振捣	300
	表面振动（振动时需加载）	200

在每一施工层中，应先浇筑柱或墙。在每一施工段中的柱或墙应该连续浇筑到顶，每一排的柱子由外向内对称顺序进行，防止由一端向另一端推进，致使柱子模板逐渐受推倾斜。柱子浇筑完后，应停歇 1～2h，使混凝土获得初步沉实，待有了一定强度后，再浇筑梁板混凝土。梁和板应同时浇筑混凝土，只有当梁高在 1m 以上时，为了施工方便，才可以单独先行浇筑。

浇筑混凝土应连续进行。当必须间歇时，其间歇时间宜缩短，并应在前层混凝土凝结前，将次层混凝土浇筑完毕。一般情况下，混凝土运输、浇筑及间歇的全部时间不得超过表 6.5 的规定，当超过时应留置施工缝。在浇筑与柱和墙连成整体的梁和板时，应在柱和墙浇筑完后停歇 1～1.5h，再继续浇筑；梁和板宜同时浇筑混凝土；拱和高度

大于1m的梁等结构，可单独浇筑混凝土。在混凝土浇筑过程中，应经常观察模板、支架、钢筋、预埋件和预留孔洞的情况，当发现有变形、移位时，应及时采取措施进行处理。

表6.5 混凝土运输、浇筑和间歇的允许时间 单位：min

混凝土强度等级	气温	
	不高于25℃	高于25℃
不高于C30	210	180
高于C30	180	150

6.2.2 施工缝的留置

由于施工技术和施工组织上的原因，不能连续将结构整体浇筑完成，并且间歇的时间预计将超出表6.5规定的时间时，应预先选定适当的部位设置施工缝。施工缝的位置应设置在结构受剪力较小且便于施工的部位。

所有水平施工缝应保持水平，并做成毛面，垂直缝处应支模浇筑；施工缝处的钢筋均应留出，不得切断。为防止在混凝土或钢筋混凝土内产生沿构件纵轴线方向错动的剪力，柱、梁施工缝的表面应垂直于构件的轴线；板的施工缝应与其表面垂直；梁、板亦可留企口缝，但企口缝不得留斜楂。

在施工缝处继续浇筑混凝土时，已浇筑的混凝土抗压强度应不小于1.2N/mm^2。具体做法为：首先，应清除硬化的混凝土表面上的水泥薄膜和松动石子以及软混凝土层，并加以充分湿润和冲洗干净，不积水；其次，在施工缝处铺一层水泥浆或与混凝土内成分相同的水泥砂浆；浇筑混凝土时，应细致捣实，使新旧混凝土紧密结合。

承受动力作用的设备基础的施工缝，在水平施工缝上继续浇筑混凝土前，应对地脚螺栓进行一次观测校准；标高不同的两个水平施工缝，其高低结合处应留成台阶形，且台阶的高宽比不得大于1.0；垂直施工缝应加插钢筋，其直径为12～16mm，长度为500～600mm，间距为500mm，在台阶式施工缝的垂直面上也应补插钢筋；施工缝的混凝土表面应凿毛，在继续浇筑混凝土前，应用水冲洗干净，湿润后在表面上抹10～15mm厚与混凝土内成分相同的一层水泥砂浆；继续浇筑混凝土时，该处应仔细捣实。

后浇缝宜做成平直缝或阶梯缝，钢筋不切断。施工缝留置要求为：柱的施工缝留置在基础顶面、梁或吊车梁牛腿的下面或吊车梁的上面、无梁楼板柱下面，在框架结构中（如梁的负筋弯入柱内）施工缝可留在这些钢筋的下端，如图6.6所示。

（1）梁板、肋形楼板施工缝留置应符合下列要求：

1）与板连成整体的大截面梁，留在板底面以下20～30mm处；当板下有梁托时，留在梁托下部。单向板可留置在平行于板的短边的任何位置，但为方便施工缝的处理，一般留在跨中1/3跨度范围内。

2）在主、次梁的肋形楼板，宜顺着次梁方向浇筑，施工缝底留置在次梁跨度中间1/3范围内无负弯矩钢筋与之相交叉的部位，如图6.7所示。

（2）墙施工缝宜留置在门洞口过梁跨中1/3跨度范围内，也可留在纵横墙的交接处。

（3）楼梯、圈梁施工缝留置应符合的要求是：①楼梯施工缝留设在楼梯段跨中1/3跨度范围内无负弯矩筋的部位。②圈梁施工缝留在非砖墙交接处、墙角、墙垛及门窗洞范围内。

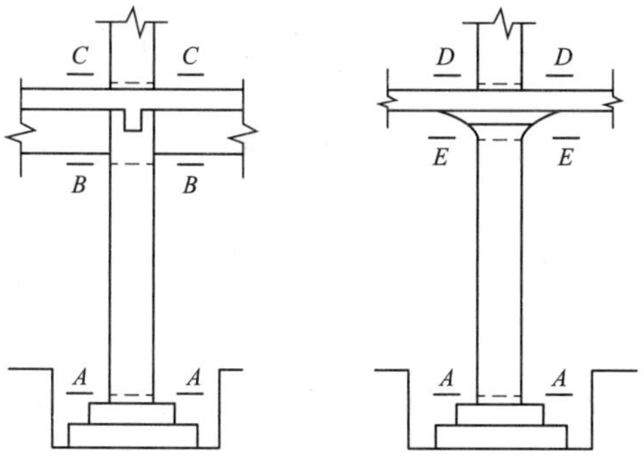

(a) 肋梁楼盖　　(b) 无梁楼盖

图 6.6　柱子施工缝位置

A—A、B—B、C—C、D—D—施工缝位置

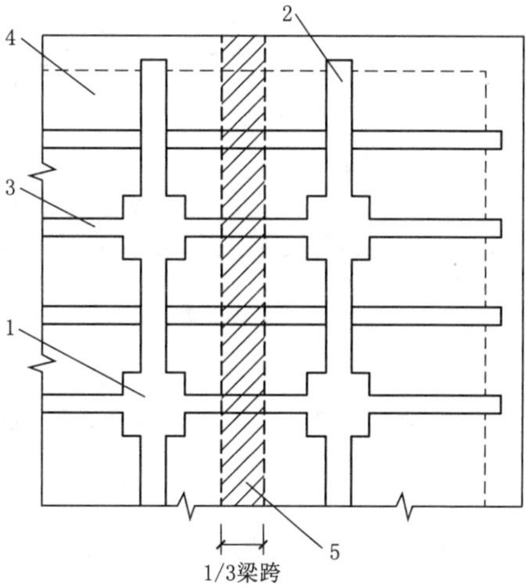

图 6.7　有主、次梁楼板施工缝留置

1—柱子；2—主梁；3—次梁；4—楼板；

5—按次梁方向浇筑混凝土，可留施工缝范围

(4) 箱形基础施工缝的留置。箱形基础的底板、顶板与外墙的水平施工缝设在底板顶面以上及顶板底面以下 300～500mm 为宜，接缝宜设钢板、橡胶止水带或凸形企口缝；底板与内墙的施工缝可设在底板与内墙交接处；而顶板与内墙的施工缝，其位置应视剪力墙插筋的长短而定，一般在 1000mm 以内即可；箱形基础外墙垂直施工缝可设在离转角 1000mm 处，采取相对称的两块墙体一次浇筑施工，间隔 5～7d，待收缩基本稳定后，再浇另一相对称墙体。内隔墙可在内墙与外墙交接处留施工缝，一次浇筑完成，内墙本身一般不再留垂直施工缝，如图 6.8 所示。

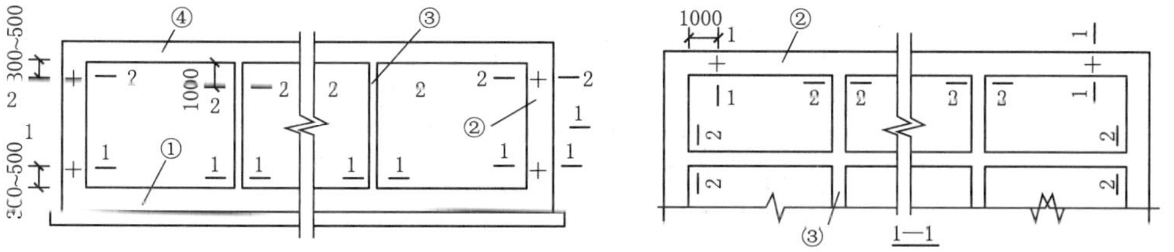

图 6.8　箱型基础施工缝的留置

①—底板；②—外墙；③—内隔墙；④—顶板

1—1、2—2—施工缝位置

(5) 水池施工缝的留置。底板与立壁施工缝，可留在立壁上距坑（池）底板混凝土面上部 200～500mm 的范围内，转角宜做成圆角或折线形；顶板与立壁施工缝留在板下部 20～30mm 处，如图 6.9 (a) 所示；大型水池可从底板、池壁到顶板在中部留设后浇带，使之形成环状，如图 6.9 (b) 所示。

(6) 大型设备基础施工缝应符合下列要求：

1) 受动力作用的设备基础互不相依的设备与机组之间、输送辊道与主基础之间可留

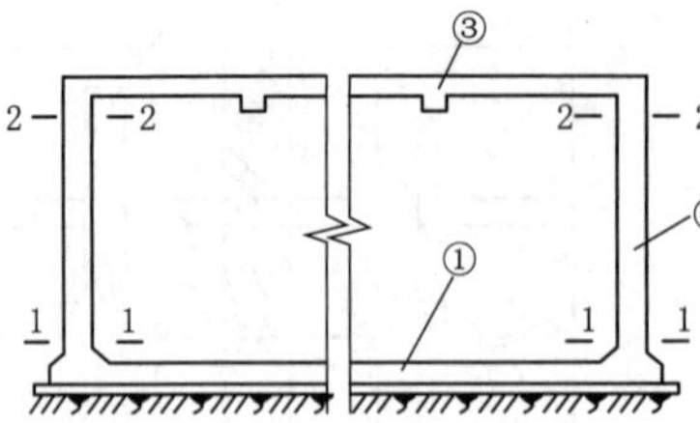

（a）水平施工缝留置

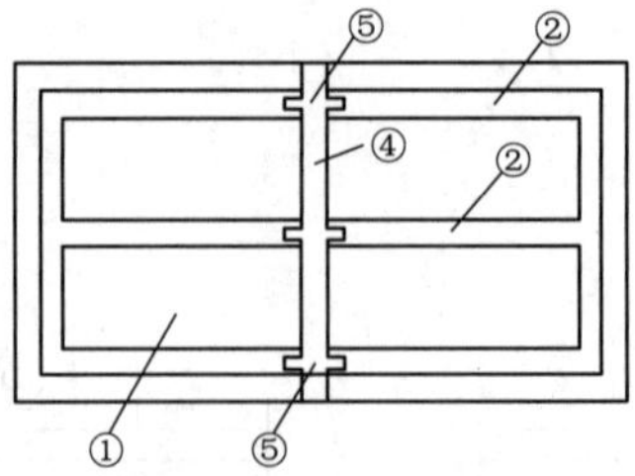

（b）后浇带留置（平面）

图 6.9 水池施工缝的留置

①—底板；②—墙壁；③—顶板；④—底板后浇带；⑤—墙壁后浇带

1—1、2—2—施工缝位置

垂直施工缝，但与地脚螺栓中心线间的距离不得小于 250mm，且不得小于螺栓直径的 5 倍，如图 6.10（a）所示。

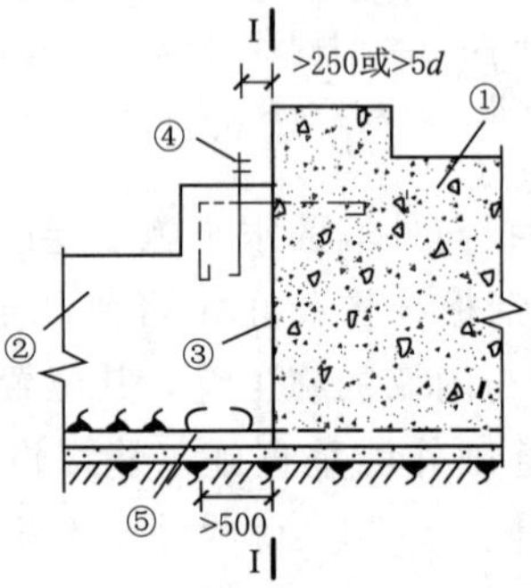

（a）两台机组之间适当地方留置施工缝

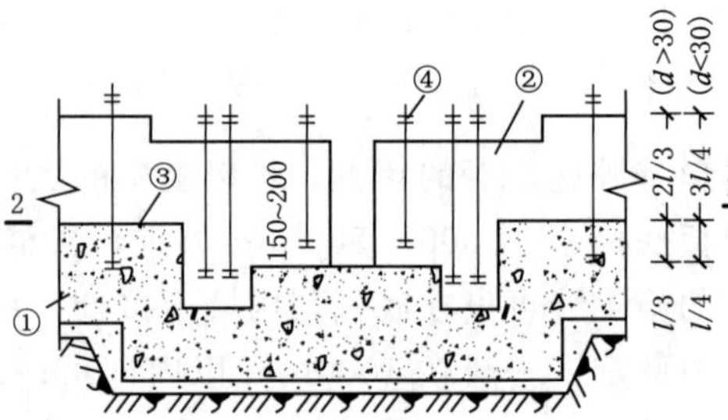

（b）基础分两次浇筑施工缝留置

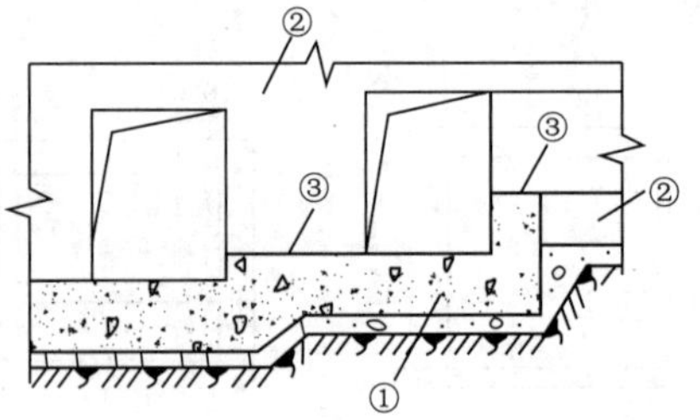

（c）基础底板与上部块体、沟槽施工缝留置

图 6.10 大型设备基础施工缝留置

①—第一次浇筑混凝土；②—第二次浇筑混凝土；③—施工缝；④—地脚螺栓；⑤—钢筋

d—地脚螺栓直径；l—地脚螺栓埋入混凝土长度

2）水平施工缝可留在低于地脚螺栓底端，其与地脚螺栓底端的距离应大于 150mm；当地脚螺栓直径小于 30mm 时，水平施工缝可留置在不小于地脚螺栓埋入混凝土部分总长度的 3/4 处，如图 6.10（b）所示；水平施工缝亦可留置在基础底板与上部块体或沟槽交界处，如图 6.10（c）所示。

3）对受动力作用的重型设备基础不允许留施工缝时，可在主基础与辅助设备基础、沟道、辊道之间，受力较小部位留设后浇缝，如图 6.11 所示。

混凝土浇筑
及振捣

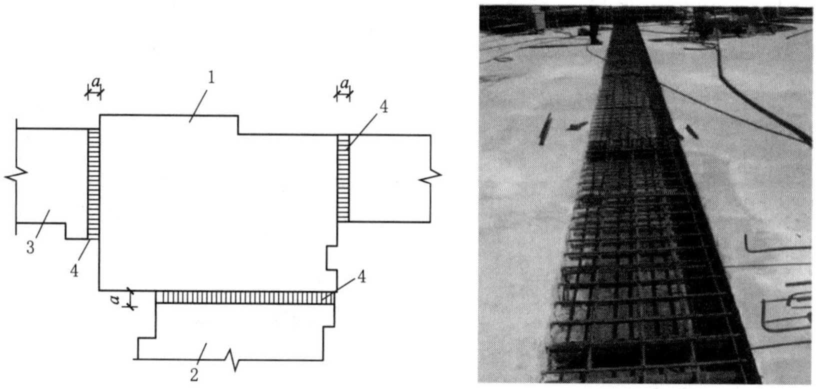

图 6.11　后浇缝留置

1—主体基础；2—辅助基础；3—坡道；4—后浇缝；a—后浇缝宽度

6.2.3　混凝土的振捣

混凝土振捣是使混凝土密实的重要工序。每一振点的振捣延续时间，应使混凝土表面呈现浮浆且不再沉落，但也不宜过振造成混凝土离析。混凝土的振动器有多种形式，根据施工需要选用（图 6.12）。

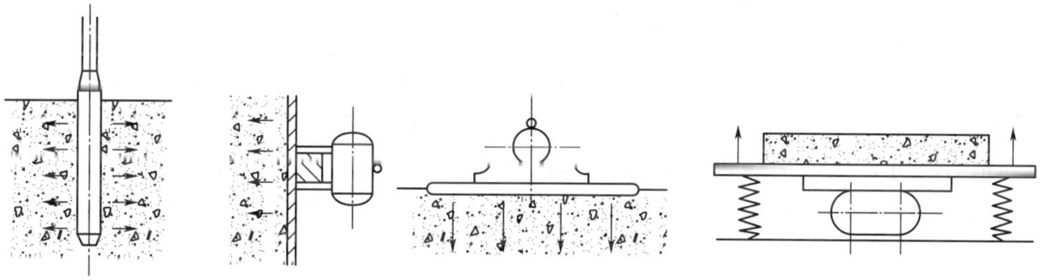

（a）内部振动器　（b）外部振动器　（c）表面振动器　（d）振动台

图 6.12　混凝土振动器

当采用插入式振动器时，捣实普通混凝土的移动间距，不宜大于振捣器作用半径的 1.5 倍，如图 6.13 所示。捣实轻集料混凝土的移动间距，不宜大于其作用半径；振捣器与模板的距离，不应小于其作用半径的 0.5 倍，并应避免碰撞钢筋、模板、预埋件等；振捣器插入下层混凝土内的深度不应小于 50mm。一般每点振捣时间为 20～30s，使用高频振动器时，最短不应少于 10s，应使混凝土表面呈水平，且以不再显著下沉，不再出现气泡，表面泛出

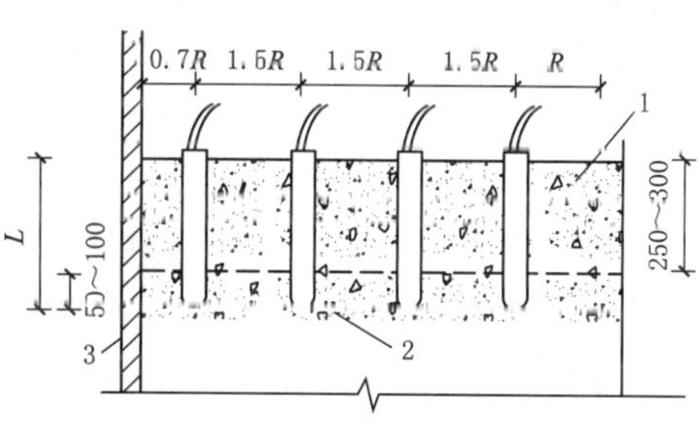

图 6.13　插入式振动器的插入深度

1—新浇筑的混凝土；2—下层已振捣但尚未初凝的混凝土；3—模板；R—振动器的有效作用半径

灰浆为准。振动器插点要均匀排列，可采用“行列式”或“交错式”，以如图 6.14 所示的次序移动，不应混用，以免造成混乱而发生漏振。采用插入式振动器振捣混凝土时，振动器不得触碰钢筋、预埋件，避免造成钢筋、预埋件位移。

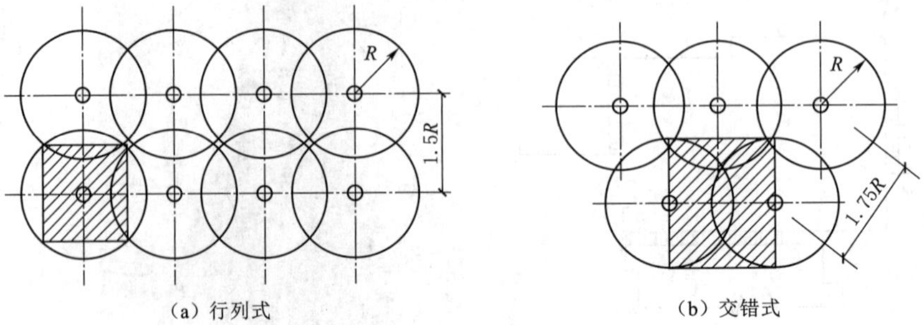

(a) 行列式　　(b) 交错式

图 6.14 振捣点的布置

R—振动器的有效作用半径

采用表面振动器时，在每一位置上应连续振动一定时间，正常情况下为 25～40s，但以混凝土面均匀出现浆液为准，移动时应成排依次振动前进，前后位置和排与排间应相互搭接 30～ 50mm，防止漏振。振动倾斜混凝土表面时，应由低处逐渐向高处移动，以保证混凝土振实。表面振动器的有效作用深度，在无筋及单筋平板中为 200mm，在双筋平板中约为 120mm。

采用外部振动器时，振动时间和作用效果随结构形状、模板坚固程度、混凝土坍落度及振动器功率大小等各项因素而定。一般每隔 1～1.5m 的距离设置一个振动器。当混凝土呈水平面且不再出现气泡时，可停止振动。必要时应通过试验确定振动时间。待混凝土入模后方可开动振动器，混凝土浇筑高度要高于振动器安装部位。当钢筋较密和构件断面较深较窄时，亦可采取边浇筑边振动的方法。

外部振动器的振动作用深度在 250mm 左右，如构件尺寸较厚时，需在构件两侧安设振动器同时进行振捣。

混凝土养护

6.2.4 混凝土养护

混凝土浇筑捣实后，逐渐凝固硬化，这个过程主要由水泥的水化作用来实现，而水化作用必须在适当的温度和湿度条件下才能完成。因此，为了保证混凝土有适宜的硬化条件，使其强度不断增长，必须对混凝土进行养护。

混凝土浇筑后，如气候炎热、空气干燥，不及时进行养护，混凝土中的水分蒸发过快，易出现脱水现象，使已形成凝胶体的水泥颗粒不能充分水化，不能转化为稳定的结晶，缺乏足够的黏结力，从而会使混凝土表面出现片状或粉状剥落，影响混凝土的强度。此外，在混凝土尚未具备足够的强度时，水分过早地蒸发，还会产生较大的变形，出现干缩裂缝，影响混凝土的整体性和耐久性。因此，混凝土养护绝不是一件可有可无的事，而是一个重要的环节，应严格按照规定要求进行。

混凝土养护方法分自然养护和蒸汽养护两种。

6.2.4.1 自然养护

自然养护是指利用平均气温高于 5℃的自然条件，用保水材料或草帘等对混凝土加以覆盖后适当浇水，使混凝土在一定的时间内在湿润状态下硬化。

1. 开始养护时间

当最高气温低于 25℃时，混凝土浇筑完毕后应在 12h 以内开始养护；最高气温高于 25℃时，应在 6h 以内开始养护。

2. 养护天数

浇水养护时间的长短视水泥品种而定，硅酸盐水泥、普通硅酸盐水泥和矿渣硅酸盐水泥拌制的混凝土，不得少于 7 个昼夜；火山灰质硅酸盐水泥和粉煤灰硅酸盐水泥拌制的混凝土或有抗渗性要求的混凝土，不得少于 14 个昼夜。混凝土必须养护至其强度达到 1.2MPa 以后，方准在其上踩踏和安装模板及支架。

3. 浇水次数

应使混凝土保持适当的湿润状态。养护初期，水泥的水化反应较快，需水也较多，所以要特别注意在浇筑以后头几天的养护工作，此外，在气温高、湿度低时，也应增加洒水的次数。

4. 喷洒塑料薄膜养护

将过氯乙烯树脂塑料溶液用喷枪洒在混凝土表面，溶液挥发后在混凝土表面形成一层塑料薄膜，使混凝土与空气隔绝，阻止水分的蒸发，以保证水化作用的正常进行。所选薄膜在养护完成后能自行老化脱落。在构件表面喷洒塑料薄膜来养护混凝土，适用于不易洒水养护的高耸构筑物和大面积混凝土结构。

6.2.4.2 蒸汽养护

蒸汽养护就是将构件放置在有饱和蒸汽或蒸汽空气混合物的养护室内，在较高的温度和相对湿度的环境中进行养护，以加速混凝土的硬化，使混凝土在较短的时间内达到规定的强度标准值。装配式混凝土构件的制作一般采用蒸汽养护方式来加快设备的周转（图 6.15）。蒸汽养护过程分为静停、升温、恒温、降温四个阶段。

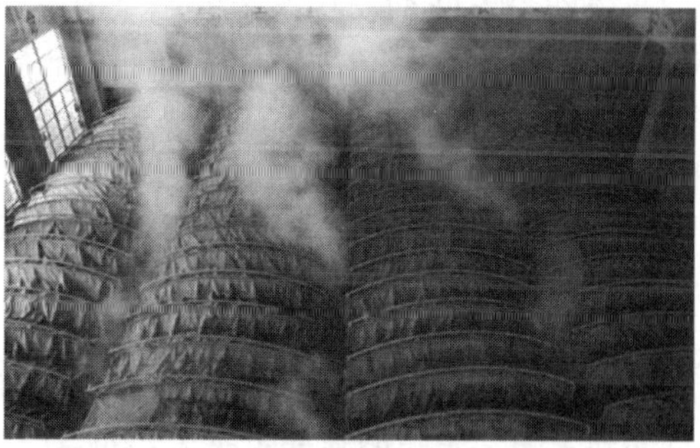

图 6.15 蒸汽养护

1. 静停阶段

混凝土构件成型后在室温下停放养护，时间为 2～6h，以防止构件表面产生裂缝和疏松现象。

2. 升温阶段

此阶段是构件的吸热阶段。升温速度不宜过快，以免构件表面和内部产生过大温差而出现裂纹。对于薄壁构件（如多肋楼板、多孔楼板等），每小时不得超过 25℃；其他构件不得超过 20℃；用干硬性混凝土制作的构件，不得超过 40℃。

3. 恒温阶段

此阶段是升温后温度保持不变的时间。此时强度增长最快，这个阶段应保持 90%～

100％的相对湿度；最高温度不得大于95℃，时间为3～5h。

4. 降温阶段

此阶段是构件散热过程。降温速度不宜过快，每小时不得超过10℃，出池后，构件表面与外界温差不得大于20℃。

任务6.3 混凝土冬雨季施工措施

6.3.1 混凝土冬季施工

冬雨季施工措施

我国北方地区冬季气温较低，根据季节特点一般需要采取冬季施工措施。根据当地多年气温资料，室外日平均气温连续5d稳定低于5℃时，混凝土结构工程应按冬期施工要求组织施工。冬期施工时，气温低，水泥水化作用减弱，新浇混凝土强度增长明显地延缓，当温度降至0℃以下时，水泥水化作用基本停止，混凝土强度亦停止增长。特别是温度降至混凝土冰点温度以下时，混凝土中的游离水开始结冰，结冰后的水体积膨胀约9％。在混凝土内部产生冰胀应力，致使结构强度降低。受冻的混凝土在解冻后，其强度虽能继续增长，但已不能达到原设计的强度等级。试验证明，混凝土的早期冻害是由于内部析水结冰所致。混凝土在浇筑后立即受冻，抗压强度约损失50％，抗拉强度约损失40％。试验证明，混凝土遭受冻结带来的危害与遭冻的时间早晚、水胶比、水泥强度等级、养护温度等有关。

冬期浇筑的混凝土在受冻以前必须达到的最低强度，称为混凝土受冻临界强度。

6.3.1.1 混凝土冬期施工的一般规定

一般情况下，混凝土冬期施工要求在常温下浇筑、养护，使混凝土强度在冰冻前达到受冻临界强度，在冬期施工时对原材料和施工过程均要求有必要的措施，来保证混凝土的施工质量。

1. 对材料的要求及加热

（1）冬期施工中配制混凝土用的水泥，应优先选用活性高、水化热大的硅酸盐水泥和普通硅酸盐水泥。水泥的强度等级不应低于42.5R级。最小水泥用量不宜少于300kg/m^3，水胶比不应大于0.6。使用矿渣硅酸盐水泥时，宜采用蒸汽养护；使用其他品种水泥，应注意其中掺和材料对混凝土抗冻抗渗等性能的影响。冷混凝土法施工宜优先选用含引气成分的外加剂，含气量宜控制在2％～4％。掺用防冻剂的混凝土，严禁使用高铝水泥。

（2）混凝土所用集料必须清洁，不得含有冰、雪等冰结物及易冻裂的矿物质。冬期集料所用储备场地应选择地势较高、不积水的地方。

（3）冬期施工对组成混凝土材料的加热，应优先考虑加热水，因为水的热容量大，加热方便，但加热温度不得超过表6.6所规定的数值。当水、集料达到规定温度仍不能满足热工计算要求时，可提高水温到100℃，但水泥不得与80℃以上的水直接接触。水的常用加热方法有三种：用锅烧水、用蒸汽加热水和用电极加热水。水泥不得直接加热，使用前宜运入暖棚存放。

冬期施工拌制混凝土的砂、石温度要符合热工计算需要温度。集料加热的方法有：将集料放在底下加温的铁板上面直接加热；或者通过蒸汽管、电热线加热等。但不得用火焰直接加热集料，并应控制加热温度（表 6.6）。加热的方法可因地制宜，以蒸汽加热法为好，其优点是加热温度均匀，热效率高，缺点是集料中的含水量增加。

表 6.6　　拌和水及集料的最高温度　　单位：℃

序号	水泥品种及强度等级	拌和水	集料
1	强度等级小于 42.5 级的普通硅酸盐水泥、矿渣硅酸盐水泥	80	60
2	强度等级大于或等于 42.5 级的普通硅酸盐水泥、硅酸盐水泥	60	40

（4）钢筋冷拉可在负温下进行，但冷拉温度不宜低于－20℃。当采用控制应力方法时，冷拉控制应力较常温下提高 $30N/mm^2$；采用冷拉率控制方法时，冷拉率与常温时相同。钢筋的焊接宜在室内进行。如必须在室外焊接，最低气温不低于－20℃，具有防雪和防风措施。刚焊接的接头严禁立即碰到冰雪，避免造成冷脆现象。

（5）冬期浇筑的混凝土，宜使用无氯盐类防冻剂，对抗冻性要求高的混凝土，宜使用引气剂或引气减水剂。

2. 混凝土的搅拌、运输和浇筑

（1）混凝土的搅拌。混凝土不宜露天搅拌，应尽量搭设暖棚，优先选用大容量的搅拌机，以减少混凝土的热损失。混凝土搅拌时间应根据各种材料的温度情况，考虑相互间的热平衡过程，可通过试拌确定延长的时间，一般为常温搅拌时间的 1.25～1.5 倍。拌制混凝土的最短时间应符合规定。搅拌混凝土时，集料中不得带有冰、雪及冻土。拌制掺用防冻剂的混凝土，当防冻剂为粉剂时，可按要求掺量直接撒在水泥上面，和水泥同时投入；当防冻剂为液体时，应先配制成规定浓度溶液，然后再根据使用要求，用规定浓度溶液再配制成施工溶液。各溶液应分别置于明显标志的容器内，不得混淆，每班使用的外加剂溶液应一次配成。配制与加入防冻剂，应设专人负责并做好记录，严格按剂量要求掺入。混凝土拌和物的出机温度不宜低于 10℃。

（2）混凝土的运输。混凝土的运输过程是热损失的关键阶段，应采取必要的措施减少混凝土的热损失，同时应保证混凝土的和易性。常用的主要措施为减少运输时间和距离，使用大容积的运输工具并采取必要的保温措施，保证混凝土入模温度不低于 5℃。

（3）混凝土的浇筑。混凝土在浇筑前，应清除模板和钢筋上的冰雪和污垢，尽量加快混凝土的浇筑速度，防止热量散失过多。当采用加热养护时，混凝土养护前的温度不得低于 2℃。

冬期不得在强冻胀性地基土上浇筑混凝土。当在弱冻胀性地基土上浇筑混凝土时，地基土应进行保温，以免遭冻。对加热养护的现浇混凝土结构，混凝土的浇筑程序和施工缝的位置，应能防止在加热养护时产生较大的温度应力。当分层浇筑厚大整体结构时，已浇筑层的混凝土温度，在被上一层混凝土覆盖前，不得低于按热工计算的温度，且不得低于 2℃。冬期施工混凝土振捣应用机械振捣，振捣时间应比常温时有所增加。

6.3.1.2　混凝土冬期施工方法

混凝土冬期施工主要有蓄热法、蒸汽加热法、电热法、暖棚法和掺外加剂法等，但无论采用什么方法，均应保证混凝土在冻结以前，至少应达到临界强度。

1. 蓄热法

蓄热法就是将具有一定温度的混凝土浇筑完后，在其表面用草帘、锯末、炉渣等保温材料加以覆盖，避免混凝土的热量和水泥的水化热散失太快，保证混凝土在冻结前达到所要求强度的一种冬期施工方法。

蓄热法适用于室外最低气温不低于－15℃时，地面以下的工程或表面系数不大于5（结构冷却的表面积与其全部体积的比值）的结构混凝土的冬期养护。如选用适当的保温材料，采用快硬早强水泥，在混凝土外部进行早期短时加热和采取掺入早强型外加剂等措施，则可进一步扩大蓄热法的应用范围，这是混凝土冬期施工较经济、简单而有效的方法。

2. 蒸汽加热法

蒸汽加热法就是利用蒸汽使混凝土保持一定的温度和湿度，以加速混凝土硬化。蒸汽加热法除预制厂用的蒸汽养护窑外，在现浇结构中还有汽套法、毛管法和构件内部通汽法等。

(1) 汽套法，是在构件模板外再加设密封的套板模，模板与套板间的空隙不宜超过150mm，在套板内通入蒸汽加热养护混凝土。汽套法加热均匀，但设备复杂、费用大，只适宜在特殊条件下用于养护梁、板等水平构件。

(2) 毛管法，即在模板内侧做成凹槽，凹槽上盖以钢板，在凹槽内通入蒸汽进行加热。毛管法用汽少、加热均匀，适用于养护柱、墙等垂直结构。此外，也有在大模板的背面装设蒸汽管道，再用薄钢板封闭，适当加以保温的做法，用于大模板工程冬期施工。

(3) 构件内部通汽法，是在浇筑构件时先预留孔道，再将蒸汽送入孔道内加热混凝土，待混凝土达到要求的强度后，随即用砂浆或细石混凝土灌入孔道内加以封闭。

采用蒸汽加热的混凝土，宜选用矿渣水泥及火山灰水泥，严禁使用矾土水泥。普通水泥的加热温度不得超过80℃；矿渣水泥与火山灰水泥的加热温度可提高到85～95℃，湿度必须保持90%～95%。为了避免温差过大，防止混凝土产生裂缝，应严格控制混凝土的升温速度与降温速度：当表面系数$M \geqslant 6$时，每小时升温不大于15℃，降温不大于10℃；当表面系数$M < 6$时，每小时升温不大于10℃，降温不大于5℃。模板和保温层，应在混凝土冷却到5℃后方可拆除。当混凝土与外界的温差大于20℃时，拆模后的混凝土表面还应用保温材料临时覆盖，使其缓慢冷却。未完全冷却的混凝土有较高的脆性，避免承受冲击或动荷载，以防开裂。

3. 电热法

电热法是利用电流通过不良导体混凝土或电阻丝所发出的热量来养护混凝土。电热法主要有电极法和电热器法两类。

(1) 电极法，即在新浇筑的混凝土中，每隔一定间距（200～400mm）插入电极（$\phi 6 \sim \phi 12$短钢筋），接通电源，利用混凝土本身的电阻，变电能为热能。电热时，要防止电极与钢筋接触而引起短路。对于较薄的构件，也可将薄钢板固定在模板内侧作为电极。

(2) 电热器法，是利用电流通过电阻丝产生的热量进行加热养护。根据需要，电热器可制成板状，用以加热现浇楼板；也可制成针状，用以加热装配整体式的框架接点；对于用大模板施工的现浇墙板，则可用电热模板（大模板背面装电阻丝形成热夹具层，其外用薄钢板包矿渣棉封严）加热等。

电热应采用交流电（因直流电会使混凝土内水分分解），电压为 50～ 110V，以免产生强烈的局部过热和混凝土脱水现象。只有在无筋或少筋结构中，才允许采用电压为 120～ 220V 的电流加热。电热应在混凝土表面覆盖后进行。电热过程中，应注意观察混凝土外露表面的温度。当表面开始干燥时，应先断电，并浇温水湿润混凝土表面。电热法养护混凝土的温度应符合表 6.7 的规定，当混凝土强度达到 50％时，即可停止电热。

表 6.7　电热法养护混凝土的温度　单位:℃

水泥强度等级	结构表面系数		
	<10	10～15	>15
32.5	70	50	45
42.5	40	40	35

电热法设备简单、施工方便有效，但耗电量大、费用高，应慎重选用，并注意施工安全。

4. 暖棚法

暖棚法是在混凝土浇筑地点用保温材料搭设暖棚，在棚内采暖，使温度升高，可使混凝土养护如同在常温中一样。

采用暖棚法养护时，棚内温度不得低于 5℃，并应保持混凝土表面湿润。

5. 掺外加剂法

根据不同性能的外加剂，可以起到抗冻、早强、促凝、减水、降低冰点等作用，能使混凝土在负温下继续硬化，而无须采取任何加热保温措施，这是混凝土冬期施工的一种有效方法，可以简化施工、节约能源，还可改善混凝土的性能。

6.3.2 混凝土雨季施工措施

我国受季风影响较大的地区一般都会遭遇雨季施工的情况。因雨水对混凝土质量造成较大影响，因此需要采取一定的施工措施保证混凝土不会受到雨水的影响。

6.3.2.1 雨期施工的特点和要求

1. 雨期施工的特点

(1) 雨期施工的降雨具有突然性。这就要求提前做好雨期施工的准备工作和防范措施。

(2) 雨期施工带有突击性。因为雨水对建筑结构和地基基础的冲刷或浸泡，有严重的破坏性，必须迅速及时地防护，以免发生质量事故。

(3) 雨期往往持续时间较长，从而影响工期。

2. 雨期施工的要求

(1) 在编制施工组织设计时，要根据雨期施工的特点，将不宜在雨期施工的分项工程避开雨期施工，对于必须在雨期施工的分项工程，做好充分的准备工作和防范措施。

(2) 合理进行施工安排。做到晴天抓室外工作，雨天做室内工作。

(3) 做好材料的防雨防潮和施工现场的排水等准备工作。

6.3.2.2 混凝土工程雨期施工措施

(1) 加强对水泥材料防雨防潮工作的检查，对砂石骨料进行含水量的测定，及时调整施工配合比。

（2）加强对模板有无松动变形及隔离剂的情况的检查，特别是对其支撑系统的检查，及时加固处理。

（3）重要结构和大面积的混凝土浇筑应尽量避开雨天施工，施工前，应了解2～3d的天气情况；小雨时，混凝土运输和浇筑均要采取防雨措施，随浇筑随振捣，随覆盖防水材料。遇大雨时，应提前停止浇筑，按要求留设好施工缝，并把已浇筑部位加以覆盖，以防雨水的进入。

（4）为防止雷电袭击，雨季施工现场内的起重机、井字架、龙门架等机械设备，若在相邻建筑物、构筑物的防雷装置的保护范围以外，应安装防雷装置。

（5）施工现场的防雷装置由避雷针、接地线和接地体组成。避雷针安装在高出建筑物的起重机（塔吊）、人货电梯、钢脚手架的最高顶端上。

任务6.4 混凝土工程质量验收

Ⓜ 混凝土工程质量验收

6.4.1 混凝土在施工前的检查

（1）混凝土原材料的质量是否合格（包括水泥、砂、石、水和各种外加剂）。

（2）配合比是否正确。首次使用的混凝土配合比应进行开盘鉴定，其工作性能应满足设计配合比的要求。混凝土拌制前，应测定砂、石含水率并根据测试结果调整材料用量，提出施工配合比。

6.4.2 混凝土在拌制和浇筑过程中的质量检查

（1）混凝土拌制计量准确，其原材料每盘称量的偏差应符合表6.8的规定。

（2）混凝土运输、浇筑及间歇的全部时间不应超过混凝土的初凝时间。同施工段的混凝土应连续浇筑，并应在底层混凝土初凝之前将上一层混凝土浇筑完毕。

表6.8 原材料每盘称量的允许偏差

材料名称	允许偏差/%
水泥、掺和料	±2
粗、细骨料	±3
水、外加剂	±2

（3）后浇带的留置位置应按设计要求和施工技术方案确定。后浇带混凝土浇筑应按施工技术方案进行，关键是要求混凝土接触面清理干净并浇水湿润。

（4）混凝土浇筑完毕后，应按施工技术方案及时采取有效的养护措施。

6.4.3 混凝土在养护后的检查

养护后主要检查结构件混凝土强度和轴线、标高、几何尺寸等。如有特殊要求，还应检查混凝土的抗冻性、抗渗性等指标。

（1）混凝土的强度等级必须符合设计要求。用于检查结构构件混凝土强度的试件，应在混凝土的浇筑地点随机抽取。取样与试件留置应符合下列规定：

1）每拌制 100 盘且不超过 100m^3 的同配合比混凝土，取样不得少于一次。

2）每工作班拌制的同配合比混凝土不足 100 盘时，取样不得少于一次。

3）每一楼层、同一配合比的混凝土，取样不得少于一次。

4）当一次连续浇筑超过 100m^3 时，同一配合比的混凝土每 200m^3 取样不得少于一次。

5）每次取样应至少留置一组标准试件，同条件养护试件的留置组数，可根据实际需要确定。

（2）对有抗渗要求的混凝土结构，抗渗性能应符合要求。其混凝土试件应在浇筑地点随机取样。同一工程、同一配合比的混凝土，取样不应少于一次；留置组数可根据实际需要确定。

（3）现浇结构的外观质量不应有严重缺陷，不宜有一般缺陷。

（4）现浇结构不应有影响结构性能和使用功能的尺寸偏差。混凝土设备基础不应有影响结构性能和设备安装的尺寸偏差。

（5）现浇结构的形状、截面尺寸、轴线位置及标高等应符合设计的要求，其偏差不得超过《混凝土结构工程施工质量验收规范》（GB 50204—2015）规定的允许偏差值（表 6.9）。

表 6.9　　现浇混凝土结构允许偏差和检验方法

项次	项目		允许偏差/mm	检验方法
1	轴线位置/mm	基础	15	钢直尺检查
		独立基础	10	
		墙、柱、梁	8	
		剪力墙	5	
2	垂直度/mm	层高 ≤5m	8	经纬仪或吊线、钢直尺检查
		层高 >5m	10	
		全高（H）	H/1000 且≤30	经纬仪、钢直尺检查
3	标高/mm	层高	±10	水准仪或拉线、钢直尺检查
		全高	±30	
4	截面尺寸		+8，−5	钢直尺检查
5	电梯井	井筒长、宽对定位中心线/mm	+25，0	钢直尺检查
		井筒全高（H）垂直度/mm	H/1000 且≤30	经纬仪、钢直尺检查
6	表面平整度/mm		8	2m 靠尺和塞尺检查
7	预埋设施中心线位置/mm	预埋件	10	钢直尺检查
		预埋螺栓	5	
		预埋管	5	
8	预留洞中心线位置/mm		15	钢直尺检查

6.4.4　商品混凝土的采用

当采用商品混凝土时，商品混凝土厂应提供下列资料：

(1) 商品混凝土供货商资质。

(2) 砂石、水泥、外加剂、掺和料等原材出厂合格证、检验报告。

(3) 开盘鉴定。

(4) 混凝土配合比通知单。

(5) 预拌混凝土出厂合格证。

(6) 碱含量、氯离子检验报告。

(7) 试块抗压强度检验报告。

采用商品混凝土时，应在商定交货地点进行坍落度检查。实测的混凝土坍落度与要求坍落度之间的允许偏差应符合表6.10中的要求。

表6.10 混凝土坍落度与要求坍落度之间的允许偏差

要求坍落度	允许偏差
<50	±10
50～90	±20
>90	±30

6.4.5 结构构件混凝土强度的评定

(1) 评定结构构件的混凝土强度应采用标准试件的混凝土强度。即按标准方法制作的边长为150mm标准尺寸的立方体试件，在温度为(20±3)℃，相对湿度为90%以上环境或水中的标准条件下，养护至28d龄期时按标准试验方法测得的混凝土立方体抗压强度。

(2) 结构构件拆模、出池、出厂、吊装、张拉、放张及施工期间临时负荷的混凝土强度，应根据同条件养护的标准尺寸试件的混凝土强度确定。

6.4.6 混凝土强度代表值的确定

每组三个试件应在同盘混凝土中取样制作，并按下列规定确定该组试件的混凝土强度代表值：

(1) 取三个试件的强度平均值。

(2) 当三个试件强度中的最大值或最小值之一与中间值之差超过中间值的15%时，取中间值。

(3) 当三个试件强度中最大值和最小值与中间值之差均超过中间值的15%时，该组试件不应作为强度评定的依据。

6.4.7 混凝土强度评定

(1) 混凝土强度应分批进行验收。同验收批的混凝土应由强度等级相同、生产工艺和配合比基本相同的混凝土组成。对现浇混凝土结构构件，尚应按单位工程的验收项目划分验收批，每个验收项目应按现行国家标准《建筑安装工程质量检验评定统一标准》(GBJ 300—88)确定。对同一验收批的混凝土强度，应以同批内标准试件的全部强度代表值来评定。

(2) 当混凝土的生产条件在较长时间内能保持一致，且同一品种混凝土的强度保持稳定，应由连续的三组试件代表一个验收批，其强度应符合下列要求：

$$m_{f_{cu}} \geqslant f_{cu,k} + 0.7\sigma_0 \tag{6.1}$$

$$f_{cu,min} \geqslant f_{cu,k} - 0.7\sigma_0 \tag{6.2}$$

当混凝土强度等级不高于 C20 时，强度最小值还应符合下列要求：

$$f_{cu,min} \geqslant 0.85 f_{cu,k} \tag{6.3}$$

当混凝土强度等级高于 C20 时，强度最小值还应符合下列要求：

$$f_{cu,min} \geqslant 0.9 f_{cu,k} \tag{6.4}$$

式中　$m_{f_{cu}}$——同一验收批混凝土立方体抗压强度平均值，N/mm^2；

$f_{cu,k}$——设计的混凝土立方体抗压强度标准值，N/mm^2；

σ_0——验收批混凝土立方体抗压强度的标准差，N/mm^2；

$f_{cu,min}$——同一验收批混凝土立方体抗压强度最小值，N/mm^2。

混凝土强度标准差 σ_0 应根据前一个检验期同一品种混凝土试件的强度数据，按下式确定：

$$\sigma_0 = \frac{0.59}{m} \sum_{i=1}^{m} \Delta f_{cu,i} \tag{6.5}$$

式中　$\Delta f_{cu,i}$——前一检验期内第 i 验收批混凝土试件抗压强度中最大值与最小值之差；

m——前一检验期内验收批总批数。

每个检验期不应超过三个月，且该期间内验收总批数不得少于 15 组。

(3) 当混凝土的生产条件不满足上述规定或前一个检验期内的同一品种混凝土没有足够的数据来确定验收批混凝土强度标准差时，应由不少于 10 组的试件代表一个验收批，其强度应同时满足下列要求：

$$m_{f_{cu}} - \lambda_1 S_{f_{cu}} \geqslant 0.9 f_{cu,k} \tag{6.6}$$

$$f_{cu,min} \geqslant \lambda_2 f_{cu,i} \tag{6.7}$$

式中　$S_{f_{cu}}$——验收批混凝土抗压强度的标准差，N/mm^2，按下式计算：

$$S_{f_{cu}} = \sqrt{\frac{\sum_{i=1}^{n} f_{cu,i}^2 - n m_{f_{cu}}^2}{n-1}} \tag{6.8}$$

$f_{cu,i}$——验收批内第 i 组混凝土试件的强度值，N/mm^2；

n——验收批内混凝土试件的总组数；

λ_1、λ_2——合格判定系数，按表 6.11 取值。

当 $S_{f_{cu}}$ 的计算值小于 $0.06 f_{cu,k}$ 时，取 $S_{f_{cu}} = 0.06 f_{cu,k}$。

表 6.11　混凝土强度合格判定系数

试件组数	10～14	15～24	≥25
λ_1	1.70	1.65	1.60
λ_2	0.9	0.85	

(4) 对零星生产的预制构件混凝土或现场搅拌、批量不大的混凝土，可采用非统计法评定。此时，验收批混凝土的强度必须同时满足下述要求：

$$m_{f_{cu}} \geqslant 1.15 f_{cu,k} \tag{6.9}$$

$$f_{cu,min} \geqslant 0.95 f_{cu,k} \tag{6.10}$$

非统计法的检验效率较差，存在将合格产品误判为不合格产品，或将不合格产品误判为合格产品的可能性。

混凝土质量缺陷与修补

任务6.5 混凝土质量缺陷与修补

6.5.1 混凝土裂缝

6.5.1.1 形成的原因

产生裂缝的机理一般认为是由于混凝土材料（包括水泥石和粗细骨料）变形受约束所引起的内应力大于材料抗拉强度的缘故（图6.16）。一般可用“黏结-滑动”的机理加以解释。混凝土可见裂缝的发生和开展，是钢筋和混凝土间不能再保持变形协调而出现相对滑动的结果。裂缝宽度本质上是裂缝之间受拉混凝土拉伸变形和受拉钢筋拉伸变形之差。温度应力、材料收缩、养护不当都是混凝土产生裂缝的成因。

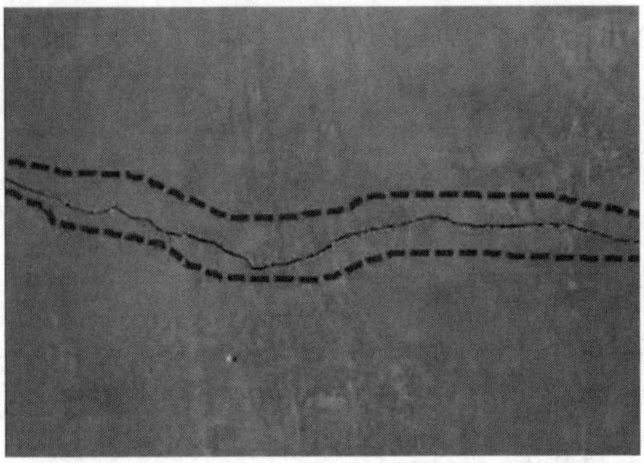

图6.16 混凝土裂缝

6.5.1.2 混凝土裂缝的修补方法

由于混凝土搅拌运输时间过长，浇筑速度过快，振捣不实、施工缝做法不当、模板走动等原因形成裂缝，可以采用一般混凝土裂缝补强措施或者充填混凝土材料、钢锚栓加固、甚至粘钢板加固、预应力加固等办法补救。

对于气候干燥、初期养护不好，混凝土早期受冻，大气温度湿度变化产生的裂缝，应用裂缝表面处理法，充填混凝土材料，或注入环氧树脂法等措施。受冻严重的构件，有的要拆除，有的需要加固后方可使用。

对于地基过大不均匀沉降产生的过宽混凝土裂缝，应采取裂缝混凝土灌注密实。由于承受荷载变化，可使用加固法加固开裂构件，如灌浆法、面层法、加设钢筋混凝土外套法、外包型钢法、粘贴钢板法、预加应力法、改变传力途径法、增设构件法等。

6.5.2 混凝土麻面

6.5.2.1 形成的原因及特征

混凝土麻面是由于混凝土表面缺浆、起砂、掉皮的缺陷，表现为构件外表呈现质地酥松的凹点（图6.17），其面积不大（不大于$0.5m^2$）、深度不深（不大于5mm），且无钢筋裸露现象。这种缺陷一般是由于模板湿润不够、支架不严、捣固时发生漏浆或振捣不足，气泡排出以后及捣固后没有很好养护而产生。

6.5.2.2　麻面的防治措施

图 6.17　混凝土麻面

模板表面应清理干净，不得粘有干硬水泥砂浆等杂物，浇灌混凝土前，模板应浇水充分湿润，模板缝隙，应用油毡纸、腻子等堵严，模板隔离剂应选用长效的，涂刷均匀，不得漏刷；混凝土应分层均匀振捣密实，直至排除气泡为止；表面作粉刷的，可不处理，表面无粉刷的，应在麻面部位浇水充分湿润后，用原混凝土配合比去石子砂浆，将麻面抹平压光。处理缺损厚度在 5mm 以下的情况，可以使用耐久性薄层修补料进行面层修复。5mm 以上的情况可以使用耐久性高强修补料进行修补。其中新老混凝土交接处，还需要进行界面处理，预防后期空鼓以及表面脱落等危害发生。

6.5.3　混凝土缺棱掉角

6.5.3.1　形成的原因

混凝土缺棱掉角是指梁、柱、墙、板和孔洞处直角边上的混凝土局部残损掉落（图 6.18）。产生的原因如下：

（1）混凝土浇筑前模板未充分湿润，造成棱角处混凝土失水或水化不充分，强度降低，拆模时棱角受损。

（2）拆模或抽芯过早，混凝土尚未建立足够强度，致使棱角受损。

（3）起吊、运输时对构件保护不好，造成边角部分局部脱落、劈裂受损等。

图 6.18　混凝土掉角

6.5.3.2　掉角预防的措施

（1）模板在浇筑混凝土前应充分湿润或刷涂均匀脱模剂，混凝土浇筑后应认真洒水养护。

（2）拆除侧面非承重模板时，混凝土应具有足够的强度。

（3）拆模时不能用力过猛过急，注意保护棱角，吊运时，严禁模板撞击棱角。

（4）加强成型混凝土成品保护。

6.5.3.3　掉角处理办法

缺棱掉角较小时，清水冲洗可将该处用钢丝刷刷净充分湿润后，用 1∶2 或 1∶2.5 的水泥砂浆抹补齐正。可将不实的混凝土和突出的骨料颗粒凿除，用水冲刷干净湿润，然后用比原混凝土高一级的细石混凝土补好，认真养护。

6.5.4 混凝土蜂窝

6.5.4.1 形成的原因及特征

蜂窝有表面的、深部的和贯通的三种，也常遇到水平的、倾斜的、斜交的单独蜂窝和相连的蜂窝群，其表现为局部表面酥松，无水泥浆，粗骨料外露深度大于5mm（小于混凝土保护层厚度），石子间存在小于最大石子粒径的空隙，呈蜂窝状（图6.19），有蜂窝处的混凝土强度很低。形成混凝土蜂窝的原因主要如下：

图6.19 混凝土蜂窝

（1）混凝土在振捣时振捣不严，尤其是没有逐层振捣。

（2）混凝土在倾掷入模时，因倾落高度太大而分层。

（3）采用干硬性混凝土，或施工时混凝土材料配合比控制不严，尤其是水灰比太低。

（4）模板不严密，浇筑混凝土后出现跑浆现象，水泥浆发生流失。

6.5.4.2 控制蜂窝现象的措施

（1）应当根据混凝土施工情况，例如振捣方式、运送方式、钢筋尺寸和钢筋分布情况等来调整混凝土的配合比；当发现混凝土的工作和易性不理想时，不应当只添加水，因为这样会损害混凝土的强度和耐久性，而是应当调整混凝土的配合比或者改善混凝土的浇筑方法。

（2）混凝土的卸料要仔细。任何情况下对混凝土进行卸料时都要注意，其关键点是要避免离析。混凝土应当垂直卸料，出料口离最终位置越近越好；完成一车混凝土的卸料后，下一车应当紧挨着前一处的尾部进行，而不要另起一处，再把它们连起来，因为这样做往往会在连接处产生蜂窝现象。

（3）模板应当具有足够的刚度、稳定性和强度，避免振捣混凝土时模板移位；拼缝处应当正确地进行密封，确保不会发生漏浆。

（4）仔细地进行混凝土的振捣操作，避免振捣不实和过分振捣。新的一层混凝土在深度上应当全部振捣到位，振捣点的距离应当保证每一处混凝土不会被遗漏。

6.5.4.3 处理混凝土蜂窝的方法

修复混凝土蜂窝的最佳方法是移走那些有缺陷的混凝土，再用新混凝土填补嵌实。如果蜂窝面比较大，而且深度也比较深的话，应当采用气压喷射法将砂浆和细石混凝土填入蜂窝中。采用这种方法时，蜂窝口应当被清理或敲凿成略朝外倾斜。当采用手工填补时，蜂窝口应当被清理或敲凿成比较平直，深度不小于25mm。另外，蜂窝口的混凝土表面全部打毛，并将全部灰尘碎屑清理干净以保证可靠的新旧面连接强度。新混凝土颜色上和老混凝土应当协调，并且进行适当的养护。

6.5.5　混凝土露筋

6.5.5.1　露筋形成的原因及特征

在钢筋混凝土浇筑过程中振捣不到位，保护层垫块没有设置或者固定不牢固，混凝土坍落度小，或拆模早，混凝土硬化前受外力导致剥落而使构件成型后钢筋外露的现象。形成混凝土结构露筋的原因主要如下：

(1) 灌注混凝土时，钢筋保护层垫块位移或垫块太少或漏放，致使钢筋紧贴模板外露。

(2) 结构构件截面小，钢筋过密，石子卡在钢筋上，使水泥砂浆不能充满钢筋周围，造成露筋。

(3) 混凝土配合比不当，产生离析，模板部位缺浆或模板漏浆。

(4) 混凝土保护层太小或保护层处混凝土振捣不实，或振捣棒撞击钢筋或踩踏钢筋，使钢筋位移，造成露筋。

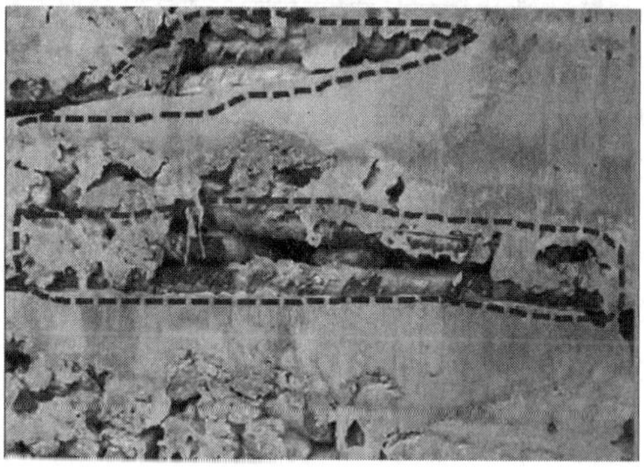

图 6.20　混凝土露筋

(5) 木模板未浇水湿润，吸水黏结或脱模过早，拆模时缺棱、掉角，导致露筋(图 6.20)。

6.5.5.2　露筋的防治措施

(1) 浇灌混凝土时，应保证钢筋位置和保护层厚度正确，并加强检查，钢筋密集时，应选用适当粒径的石子，保证混凝土配合比准确和良好的和易性；浇灌高度超过 2m，应用串筒或溜槽进行下料，以防止离析；模板应充分湿润并认真堵好缝隙；混凝土振捣严禁撞击钢筋，操作时，避免踩踏钢筋，如有踩弯或脱扣等及时调整直正；保护层混凝土要振捣密实；正确掌握脱模时间防止过早拆模，碰坏棱角。

(2) 表面漏筋，刷洗净后，在表面抹 1∶2 或 1∶ 2.5 水泥砂浆，充满漏筋部位抹平；漏筋较深的凿去薄弱混凝土和突出颗粒，洗刷干净后，用比原来高一级的细石混凝土填塞压实。

6.5.6　混凝土空洞

6.5.6.1　空洞形成的原因及特征

由于混凝土灌注时有一些部位堵塞不通，构件中就会产生空洞，空洞不同与蜂窝，蜂窝的特征是存在于未捣实的混凝土或缺水泥浆，而空洞却是局部或全部没有混凝土(图 6.21)。空洞的尺度通常较大，以至于钢筋全部裸露，造成构件内贯通的断缺以至于结构发生整体性破坏。形成混凝土空洞的原因主要如下：

(1) 振捣不密实或漏振。

(2) 钢筋间距偏小，混凝土下不去。

图 6.21 混凝土空洞

（3）配制混凝土的砂石级配不好。

（4）混凝土自由倾倒高度超过规范规定，造成混凝土石子与水泥浆分离。

（5）钢筋外侧保护层不够。

6.5.6.2 空洞的预防措施

（1）混凝土配合比应准确，严格控制水灰比，投料要准，搅拌要匀，和易性要好，入模后振捣密实。

（2）模板表面应平整光滑、洁净，不得粘有干硬的水泥等杂物；模板拼缝要严密，木模板在浇筑混凝土前应充分湿润；钢模板应用水性脱模剂，涂刷均匀。

（3）钢筋过密部位应采用同强度等级细石混凝土分层浇筑，并应精心操作，认真振捣，确保成型后的混凝土表面光滑密实。

（4）拆模应严格控制混凝土的强度，严禁过早拆模。侧模在混凝土强度能保证其表面及棱角不因拆除模板而受损坏时，方可拆除，而底模则应在混凝土强度符合设计要求或规范要求后，方可拆除。

6.5.6.3 处理空洞的方法

（1）基层处理：首先凿除疏松位置的混凝土至坚硬混凝土处，打磨去除混凝土表面浮浆。

（2）界面处理：采用加固型界面剂做界面处理，增强界面黏接力，拉伸黏结强度不小于 3.3MPa（混凝土破坏）。

（3）混凝土耐久性修复混凝土表面处理：抹耐久性高强修补料进行修复，厚度依照现场孔洞深度确定，每次抹灰厚度 20mm 左右，最终以基层修复平整为准，抗压强度 $R28 \geqslant 250MPa$，耐久性要求的最小厚度为 10mm。

（4）面层处理：24h 后表面再刮一层耐久性薄层修补料，保证面层美观度，厚度 1mm 左右。

6.5.7 混凝土模板拼缝引起的质量缺陷

6.5.7.1 模板拼缝问题引起的混凝土质量缺陷现象及原因

由于模板间接缝不严有间隙，混凝土浇筑时产生漏浆，混凝土表面出现蜂窝，严重的出现孔洞、露筋的现象（图 6.22）。其产生的主要原因如下：

（1）翻样不认真，模板制作马虎，拼装时接缝过大。

（2）木模板安装周期过长，因木模干缩造成裂缝。

（3）木模板制作粗糙，拼缝不严。

（4）浇筑混凝土时，木模板未提前浇水湿润，使其胀开。

（5）钢模板变形未及时修整。

（6）钢模板接缝措施不当。

（7）梁、柱交接部位，接头尺寸不准、错位。

6.5.7.2 模板拼缝问题的防治措施

（1）翻样要认真，严格按 1/10～1/50 比例将各分部分项细部翻成详图，详细编注，经复核无误后认真向操作工人交底，强化工人质量意识，认真制作定型模板和拼装。

（2）严格控制木模板含水率，制作时拼缝严密。

（3）木模板安装周期不宜过长，浇筑混凝土时，木模板要提前浇水湿润，使其胀开密缝。

图 6.22 混凝土模板拼缝引起的质量缺陷

（4）钢模板变形，特别是边框外变形，要及时修整平直。

（5）钢模板间嵌缝措施要控制，不能用油毡、塑料布、水泥袋等去嵌缝堵漏。

（6）梁、柱交接部位支撑要牢靠，拼缝要严密（必要时缝间加双面胶纸），发生错位要校正好。

6.5.8 混凝土胀模引起的质量缺陷

6.5.8.1 胀模部位及原因

其原因是由于在现浇梁、柱、墙、楼板时发生的模板变形，导致现浇件厚度增加。混凝土胀模会造成构件尺寸增大，外形不规整，严重者需进行剔除，影响混凝土的外观质量。

6.5.8.2 混凝土胀模的防治措施

（1）模板设计方面的措施。

1）荷载的组合：除按规范计算混凝土的侧压力外，还应考虑混凝土的浇筑方法、堆料方法及可能发生的意外荷载。

2）模板的设计：全钢模板板面、支撑、对拉螺栓的布置可按通常方法计算，但面板为木竹板面时，因板材的技术指标一般在标准干燥条件下测定，经水泡后会稍有损失，因此凡采用木、竹面板时，建议其厚度较计算值作一定的增大，围檩间距及柱箍间距作适当减小，对拉螺栓布置间距也适当减少。

3）对拉螺栓的布设：应结合结构计算布设，对不宜布设对拉螺栓的部位，可采用支撑进行补强。此外，在距墙、柱模板 200～ 250mm 处楼板上，须预埋 18～25 个钢筋支脚，以固定模板下口。

4）对楼板的支撑，应在结构计算基础上，分别计算梁、板支撑架，并根据实际设计情况布设支撑架立杆。采用二次支撑体系或快拆模体系，要画出详细的模板图辅助施工。

（2）处理好以下问题：角模形式、大小及与墙、楼板模板的连接方式；模板板块的拼接方法，大模板之间及大模板与角模的拼接方法；梁柱节点、楼板与墙、柱交接处内外模板及支撑方法。

（3）设计门窗洞口模板、预留洞口模板及其支撑形式、安装定位方式。

（4）根据建筑结构设计实际情况进行模板预排，将非标准板放置在跨中便于处理的部位。

（5）确定模板安装顺序，保证整体拼装质量。

项目7 预应力混凝土结构施工

普通混凝土结构是带裂缝工作的，裂缝的存在，不仅使构件刚度下降，而且不能应用于不允许开裂的构件中。允许带裂缝工作的混凝土构件的裂缝宽度不应超过 0.25mm，此时钢筋的应力值达到 250MPa 左右，不利于高强度钢筋的应用。随着施工技术和工艺的发展，结构跨度、荷载均在增大，靠增大构件的截面尺寸和用钢量来控制裂缝和变形不大现实。因为这样做，必然使得自重加大，使用效益不高，又不经济，这就限制了钢筋混凝土结构的使用范围。于是预应力混凝土结构也就应运而生了，它能有效延缓裂缝的发展，因此在体育馆、展览馆等大跨度的建筑中预应力混凝土技术得到广泛使用。

Ⓜ
预应力基本原理

任务 7.1　学习预应力的基本原理

普通混凝土受弯构件在弯矩作用下，会产生弯曲变形，底部拉应力超过混凝土的抗拉强度就会导致混凝土开裂，如图 7.1 所示。

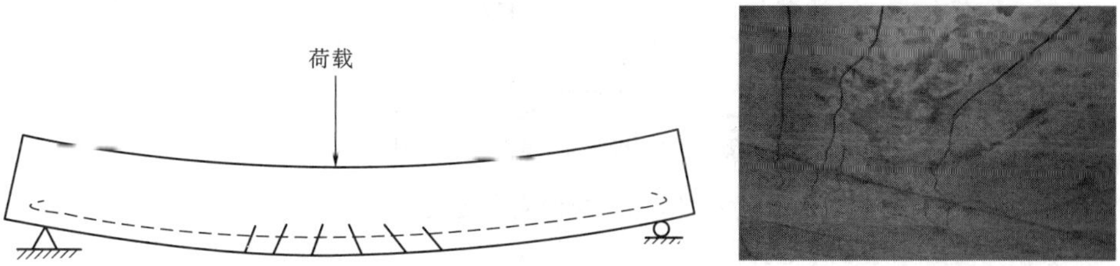

图 7.1　普通混凝土结构的裂缝

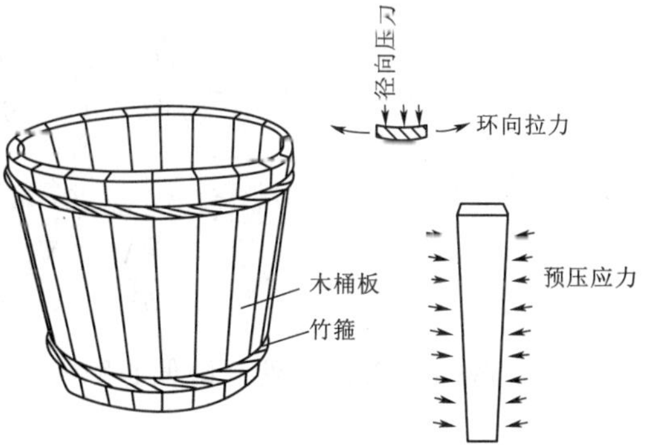

图 7.2　桶箍的预应力作用

在生活中，木制水桶用环箍对木片施加预压应力，以抵消水产生的拉应力（图 7.2）。土木工程师从中获得灵感，在普通混凝土构件中设置高强度的预应力钢筋，在构件的受拉区施加预应力，就可以达到减缓裂缝出现的目的。

预应力混凝土定义：事先人为地在钢筋混凝土构件中引入内部应力，且其数值和分布恰好能将使用荷载产生的应力抵消到一个合适程度的配筋混凝土，目的是让混凝土构件在使用荷载作用下，不开裂、推迟开裂或弯曲变形变小。这种由配置预应力钢筋然后通过张拉或其他方法建立预应力的结构，就称为预应力混凝土结构。

由于预先给混凝土梁施加了预压应力，可避免或推迟混凝土出现裂缝，这就相当于改善了梁中混凝土的抗拉性能，而且可以达到充分利用高强钢材的目的。预压力 N_p 必须针对外荷载作用下可能产生的应力状态有计划地施加。因为要有效地抵消外荷载作用所产生的拉应力，这不仅与 N_p 的大小有关，而且也与 N_p 所施加的位置（即偏心距 e 的大小）有关［图 7.3（a）］。

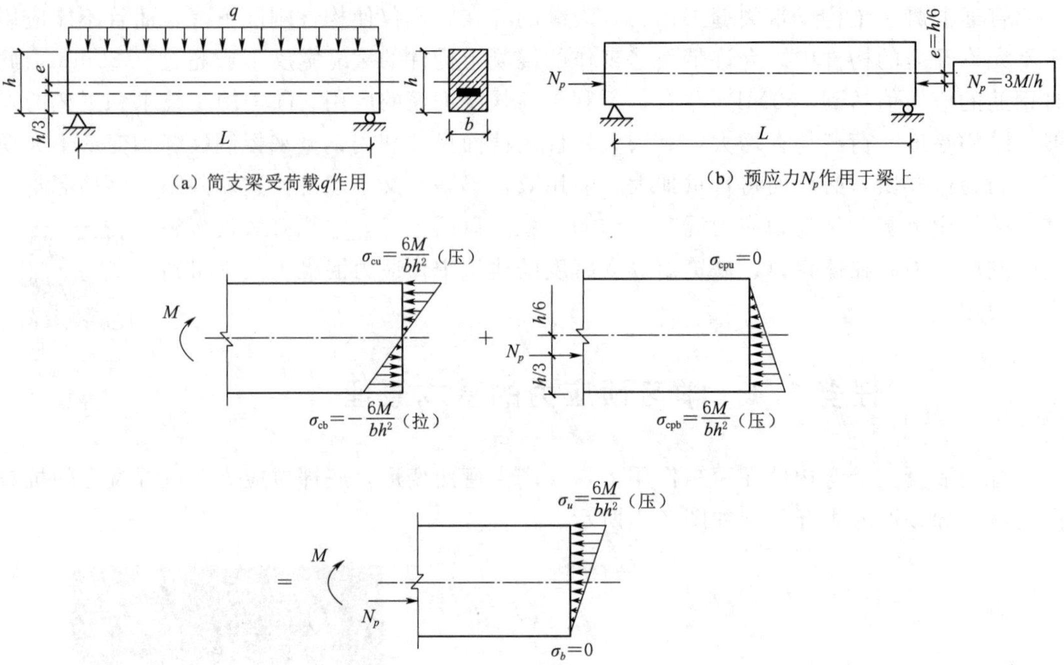

（a）简支梁受荷载q作用

（b）预应力N_p作用于梁上

（c）荷载q和预应力N_p作用的跨中截面应力分布图

图 7.3　构件应力变化

如果在受均布荷载 q 的简支梁截面重心处施加预压力（$e=0$），令 $N_p=6M/h$。

上缘应力：

$$\sigma_{\mathrm{hps}}=\frac{6M}{bh^2}+\frac{N_p}{A}=\frac{6M}{bh^2}+\frac{6M/h}{bh}=2\times\frac{6M}{bh^2}$$

下缘应力：

$$\sigma_{\mathrm{hpx}}=-\frac{6M}{bh^2}+\frac{N_p}{A}=-\frac{6M}{bh^2}+\frac{6M/h}{bh}=0$$

若在距截面下缘 $h/3$ 处（即偏心距 $e=h/6$）处，施加预应力，令 $N_p=3M/h$，如图 7.3（b）（c）所示。

上缘应力：

$$\sigma=\frac{6M}{bh^2}+\frac{N_p}{bh}-\frac{N_pe}{bh^2/6}=\frac{6M}{bh^2}+\frac{3M}{bh^2}-\frac{1}{bh^2/6}\;\frac{3M}{h}\;\frac{h}{6}=\frac{6M}{bh^2}$$

下缘应力：

$$\sigma_{\mathrm{hpx}}=-\frac{6M}{bh^2}+\frac{N_p}{bh}+\frac{N_pe}{bh^2/6}=0$$

因此，施加预压力的位置不同在构件上产生的预应力效果也不相同，这一点在施工中要引起重视。

任务 7.2　先 张 法 工 艺

先张法的预制梁、板工艺是在浇筑混凝土之前，在台座上先张拉预应力钢筋，并将预应力筋临时锚固在张拉台座上，待构件混凝土符合设计规定的强度和弹性模量（或龄期）时，逐步放松预应力筋，这样就因预应力筋的弹性回缩通过其与混凝土之间的黏结作用，使混凝土获得预压应力，先张法工艺流程如图 7.4 所示。

先张法工艺

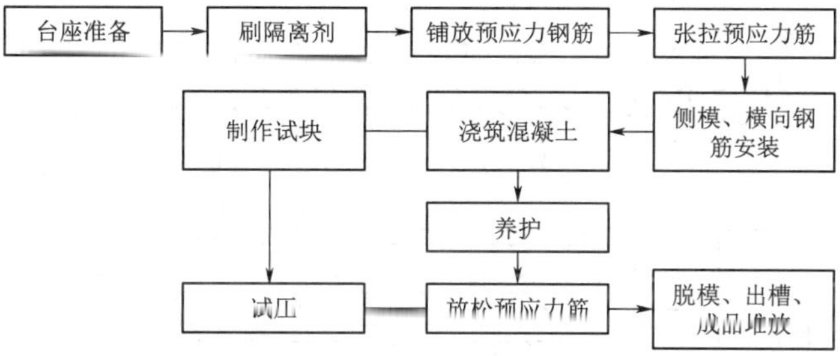

图 7.4　先张法工艺流程

先张法多用于预制构件厂生产定型的中小型构件，也用于生产预应力桥跨结构等。其优点是工序少，工艺简单，施工质量容易保证，不需在构件上设永久性锚具，生产成本低，在长线台座上，一次可生产多个构件。

7.2.1　施工设备

施工设备如图 7.5 所示。

7.2.1.1　台座

要求：有足够的强度、刚度和稳定性。

台座由台面、横梁和承力结构组成（图 7.6）。按构造形式不同，可分为墩式台座、槽形台座和桩式台座等。台座承受全部预应力筋的拉力，故台座应具有足够的强度、刚度和稳定性，以免因台座变形、倾覆和滑移而引起预应力的损失。在台座上可成批生产预应力构件。

7.2.1.2　张拉机械

张拉机械包括穿心式千斤顶、电动螺杆张拉机和油压千斤顶、卷扬机（图 7.7）。

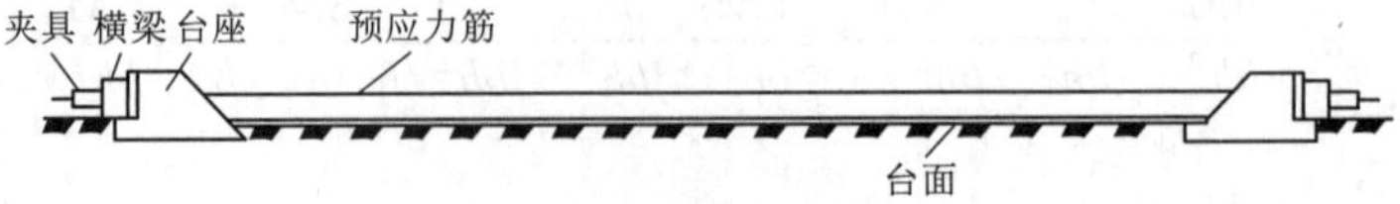

(a) 张拉预应力筋

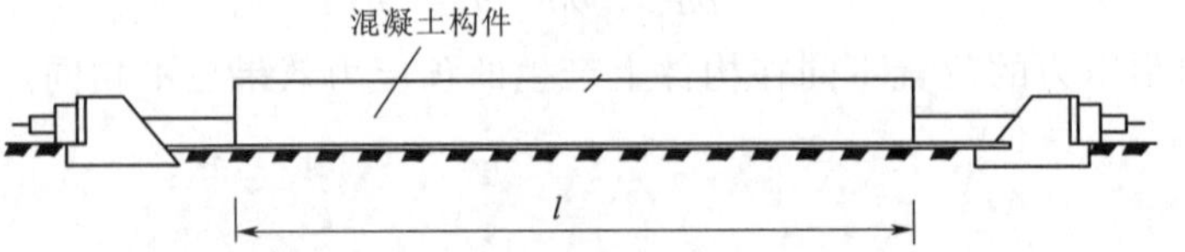

(b) 浇筑混凝土构件

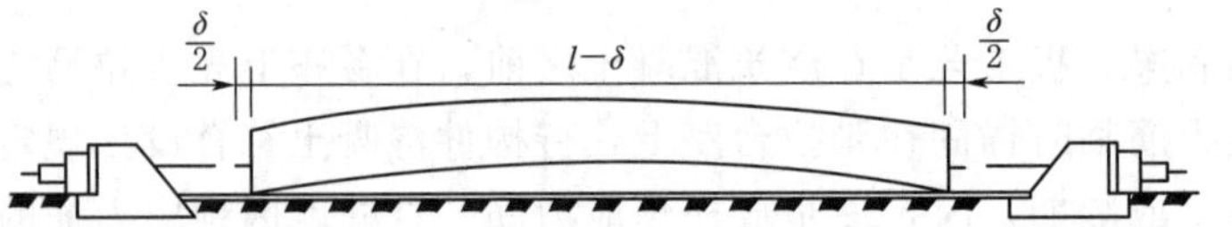

(c) 放张施加预应力

图 7.5 先张法工艺及设备

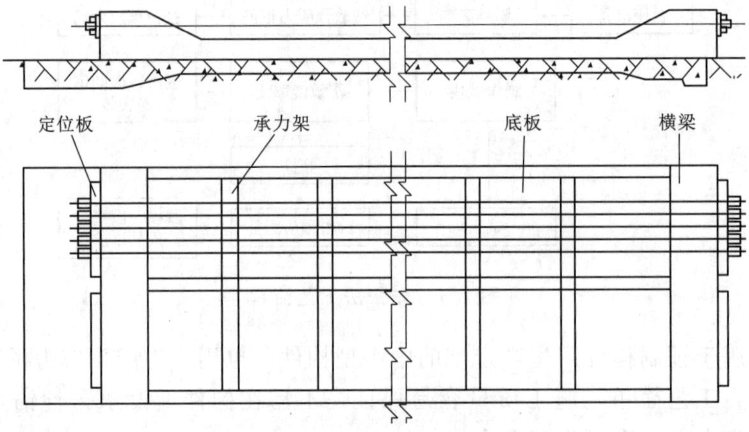

图 7.6 先张法台座构造

(a) 穿心式千斤顶

(b) 油压千斤顶

(c) 卷扬机

图 7.7 张拉机械

7.2.1.3 夹具

要求：工作可靠，构造简单，施工方便，成本低，并能多次周转使用。分为张拉夹具和锚固夹具（图 7.8）。

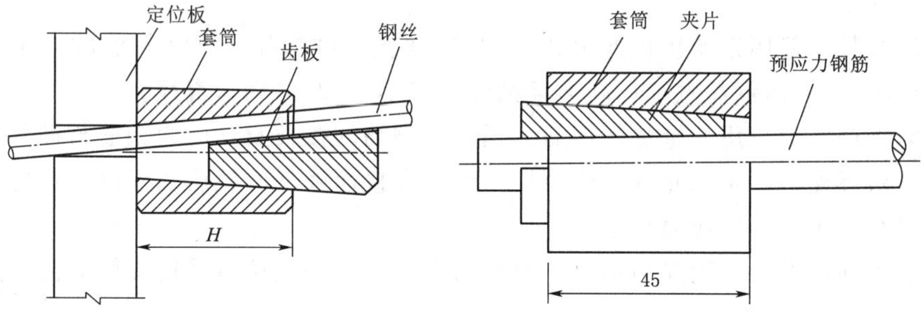

（a）张拉夹具 （b）锚固夹具

图 7.8 夹具（单位：mm）

7.2.2 模板制作与安装

（1）梁体的侧模、端模均采用定型钢模板。模板必须清理干净，并均匀地涂上脱模剂。模板安装需在钢筋安装完成后进行，安装时严禁在台座上进行焊接，以免影响预应力筋性能。

（2）梁体的模板安装均用边包底办法。上口、下口用螺杆拉接，用斜撑将模板调直调顺。模板之间的缝隙用海绵条密封，模板间用螺栓连接。

（3）模板位置靠定位钢筋控制；模板内部支撑用钢筋定型架支牢，在施工中由专人负责检查加固定位。

（4）采用气囊作为内模，为保证内模的顺利拆除，内模每次使用前必须清理并刷脱模剂。浇筑完空心板底板后，穿入气囊，充气达到要求后，继续浇筑。为了保证胶囊不上浮，每 40cm 设一道箍筋，并与底板钢筋扎牢。待混凝土浇筑完成后，控制好气囊的拆除时间，在 4h 左右拆除气囊，拆除时，要缓慢进行放气。

7.2.3 预应力筋的张拉

预应力筋的张拉是预应力混凝土施工中的关键工序。在张拉中要严格控制张拉应力、张拉力的计算、张拉程序和张拉伸长值的校核。先张法预应力筋的张拉有单根张拉和多根成组张拉。一般预制厂选用多根成组张拉，施工现场常用单根张拉。

张拉控制应力是指在张拉预应力筋时所达到的规定应力，按设计规定采用。如采用超张拉，可比设计要求提高 5%。

张拉程序可按下列之一进行：

$$0 \rightarrow 105\%\sigma_{con} \xrightarrow{\text{持荷 2min}} \sigma_{con} \text{ 或 } 0 \rightarrow 103\%\sigma_{con}$$

其中 σ_{con} 为预应力筋的张拉控制应力，预应力钢丝张拉工作量大时，宜采用一次张拉程序 $0 \rightarrow 103\%\sigma_{con}$。

预应力钢筋的张拉力，一般用伸长值校核。预应力筋的实际伸长值，宜在初应力约为 $10\%\sigma_{con}$ 时测量，并加初应力以内的推算伸长值。

7.2.3.1 张拉前的准备

1. 钢筋的接长与冷拉

钢丝的接长一般用钢丝拼接器用 20～22 号铁丝密排绑扎。绑扎长度的规定：冷拔低碳钢丝不得小于 40 倍钢丝直径；高强度钢丝不得小于 80 倍钢丝直径。

预应力钢筋一般采用冷拉热轧钢筋。预应力钢筋的接长及预应力钢筋与螺丝端杆的连接，宜采用对焊连接，且应先焊接后冷拉，以免焊接而降低冷拉后的强度。预应力钢筋的制作，一般有对焊和冷拉两道工序。

预应力钢筋铺设时，钢筋与钢筋、钢筋与螺丝端杆的连接可采用套筒双拼式连接。

2. 钢筋（丝）的镦头

预应力筋（丝）固定端采用镦头夹具锚固时，钢筋（丝）端头要镦粗形成镦粗头。镦头一般有热镦和冷镦两种工艺。热镦在手动电焊机上进行，钢筋（丝）端部在喇叭口紫铜模具内，进行多次脉冲式通电加热、加压形成镦粗头。

3. 张拉设备及仪表定期维护和校验

张拉设备应配套校验，以确定张拉力与仪表读数的关系曲线，保证张拉力准确，每半年校验一次。设备出现反常现象或检修后应重新校验。张拉设备宜定岗负责，专人专用。

4. 预应力筋（丝）的铺设

长线台座面（或胎模）在铺放钢丝前，应清扫并涂刷隔离剂。一般涂刷皂角水溶性隔离剂，易干燥，污染钢筋易清除。涂刷均匀不得漏涂，待其干燥后，铺设预应力筋，一端用夹具锚固在台座横梁的定位承力板上，另一端卡在台座张拉端的承力板上待张拉。在生产过程中，应防止雨水或养护水冲刷掉台面隔离剂。

7.2.3.2 预应力筋的张拉

1. 张拉前的准备

先张法施工

检查预应力筋的品种、级别、规格、数量（排数、根数）是否符合设计要求。预应力筋的外观质量应全数检查，预应力筋应符合展开后平顺，没有弯折，表面无裂纹、小刺、机械损伤、氧化铁皮和油污等。

张拉设备是否完好，测力装置是否校核准确。横梁、定位承力板是否贴合及严密稳固。预应力筋张拉后，对设计位置的偏差不得大 5mm，也不得大于构件截面最短边长的 4%。在浇筑混凝土前发生断裂或滑脱的预应力筋必须予以更换。

张拉、锚固预应力筋应专人操作，实行岗位责任制，并做好预应力筋张拉记录。在已张拉钢筋（丝）上进行绑扎钢筋、安装预埋铁件、支承安装模板等操作时，要防止踩踏、敲击或碰撞钢丝。

2. 预应力筋张拉注意事项

为避免台座承受过大的偏心力，应先张拉靠近台座截面重心处的预应力筋。钢质锥形夹具锚固时，敲击锥塞或楔块应先轻后重，同时倒开张拉设备并放松预应力筋，两者应密切配合，既要减少钢丝滑移，又要防止锤击力过大导致钢丝在锚固夹具处断裂。对重要结构构件（如吊车梁、屋架等）的预应力筋，用应力控制方法张拉时，应校核预应力筋的伸长值。同时张拉多根预应力钢丝时，应预先调整初应力（$10\%\sigma_{con}$），使其相互之间的应力一致。

7.2.4 混凝土的浇筑与养护

（1）混凝土拌制必须按照事先确定的配合比进行配料，其强度和弹性模量均需满足设计要求，拌制时掌握好最佳搅拌时间（2～3min），保证骨料粒径和清洁，计量准确。梁内模采用充气橡胶囊，待梁完成底板部分混凝土后，穿入气囊后充气，压力保持在 0.03～0.05MPa，再继续浇筑梁，其他部分上下层浇筑间隔时间应控制在底层混凝土的初凝时间之内。

（2）混凝土凝结应立即进行浇水养护，保证足够的水分、温度以及防止日晒、风雨、冲击造成的不良影响。养护时间不少于 7d。

7.2.5 预应力筋的放松（放张）

1. 放张顺序

预应力筋放张时，应缓慢放松锚固装置，使各根预应力筋缓慢放松。预应力筋放张顺序应符合设计要求，当设计未规定时，可按下列要求进行：承受轴心预应力构件的所有预应力筋应同时放张；承受偏心预压力构件，应先同时放张预压力较小区域的预应力筋，再同时放张预压力较大区域的预应力筋。长线台座生产的钢弦构件，剪断钢丝宜从台座中部开始；叠层生产的预应力构件，宜按自上而下的顺序进行放松；板类构件放松时，从两边逐渐向中心进行。

2. 放张方法

（1）对于中小型预应力混凝土构件，预应力丝的放张宜从生产线中间处开始，以减少回弹量且有利于脱模；对于构件应从外向内对称、交错逐根放张，以免构件扭转、端部开裂或钢丝断裂。

（2）放张单根预应力筋，一般采用千斤顶放张［图 7.9（a）］。

（3）构件预应力筋较多时，整批同时放张可采用砂箱、楔块等放松装置［图 7.9（b）］。

7.2.6 质量通病和预防措施

1. 钢丝滑动

放松预应力筋时，钢丝与混凝土之间的黏结力遭到破坏，钢丝向构件内缩。为此，在工艺上应做好以下几点：保持钢丝表面洁净，严防油污。冷拔钢丝在使用前，可进行 4h 的汽蒸或水煮，温度保持在 90℃以上；隔离剂宜用皂角类。

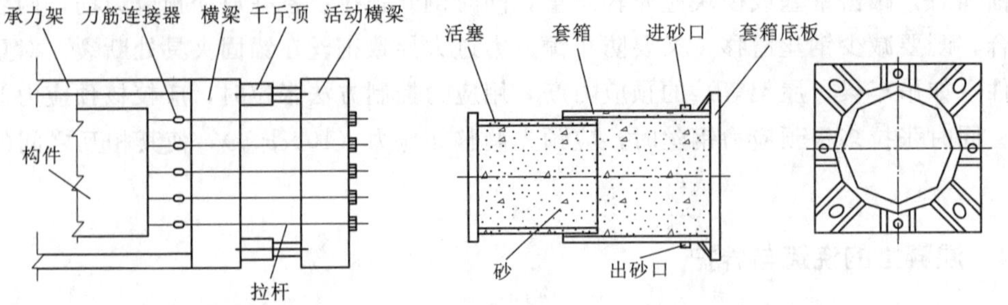

（a）千斤顶放松法　　（b）砂箱放松法

图 7.9　预应力筋的放松

2. “放张”时产生的端部裂缝

“放张”时，预应力筋立即回弹，钢筋中巨大的拉力便转而作用在混凝土构件上，致使预应力筋周围的混凝土和其相邻的混凝土之间产生纵向水平裂缝。为了防止这类裂缝的产生，应在端部 $10d$（d 为预应力筋直径）范围内设置 3～5 片钢箍或钢筋网片。

3. 构件翘曲

由于台面不平，预应力筋位置不准确，以及混凝土质量低劣等，会使预应力筋对构件施加一个偏心荷载，在这种情况对截面较小的构件尤为严重。解决办法是：保证台面平整，垫层最好是用素土夯实后铺碎石，再浇筑素混凝土；严格防止温度变化而引起的台面开裂、起鼓，必要时可以对台面施加预应力；避免台面积水，一般台面应略高于地面；设置伸缩缝。其间距应根据生产的构件类型组合确定，尽量避免构件跨越伸缩缝，一般以 10～20m 为宜，缝宽 3～5cm，内嵌木条或浇筑沥青，必要时可选用 3～10mm 的钢板做活动台面，允许自由伸缩。

4. 构件刚度差

构件刚度差表现为在使用荷载下，实际挠度超过设计规定值或构件过早开裂。产生的原因为混凝土强度低、台座变形、摩阻损失、夹具回缩量以及温差等造成预应力损失过大，超过定值。为此，在工艺上要注意：保证台座有足够的强度、刚度和稳定性，以防止产生倾覆、滑移和变形过大。台座的抗倾覆安全系数不得小于 1.5，抗滑系数不得小于 1.3。张拉时应尽可能使张拉设备的轴线与钢丝中心线一致，以减少钢丝与锚固板孔洞之间的摩擦。还应防止钢丝自重下垂增加与底模之间的摩擦。蒸汽养护应分两阶段升温，第一阶段将温差（即升温的温度与张拉钢筋时的温差）控制在 20℃以内，待构件混凝土强度达到 $100kg/cm^2$（对钢丝、钢绞线）以上时，再进行第二阶段升温。

任务 7.3　后 张 法 工 艺

后张法工艺

传统的后张法工艺是先制作混凝土构件，并在预应力筋的位置预留出相应孔道，待混凝土强度达到设计规定的数值后，穿入预应力筋进行张拉，并利用锚具把预应力筋锚固，最后进行孔道灌浆。预应力混凝土后张法生产示意如图 7.10 所示。

7.3.1 后张法的分类

按预应力筋与混凝土的黏结形式分为有黏结预应力混凝土和无黏结预应力混凝土。

7.3.1.1 有黏结预应力混凝土

先浇混凝土，待混凝土达到设计强度75%以上，再张拉钢筋（钢筋束）。其主要张拉程序为：埋管制孔→浇混凝土→抽管→养护→穿筋→张拉→锚固→灌浆（防止钢筋生锈）。其传力途径是依靠锚具阻止钢筋的弹性回弹，使截面混凝土获得预压应力，这种做法使钢筋与混凝土结为整体，称为有黏结预应力混凝土。

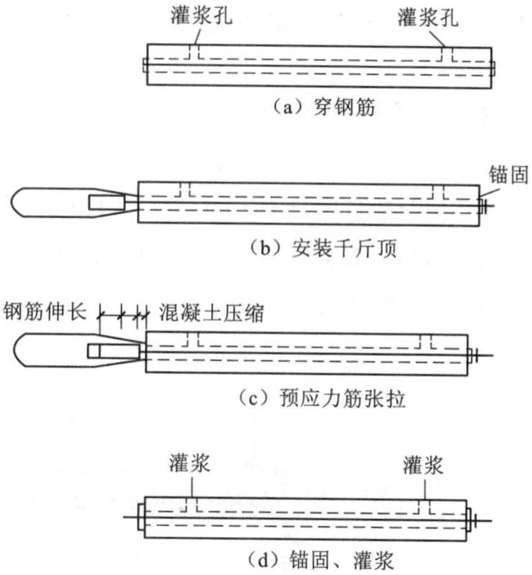

图 7.10 后张法生产示意

有黏结预应力混凝土由于黏结力（阻力）的作用使得预应力钢筋拉应力降低，导致混凝土压应力降低，所以应设法减少这种黏结。这种方法设备简单，不需要张拉台座，生产灵活，适用于大型构件的现场施工。

7.3.1.2 无黏结预应力混凝土

预应力楼板施工

其主要张拉程序为预应力钢筋沿全长外表涂刷沥青等润滑防腐材料→包上塑料纸或套管（预应力钢筋与混凝土不建立黏结力）→浇混凝土养护→张拉钢筋→锚固。

施工时跟普通混凝土一样，将钢筋放入设计位置可以直接浇混凝土，不必预留孔洞，穿筋，灌浆，简化施工程序，由于无黏结预应力混凝土有效预压应力形成效果好，造价低，适用于大跨度的曲线配筋梁（图 7.11）。

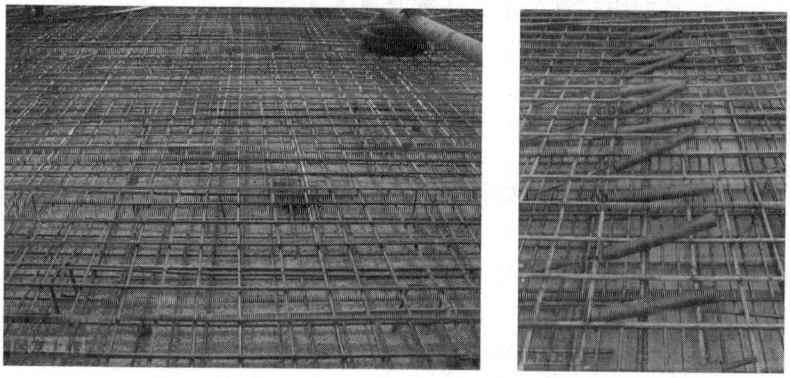
图 7.11 无黏结预应力构件

后张法施工由于直接在钢筋混凝土构件上进行预应力筋的张拉，所以不需要固定台座设备，不受地点限制，它既适用于预制构件生产，也适用于现场施工大型预应力构件，而且后张法也是预制构件拼装的手段。

7.3.2 预应力筋、锚具和张拉机具

7.3.2.1 单根粗钢筋

1. 锚具

单根粗钢筋作为预应力筋，如果采用一端张拉，则在张拉端用螺丝端杆锚具，固定端用帮条锚具或镦头锚具（图7.12）；如果采用两端张拉，则两端均用螺丝端杆锚具。镦头锚具由镦头和垫板组成。

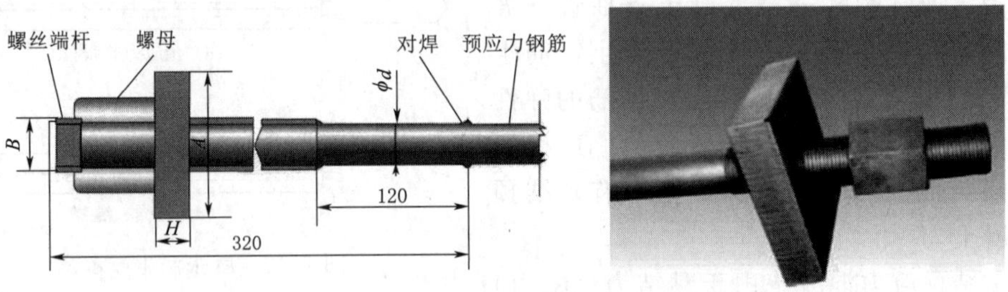

图7.12 LM型螺丝端杆锚具（张拉端和固定端）

2. 张拉设备

与螺丝端杆锚具配套的张拉设备为拉杆式千斤顶（图7.13）。常用的有YL20型、YL60型油压千斤顶。YL60型千斤顶是一种通用型的拉杆式液压千斤顶，适用于张拉采用螺丝端杆锚具的粗钢筋、锥形螺杆锚具的钢丝束及镦头锚具的钢筋束。

图7.13 拉杆式千斤顶

3. 单根粗钢筋预应力筋制作

单根粗钢筋预应力筋的制作，包括配料、对焊、冷拉等工序。

预应力筋的下料长度应计算确定，计算时要考虑结构构件的孔道长度、锚具厚度、千斤顶长度、焊接接头或镦头的预留量、冷拉伸长值、弹性回缩值等。

7.3.2.2 钢筋束和钢绞线

1. 锚具

XM型和QM型锚具是一种新型锚具，利用楔形夹片，将每根钢绞线独立地锚固在带有锥形的锚环上，形成一个独立的锚固单元。

钢筋束锚具有夹片式锚具、固定端锚具；钢绞线锚具有钢质锥形锚具、锥型螺杆锚具、镦头锚具等。

夹片的块数与预应力钢筋或钢绞线的根数相同，夹片呈楔形，其截面为扇形。每一块夹片有两个圆弧形槽，槽内有齿纹，用以锚住预应力钢筋。锚具靠摩擦力锚固预应力筋，依靠摩擦力将预拉力传给夹片。再通过夹片的楔入作用将承压力传给锚环，锚环挤压混凝土（或通过垫板）通过承压力将张拉力传给混凝土构件（图7.14）。

固定端锚具分挤压锚具和压花锚具（图7.15）。其中挤压锚具既可埋在混凝土内，也可安装在结构之外，对有黏结、无黏结钢绞线都适用，应用范围最广。压花锚具仅用于固

定端空间较大且具有足够的黏结长度的情况，但成本最低。

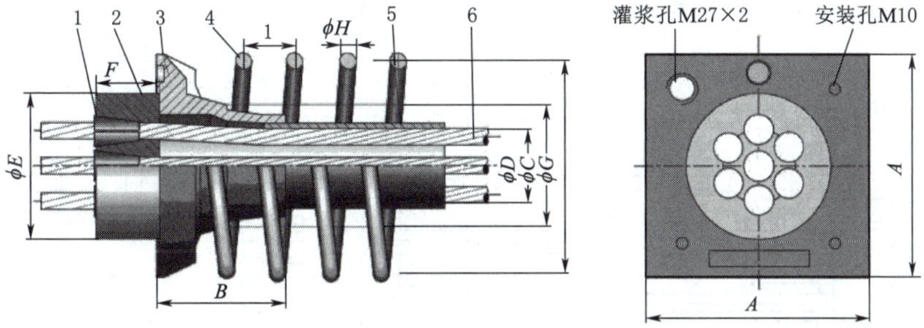

图 7.14　OVM 夹片锚具

1—夹片；2—锚板；3—锚垫板；4—螺旋筋；5—波纹管；6—钢绞线

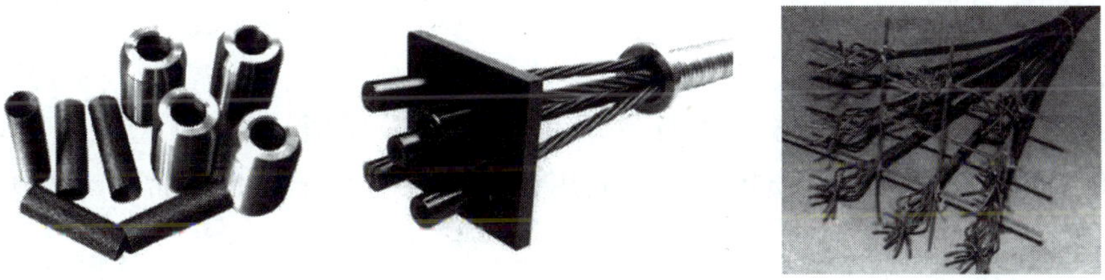

（a）挤压锚具　　（b）压花锚具

图 7.15　固定端锚具

2. 钢筋束、钢绞线的制作

钢筋束所用钢筋是成圆盘供应，不需对焊接头。

钢筋束或钢绞线束预应力筋的制作包括开盘冷拉、下料、编束等工序。预应力钢筋束下料应在冷拉后进行。当采用镦头锚具时，则应增加镦头工序。

当采用 JM 型或 XM 型锚具，用穿心式千斤顶张拉时，钢筋束和钢丝束的下料长度 L 应等于构件孔道长度加上两端为张拉、锚固所需的外露长度。

7.3.2.3　钢丝束

1. 锚具

钢丝束用做预应力筋时，由几根到几十根直径为 3～5mm 的平行碳素钢丝组成。其固定端采用钢丝束镦头锚具，张拉端锚具可采用钢质锥形锚具、锥形螺杆锚具、XM 型锚具。

锥形螺杆锚具（图 7.16）用于锚固 14 根、16 根、20 根、24 根或 28 根直径为 5mm 的碳素钢丝。

钢丝束镦头锚具（图 7.17）适用于 12～54 根直径为 5mm 的碳素钢丝。常用镦头锚具分为 A 型与 B 型。A 型由锚杯与螺母组成，用于张拉端。B 型为锚板，用于固定端。

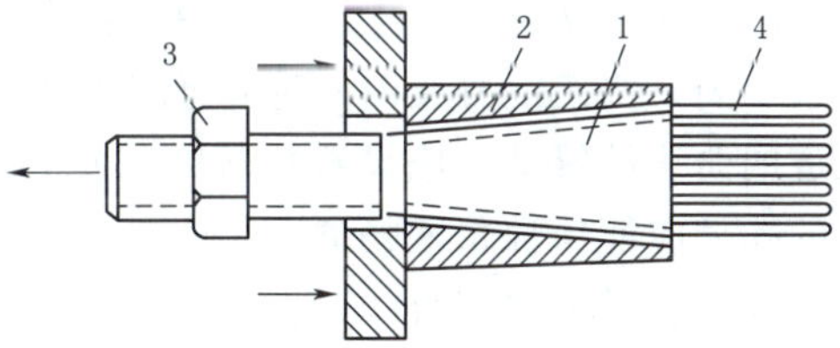

图 7.16　锥形螺杆锚具

1—锥形螺杆；2—套筒；3—螺帽；4—预应力钢丝束

钢质锥形锚具（图 7.18）用于锚固以锥锚式双作用千斤顶张拉的钢丝束，适用于锚固 6 根、12 根、18 根或 24 根直径 5mm 的钢丝束。

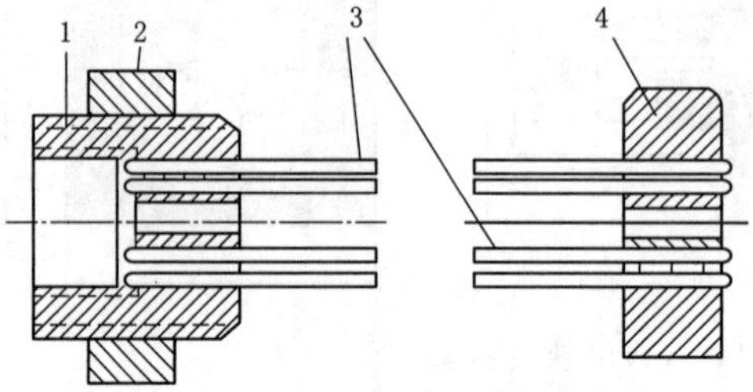

图 7.17 钢丝束镦头锚具

1—A 型锚杯；2—螺母；3—钢丝束；4—B 型锚板

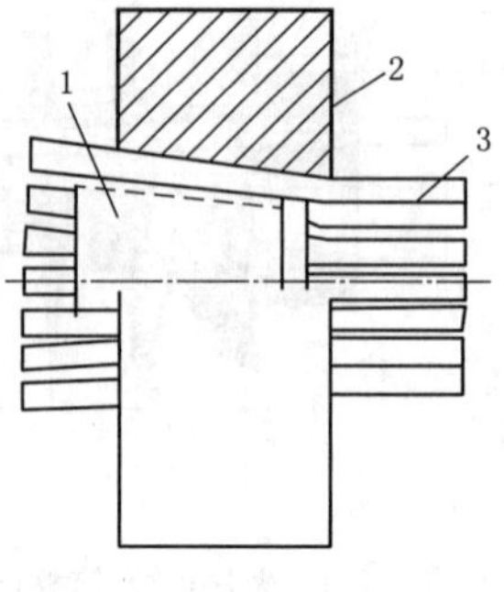

图 7.18 钢质锥形锚具

1—锚塞；2—锚环；3—钢丝束

2. 张拉设备

锥形螺杆锚具、钢丝束镦头锚具宜采用拉杆式千斤顶（YL60 型）或穿心式千斤顶（YC60 型）张拉锚固。钢质锥形锚具应用锥锚式双作用千斤顶（常用 YZ60 型）张拉锚固。

3. 钢丝束制作

钢丝束制作一般需经调直、下料、编束和安装锚具等工序。当用钢质锥形锚具、XM 型锚具时，钢丝束的制作和下料长度计算基本上与预应力钢筋束相同。

钢丝束镦头锚固体系，如采用镦头锚具一端张拉时，应考虑钢丝束张拉锚固后螺母位于锚环中部，钢丝的下料长度 L，编束是为了防止钢筋扭结。

采用镦头锚具时，将内圈和外圈钢丝分别用铁丝按次序编排成片，然后将内圈放在外圈内绑扎成钢丝束。

后张法张拉工艺

7.3.3 施工工艺

后张法施工工艺与预应力施工有关的是孔道留设、预应力筋张拉和孔道灌浆三部分。

7.3.3.1 孔道留设

构件中留设孔道主要为穿预应力钢筋（束）及张拉锚固后灌浆用。孔道留设的基本要求：孔道直径应保证预应力筋（束）能顺利穿过；孔道应按设计要求的位置、尺寸埋设准确、牢固，浇筑混凝土时不应出现移位和变形；应在设计规定位置上留设灌浆孔。在曲线孔道的曲线波峰部位应设置排气兼泌水管，必要时可在最低点设置排水管。灌浆孔及泌水管的孔径应能保证浆液畅通。

预留孔道形状有直线、曲线和折线形，孔道留设方法如下。

1. 钢管抽芯法

预先将平直、表面圆滑的钢管埋设在模板内预应力筋孔道位置上。在开始浇筑至浇筑后拔管前，间隔一定时间要缓慢匀速地转动钢管；待混凝土初凝后至终凝之前，用卷扬机匀速拔出钢管即在构件中形成孔道。

钢管抽芯法只用于留设直线孔道，钢管长度不宜超过 15m，钢管两端各伸出构件 500mm 左右，以便转动和抽管。构件较长时，可采用两根钢管，中间用套管连接（图 7.19）。抽管时间与水泥品种、浇筑气温和养护条件有关。

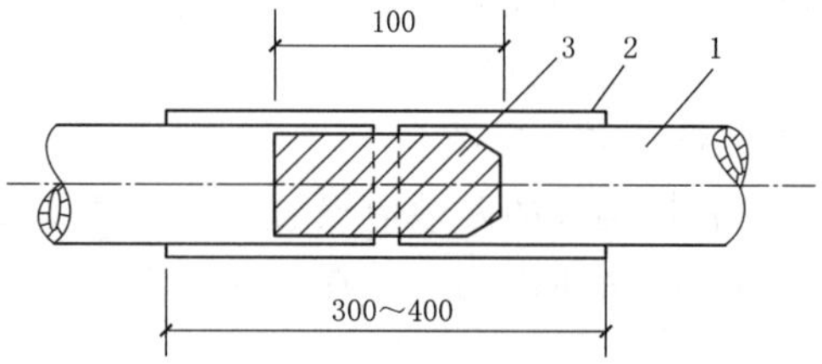

图 7.19 钢管连接方式（单位：mm）
1—钢管；2—套管；3—硬木塞

采用钢筋束镦头锚具和锥形螺杆锚具留设孔道时，张拉端的扩大孔也可用钢管成型，留孔时应注意端部扩孔应与中间孔道同心。

2. 胶管抽芯法

胶管采用 5～7 层帆布夹层，壁厚 6～7mm 的普通橡胶管，用于直线、曲线或折线孔道成型。胶管一端密封，另一端接上阀门，安放在孔道设计位置上；待混凝土初凝后、终凝前，将胶管阀门打开放水（或放气）降压，胶管回缩与混凝土自行脱落。一般按先上后下、先曲后直的顺序将胶管抽出。

3. 预埋管法

预埋管法是用钢筋井字架将黑铁皮管、薄钢管或金属螺旋管固定在设计位置上，在混凝土构件中埋管成型的一种施工方法。其适用于预应力筋密集或曲线预应力筋的孔道埋设，但电热后张法施工中，不得采用波纹管或其他金属管埋设的管道。

7.3.3.2 预应力筋张拉

预制构件混凝土达到强度要求后，进行预应力钢筋安装，为张拉做好准备。预应力筋的张拉控制应力应符合设计要求，施工时预应力筋需超张拉，可比设计要求提高 3%～5%。

1. 预应力筋的张拉顺序

预应力筋张拉顺序应按设计规定进行；如设计无规定时，应采取分批分阶段对称地进行，对配有多根不对称预应力筋的构件，应采用分批分阶段对称张拉。平卧重叠浇筑的预应力混凝土构件，张拉预应力筋的顺序是先上后下，逐层进行。

2. 预应力筋张拉程序

预应力筋的张拉程序，主要根据构件类型、张锚体系、松弛损失取值等因素来确定。用超张拉方法减少预应力筋的松弛损失时，预应力筋的张拉程序宜为

$$0 \rightarrow 105\%\sigma_{con} \xrightarrow{\text{持荷 2min}} \sigma_{con}$$

如果预应力筋张拉吨位不大，根数很多，而设计中又要求采取超张拉以减少应力松弛损失时，其张拉程序可为

$$0 \rightarrow 103\%\sigma_{con}$$

3. 预应力筋的张拉方法

对于曲线预应力筋和长度大于 24m 的直线预应力筋，应采用两端同时张拉的方法；长度等于或小于 24m 的直线预应力筋，可一端张拉，但张拉端宜分别设置在构件两端。

对预埋波纹管孔道曲线预应力筋和长度大于30m的直线预应力筋宜在两端张拉，长度等于或小于30m的直线预应力筋可在一端张拉。安装张拉设备时，对于直线预应力筋，应使张拉力的作用线与孔道中心线重合；对于曲线预应力筋，应使张拉力的作用线与孔道中心线末端的切线方向重合。

4. 张拉安全事项

在张拉构件的两端应设置保护装置，如用麻袋、草包装土筑成土墙，以防止螺帽滑脱、钢筋断裂飞出伤人；在张拉操作中，预应力筋的两端严禁站人，操作人员应在侧面工作。

7.3.3.3 孔道灌浆

预应力筋张拉后，应尽快地用灰浆泵将水泥浆压灌到预应力孔道中去。灌浆用水泥浆应有足够的黏结力，且应有较大的流动性，较小的干缩性和泌水性。灌浆前，用压力水冲洗和湿润孔道。灌浆顺序应先下后上，以免上层孔道漏浆把下层孔道堵塞。灌浆工作应缓慢均匀连续进行，不得中断。

任务7.4 预应力工程施工质量检验

预应力工程质量验收

7.4.1 一般规定

(1) 后张法预应力工程的施工应由具有相应资质等级的预应力专业施工单位承担。

(2) 预应力筋张拉机具设备及仪表，应定期维护和校验。张拉设备应配套标定，并配套使用。张拉设备的标定期限不应超过半年。当在使用过程中出现反常现象时或在千斤顶检修后，应重新标定。

(3) 在浇筑混凝土之前，应进行预应力隐蔽工程验收，其内容包括以下几点：

1) 预应力筋的品种、规格、数量、位置等。

2) 预应力筋锚具和连接器的品种、规格、数量、位置等。

3) 预留孔道的规格、数量、位置、形状及灌浆孔、排气兼泌水管等。

4) 锚固区局部加强构造等。

7.4.2 原材料

7.4.2.1 主控项目

(1) 预应力筋进场时，应按现行国家标准《预应力混凝土用钢绞线》(GB/T 5224)等的规定抽取试件作力学性能检验，其质量必须符合有关标准的规定。

检查数量：按进场的批次和产品的抽样检验方案确定。

检验方法：检查产品合格证、出厂检验报告和进场复验报告。

(2) 无黏结预应力筋的涂包质量应符合无黏结预应力钢绞线标准的规定。当有工程经验，并经观察认为质量有保证时，可不作油脂用量和护套厚度的进场复验。

检查数量：每 60t 为一批每批抽取一组试件。

检验方法：观察，检查产品合格证、出厂检验报告和进场复验报告。

（3）预应力筋用锚具、夹具和连接器应按设计要求采用，其性能应符合现行国家标准《预应力筋用锚具、夹具和连接器》（GB/T 14370）等的规定。

检查数量：按进场批次和产品的抽样检验方案确定。

检验方法：检查产品合格证、出厂检验报告和进场复验报告。

注：对锚具用量较少的一般工程，如供货方提供有效的试验报告，可不作静载锚固性能试验。

（4）孔道灌浆用水泥应采用普通硅酸盐水泥，其质量应符合规范的规定。孔道灌浆用外加剂的质量应符合规范的规定。对孔道灌浆用水泥和外加剂用量较少的一般工程，当有可靠依据时，可不作材料性能的进场复验。

检查数量：按进场批次和产品的抽样检验方案确定。

检验方法：检查产品合格证、出厂检验报告和进场复验报告。

7.4.2.2　一般项目

（1）预应力筋使用前应进行外观检查，其质量应符合下列要求：有黏结预应力筋展开后应平顺，不得有弯折，表面不应有裂纹、小刺、机械损伤、氧化铁皮和油污等；无黏结预应力筋护套应光滑、无裂缝、无明显褶皱。

检查数量：全数检查。

检验方法：观察。

（2）预应力筋用锚具、夹具和连接器使用前应进行外观检查，其表面应无污物、锈蚀、机械损伤和裂纹。

检查数量：全数检查。

检验方法：观察。

（3）预应力混凝土用金属螺旋管的尺寸和性能应符合国家现行标准《预应力混凝土用金属螺旋管》（JG/T 3013）的规定。

检查数量：按进场批次和产品的抽样检验方案确定。

检验方法：检查产品合格证、出厂检验报告和进场复验报告。

（4）预应力混凝土用金属螺旋管在使用前应进行外观检查，其内外表面应清洁、无锈蚀，不应有油污、孔洞和不规则的褶皱，咬口不应有开裂或脱扣。

检查数量：全数检查。

检验方法：观察。

7.4.3　制作与安装

7.4.3.1　主控项目

（1）预应力筋安装时其品种、级别、规格、数量必须符合设计要求。

检查数量：全数检查。

检验方法：观察，钢尺检查。

(2) 先张法预应力施工时应选用非油质类模板，隔离剂并应避免沾污预应力筋。

检查数量：全数检查。

检验方法：观察。

(3) 施工过程中应避免电火花损伤预应力筋，受损伤的预应力筋应予以更换。

检查数量：全数检查。

检验方法：观察。

7.4.3.2 一般项目

(1) 预应力筋下料应符合下列要求：预应力筋应采用砂轮锯或切断机切断，不得采用电弧切割；当钢丝束两端采用镦头锚具时，同一束中各根钢丝长度的极差不应大于钢丝长度的1/5000，且不应大于5mm。当成组张拉长度不大于10m的钢丝时，同组钢丝长度的极差不得大于2mm。

检查数量：每工作班抽查预应力筋总数的3%，且不少于3束。

检验方法：观察，钢尺检查。

(2) 预应力筋端部锚具的制作质量应符合下列要求：挤压锚具制作时压力表油压应符合操作说明书的规定，挤压后预应力筋外端应露出挤压套筒1～5mm；钢绞线压花锚成形时，表面应清洁、无油污、梨形头尺寸和直线段长度应符合设计要求；钢丝镦头的强度不得低于钢丝强度标准值的98%。

检查数量：对挤压锚，每工作班抽查5%，且不应少于5件；对压花锚，每工作班抽查3件；对钢丝镦头强度，每批钢丝检查6个镦头试件。

检验方法：观察，钢尺检查，检查镦头强度试验报告。

(3) 后张法有黏结预应力筋预留孔道的规格、数量、位置和形状除应符合设计要求外尚应符合下列规定：预留孔道的定位应牢固，浇筑混凝土时不应出现移位和变形；孔道应平顺，端部的预埋锚垫板应垂直于孔道中心线；成孔用管道应密封良好，接头应严密且不得漏浆。灌浆孔的间距：对预埋金属螺旋管不宜大于30m；对抽芯成形孔道不宜大于12m；在曲线孔道的曲线波峰部位，应设置排气兼泌水管，必要时可在最低点设置排水孔；灌浆孔及泌水管的孔径应能保证浆液畅通。

检查数量：全数检查。

检验方法：观察，钢尺检查。

(4) 预应力筋束形控制点的竖向位置偏差应符合表7.1的规定。束形控制点的竖向位置偏差合格点率应达到90%及以上，且不得有超过表中数值1.5倍的尺寸偏差。

表7.1　　束形控制点的竖向位置允许偏差

截面高（厚）度/mm	$h \leqslant 300$	$300 < h \leqslant 1500$	$h > 1500$
允许偏差/mm	±5	±10	±15

检查数量：在同一检验批内，抽查各类型构件中预应力筋总数的5%，且对各类型构件均不少于5束，每束不应少于5处。

检验方法：钢尺检查。

(5) 无黏结预应力筋的铺设除应符合规范相关规定外，尚应符合下列要求：无黏结预应力筋的定位应牢固，浇筑混凝土时不应出现移位和变形；端部的预埋锚垫板应垂直于预应力筋；内埋式固定端垫板不应重叠，锚具与垫板应贴紧；无黏结预应力筋成束布置时，应能保证混凝土密实并能裹住预应力筋；无黏结预应力筋的护套应完整，局部破损处应采用防水胶带缠绕紧密。

检查数量：全数检查。

检验方法：观察。

(6) 浇筑混凝土前穿入孔道的后张法有黏结预应力筋，宜采取防止锈蚀的措施。

检查数量：全数检查。

检验方法：观察。

7.4.4　张拉和放张

7.4.4.1　主控项目

(1) 预应力筋张拉或放张时，混凝土强度应符合设计要求；当设计无具体要求时，不应低于设计的混凝土立方体抗压强度标准值的75%。

检查数量：全数检查。

检验方法：检查同条件养护试件试验报告。

(2) 预应力筋的张拉力、张拉或放张顺序及张拉工艺应符合设计及施工技术方案的要求，并应符合下列规定：当施工需要超张拉时，最大张拉应力不应大于国家现行标准《混凝土结构设计规范》(GB 50010) 的规定；张拉工艺应能保证同一束中各根预应力筋的应力均匀一致；后张法施工中，当预应力筋是逐根或逐束张拉时，应保证各阶段不出现对结构不利的应力状态；同时宜考虑后批张拉预应力筋所产生的结构构件的弹性压缩对先批张拉预应力筋的影响，确定张拉力；先张法预应力筋放张时，宜缓慢放松锚固装置，使各根预应力筋同时缓慢放松；当采用应力控制方法张拉时，应校核预应力筋的伸长值。实际伸长值与设计计算理论伸长值的相对允许偏差为6%。

检查数量：全数检查。

检验方法：检查张拉记录。

(3) 预应力筋张拉锚固后实际建立的预应力值与工程设计规定检验值的相对允许偏差为5%。

检查数量：对先张法施工，每工作班抽查预应力筋总数的1%，且不少于3根；对后张法施工在同一检验批内，抽查预应力筋总数的3%，且不少于5束。

检验方法：对先张法施工，检查预应力筋应力检测记录；对后张法施工，检查见证张拉记录。

(4) 张拉过程中应避免预应力筋断裂或滑脱，当发生断裂或滑脱时，必须符合下列规定：对后张法预应力结构构件，断裂或滑脱的数量严禁超过同一截面预应力筋总根数的3%，且每束钢丝不得超过一根；对多跨双向连续板，其同一截面应按每跨计算；对先张法预应力构件，在浇筑混凝土前发生断裂或滑脱的预应力筋必须予以更换。

检查数量：全数检查。

检验方法：观察，检查张拉记录。

7.4.4.2 一般项目

（1）锚固阶段张拉端预应力筋的内缩量应符合设计要求；当设计无具体要求时，应符合表7.2的规定。

检查数量：每工作班抽查预应力筋总数的3%，且不少于3束。

检验方法：钢尺检查。

表7.2 张拉端预应力筋的内缩量限值

锚具类别		内缩量限值/mm
支承式锚具（镦头锚具等）	螺帽缝隙	1
	每块后加垫板的缝隙	1
锥塞式锚具		5
夹片式锚具	有预压	5
	无预压	6～8

（2）先张法预应力筋张拉后与设计位置的偏差不得大于5mm，且不得大于构件截面短边边长的4%。

检查数量：每工作班抽查预应力筋总数的3%，且不少于3束。

检验方法：钢尺检查。

7.4.5 灌浆及封锚

7.4.5.1 主控项目

（1）后张法有黏结预应力筋张拉后应尽早进行孔道灌浆，孔道内水泥浆应饱满、密实。

检查数量：全数检查。

检验方法：观察，检查灌浆记录。

（2）锚具的封闭保护，应符合设计要求；当设计无具体要求时，应符合下列规定：应采取防止锚具腐蚀和遭受机械损伤的有效措施；凸出式锚固端锚具的保护层厚度不应小于50mm；外露预应力筋的保护层厚度当处于正常环境时不应小于20mm，处于易受腐环境时不应小于50mm。

检查数量：在同一检验批内，抽查预应力筋总数的5%，且不少于5处。

检验方法：观察，钢尺检查。

7.4.5.2 一般项目

（1）后张法预应力筋锚固后的外露部分宜采用机械方法切割，其外露长度不宜小于预应力筋直径的1.5倍，且不宜小于30mm。

检查数量：在同一检验批内，抽查预应力筋总数的3%，且不少于5束。

检验方法：观察，钢尺检查。

（2）灌浆用水泥浆的水灰比不应大于0.45，搅拌后3h泌水率不宜大于2%，且不应大于 3%，泌水应能在 24h 内全部重新被水泥浆吸收。

检查数量：同一配合比检查一次。

检验方法：检查水泥浆性能试验报告。

(3) 灌浆用水泥浆的抗压强度不应小于 $30N/mm^2$。

检查数量：每工作班留置一组边长为 70.7mm 的立方体试件。

检验方法：检查水泥浆试件强度试验报告。

项目8 装配式混凝土结构施工

装配式建筑是指用预制构件在工地装配而成的建筑，通过“标准化设计、工厂化生产、装配式施工、一体化装修、过程管理信息化”，全面提升建筑品质和建造效率，达到可持续发展的目标。2016 年 9 月，《国务院办公厅关于大力发展装配式建筑的指导意见》（国办发〔2016〕71 号）中提出，大力发展装配式混凝土建筑和钢结构建筑，促进建筑产业转型升级。装配式建筑凭借高效率、低成本、低污染等优势，顺应智能建筑及建筑工业化发展趋势，已经成为地方“十四五”规划的明确鼓励方向。

学习时建议参考以下标准：《装配式混凝土建筑技术标准》（GB/T 51231—2016）、《装配式混凝土结构技术规程》（JGJ 1—2014）、《装配式建筑评价标准》（GB/T 51129—2017）、《钢筋连接用灌浆套筒》（JGJ/T 398—2012），以及其他装配式建筑相关书籍，并结合装配式建筑构件制作与安装“1+X”证书考试标准进行学习。

任务 8.1 装配式构件生产与运输

装配式构件生产与运输

PC 构件厂是装配式混凝土建筑发展的龙头，PC 构件的生产是装配式混凝土建筑中重要的组成部分，二者是确保装配式混凝土建筑质量的前提与关键。另外，装配式混凝土构件如果在存储、运输等环节发生损坏很难进行修补，耽误工期并造成经济损失，所以大型装配式混凝土构件的存储工具与物流组织非常重要。

8.1.1 PC 工厂概述

装配式混凝土（Precast Concrete，PC）建筑是装配式建筑的主要结构形式。发展装配式建筑有利于节约资源能源、减少施工污染、提升劳动生产效率和质量安全水平，有利于促进建筑业与信息化、工业化深度融合，培育新产业新动能，推动化解过剩产能，实现社会的可持续发展，装配式建筑施工技术是目前较新的施工技术。PC 工厂由生产车间、试验室、储存区域、混凝土搅拌站、变配电室等组成。

8.1.1.1 构件生产车间

装配式构件生产车间分为 PC 构件流水线生产区、PC 构件固定模位生产区、钢筋生产区、模板加工修正区、构件临时存放区、模板存放区、钢筋中间产品存放区、构件布展区、车间内临时休息室与办公室、通道等，其主要工艺布置如图 8.1 所示。

构件生产车间设计为 2～4 跨不等，车间长度 120～180m，单跨宽 24～27m。厂房层高不低于门吊最小起吊高度的要求。地面采用混凝土硬化，厚度不低于 200mm。生产线按照模具清理、输送、布料、振捣、养护、脱模等生产工艺进行设计，在保证生产要求、安全及环境卫生的前提下，尽量节省厂房面积与空间。保证车间内交通运输及管理方便，万一发生事故，人员能够迅速安全地疏散，图 8.2 为某 PC 厂鸟瞰图。

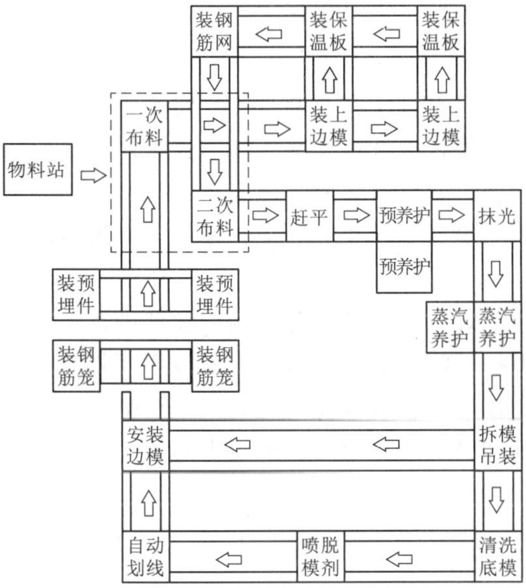

图 8.1 PC 工厂工艺布置

图 8.2 某 PC 工厂全貌

8.1.1.2 材料、成品构件等辅助储存区域

材料储存区域主要用于钢材储存、砂石料储存、成品储存。构件堆放场是 PC 工厂的重要组成部分。考虑与构件生产车间的距离，构件堆放场一般靠近生产车间。其大小应满足 PC 工厂最大生产产能需要，并要满足库存构件的堆放需求，最大面积可以按照产能的 1.2～2.0 倍进行预留设计。在构件堆放场内应划分不同的存放区，用于存放不同的预制构件。

8.1.1.3 实验室

实验室用于实现主要原材料及生产过程的检验与记录，实验室可实现对于诸如钢筋强度、混凝土强度等主控项目的自动测量和记录，不能人工干预，可实现每个构件关键数据的可追溯性。实验室按照功能划分为资料室、留样室、特性室、力学室、标养室、集料室、水泥室以及化学室等。各功能室按照试验检测流程和工作相关性进行合理布局，保证样品流转顺畅，方面操作。

8.1.1.4 混凝土搅拌站、变配电室等辅助设施

混凝土搅拌站主要由搅拌主机、物料称量系统、物料输送系统、物料储存系统和控制系统等 5 大系统和其他附属设施组成。为降低生产能耗、节能环保，设计时应将混凝土输送距离设计到最小值，并最大限度减少管道拐弯，同时将搅拌站出料口对应生产线布料工位。

8.1.2 构件生产工艺及流程

PC生产系统由PC生产线、钢筋生产线、混凝土拌和运输、蒸汽生产输送、车间门吊起运等五大生产系统组成。其中PC生产线为主线，钢筋生产线、混凝土拌和运输、蒸汽生产输送和门吊起运系统为辅助。

以预制混凝土剪力墙外墙板为例，介绍构件生产工艺及流程。

8.1.2.1 墙板生产工艺

墙板生产有平模、挤出、立模三大生产工艺。平模工艺是目前PC构件的主流生产工艺，分为正打法、反打法。所谓正打法，是首先进行内叶板混凝土的浇筑生产，然后组装外叶板模板、安装保温层、拉结件、外叶板钢筋后，浇筑外叶板混凝土；反之，则是反打法。常见的挤出工艺有挤压成型法、振动拉模法等。立模工艺有单组模腔，双组模腔（靠模）、多组模腔等工艺。

正打法的优点是浇筑内墙板时，可通过吸附式磁铁工装将各种预留预埋进行固定，方便、快捷、简单、规整。但相对加大了外叶板抹面收光的工作量，外叶板抹面收光后的平整度和光洁度会相对较差。反打法优点是外叶板的平整度和光洁度高。缺点是在浇筑内叶板混凝土时，会对已浇筑的外叶板混凝土和刚刚安装的保温层造成很大的压力，造成保温层四周翘曲。

8.1.2.2 反打法生产工艺

以预制混凝土剪力墙外墙为例，介绍反打法生产的各道工序（图8.3）。

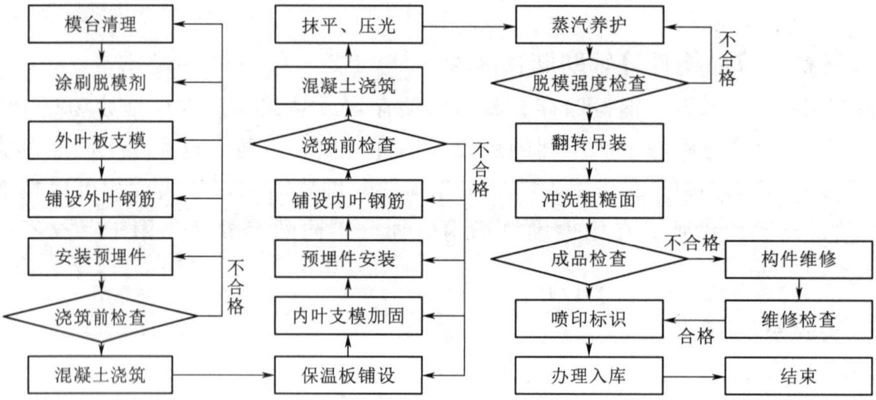

图8.3 反打法生产工艺

1. 生产前准备

生产前准备包括安全文明生产、图纸会审、技术准备、原材料准备等内容。

（1）安全文明生产：工作人员在保证劳保用品没有破损的情况下要穿戴整齐，正确遵循安全文明生产手册内容进行生产。对于预制构件生产线、搅拌站、行车等机械设备进行维护保养，使其处于完好状态；对于搅拌站、布料机、养护库等有电脑程序计量的设备应该进行精确调试保证其计量的准确。组织产前培训，管理人员应该学习有关规范和标准，对班组进行技术交底和安全教育；专业工种应该通过年审持证上岗。

（2）图纸会审：收到预制构件设计制作详图后，应及时组织厂技术、质检、生产、材料、实验室等各部门对图纸进行详细审查，并找出需要解决的问题，通过与设计人员沟通，对于不清楚的加以明确，有问题的找出可行的解决方案，并汇总形成书面会审记录初稿，报建设单位组织由设计院、安装施工方参加的图纸会审会议。

（3）技术准备：技术部门负责根据施工图设计文件、构件制作详图和相关技术标准编制构件生产制作方案。

（4）原材料准备：原材料进厂入库前必须经过质检员验收，检验程序、检测档案等管理应符合规章制度及技术标准的规定。原材料中的水泥、骨料、外加剂、掺和料、钢筋、预埋件、拉结件及保温材料等应符合现行国家标准的要求，并按照国家相关标准进行进厂复检，经检测合格后方可使用。

（5）卫生检查：生产前对环境卫生清理干净。

（6）设备检查：生产施工前对设备进行检查，如有存在安全隐患的及时报备进行维修，避免在施工过程中发生安全事故。

2. 清理模台

翻板机放平后，模台前行至清扫机位（图 8.4）。清扫机将台面上零星混凝土碎块、砂浆等杂物，自动归纳进废料收集斗。同时，滚刷进行模台表面刷洗处理，清扫过程中产生的粉尘被收集到除尘器。如果模台经过清扫机后的清扫效果不佳，需人工进行二次清除和打磨（图 8.5）。

图 8.4　清扫机作业

图 8.5　人工清理模台

3. 涂刷脱模剂

喷油机对模台表面进行脱模剂喷洒（图 8.6），刮平器对模台表面喷洒的脱模剂进行扫抹，保证脱模剂的均匀性和厚度，如喷涂机喷涂的脱模剂不均匀，需要进行人工二次涂刷（图 8.7），如无特殊要求，可采用水性脱模剂。

4. 外叶板支模

应根据生产计划合理组合模具以便充分利用模台，模具组装应按照组装要求循序进行，对于一些特殊构件，钢筋可先入模后组装；模具必需清理干净，不得存有铁锈、油污及混凝土残渣，接触面不应有划痕、锈渍和氧化层脱落等现象。对于存在变形超过允许偏差的模具一律不得使用。模具组装后须校对尺寸，特别注意对角尺寸，然后使用磁盒进行定位加固（模具与模台紧固方式为：下边模和模台用紧固螺栓连接固定，上边模靠花篮螺

图 8.6 喷油机作业

图 8.7 人工涂抹脱模剂

栓连接固定，确保固定强度），左右侧模使用磁盒固定模具时，一定要将磁盒底部杂物清除干净，且必须将螺丝有效的压到模具上。模具固定校正完成之后，根据所需对模具涂刷脱模剂、缓凝剂等（图 8.8）。

5. 钢筋及预埋件绑扎

钢筋下料必须严格按照设计及下料单要求制作，首件钢筋制作，必须通知技术、质检及相关部门检查验收，制作过程中应当定期、定量检查，对于不符合设计要求及超过允许偏差的一律不得绑扎，按废料处理。钢筋骨架入模时应平直、无损伤，表面不得有油污或者锈蚀（图 8.9）。

图 8.8 外叶板支模

图 8.9 钢筋绑扎

保护层垫块应与钢筋骨架或网片绑扎牢固，垫块按梅花状布置，间距满足钢筋限位及控制变形要求。提前做好预埋件安装前的准备工作，将灌浆软管一端安装固定在套筒上；另一端利用工装（或者磁性底座）完成套筒软件安装固定在底模上，确保整齐度。采用反打工艺时，利用简易工装连同预埋件（斜支撑预埋螺母、现浇混凝土模板预埋螺母）安装在模具内，确保埋件位置准确。正打工艺，利用磁性底座将预埋件与模台固定，并安装锚筋，完成后拆除简易工装。另外，按照图纸安装电气埋件（线盒、线管），安装窗口防腐木方，保证安装精度和强度。

6. 浇筑外叶板混凝土

浇筑前要对前面工序进行检验，尤其是预埋件固定强度及模板固定强度，浇筑过程尽量避开套筒和预埋件位置，混凝土浇筑方量，应保证构件厚度，振捣后要对表面进行找平，保证平整度，为挤塑板安装打好基础。如有特殊情况（如坍落度过小、局部堆积过高等）时进行人工干预，用振捣棒辅助振捣，此过程严禁振捣棒触碰套筒和预埋件。

预制混凝土外墙板的混凝土浇筑（图 8.10）分 2 次进行，先进行 60mm 外叶板的浇筑，浇筑过程中采用固定在模具上的振动电机进行整体振动，以此保证混凝土振捣密实，直至混凝土表面无明显气泡溢出，将气泡完全排除，以保证外叶板脱模后的清水混凝土效果。

图 8.10 混凝土浇筑

7. 保温板铺设

外叶板振捣完成后须立即安装保温板，保证在混凝土初凝前安装完成（图 8.11）。根据构件尺寸，提前进行保温板切割下料，保证切口平整，尺寸准确，同时将保温板两个表面采用专用工具进行拉毛处理，并清理干净，以保证跟混凝土黏结效果良好。保温板安装完成后检查保温板平整度，有凹凸不平的地方需使用橡胶锤及时处理，而后进行保温连接件的安装，使外叶板和保温板成为一个整体。连接件的数量、位置必须按照厂家提供的连接件布置方案进行深化设计，按照图纸安装。在连接件的安装位置打孔，再在孔洞内安装连接件，可以使用橡胶锤等软质工具敲击连接件调整位置，使连接件与混凝土充分结合，控制其在内叶墙和外叶墙之间的锚固长度，控制连接件安装的垂直度。

8. 内叶板施工

连接件及保温板布置完成之后，将已组装好的内叶模具使用行吊平稳吊运至合适位置。在二次浇筑工位，检查校核内叶板模板尺寸和钢筋网保护层，确保符合设计和施工规范要求后进行内叶墙板混凝土的浇筑（图 8.12）。浇筑混凝土时，人工辅助整平，使混凝土的高度略高于模板。

图 8.11 保温板铺设

图 8.12 内叶板混凝土浇筑

9. 构件预处理及养护

而后模台进入振捣刮平工位，振捣刮平梁对混凝土表面边振捣边刮平，直到混凝土表面出浆平整为止。根据内叶板混凝土的厚度，调整振捣刮平梁的振频，确保混凝土振捣密实。可局部人工再次刮平修整。

图 8.13 构件预养作业

构件内叶板完成表面振捣刮平后，进入预养护窑内（图 8.13），对构件进行短时间的养护。预养窑温度控制在 30～50℃，保障混凝土的升温。预养窑内采用干蒸方式养护，预养时间为 1～1.5h。预养窑内的 PC 构件完成初凝，达到一定强度后，出预养窑。

10. 板面抹光

混凝土初凝强度达到抹面工序工艺要求时才能实施抹面（图 8.14），抹面机要避免与模具、埋件接触，预制构件边角区域需要人工进行抹平，此工序可分为提浆、抹平、收面三个步骤，整个过程不允许加水。混凝土平整度须满足要求，表面无裂纹，抹面完成之后，将模台、模具上杂物清理干净，保持工序整洁。

11. 蒸汽养护

构件抹光作业结束后，进入蒸养工位，码垛机将 PC 构件连同模台一起送入立体蒸养窑蒸养（图 8.15）。采用加热养护温度自动控制装置，升、降温速度不宜超过 20℃/h，最高养护温度不宜超过 60℃，预制构件脱模时的表面温度与环境温度的差值不宜超过 25℃，养护总时间一般为 8～10h，操作工随时检测养护窑温度，并做好记录。

图 8.14 抹面机抹光

图 8.15 构件蒸汽养护

12. 起板入库

检查构件强度，如果达到吊装（拆模）强度要求，拆卸模具上所有的紧固螺丝、磁块、胶封、胶堵等分类集中存放。使用拆模工具将模具与预制构件混凝土分离，拆卸模具时尽量不要使用重物敲打模具，拆模过程中要保证构件的完整性（图 8.16），拆卸下来的工装、紧固螺栓必须放到工具箱内，分类、集中存放。拆下的模具清理干净后，做好标记，放置到指定位置，待下次使用。

将拆模后的构件运至冲洗区，用高压水枪冲洗构件四周，形成粗糙面，拆除水电等预留孔洞的各种辅助埋件、安装、周转材料。起吊前检查专用吊具及钢丝绳是否存在安全隐患。专用吊具经检验合格后方可进行作业，翻转角度控制在 80°～85°之间（图 8.17），模台平稳后液压缸将模台缓慢顶起。吊运过程中，指挥人员要与吊车工配合并保证构件平稳，整个过程不允许发生磕碰且构件不允许在作业面上空行走，严禁交叉作业，按照构件存放方案将构件放置在指定库位。检查构件外观和固定强度，无误后报检，并填写入库单办理入库交接手续。

图 8.16　模具拆除

图 8.17　模台倾斜

8.1.3　成品的存放与运输

8.1.3.1　堆场存放

预制构件在发货前一般堆放在露天堆场内。在车间内检查合格，并静置一段时间后，用专用构件转运车和起重运输车、平板车运至室外堆场分类进行存放。在堆场内的每条存放单元内划分成不同的存放区，用于存放不同的预制构件。

叠合板采用叠放存储，下部放置通长 10cm×10cm 方木，垫木放置在桁架两侧（图 8.18）。墙板采用立放，由于重心高，存放时必须考虑紧固措施（一般楔形木加固），防止墙板倾倒发生破坏（图 8.19）。

图 8.18　叠合板的存放

图 8.19　墙板的存放

8.1.3.2　构件运输

预制构件主要采用公路汽车运输的方式。叠合板、阳台、楼梯、梁、柱等 PC 构件宜采用平放运输，预制墙板宜在专用支框架内竖向靠放的方式运输（图 8.20），即在运输架上对称放置两块预制墙板。

为了 PC 结构进入施工现场以及能够在施工现场运输畅通，设置现场主大门道路至少宽8m，施工现场道路宽5m，保证PC结构运输车辆能够双向通行，保证在施工现场转弯。

图8.20 构件运输

任务8.2 装配式构件吊装

装配式构件吊装

装配式建筑施工和传统现浇施工的最大区别在于增加了大量的吊装作业。预制构件的重量大大超出传统施工吊装重量，对大型垂直运输设备的选择和布置提出更高要求，是装配式工程施工的重难点之一。

8.2.1 吊装工具

预制墙体、叠合板以及预制楼梯的起吊系统见图8.21。

(a) 预制墙体　(b) 叠合板　(c) 预制楼梯

图8.21 起吊系统

以预制剪力墙外墙板为例，其吊具由吊梁、鸭嘴扣、卸扣以及吊绳等组成，见图8.22。相关吊具介绍见表8.1。

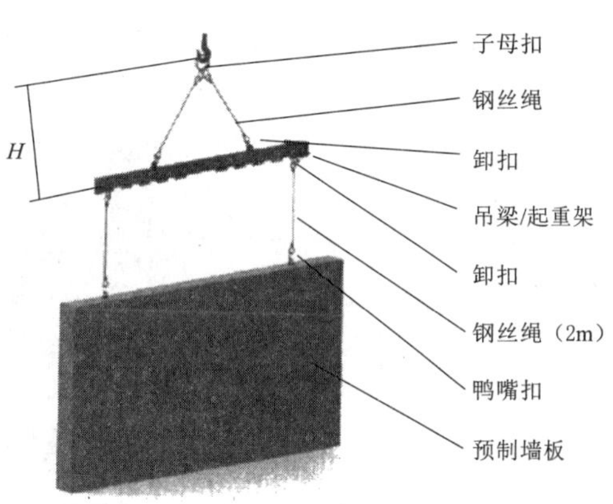

图 8.22　预制墙板吊具

8.2.2　预制剪力墙外墙吊装技术

装配式混凝土结构的特点之一就是有大量的现场吊装工作，其施工精度要求高。以预制剪力墙外墙为例，吊装施工工艺如图8.23所示。

8.2.2.1　吊装前准备

在预制构件正式安装前必须做好完善的准备工作，如制定构件吊装流程，预制构件、材料、预埋件、临时支撑等应按国家现行有关标准及设计要求验收合格，并按施工方案、工艺和操作规程的要求做好工、料、机的各项准备。

表 8.1　　**起吊用吊具**

序号	工具名称	图片	主要用途
1	吊梁	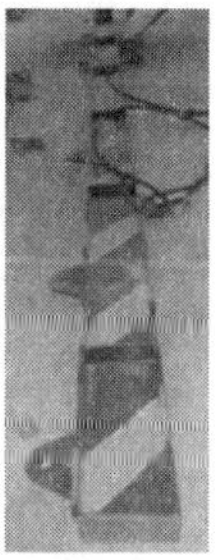	专用吊梁由H型钢焊接而成，根据各预制构件起吊时不同的尺寸，起吊点位置，设置模数化吊点，确保预制构件在吊装时吊装钢丝绳保持竖直
2	卸扣	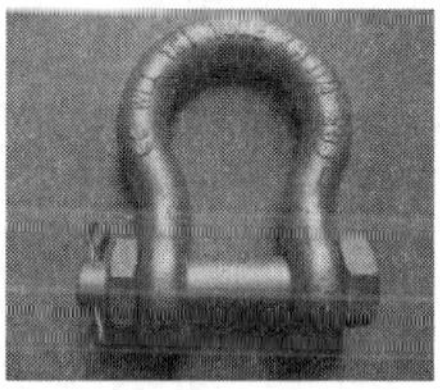	在吊装起重作业中，直接连接起重滑车、吊环或者固定绳索，是起重作业中用的最广泛的连接工具
3	鸭嘴钩	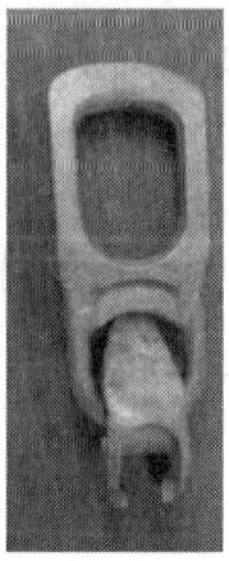	用于吊具与构件之间的连接，根据机械连接的设计原理，在允许荷载范围内鸭嘴扣可以与预埋件紧紧扣卡，而当吊绳松弛，扣件可以从构件上轻松拆卸

续表

序号	工具名称	图　片	主　要　用　途
4	吊链	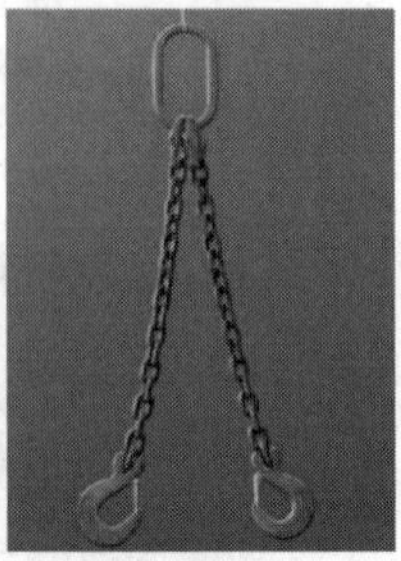	主要由环链与钢丝绳构成，是起重机械吊取重物的装置

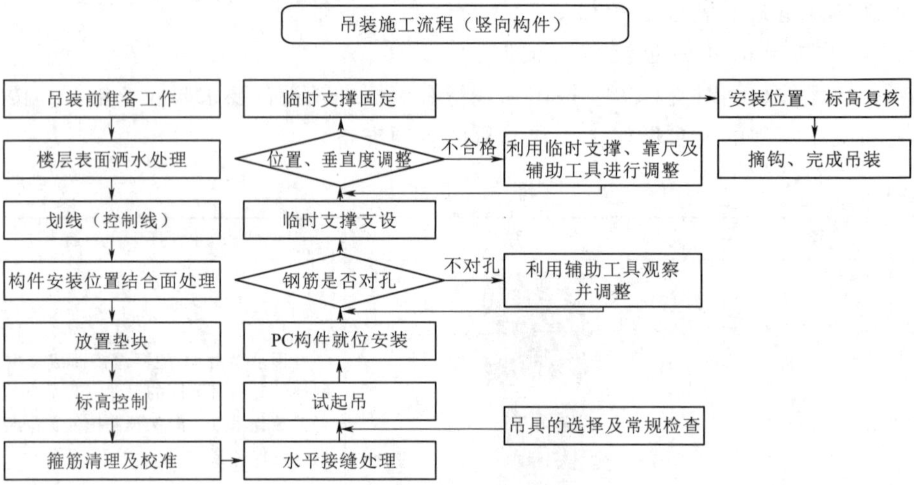

图 8.23　预制剪力墙外墙吊装施工工艺

8.2.2.2　构件检查

构件起吊前对照图纸复核构件的尺寸、编号。检查构件外观是否出现蜂窝、麻面、开裂等情况，吊钉周围混凝土是否有蜂窝、孔洞、开裂等影响吊钉受力的质量缺陷，如出现以上问题预制构件退回工厂，不得使用。

8.2.2.3　测量放线

吊装前在楼板上根据图纸及定位轴线放出预制墙体定位边线及 200mm 控制线（图 8.24），同时在预制墙体上放出 500mm 水平控制线，便于预制墙体安装过程中精确定位。

8.2.2.4　钢筋定位校正

预制构件无论采用套筒灌浆还是浆锚连接，都对钢筋定位有着十分严格的要求，如若钢筋出现较大偏差，则会导致上部构件无法安装到位。因此，在完成测量作业后，技术人员须利用钢筋定位装置对预留的竖向钢筋予以严格复核，并对存在偏位的钢筋予以校正处理（图 8.25），校正后的预留钢筋中心位置偏差在允许范围内，从而有效确保预制构件能够实现顺利安装。

图 8.24　测量放线

图 8.25　钢筋定位校正

8.2.2.5　预制墙体吊装就位

构件吊装前，应检查构件编号、预留预埋位置是否准确，灌浆孔、插接钢筋等重要部位是否符合安装要求。检查吊装梁的吊点位置的中心线是否与构件重心线重合。检查钢丝绳、吊装锁具、构件预埋吊环是否符合安全要求。检查构件安装前准备工作是否完善，临时性的安装材料是否准备到位。应根据预制构件形状、尺寸、重量和作业半径等要求选择吊具和起重设备。应核实现场环境、天气、道路状况满足吊装施工要求，应确认吊装设备及吊具处于安全状态。当遇有 5 级大风或恶劣天气时，应停止一切吊装施工作业。施工管理及操作人员应熟悉施工图纸，应按照吊装流程核对构件编号，确认安装位置，并标注吊装顺序。

应按照制定好的吊装顺序，按起重设备吊设范围由远及近进行吊装，吊装时采取保证起重设备的主钩位置、吊具及构件重心在竖直方向上重合的措施；吊运过程应平稳不应有大幅摆动，且不应长时间悬停。

试起吊，起吊后检查构件起吊后重心是否与塔吊主绳在垂直方向重合，确认起吊安全后继续进行吊运。构件在距离安装位置 500mm 高时停止下降［图 8.26（a）］，检查墙板的正反面应该和图纸正反面一致，检查地上所标示的垫块厚度与位置是否与图纸相符。根据楼面所放出的墙板侧边线、端线、垫块、外墙板下端的连接件（连接件安装时外边与外

（a）悬停　　（b）对孔

图 8.26　预制墙体吊装就位

墙板内边线重合)，由操作人员引导墙板降落，操作人员利用镜子［图8.26(b)］，观察连接钢筋是否对孔，直至钢筋与套筒全部连接，使外墙板就位。

8.2.2.6 安装斜向支撑

预制墙体吊装就位后，先安装斜向支撑(图8.27)，斜向支撑用于固定调节预制墙体，保证预制墙体安装垂直度。在安装预制墙体底部限位装置七字码，用于加固墙体与主体结构的连接，确保后续灌浆与暗柱混凝土浇筑时不产生位移。墙体通过靠尺校核其垂直度，如有偏差，调节斜向支撑，确保构件的水平位置及垂直度均达到允许误差之内，相邻墙板构件平整度允许误差±5mm，同时检查外墙面上下层的平齐情况，允许误差以不超过3mm为准，如果超过允许误差，要重新进行墙板的水平位置及垂直度调整，最后固定斜向支撑及七字码。

图8.27 安装斜向支撑

8.2.3 预制剪力墙外墙灌浆连接

预制构件的连接种类主要有套筒灌浆连接、钢筋浆锚连接、螺栓连接。套筒灌浆连接通过灌浆料的传力作用将钢筋与套筒连接形成整体，套筒灌浆连接分为全灌浆套筒连接和半灌浆套筒连接。

全灌浆连接是两端均采用灌浆方式连接钢筋的灌浆套筒。半灌浆套筒接头一端采用灌浆方式连接，另一端通常采用螺纹连接(图8.28)。

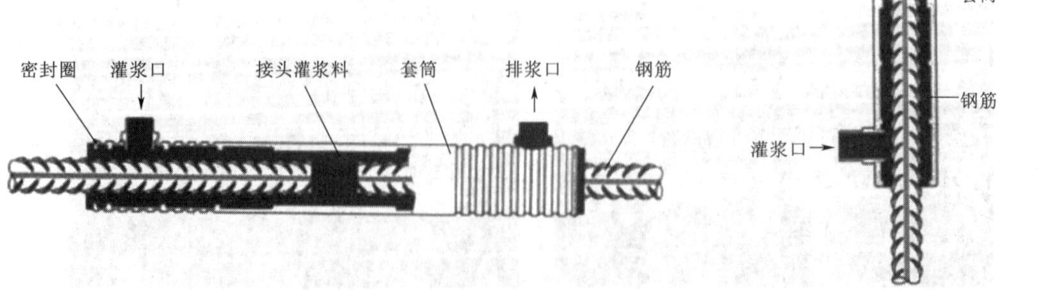

(a) 全灌浆套筒　　(b) 半灌浆套筒

图8.28 灌浆套筒连接

灌浆施工的工艺流程见图 8.29。

8.2.3.1　分仓与接缝处理

竖向构件宜采用连通腔灌浆，并应合理划分连通灌浆区域；每个区域除预留灌浆孔、出浆孔与排气孔外，应形成密闭空腔，不应漏浆；连通灌浆区域内任意两个灌浆套筒间距不宜超过 1.5m。

仓体越大，灌浆阻力越大、灌浆压力越大、灌浆时间越长，对封缝的要求越高，灌浆不满的风险越大，分仓时两侧须内衬（内衬材料可以是软管、PVC 管，也可使用专用工具）分仓内衬宽度为 20～30mm（图 8.30），分仓完成后在构件相应位置做出分仓标记，然后进行封仓施工。

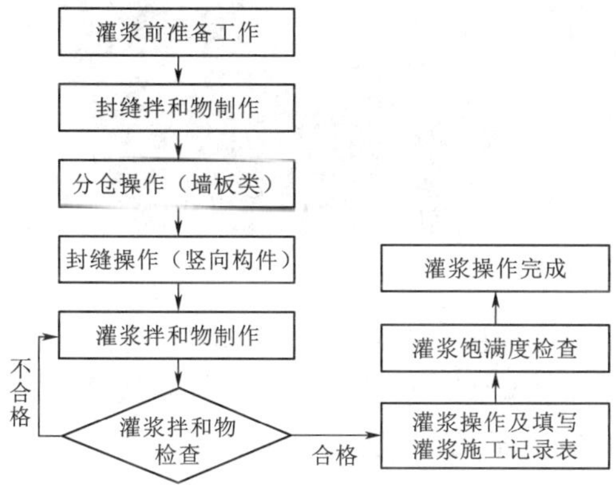

图 8.29　灌浆施工流程

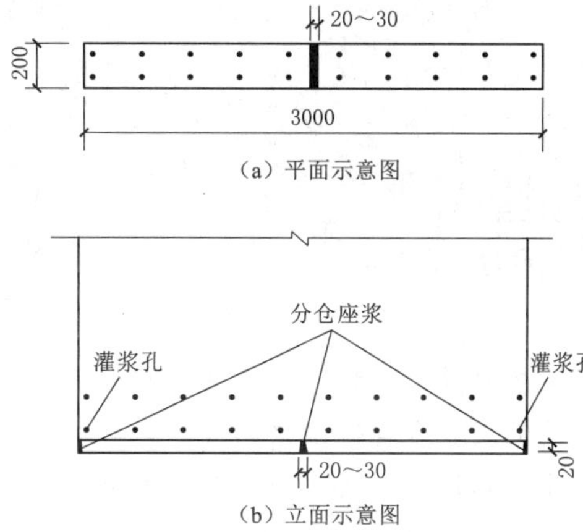

图 8.30　分仓施工（单位：mm）

8.2.3.2　拌和物制作

按照产品使用说明书要求的水料比分别称量灌浆料和水，先将 80%左右的水倒入搅拌桶中，然后加入全部的料，用专用搅拌桶搅拌 1～2min，再将剩余水倒入搅拌桶中再搅拌 5～7min 至彻底均匀，静置 2～3min，使浆内气泡自然排出后再使用，拌和物见图 8.31。

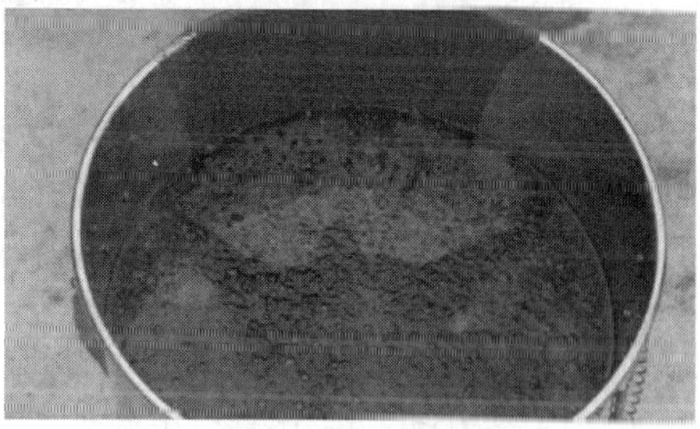

图 8.31　静置拌和物

8.2.3.3　灌浆料使用要求

灌浆料初始流动性需不小于 300mm，30min 流动性需不小于 260mm，同时每个班组施工时留置 1 组试块，每组试件 3 个试块（图 8.32），分别用于 1d、3d、28d 抗压强度试验。灌浆料检测（图 8.33）完成后，开始灌浆施工，套筒灌浆时，灌浆料使用温度不低于 5℃，不宜高于 30℃。

8.2.3.4　灌浆作业

在正式灌浆前，检查各接头的灌浆孔和出浆孔内有无影响浆料流动的杂物，确保孔路畅通。用灌浆泵从下部注浆孔注入（图 8.34），采用低压力灌浆工艺，通过控制灌浆泵内

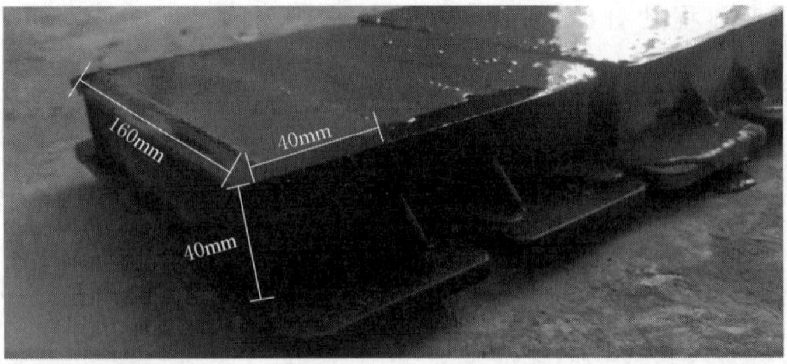

图 8.32 制作试块

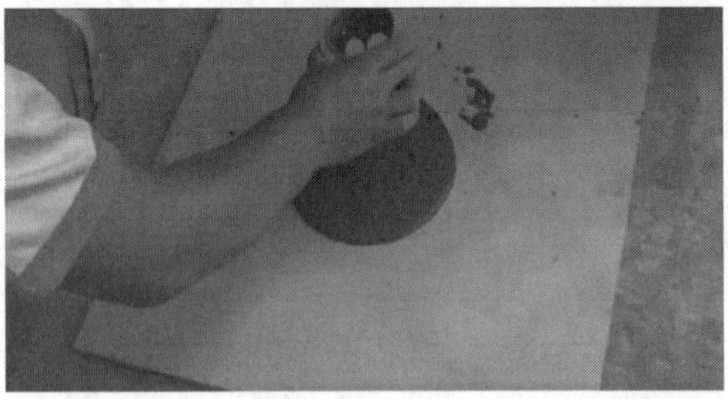

图 8.33 灌浆料流动度测试

压力来控制灌浆过程。出浆孔出浆料后，及时用专用橡胶塞封堵（图 8.35），待所有的灌浆套筒的出浆孔均排出浆体并封堵，经保压后拔除灌浆管。拔除灌浆管道封堵橡胶塞时间间隔不得超过 1s，避免灌浆仓内经过保压的浆体溢出灌浆仓，造成灌浆不实。

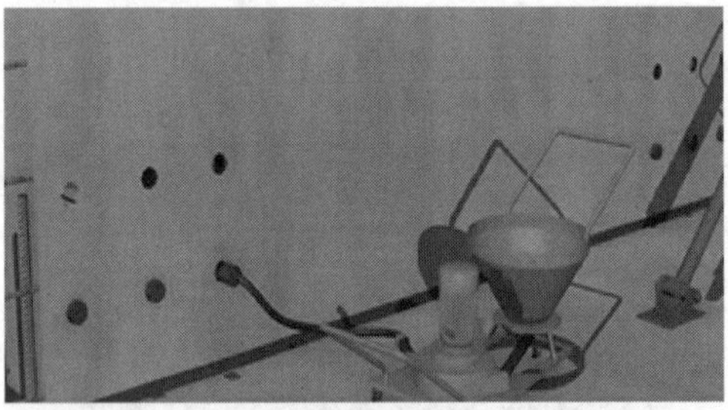

图 8.34 灌浆作业

图 8.35 封堵出浆孔

灌浆料凝固后，取下灌、出浆孔封堵胶塞，检查孔内凝固的灌浆料上表面应高于出浆孔下缘 5mm 以上，灌浆完成后填写灌浆施工记录表，灌浆施工必须由专职质检人员及监理人员全过程旁站监督，每块预制墙板均要填写《灌浆施工检查记录表》，并留存照片和视频资料（图 8.36）。

8.2.3.5 灌浆后节点保护

灌浆后灌浆料试块强度达到 35MPa 后方可进入下一道工序施工（扰动），通常：环境温度在 15℃以上，24h 内构件不得受扰动；5～15℃，48h 内构件不得受扰动；5℃以下，须对构件接头部位加热保持在 5℃以上至少 48h，期间构件不得受扰动，支撑拆除要根据后续施工荷载情况确定。

图 8.36　填写施工记录

任务 8.3　装配式结构质量验收

8.3.1　验收程序

(1) 装配式混凝土建筑施工应按现行国家标准《建筑工程施工质量验收统一标准》(GB 50300) 的有关规定进行单位工程、分部工程、分项工程和检验批的划分和质量验收。

检验批及分项工程应由监理工程师组织施工单位项目专业质量负责人等进行验收。

分部工程应由总监理工程师组织施工单位项目负责人和技术、质量负责人等进行验收；地基与基础、主体结构分部工程的勘察、设计单位工程项目负责人和施工单位技术、质量部门负责人也应参加相关分部工程验收。

单位工程完工后，施工单位应自行组织有关人员进行检查评定，并向建设单位提交工程验收报告。

建设单位收到工程报告后，应由建设单位项目负责人组织施工、设计、监理、勘察等单位进行单位工程验收。

装配式施工特点及穿插流水施工需要分段验收，应与行业监督部门沟通协调。

(2) 装配式混凝土建筑的装饰装修、机电安装等分部工程应按国家现行标准的有关规定进行质量验收。

(3) 装配式混凝土结构应按混凝土结构子分部工程进行验收；当结构中部分采用现浇混凝土结构时，装配式结构部分可作为混凝土结构子分部的分项工程进行验收。

装配式混凝土结构子分部工程的质量验收，应在相关分项工程验收合格的基础上进行质量控制资料检查及观感质量验收，并应对涉及结构安全、有代表性的部位进行结构实体检验。

分项工程的质量验收应在所含检验批验收合格的基础上，进行质量验收记录检查。

(4) 装配式混凝土建筑在混凝土结构子分部工程完成分段或整体验收后，方可进行装饰装修的部品安装施工。

8.3.2 验收内容及标准

（1）预制构件临时固定措施应符合设计、专项施工方案要求及国家现行有关标准规定。

检查数量：全数检查。

检验方法：观察检查，检查施工方案、施工记录或设计文件。

（2）工程应用套筒灌浆连接时，应由接头提供单位提交所有规格接头的有效型式检验报告。验收时应核查钢筋、型式检验报告等内容：

1）工程中应用的各种钢筋强度级别、直径对应的型式检验报告应齐全，报告应合格有效。

2）型式检验报告送检单位与现场接头提供单位应一致。

3）型式检验报告中的接头类型，灌浆套筒规格、级别、尺寸，灌浆料型号与现场使用的产品应一致。

4）型式检验报告应在4年有效期内。

5）报告内容应符合《钢筋套筒灌浆连接应用技术规程》（JGJ 355—2015）附录A的规定。

（3）灌浆施工前，应对不同钢筋生产企业的进场钢筋进行接头工艺检验；施工过程中，当更换钢筋生产企业，或同生产企业生产的钢筋外形尺寸与已完成工艺检验的钢筋有较大差异时，应再次进行工艺检验。接头工艺检验应符合下列规定：

1）灌浆套筒埋入预制构件时，工艺检验应在预制构件生产前进行；当现场灌浆施工单位与工艺检验时的灌浆单位不同，现场灌浆前再次进行工艺检验。

2）工艺检验应模拟施工条件制作接头试件，并应按接头提供单位提供的施工操作要求进行。

3）每种规格钢筋制作3组套筒灌浆连接接头，并应检查灌浆质量。

4）采用灌浆料拌和物制作的40mm×40mm×160mm试件不应少于1组。

5）接头试件及灌浆试件应在标准养护条件下养护28d。

6）每个钢筋套筒灌浆连接接头的抗拉强度不应小于连接钢筋抗拉强度标准值，且破坏时应断于接头外钢筋；每个钢筋套筒灌浆连接接头的屈服强度不应小于连接钢筋屈服强度标准值；3个接头试件残余变形的平均值应符合《钢筋套筒灌浆连接应用技术规程》（JGJ 355—2015）中的有关规定；灌浆料抗压强度应符合《钢筋套筒灌浆连接应用技术规程》（JGJ 355—2015）中规定的28d强度要求。

7）接头试件在量测残余变形后可再进行抗拉强度试验，并应按现行行业标准《钢筋机械连接基础规程》（JGJ 107—2016）规定的钢筋机械连接型式检验规定的单向拉伸加载制度进行试验。

8）第一次工艺检验中1个试件抗拉强度或3个试件的残余变形平均值不合格时，可再抽取3个试件进行复验，复验有不合格项则判为工艺检验不合格。

（4）采用钢筋套筒灌浆连接时，应在构件生产前进行钢筋套筒灌浆连接接头的抗拉强度试验。试验采用与套筒相匹配的灌浆料制作对中连接接头试件，抗拉强度应符合《钢筋套筒灌浆连接应用技术规程》(JGJ 355—2015) 的规定。

检查数量：同一批号、同一类型、同一规格的灌浆套筒，不超过 1000 个为一批，每批随机抽取 3 个灌浆套筒制作对中连接接头试件。

(5) 钢筋采用套筒灌浆连接、浆锚搭接连接时，灌浆应饱满、密实，所有出口均应出浆。

检查数量：全数检查。

检验方法：检查灌浆施工质量检查记录、有关检验报告。

(6) 钢筋套筒灌浆连接及浆锚搭接连接用的灌浆料强度应满足设计要求。用于检验抗压强度的灌浆料试件应在施工现场制作。

检查数量：按批检验，以每层为一检验批；每工作班取样不得少于 1 次，每楼层取样不得少于 3 次。每组抽取 1 组 40mm×40mm×160mm 的试件，标准养护 28d 后进行抗压强度试验。

检验方法：检查灌浆料抗压强度试验报告及评定记录。

(7) 预制构件底部接缝坐浆强度应满足设计要求。

检查数量：按检验批，以每层为一检验批；每工作班应制作一组且每层不应少于 3 组边长为 70.7mm 的立方体试件，标准养护 28d 后进行抗压强度试验。

检验方法：检查坐浆材料强度试验报告及评定记录。

(8) 当施工过程中灌浆料抗压强度、灌浆质量不符合要求时，应由施工单位提出技术处理方案，经监理、设计单位认可后进行处理。经处理后的部位应重新验收。

检查数量：全数检查。

检验方法：检查处理记录。

(9) 装配式结构采用现浇混凝土连接构件时，构件连接处后浇混凝土的强度应符合设计要求。

检查数量：同配合比的混凝土，每工作班且建筑面积不超过 $1000m^2$ 应制作 1 组标准养护试件，同一楼层应制作不少于 3 组标准养护试件。

检验方法：检查混凝土强度报告。当叠合层或连接部位等的后浇混凝土与现浇结构同时浇筑时，可合并验收。对有特殊要求的后浇混凝土应单独制作试块进行检验评定。

(10) 钢筋采用焊接连接时，其接头质量应符合现行行业标准《钢筋焊接及验收规程》(JGJ 18—2012) 的规定。

(11) 钢筋采用机械连接时，其接头质量应符合现行行业标准《钢筋机械连接技术规程》(JGJ 107—2016) 的规定。

(12) 预制构件采用焊接、螺栓连接等连接方式时，其材料性能及施工质量应符合国家现行标准《钢结构工程施工质量验收标准》(GB 50205—2020) 的规定。

(13) 装配式结构施工后，其外观质量不应有严重缺陷，且不应有影响结构性能和安装的尺寸偏差。

(14) 外墙板接缝处的防水性能应符合设计要求。

(15) 装配式结构施工后，其外观质量不应有一般缺陷。

(16) 装配式结构施工后，预制构件位置、尺寸偏差及检验方法应符合设计要求；当设计无具体要求时，应符合相关规定。预制构件与现浇结构连接部位的表面平整度应符合相关规范要求。

8.3.3 验收结果及处理方式

(1) 装配式混凝土结构子分部工程质量验收合格应符合下列规定：

1) 所含分项工程质量验收合格。

2) 应有完整的质量控制资料。

3) 观感质量验收应合格。

4) 结构实体检验结果应符合《混凝土结构工程质量验收规范》(GB 50204—2015)的要求。

(2) 当混凝土结构施工质量不符合要求时，应按下列规定进行处理：

1) 经返工、返修或更换构件、部件的，应重新进行验收。

2) 经有资质的检测机构按国家现行相关标准检测鉴定达到设计要求的，应予以验收。

3) 经有资质的检测机构按国家现行相关标准检测鉴定达不到设计要求的，但经原设计单位核算并确认仍可满足结构安全和使用功能的，可予以验收。

4) 经返修或加固处理能够满足结构可靠性要求的，可根据技术处理方案和协商文件进行验收。

(3) 装配式混凝土结构子分部工程施工质量验收时，应提供下列文件和记录：

1) 工程设计文件、预制构件深化设计图、设计变更文件。

2) 预制构件、主要材料及配件的质量证明文件、进场验收记录、抽样复验报告。

3) 钢筋接头的试验报告。

4) 预制构件制作隐蔽工程验收记录。

5) 预制构件安装施工记录。

6) 钢筋套筒灌浆等钢筋连接的施工检验记录。

7) 后浇混凝土和外墙防水施工的隐蔽工程验收文件。

8) 后浇混凝土、灌浆料、坐浆材料强度检测报告。

9) 结构实体检验记录。

10) 装配式结构分项工程质量验收文件。

11) 装配式工程的重大质量问题的处理方案和验收记录。

12) 其他必要的文件和记录。

(4) 装配式混凝土结构子分部工程施工质量验收合格后，应将所有的验收文件存档备案。

项目9 砌体结构施工

砌体结构是指用砖或砌块砌筑的结构，过去多用于砖混结构房屋，目前主要用于框架结构或其他建筑结构的二次结构，用作空间分隔或局部承重。本项目主要学习砌体结构的施工工艺。在本项目学习过程中建议参考以下规范：《砌体结构设计规范》（GB 50003—2011)、《砌体结构工程施工规范》（GB 509214—2014)、《砌体结构工程施工质量验收规范》（GB 50203—2019)。

任务9.1 了解砌体结构

砌体结构的主要优点：容易就地取材；砖、石或砌块砌体具有良好的耐火性和较好的耐久性；砌体砌筑时不需要模板和特殊的施工设备，可以节省木材；砖墙和砌块墙体能够隔热和保温，节能效果明显；当采用砌块或大型板材作墙体时，可以减轻结构自重，加快施工进度，进行工业化生产和施工。砌体结构的缺点：与钢和混凝土相比强度较低，因而构件的截面尺寸较大，材料用量多，自重大；砌体的砌筑基本上是手工方式，施工劳动量大，对工人技术要求高；砌体的抗拉强度、抗剪强度、抗弯能力都较低，砖、石的抗压强度不能充分发挥，因而抗震性能较差，在使用上受到一定限制；此外，黏土砖需用黏土制造，浪费土地，不够环保。

9.1.1 砖混结构

砖混结构是指建筑物中竖向承重的墙、柱等采用砖或者砌块砌筑，横向承重的梁、楼板、屋面板等采用钢筋混凝土材料的混合结构。与框架结构不同，砖混结构中很多墙体是承重构件（图 9.1)，不允许拆除。区别承重墙和非承重墙的标准是看其是否承担其他构件传递的荷载，如梁或板的荷载传递到砖墙；另一个简单方法是看原始结构图，通常墙体厚度在 240mm 的墙体是承重的，120mm 或者更薄的墙体是非承重墙，但有时为了和梁或者承重墙齐平，非承重墙也会做到 240mm 的厚度。

19 世纪中叶以后，随着水泥、混凝土和钢筋混凝土的应用，砖混结构建筑迅速兴起。高强度砖和砂浆的应用，推动了高层砖承重建筑的发展。19 世纪末美国芝加哥建成 16 层的砖承重墙大楼。1958 年瑞士用 600 号多孔砖建造 19 层塔式公寓，墙厚仅为 380mm。砖混结构适合开间、进深较小，多层或低层的建筑，承重墙体不能改动，因此现代建筑已经很少采用砖混结构。

墙体的功能要求：有足够的强度和稳定性；具有必要的保温、隔热性能；满足防火、

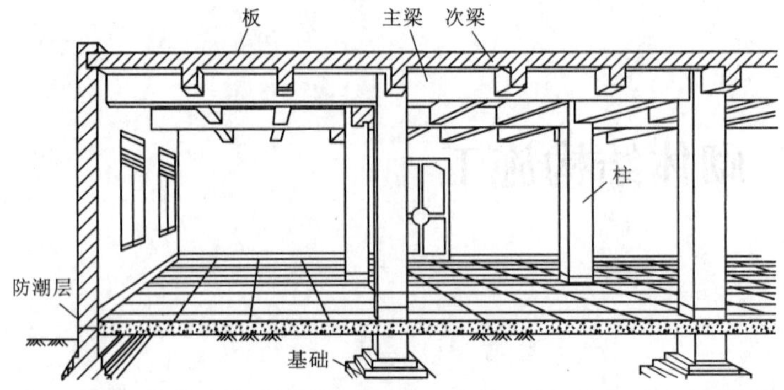

图9.1 左侧墙体为承重墙

隔声、防潮、防水以及经济性等方面的要求。砖混结构建筑的墙体的布置方式如下：

（1）横墙承重。用平行于山墙的横墙来支承楼层。常用于平面布局有规律的住宅、宿舍、旅馆、办公楼等小开间的建筑。横墙兼作隔墙和承重墙之用，间距为3～4m。

（2）纵墙承重。用檐墙和平行于檐墙的纵墙支承楼层，开间可以灵活布置，但建筑物刚度较差，立面不能开设大面积门窗。

（3）纵横墙混合承重。部分用横墙、部分用纵墙支承楼层。多用于平面复杂、内部空间划分多样化的建筑。

（4）砖墙和内框架混合承重。内部以柱代替墙承重，外围护墙兼起承重作用。这种布置方式可获得较大的内部空间，平面布局灵活，但建筑物的刚度不够。常用于空间较大的大厅。

（5）底层为钢筋混凝土框架，上部为砖墙承重的结构。常用于沿街建筑，底层为商店或公共活动的大空间，上部为住宅、办公用房或宿舍的建筑。

9.1.2 二次结构

在框架、剪力墙、框剪结构中的一些非承重的混凝土或砌体结构，如构造柱、过梁、隔墙等一些在装饰前需要完成的部分，称为二次结构。砌体结构作为二次结构在工程中广泛使用，其砌筑用的材料逐渐朝轻量化方向发展，施工工艺也在传统工艺基础上有一定的进步。

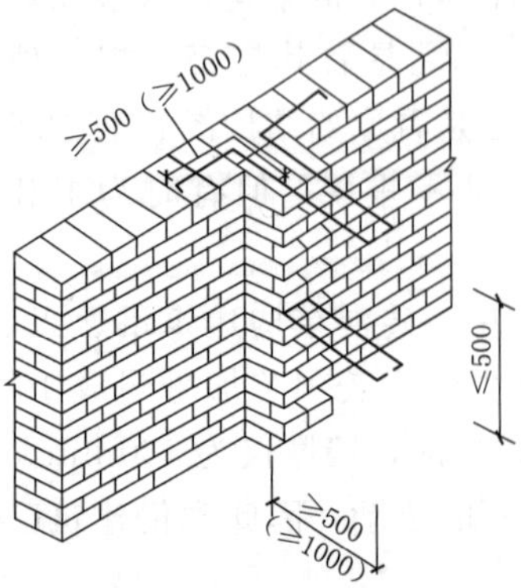

图9.2 墙体拉结筋（单位：mm）

二次结构大多属于非承重结构或部分承重结构，但由于其自身存在一定的重量，为确保其稳定，必须与主体结构有可靠的连接。从受力的可靠性来看，预埋件传力的效果最好，不会对主体结构造成损伤。如果采用预埋件连接方式，则其必须在主体结构钢筋安装阶段介入施工，在主体结构的钢筋笼上安装预埋钢筋或预埋件，它属于主体结构施工阶段的作业内容。类似的二次结构中的拉结筋预埋工作均在主体结构施工阶段施工，在二次结构内为了加强砌体间的连接也需设置构造钢筋，如丁字墙的转角处（图9.2）。

在装饰装修阶段涉及的二次结构施工作业面广，作业内容多，工程量也比较多。主要作业内容见表 9.1，这些部位的二次结构主要对装饰装修工程起到承重、保护、防水等作用，这里只讨论二次墙体的砌筑施工。

表 9.1　　装修阶段的二次结构施工

分项工程名称	涉及二次结构作业内容
楼地面工程	楼地面的泛水处理、止水反坎
墙体工程	隔墙、隔断与主体结构的拉结；幕墙埋件、龙骨安装；隔墙砌筑，构造柱施工等
门窗工程	门窗框的填缝处理
抹灰工程	脚手眼封堵、不同材料衔接处理，墙体界面处理
吊顶工程	预埋件、吊顶龙骨
屋面工程	挂瓦条安装

二次结构中的墙体主要起分隔空间的作用，所以一般采用轻质材料砌筑，如加气混凝土砌块（图 9.3）。加气混凝土砌块是一种轻质多孔、保温隔热、防火性能良好，可钉、可锯、可刨和具有一定抗震能力的新型建筑材料。这种材料广泛使用于高层框架结构建筑中，是一种优良的新型建筑材料，具有轻质、环保、抗震、易加工、保温性好等优点。但用加气砌块砌筑的墙体不适宜吊挂重量较大的设备，如大屏幕、空调主机等，一般可采用在设备部位砌筑若干皮数的实心黏土砖或多孔砖来解决，如图 9.4 所示。

图 9.3　加气混凝土砌块

图 9.4　加气混凝土砌块墙体承重部位处理

9.1.3　墙体的构造

9.1.3.1　墙体的基本尺寸

墙体的基本尺寸包括墙体的厚度、墙段长度和墙高。

1. 墙体的厚度

根据墙体所处的位置和作用不同，常将实砌砖墙的厚度分为 120mm、180mm、240mm、370mm、490mm。

2. 墙段长度与洞口宽度

为了增加过长墙体的稳定性，应每隔一定距离，砌筑一垂直于过长墙体的横墙或其他构件。墙段的长度尺寸应以砖宽加灰缝为奇数的倍数减去一个灰缝。砖墙预留洞口时，洞口宽度的尺寸应为以砖宽加灰缝为奇数的倍数再加上一个灰缝的尺寸。墙段长度和洞口宽度尺寸如图9.5所示。

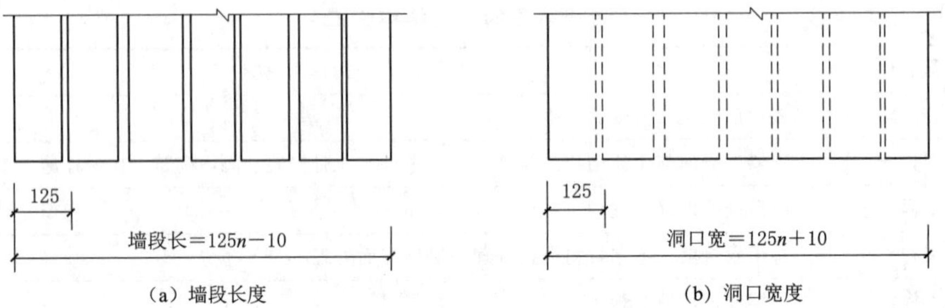

图9.5 墙段长度和洞口宽度（单位：mm）

3. 墙的高度

墙身的高度由设计确定，但墙高与墙厚应由一定的比例来制约，从而保证墙体的稳定性。

9.1.3.2 砖砌墙体的细部构造

墙体的细部构造一般是指在墙身上的细部做法，其中包括防潮层、勒脚、散水、窗台、过梁、圈梁等。

1. 防潮层

在墙身中设置防潮层是为了防止土壤中的水分沿基础上升和勒脚部位的地面水影响墙身。它的作用是提高建筑物的耐久性，保持室内干燥卫生。防潮层有水平防潮层和垂直防潮层两种。

水平防潮层的具体做法是：在室内与室外地坪之间，标高相当于−0.060m处的墙身作防潮层，以在地面垫层中部最为理想。水平防潮层的材料、做法主要有以下几种：

(1) 防水砂浆防潮层。具体做法是抹一层20mm厚的1∶3的水泥砂浆加5%防水粉拌和而成的水泥砂浆。另一种是用防水砂浆砌筑4～6皮砖，位置在室内地坪以下，如图9.6所示。

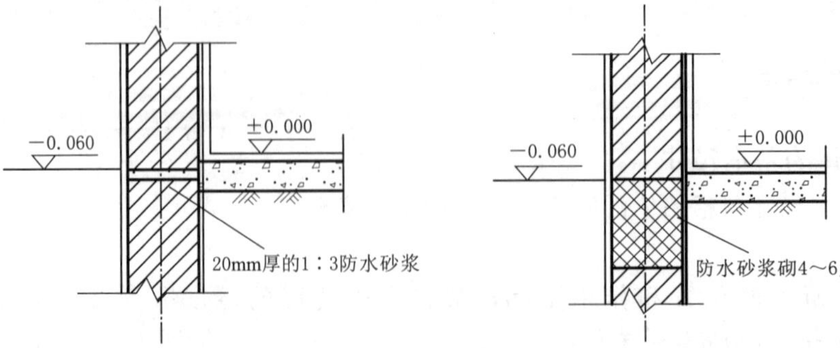

图9.6 防水砂浆防潮层

(2) 油毡防潮层。在防水层部位先抹20mm厚的砂浆找平层，然后干铺油毡一层或用热沥青粘贴油毡一层。油毡的宽度应与墙厚一致，或稍大一些，油毡沿长度铺设，搭接不小于100mm。油毡防潮较好，但使基础墙和上部墙身断开，减弱了墙身的抗震能力，如图9.7所示。

(3) 混凝土防潮层。由于混凝土本身具有一定的防水性能，常把防水要求和结构做法合并考虑。即在室内外地坪之间浇筑60mm厚的混凝土防水层，内放3ϕ6、ϕ4@250的钢筋网，如图9.8所示。如果在抗震设防地区，应选择防水砂浆或混凝土作防潮层。

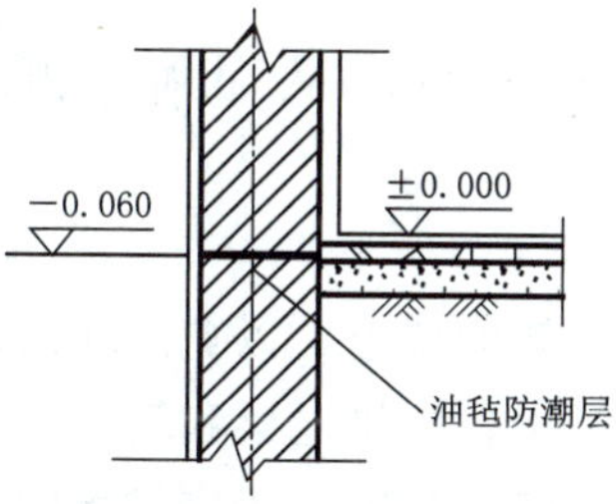

图9.7 油毡防潮层

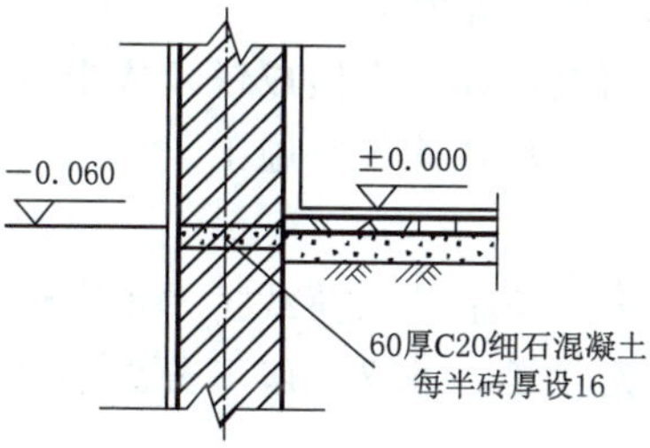

图9.8 混凝土防潮层（单位：mm）

(4) 垂直防潮层。当室内地坪出现高差或室内地坪低于室外地坪时，除在相应位置设水平防潮层外，还应在两道水平防潮层之间靠土壤的垂直墙面上做垂直防潮层。具体做法：先用水泥砂浆将墙面抹平，再涂一道冷底子油（沥青用汽油、煤油等溶解后的溶液），两道热沥青（或做一毡二油）。

2. 勒脚

外墙墙身下部靠近室外地坪的部分叫勒脚。其作用是防止地面水和雨水的侵蚀，从而保护墙面，保证室内干燥，提高建筑物的耐久性；同时，还有美化建筑外观的作用。勒脚常采用抹水泥砂浆、水刷石或加大墙厚的办法做成。勒脚的高度一般为室内地坪与室外地坪之高差，也可以根据立面的需要而提高勒脚的高度尺寸，如图9.9所示。

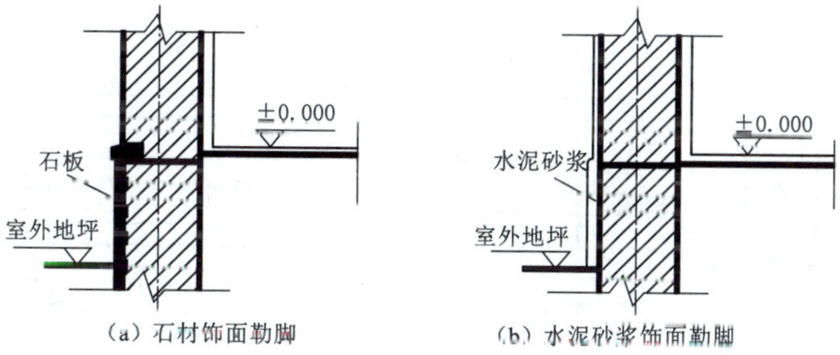

图9.9 勒脚

3. 散水与明沟

散水指的是靠近勒脚下部的排水坡，其作用是为了迅速排出从屋檐下滴下的雨水，防止因积水渗入地基而造成建筑物的下沉。散水的常用材料为混凝土、砖、炉渣等。

明沟是靠近勒脚下部设置的排水沟，其作用也是为了迅速排出从屋檐下滴下的雨水，明沟是将积水通过明沟引向下水道，明沟的材料可以用砖、混凝土等。

4. 踢脚

踢脚是外墙内侧或内外两侧的下部和室内地坪交接处的构造，目的是防止扫地时污染墙面。踢脚的高度一般在 120～150mm。常用的材料有水泥砂浆、木材、瓷砖、石材等，选用时一般与地面材料一致。

5. 窗台

窗洞口的下部应设置窗台。窗台根据窗的安装位置可形成内窗台和外窗台。外窗台是为了防止在窗洞底部积水，并流向室内；内窗台是为了排除窗上的凝结水，以保护室内墙面及存放东西、摆放花盆等。

窗台的底面檐口处，应做成锐角或半圆凹槽（叫“滴水”），以便于排水，从而减少对墙面的污染，滴水在抹灰时施工。

6. 过梁

为承受门窗洞口上部的荷载，并把它传到门窗两侧的墙上，以免压坏门窗框，在门窗洞口的上部应设过梁。过梁一般可分为钢筋混凝土过梁、砖拱过梁和钢筋砖过梁等几种。

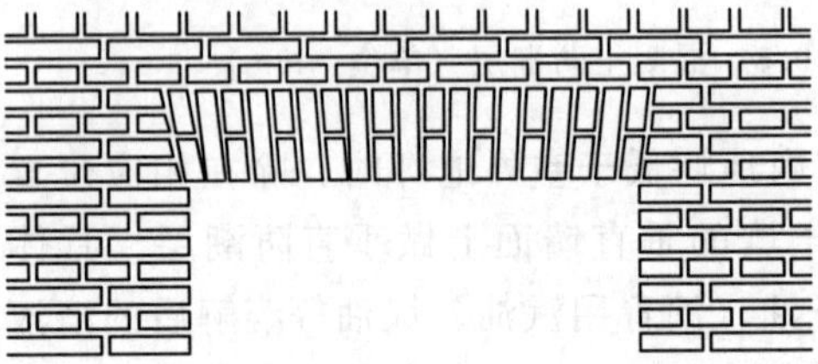

图 9.10 砖拱过梁

(1) 砖拱过梁。砖拱过梁的特点是不用钢筋，少用水泥，有平拱和弧拱两种做法。砖拱过梁适用于洞口上方无集中荷载作用、无震动或震动很小、地基承载力均匀的建筑中。砖拱过梁的构造如图 9.10 所示。

(2) 钢筋砖过梁。钢筋砖过梁也称平砖过梁，是由若干皮强度等级不低于 MU7.5 的砖和设于底部的钢筋及不低于 M2.5 的砂浆砌合而成。钢筋砖过梁的砌筑方法与一般砖墙一样。过梁的高度应不小于洞口宽度的 1/5，并不少于 5 皮砖，钢筋的数量为每 120mm 墙厚不少于 1ϕ6，钢筋应伸入支座砌体内 240mm，并应向上弯起 60mm，钩入垂直灰缝中。为防止钢筋锈蚀并有利于钢筋与砌体共同作用，应在钢筋的下部铺一层厚度不小于 30mm 水泥砂浆层，钢筋砖过梁的构造如图 9.11 所示。

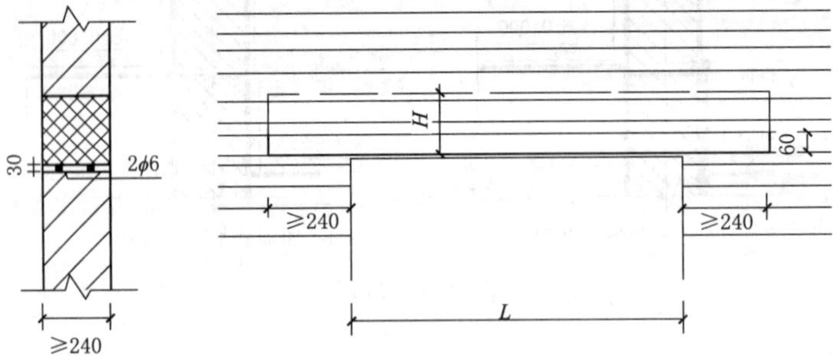

L<2m，H>L/5，L不少于4~6皮砖

图 9.11 钢筋砖过梁

(3) 钢筋混凝土过梁。对于门窗洞口宽度大于 1.5m、上部荷载较大、有较大震动荷载或可能产生不均匀沉降的房屋，应采用钢筋混凝土过梁。钢筋混凝土过梁有现浇和预制

两种做法，多数为预制。过梁的断面形式有矩形和L形两种，L形断面适用于清水砖墙或北方地区的外墙。钢筋混凝土过梁的高度及配筋应根据结构计算确定，梁的高度应与砖的皮数相对应，常为60mm、120mm、180mm、240mm等，梁的端部伸入墙内不小于240mm。钢筋混凝土过梁的构造如图9.12所示。

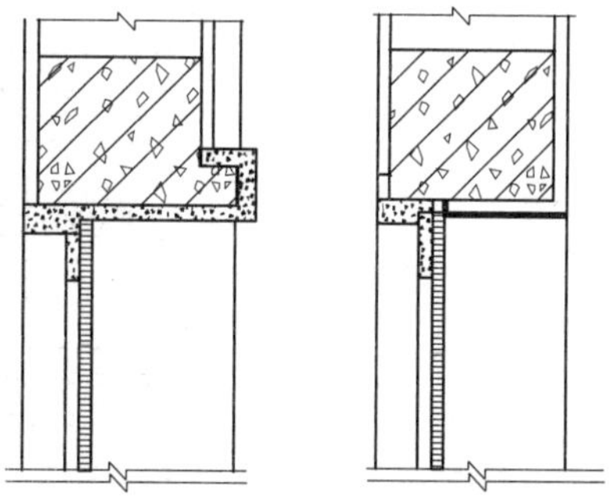

图 9.12　钢筋混凝土过梁

7. 墙身的加固构造

当墙身承受集中荷载、墙上开洞以及受地震等因素的影响时，为提高建筑物的整体刚度和墙体的稳定性，应视具体情况对墙身采取相应的加固措施。

（1）附壁柱。当墙体的窗间墙上出现集中荷载，而墙厚又不足以承受其荷载，或当墙体的长度和高度超过一定限度并影响墙体稳定性时，常在墙身局部适当位置增设凸出墙面的附壁柱以提高墙体刚度。附壁柱凸出墙面的尺寸一般为120mm×370mm、240mm×370mm、240mm×490mm。

（2）圈梁。圈梁是在房屋的檐口、窗顶、楼层、吊车梁顶或基础顶面标高处，沿砌体墙水平方向设置封闭状按构造配筋的混凝土梁式构件（图9.13）。砌体结构房屋中，在砌体内沿水平方向设置封闭的钢筋混凝土梁，以提高房屋空间刚度，增加建筑物的整体性，提高砖石砌体的抗剪、抗拉强度，防止由于地基不均匀沉降、地震或其他较大振动荷载对房屋的破坏。

圈梁应连续设置在墙的同一水平面上，并尽可能的形成封闭圈，当圈梁被门窗洞口截断时，应在洞口上部增设相同截面的附加圈梁，附加圈梁与截面圈梁的搭接长度不应小于其垂直间距的2倍，且不得小于1m。纵横墙交接处的圈梁应有可靠的连接。圈梁的宽度宜与墙厚相同，当墙厚大于等于240mm时，圈梁的宽度不宜小于2/3墙厚；圈梁高度应为砌体厚度的倍数，并不小于120mm。纵向钢筋不宜少于4ϕ10，绑扎接头的搭接长度按受拉钢筋考虑。箍筋间距不宜大于300mm。现浇混凝土强度等级不应低于C20。

采用现浇楼（屋）盖的多层砌体结构房屋，当层数超过5层，在按相关标准隔层设置现浇钢筋混凝土圈梁时应将梁板和圈梁一起现浇。未设置圈梁的楼面板嵌入墙内的长度不应小于120mm，其厚度宜根据所采用的块体模数而确定，并沿墙长配置不少于2根直径为10mm的纵向钢筋。

（3）构造柱。在多层砌体房屋墙体或较长的框架填充墙的规定部位，按构造配筋，并按先砌墙后浇灌混凝土的施工顺序制成的混凝土柱，称为构造柱。构造柱应当设置在地震时震害较重，连接构造比较薄弱和易于应力集中的部位。

Ⓜ 构造柱施工

多层房屋墙体上的构造柱应与圈梁连接，构造柱纵筋应穿过圈梁，保证构造柱纵筋上下贯通。隔层设置圈梁的房屋，应在无圈梁的楼层设置配筋砖带。仅在外墙四角设置构造柱时，在外墙上应伸过一个开间，其他情况应在外纵墙和相应横墙上拉通，其截面高度不应小于4皮砖，砂浆强度不应低于M5级。构造柱与墙连接处宜砌成马牙

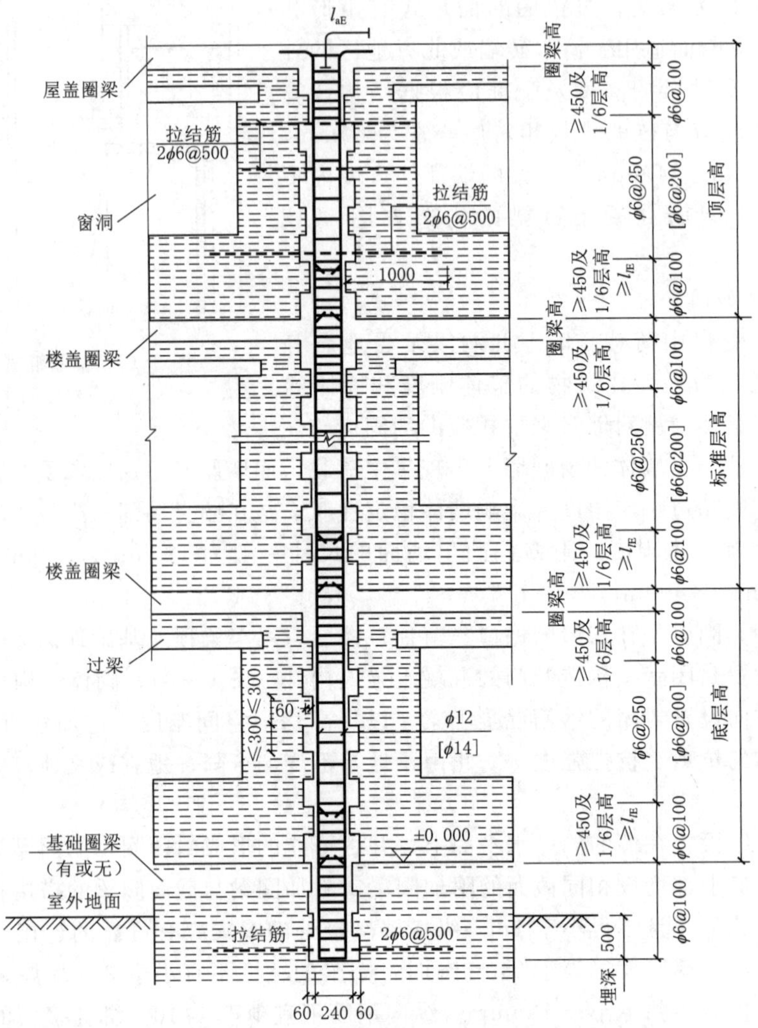

图 9.13 圈梁与构造柱

槎，并应沿墙高每隔 500mm，设 2φ6 拉结钢筋，每边伸入墙内不小于 1m 或伸至洞口边。构造柱的构造和材料依据设计说明施工。圈梁和构造柱的交接处，圈梁钢筋应放在构造柱钢筋的内侧，即把构造柱当做圈梁的支座，这样对结构有利。

构造柱可不单独设置基础，但应伸入地下 500mm，宜在柱根设置 120mm 厚的混凝土座，将柱的竖向钢筋锚固在该座内，这样有利于抗震，方便施工。当有基础圈梁时，可将构造柱竖向钢筋锚固在基础圈梁内。若遇基础圈梁高于室外地面（室内、外高差较大），仍应将构造柱伸入室外地面下 500mm，在柱根设置 120mm 厚的混凝土座。当墙体附有管沟时，构造柱埋置深度应大于沟的深度。

9.1.3.3 砌体的种类

1. 无筋砌体

不配钢筋（或配置少量钢筋），仅由块材和砂浆砌成的砌体称之为无筋砌体。根据块材种类可分为无筋砖砌体、无筋砌块砌体和无筋石材砌体。

(1) 无筋砖砌体。普通砖砌体可以砌成厚度为 120mm（半砖）、240mm（一砖）、370mm（一砖半）、490mm（两砖）及 620mm（两砖半）等的墙体。

(2) 无筋砌块砌体（图 9.14）。根据砌块尺寸可分为小型砌块砌体、中型砌块砌体和大型砌块砌体；按材料分为混凝土砌块砌体、加气混凝土砌块砌体、粉煤灰砌块砌体和轻骨料混凝土砌块砌体等。砌块砌体节约砂浆，但砂浆和块体的结合较弱，因而砌块砌体的整体性和抗剪性能不如普通砖砌体，使用时应考虑适当的构造措施。在确定砌块的规格尺寸和型号时，要与房屋的建筑设计相协调，要有规律性，使砌块的类型尽量少，并能满足砌块间的搭砌要求。

图 9.14　无筋砌块砌体

(3) 石砌体。石砌体分为料石砌体、毛石砌体和毛石混凝土。料石砌体和毛石砌体用砂浆砌筑；毛石混凝土由混凝土和毛石交替铺砌而成。毛石砌体在目前在房屋建筑中应用较少，一般用于建造挡土墙、路堤等。

2. 配筋砌体

为了提高砌体的抗压、抗弯和抗剪承载力，常在砌体中配置钢筋或钢筋混凝土，这样的砌体称为配筋砌体（图 9.15）。在钢筋和水泥比较匮乏的年代，这类构件主要用于偏心矩较大的受压构件，以利于节约钢筋混凝土材料。目前我国钢和水泥的产量很高，一般很少采用，这类砌体构件基本被钢筋混凝土构件替代。

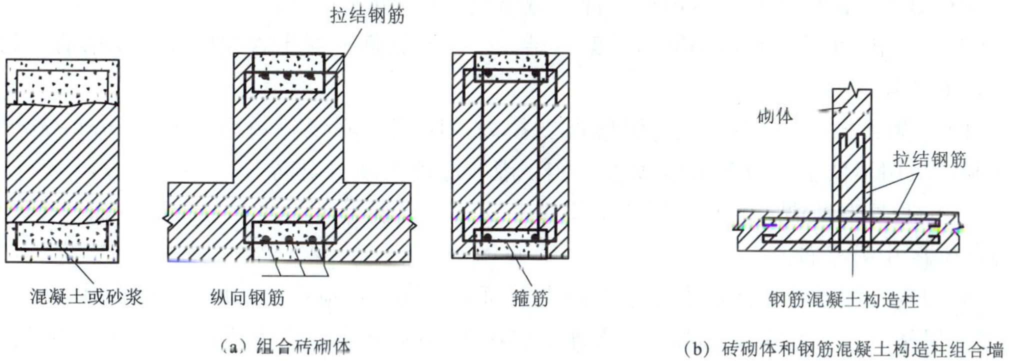

图 9.15　配筋砌体

9.1.3.4　墙、柱的构造要求

为保证房屋的空间刚度和良好的整体性，墙、柱除应满足承载力计算和高厚比验算的要求外，还需满足下列构造要求：

(1) 五层及五层以上房屋的墙，以及受震动或层高大于 6m 的墙、柱所用材料的最低强度等级，应符合下列要求：砖为 MU10，砌块为 MU7.5，石材为 MU30，砂浆为 M5。

（2）室内地面以下，室外散水坡顶面以上的砌体内，应设防潮层，防潮层材料一般情况下宜用防水水泥砂浆；勒脚部位用水泥砂浆粉刷。地面以下或防潮层以下的砌体，潮湿房间的墙，所用材料的最低强度等级应符合砌体结构设计规范的规定。

（3）砌块砌体应分皮错缝搭砌，上下皮搭砌长度不得小于 90mm。当搭砌长度不满足上述要求时，应在水平灰缝内设置不少于 $2\phi4$ 的焊接钢筋网片（横向钢筋的间距不宜大于 200mm），网片两端均应超过该垂直缝，其长度不得小于 300mm。

（4）跨度大于 6.0m 的屋架和跨度大于下列数值的梁，其支承面下的砌体，应设置混凝土或钢筋混凝土垫块（当墙中设有圈梁时，垫块与圈梁宜浇成整体）：

1）对砖砌体为 4.8m。

2）对砌块和料石砌体为 4.2m。

3）对毛石砌体为 3.9m。

（5）对厚度 h 不大于 240mm 的墙，当梁跨度不小于下列数值时，其支承处宜加设壁柱或构造柱，或采取其他加强措施：

1）对 240mm 厚的砖墙为 6m。

2）对砌块、料石墙和厚度小于 240mm 厚的砖墙为 4.8m。

（6）预制钢筋混凝土板的支承长度，在墙上不宜小于 100mm，在钢筋混凝土圈梁上不宜小于 80mm；当利用板端伸出钢筋拉结和混凝土灌缝时，其支承长度可为 40mm，但板端缝宽不宜小于 80mm，灌缝混凝土不宜低于 C20。

（7）支承在墙、柱上的屋架和吊车梁或跨度不小于下列数值的预制梁的端部，应采用锚固件与墙、柱上的垫块锚固：

1）对砖砌体为 9m。

2）对砌块和料石砌体为 7.2m。

（8）山墙处的壁柱宜砌至山墙顶部，檩条应与山墙可靠拉结。

（9）填充墙和隔墙宜用钢筋与骨架拉结。一般在钢筋混凝土骨架中预埋拉结筋，砌砖时嵌入水平灰缝内。

（10）混凝土砌块房屋，宜将纵横墙交接处，距墙中心线每边不小于 300mm 范围内的孔洞，采用不低于 C20 灌孔混凝土灌实，灌实高度为墙身全高。

（11）混凝土砌块墙体的下列部位，如未设圈梁或混凝土垫块，应采用不低于 C20 灌孔混凝土将孔洞灌实：

1）搁栅、檩条和钢筋混凝土楼板的支承面下，高度不应小于 200mm 的砌体。

2）屋架、梁等构件支承面下，高度不应小于 400mm，长度不应小于 600mm 的砌体。

3）挑梁支承面下，距墙中心线每边不小于 300mm，高度不应小于 600mm 的砌体。

（12）在砌体中留槽洞及埋设管道时，应符合的规定：不应在截面长边小于 500mm 的承重墙体及独立柱内埋设管线；墙体中应避免沿墙长方向穿行暗线或预留、开凿水平沟槽，无法避免时采取必要的加强措施或按削弱后的截面验算墙体的承载力。

（13）夹心墙应符合的规定：混凝土砌块的强度等级不应低于 MU10；夹心墙的夹层厚度不宜大于 100mm；夹心墙外叶墙的最大横向支承间距不宜大于 9m。

（14）夹心墙叶墙间的连接应符合下列规定：叶墙应采用经防腐处理的拉结件或钢筋

网片连接；当采用环形拉结件时，钢筋直径不小于4mm，当采用Z形拉结件时，钢筋直径不小于6mm。拉结件应沿竖向梅花形布置，拉结件的水平和竖向最大间距分别不宜大于800mm和600mm；对有振动或有抗震设防要求时，其拉结件的水平和竖向最大间距分别不宜大于800mm和400mm；当采用钢筋网片作拉结件时，网片横向钢筋的直径不小于4mm，其间距不宜大于400mm；网片的竖向间距不宜大于600mm，对有振动或有抗震设防要求时，不宜大于400mm；拉结件在叶墙上的搁置长度，不应小于叶墙厚度的2/3，并不应小于60mm；门窗洞口周边300mm范围内应附加间距不大于600mm的拉结件。

9.1.4　防止墙体开裂的主要措施

9.1.4.1　防止因温度变化和砌体干缩变形引起墙体开裂的措施

为了防止和减轻由于钢筋混凝土屋盖的温度变化和砌体干缩变形引起墙体的开裂（如顶层墙体的八字裂缝，水平裂缝等），应在墙体中设置伸缩缝，伸缩缝应设在温度和伸缩变形可能引起应力集中、产生裂缝可能性最大的地方。温度伸缩缝的间距可参照表9.2采用。此外，可根据具体情况采取下列措施：

（1）屋盖上设置保温层或隔热层。

（2）采用装配式有檩体系钢筋混凝土屋盖或瓦屋盖。

（3）房屋顶层的墙体采用塑性较好的砂浆砌筑。

（4）对非烧结硅酸盐砖，应严格控制块体出厂时间，并应避免现场堆放时遭受雨淋。

（5）当有实践经验时，也可采用其他措施，如在钢筋混凝土屋面板与墙体的连接处设置滑动层。

9.1.4.2　防止地基不均匀沉降引起墙体开裂的措施

在复杂地层或压缩性较大的地基上，特别是在软弱的地基上建造建筑物，若处理不当，往往因地基的不均匀沉降而使建筑物的墙体开裂。为防止墙体因地基不均匀沉降而出现裂缝，在房屋下列部位宜设置沉降缝：

（1）建筑物平面的转折部位。

（2）建筑物高度差异较大或荷载差异较大处。

（3）在房屋长度超过表9.2规定的温度缝间距的房屋中部的适当部位。

（4）地基土的压缩性有显著差异处。

（5）建筑结构（或基础）类型不同处。

（6）分期建造的房屋交界处。

9.1.4.3　合理设置沉降缝构造

沉降缝处应使基础和墙体全部高度范围内贯通。沉降缝的构造方式有下面几种：

（1）悬挑基础构造方案，适用于一侧有承重墙基础时情况（图9.16）。

（2）跨越式构造方案（图9.17）。

（3）设插入距并用简支构件连接（图9.18）。

表 9.2 砌体房屋温度伸缩缝的最大间距

屋盖或楼盖类别		间距/m
整体式或装配整体式钢筋混凝土结构	有保温层或隔热层的屋盖、楼盖	50
	无保温层或隔热层的屋盖	40
装配式无檩体系钢筋混凝土结构	有保温层或隔热层的屋盖、楼盖	60
	无保温层或隔热层的屋盖	50
装配式有檩体系钢筋混凝土结构	有保温层或隔热层的屋盖、楼盖	75
	无保温层或隔热层的屋盖	60
黏土瓦或石棉水泥瓦屋盖、木屋盖或楼盖、砖石屋盖或楼盖		100

注 1. 当有实践经验和可靠根据时，可不遵守本表规定。

2. 层高大于5m的砌体结构单层房屋，其伸缩缝间距可按表中数字乘以1.3，但当墙体采用硅酸盐砌块时，不得大于75m。

3. 温度变化较大且变化频繁地区和严寒地区的不采暖房屋及构筑物，墙体伸缩缝最大间距应按表中数字予以减小。

4. 墙体伸缩缝应与其他结构的变形缝重合，缝内应嵌以软质可塑材料，在进行立面处理时，必须使缝隙能起伸缩作用。

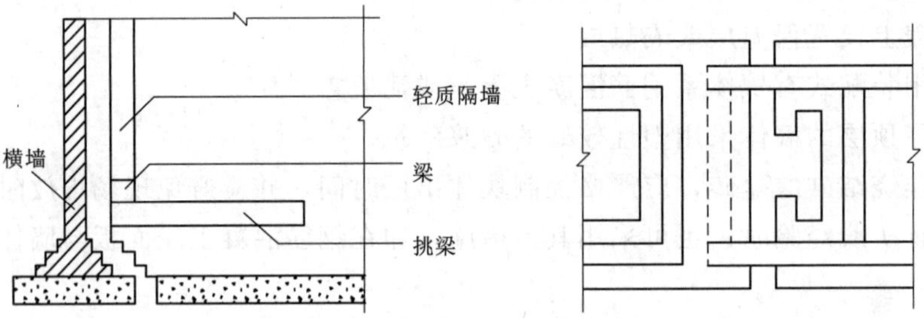

图 9.16 悬挑式

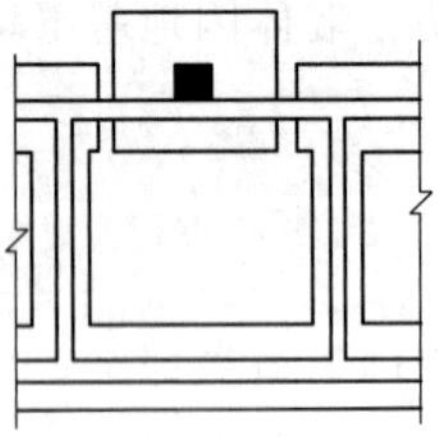

图 9.17 跨越式

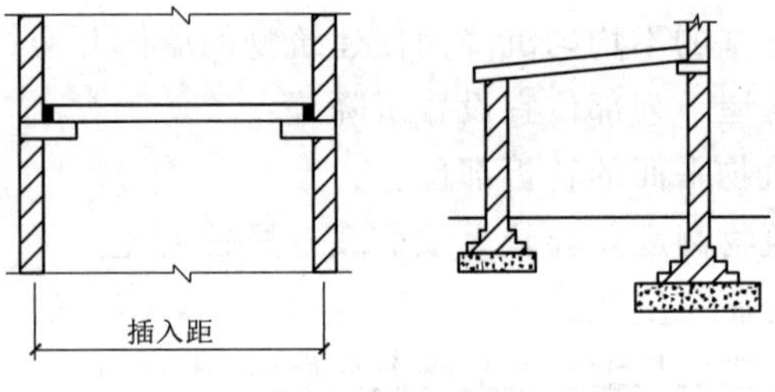

图 9.18 简支构件连接

表 9.3 房屋沉降缝宽度

房屋层数	沉降缝宽度/m
2～3	50～80
4～5	80～120
5层以上	≥120

沉降缝应有足够的宽度，可按表9.3采用。为减小地基的沉降量，在施工安排上，先建较重单元；相邻房屋地基埋置深度不同时，埋深较深的基础先施工，埋深较浅的基础后施工。适当降低加载速度，不应一次加足荷载，更不宜超载。

任务 9.2 砌体结构施工准备工作

砌体结构施工前要做好各项技术准备，备好砌筑用主要材料、施工机具和砌筑用脚手架等。所用材料应有产品的合格证书、产品性能检测报告，块材、水泥、钢筋、外加剂等应见证取样检测。

9.2.1 砖的准备

9.2.1.1 烧结砖

以页岩、煤矸石、粉煤灰等为主要原材料，经成型、焙烧而成的块状墙体材料称为烧结砖。烧结砖按其孔洞率（砖面上孔洞总面积占砖面积的百分率）的大小分为烧结普通砖（没有孔洞或孔洞率小于 15%的砖）、烧结多孔砖（孔洞率不小于 15%的砖，其中孔的尺寸小而数量多）和烧结空心砖（孔洞率不小于 35%的砖，其中孔的尺寸大而数量少）。

1. 烧结普通砖

烧结普通砖是实心砖，按主要原料分为页岩砖（Y）、煤矸石砖（M）和粉煤灰砖（F）。烧结普通砖的技术指标包括规格尺寸、强度等级、抗风化性能、泛霜和石灰爆裂、质量等级。尺寸规格是 240mm×115mm×53mm。其中 240mm×115mm 面称为大面，240mm×53mm 面称为条面，115mm×53mm 面称为顶面，见图 9.19。在砌筑时，4 皮砖长、8 皮砖宽、16 皮砖厚，再分别加上砌筑灰缝（每个灰缝宽度为 8～12mm，平均取 10mm），其长度均为 1m。理论上，$1m^3$ 砖砌体大约需用砖 512 块。

(a) 烧结普通砖实物图

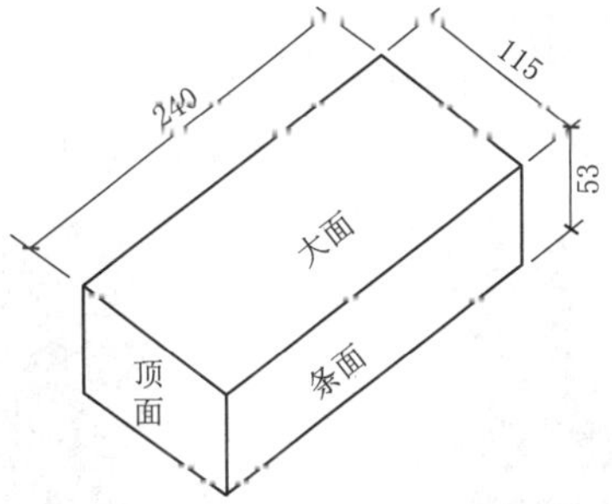

(b) 烧结普通砖规格（单位：mm）

图 9.19 烧结普通砖

烧结普通砖按抗压强度分为 MU30、MU25、MU20、MU15 和 MU10 五个强度等级。

抗风化性能是指在干湿变化、温度变化、冻融变化等物理因素作用下，材料不破坏并长期保持原有性质的能力，它是材料耐久性的重要内容之一。烧结普通砖的抗风化性能是一项综合性指标，主要受砖的吸水率与地域位置的影响，因而用于东北、内蒙古、新疆等严重风化区的烧结普通转，必须进行冻融试验。

泛霜是指可溶性的盐在砖表面的盐析现象，一般呈白色粉末、絮团或絮片状，又称为起霜、盐析或盐霜。泛霜主要影响砖墙的表面美观。优等品砖无泛霜，一等品不允许出现中等泛霜，合格品不允许出现严重泛霜。

石灰爆裂是指烧结普通砖的原料或内燃物质中夹杂着石灰质，焙烧时被烧成生石灰，砖在使用吸水后，体积膨胀而发生的爆裂现象。石灰爆裂影响砖墙的平整度、灰缝的平直度，甚至使墙面产生裂纹，使墙体破坏。尺寸偏差和抗风化性能合格的砖，根据外观质量、泛霜和石灰爆裂三项指标，分为优等品（A）、一等品（B）、合格品（C）三个等级。

烧结普通砖的应用：烧结普通砖具有一定的强度、较好的耐久性、一定的保温隔热性能，在建筑工程中主要砌筑各种承重墙体。

2. 烧结多孔砖和烧结空心砖

墙体材料逐渐向轻质化、多功能方向发展。近年来逐渐推广和使用多孔砖和空心砖，一方面可减少原料20%～30%的消耗量；另一方面，墙体的自重至少减轻30%～35%，降低造价近20%，且保温隔热性能和吸声性能有较大提高。

烧结空心砖和多孔砖的特点、规格和等级分别见表9.4。

表9.4 烧结空心砖和多孔砖的特点、规格和等级

项目	烧结多孔砖	烧结空心砖
生产	以页岩或煤矸石为主要原料，经焙烧而成	
特点	孔洞率不小于15%，孔为竖孔	孔洞率不小于35%，孔为横孔
规格	M形：190mm×190mm×90mm P形：240mm×115mm×90mm	290mm×190（140）mm×90mm 240mm×180（175）mm×115mm
强度等级	按抗压强度、抗折荷重分为MU30、MU25、MU20、MU15、MU10共五个强度等级	按大面和条面抗压强度划分为MU5.0、MU3.0、MU2.0三个强度等级
质量等级	按尺寸偏差、外观质量、强度等级和物理性能分为优等品（A）、一等品（B）和合格品（C）	

烧结多孔砖的技术指标包括：尺寸允许偏差、强度、外观质量和物理性能。烧结多孔砖的外形为直角六面体，最常用的尺寸有190mm×190mm×90mm（M形）和240mm×115mm×90mm（P形）两种规格。其空洞尺寸为：圆孔尺寸直径不大于22mm，非圆孔内切圆直径不大于15mm；手抓孔（30～40）mm×（75～85）mm，见图9.20。烧结多孔砖根据抗压强度、抗折荷重分为MU30、MU25、MU20、MU15、MU10五个强度等级。根据耐久性、外观质量、尺寸偏差和强度等级分为优等品、一等品、合格品三个等级，其外观质量和物理性能应符合有关规定。

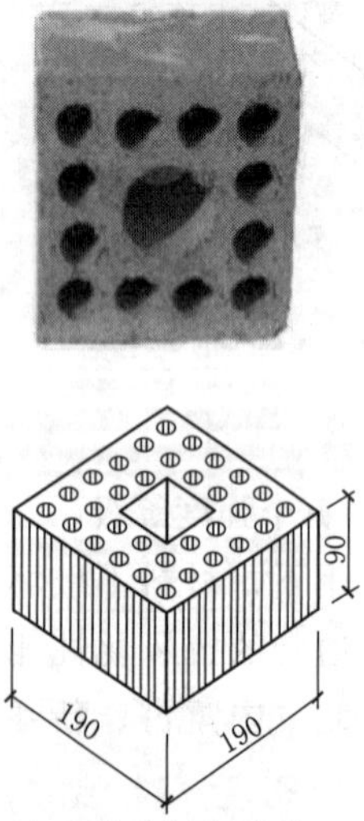

（a）M形实物图及规格

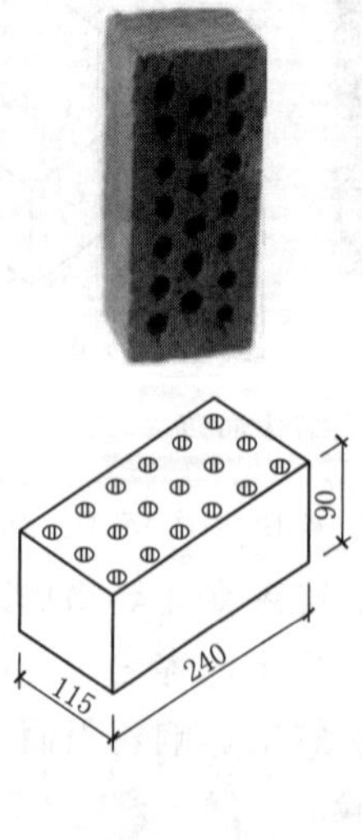

（b）P形实物图及规格

图9.20 烧结多孔砖（单位：mm）

烧结空心砖按砖或砌块的体积密度不同分为800、900、1100三个密度等级。根据抗压强度分为MU5.0、MU3.0、MU2.0三个强度等级。根据孔洞及其排数、尺寸偏差、外观质量、强度等级和物理性能（包括冻融、泛霜、石灰爆裂、吸水率）分为优等品（A）、一等品（B）和合格品（C）三个产品等级，其外观质量和物理性能应符合有关规定，见图 9.21。

图 9.21　烧结空心砖

烧结多孔砖主要用于砌筑承重墙体，烧结空心砖主要用于砌筑非承重的墙体。

9.2.1.2　非烧结砖

不经焙烧而制成的砖均为非烧结砖，如碳化砖、免烧免蒸砖、蒸养（压）砖等。这类砖在使用上均受一定的限制，应视工程需要使用。如蒸压灰砂砖 MU15、MU20、MU25 强度可用于基础及其他建筑；MU10 的砖仅可用于防潮层以上的建筑。灰砂砖不得用于长期受热（200℃以上）、受急冷急热和有酸性介质侵蚀的建筑部位，也不宜用于有流水冲刷的部位。炉渣砖不得用于受高温、受急冷急热交替作用或有酸性介质侵蚀的部位。

9.2.1.3　砖质量控制要点

（1）砖的品种、强度等级必须符合设计要求，用于清水墙、柱表面的砖，应边角整齐、色泽均匀。

（2）砖进场后应按规定及时抽样复检。砖的强度等级必须符合设计要求。抽样送样工作应在现场监理人员的见证下进行。每一生产厂家的砖进场后按烧结砖 15 万块、多孔砖 5 万块、灰砂砖及粉煤灰砖 10 万块各为一个验收批抽检一组。不合格的砖不得用于工程中。

（3）砖需提前浇水湿润，严禁干砖砌筑墙体。由于烧结砖极易吸水，在砌筑时容易过多吸收砌筑砂浆中的水分而降低砂浆性能（流动性、黏结力和强度）和影响砌筑质量。因此在使用前应提前 1～2d 浇水湿润。烧结普通砖、多孔砖含水率宜为 10%～15%；灰砂砖、粉煤灰砖含水率宜为 5%～8%。含水率以水重占砖重的百分数计。施工现场上砖的润湿程度可通过横截面润湿痕迹来判断，一般要求砖处于半干湿状态（水浸入砖 10mm 左右），浇水湿润不能使砖浸透，否则因不能吸收砂浆中的多余水分而影响与砂浆的黏结力，还会产生堕灰和砖滑动现象。夏季因水分挥发较快可在操作面上及时补水保持湿润。冬季则应提前润水并保证在使用前晾干表面水分。

9.2.2　砂浆的准备

建筑砂浆是由胶结料、细集料、掺加料和水按适当比例配制而成的一种复合型建筑材料。根据砂浆中胶凝材料的不同，可分为水泥砂浆、石灰砂浆、石膏砂浆和混合砂浆。混合砂浆有水泥石灰砂浆、水泥粘土砂浆和石灰黏土砂浆等。根据用途，建筑砂浆可分为砌筑砂浆、抹面砂浆及特种砂浆等。

用于砌筑的砂浆称为砌筑砂浆。它起着黏结块材、构筑砌体、传递荷载和提高墙体使用功能的作用，是砌体的重要组成部分。

9.2.2.1 砌筑砂浆的组成材料

砌筑砂浆的组成材料包括水泥、细骨料、拌和用水、掺加料、外加剂。

1. 水泥

常用品种的水泥都可以用来配制砌筑砂浆。水泥的强度等级一般为砂浆强度等级的4.0～5.0倍，常用强度等级为42.5、42.5R。

2. 细骨料

砂浆用细骨料主要为天然砂，它应符合混凝土用砂的技术要求。由于砂浆层较薄，对砂子最大粒径有所限制。砖砌体以使用中砂为宜，粒径不得大于2.5mm。对于光滑的抹面及勾缝的砂浆则应采用细砂。砂中含泥量不应大于5%，若采用人工砂、山砂、炉渣等作为骨料配制砂浆，应根据经验或经试配而确定其技术指标。

3. 拌和用水

拌制砂浆用水，水质应符合国家现行标准《混凝土拌合用水标准》(JGJ 63) 的规定。

4. 掺加料

掺加料是指为了改善砂浆的和易性而加入的无机材料。常用的掺加料有石灰膏、黏土膏、电石膏、粉煤灰以及一些其他工业废料等。为了保证砂浆的质量，需将生石灰块预先充分"陈伏"熟化制成石灰膏，然后再掺入砂浆中搅拌均匀。如采用生石灰粉，则可直接掺入砂浆搅拌均匀后使用，消石灰粉不得直接使用于砌筑砂浆中。当利用其他工业废料或电石膏等作为掺加料时，必须经过砂浆的技术性质检验，在不影响砂浆质量的前提下才能够采用。

5. 外加剂

凡在砂浆中掺入有机塑化剂、早强剂、缓凝剂、防冻剂等，应经检验和试验符合要求后，方可使用。有机塑化剂应有砌体强度的型式检验报告。

9.2.2.2 砌筑砂浆的技术性质

新拌砂浆要有良好的和易性。和易性良好的砂浆容易在粗糙的砖石底面上铺抹成均匀的薄层，而且能够和底面紧密黏结。使用和易性良好的砂浆，既便于施工操作，提高劳动生产率，又能保证工程质量。硬化后的砂浆则应具有所需的强度和对底面的黏结力，并应有适宜的变形性能。

1. 和易性

砂浆和易性是指砂浆便于施工操作的性能，包含有流动性和保水性两方面的含义。砂浆流动性的选择与砌体材料及施工天气情况有关。一般可根据施工操作经验来掌握。

新拌砂浆能够保持水分的能力称为保水性。保水性也指砂浆中各项组成材料不易分离的性质。保水性差的砂浆，在施工过程中很容易泌水、分层、离析，由于水分流失而使流动性变坏，不易铺成均匀的砂浆层。凡是砂浆内胶凝材料充足，尤其是掺入了掺加料的混合砂浆，其保水性好。砂浆中掺入适量的加气剂或塑化剂也能改善砂浆的保水性和流动性。通常可掺入微沫剂以改善新拌砂浆的性质。

2. 砂浆的强度

砂浆强度是以边长为 70.7mm×70.7mm×70.7mm 的立方体试块，在温度为（20±3)℃，一定湿度下养护 28d，测得的极限抗压强度。

砂浆按其抗压强度平均值分为 M2.5、M5.0、M7.5、M10、M15、M20 等六个强度等级。

9.2.2.3　砌筑砂浆的配合比

砌筑砂浆配合比应由有资质的试验室根据施工现场提供的水泥、砂等原材料，按《砌筑砂浆配合比设计规程》（JGJ 98—2000）规定的方法确定。

9.2.2.4　砂浆质量控制要点

（1）须严把原材料质量关。水泥、砂子必须按规范要求复验；砌筑砂浆严禁使用细砂和含泥量超标的砂子；严禁将熟化好的石灰膏露天存放。

（2）严把材料计量关。砌体用砂浆应严格按重量比计量。现场配合比标志牌必须标明每盘砂浆所用各种材料具体数量，严格控制石灰膏（粉）的掺用量。

（3）砌筑砂浆必须采用机械搅拌，严格控制搅拌加料顺序和搅拌时间。

（4）砂浆应随拌随用，水泥砂浆和水泥混合砂浆应分别在 3h 和 4h 内使用完毕；当施工期间最高气温超过 30℃时，应分别在拌成后 2h 或 3h 内使用完毕。掺用缓凝剂的砂浆，其使用时间可根据具体情况延长。（注：对掺用缓凝剂的砂浆，其使用时间可根据具体情况延长）。

（5）凡在砂浆中掺入有机塑化剂、早强剂、缓凝剂、防冻剂等，应经检验和试配符合要求后，方可使用。有机塑化剂应有砌体强度的型式检验报告。

（6）砌筑砂浆应采用机械搅拌，自投料完算起，搅拌时间应符合下列规定：水泥砂浆和水泥混合砂浆不得小于 2min；水泥粉煤灰砂浆和掺用外加剂的砂浆不得少于 3min；掺用有机塑化剂的砂浆，应为 3～5min。

（7）砂浆应进行强度检验。砌筑砂浆试块强度验收时，其强度合格标准必须符合下列规定：

1）同一验收批砂浆试块抗压强度平均值必须不小于设计强度等级所对应的立方体抗压强度，同一验收批砂浆试块抗压强度的最小一组平均值必须不小于设计强度等级所对应的立方体抗压强度的 0.75 倍。

2）砂浆强度应以标准养护龄期为 28d 的试块抗压试验结果为准。

3）抽检数量：每一检验批且不超过 250m^3 砌体中的各种类型及强度等级的砌筑砂浆，每台搅拌机应至少抽查一次。

4）检验方法：在砂浆搅拌机出料口随机取样制作砂浆试块（同盘砂浆只应制作一组试块），最后检查试块强度试验报告单。

9.2.3　施工机具的准备

砌筑结构施工前应做好砌筑施工机具的准备工作。施工时常用的施工机具主要有砌筑用工具，砖砌体质量检测用工具，拌制砂浆用的砂浆搅拌机等。

9.2.3.1 砌筑用工具

砌体结构施工砌筑使用时的工具在各个地区有所不同。主要工具见表9.5。

表9.5 砌筑使用工具汇总表

类别	名 称	作 用
瓦刀工具	1. 砖刀	用以砌墙、砍砖
	2. 大铲	用以铲灰、铺灰和刮灰
	3. 刨锛	用以打砍砖块
	4. 手锤	用以敲凿石料和开凿异型砖
	5. 钢凿	用以敲凿石料和开凿异型砖
	6. 摊灰尺	用以控制灰缝及摊铺砂浆
	7. 溜子	用以清水缝勾缝
	8. 抿子	用以石墙抹、勾缝
	9. 灰板	用以承托砂浆
共用工具	10. 筛子	用以筛分砂子
	11. 铁锹	用以挖土、装车、筛砂等
	12. 工具车	用以运输砂浆和其他散装材料
	13. 运转车	用以运输砖块
	14. 砖夹	用以装卸砖块
	15. 砖笼	用以垂直吊运砖块
	16. 料斗	用以垂直吊运砂浆
	17. 灰斗	用以存放砂浆
	18. 灰桶	用以临时储存砂浆
检测工具	19. 钢卷尺	用以量测墙体、构件尺寸
	20. 木折尺	用以量测墙体、构件尺寸
	21. 靠尺	用以量测墙体、构件平整度
	22. 木三角尺	用以检测墙体的直角度
	23. 托线板	用以检测墙面垂直度和平整度
	24. 线锤	用以检测墙体、构件垂直度
	25. 塞尺	用以测定墙、柱垂直平整度的数值偏差
	26. 水平尺	用以检测砌体水平方向的偏差
	27. 准线	用以检测水平灰缝的平直度
	28. 百格网	用以检测水平灰缝砂浆饱满度
	29. 方尺	用以检测墙体转角的方正度
	30. 皮数杆	用以控制砌筑时的竖向尺寸

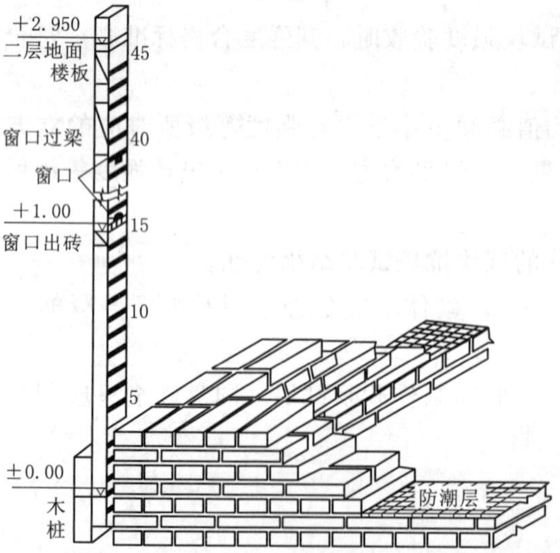

图9.22 皮数杆

砌筑常用工具有皮数杆、托线板、水准仪、经纬仪、水平尺、垂线坠、小线绳、大铲、浆桶、瓦刀等。

1. 皮数杆

皮数杆是指在其上画有每皮砖和砖缝的厚度，以及门窗洞口、过梁、楼板、梁底、预埋件等标高位置的一种木制标杆，它是砌筑时控制砌体竖向尺寸的标志，同时还可以保证砌体的垂直度。皮数杆的设立，应由两个方向斜撑或锚钉加以固定，以保证其牢固和垂直。砖层灰缝应符合皮数杆标志，如图9.22所示。

2. 托线板

托线板是木制挂线标杆，它是施工保证墙面垂直平整的工具。在砌筑过程中应随时用托线板检查墙角是否垂直平整，应三皮一吊，五皮一靠，把砌筑误差消灭在操作过程中。

3. 水准仪和经纬仪

水准仪和经纬仪用于施工测量放线。水准仪用于随时监测位于同一标高的几个点位置是否正确，以便于减少施工误差，保证施工质量。经纬仪可在垂直方向上将轴线引上，并弹出各墙的宽线，画出门洞口位置线。

4. 水平尺和垂线坠

水平尺垂线坠是施工过程中，工人师傅随时检查施工部位平整情况的工具。垂线坠可用于检查墙面的垂直度或用于轴线引测，并帮助弹出各墙的宽度线，画出门洞口位置线，见图 9.23、图 9.24。

图 9.23　水平尺

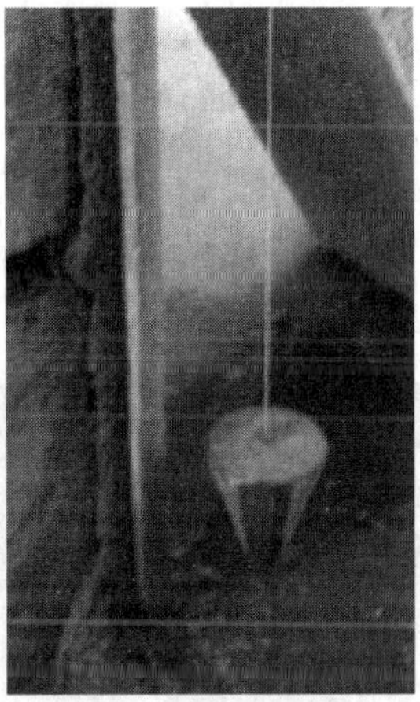

图 9.24　垂线坠

5. 小线绳

小线绳是砌筑施工中保证灰缝平直、砌筑高度一致的用具。砌砖时应先挂上通线，按所排的干砖位置把第一皮砖砌好，然在四大角处根据皮数杆先进行盘角，即可挂线砌第二皮以上的砖，可单面挂线或双面挂线，一砖半厚以上砖墙必须双面挂线。

9.2.3.2　检测用工具

砌筑检测用的工具主要有尺、托线板、靠尺和楔形塞尺、百格网、塞尺等。

(1) 尺：用来检查砌体各个位置尺寸偏差的大小。

(2) 托线板：常用 2m 托线板检查每层垂直度，见图 9.25。

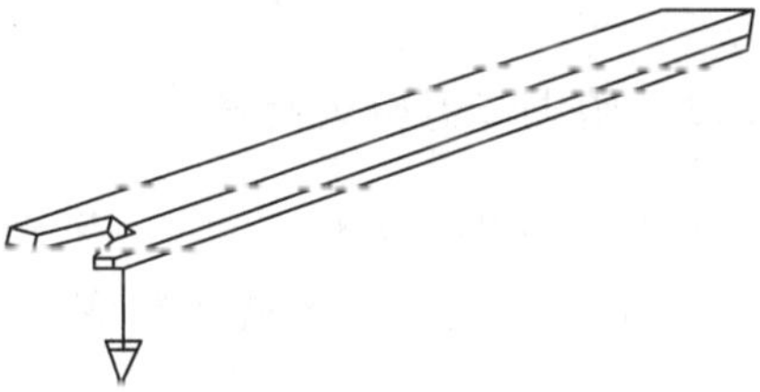

图 9.25　托线板

(3) 靠尺和楔形塞尺：常用 2m 靠尺和楔形塞尺检查表面平整度，见图 9.26。

(4) 吊垂线：和尺配合检查清水墙面游丁走缝情况。

(5) 百格网：用于检查砌体水平灰缝的砂浆饱满程度，见图 9.27。

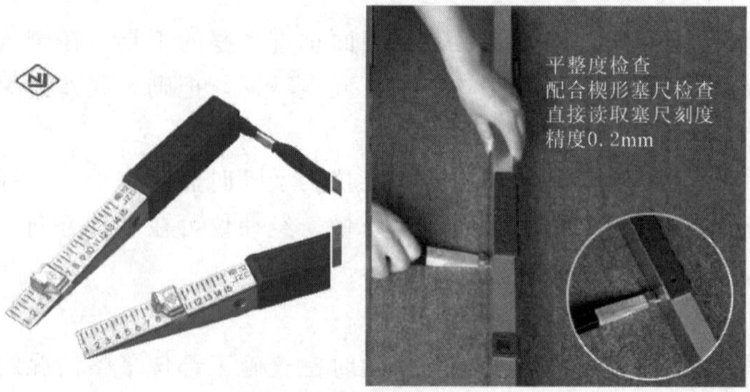

图 9.26 用靠尺和楔形塞尺检查表面平整度

9.2.3.3 施工机械

砂浆可用砂浆搅拌机进行搅拌，砌筑前，必须按施工组织设计要求组织砂浆搅拌机进场、安装、调试等工作（图 9.28）。

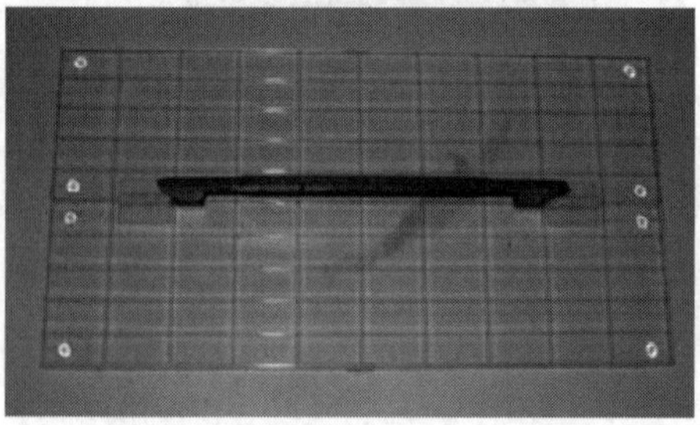

图 9.27 百格网

图 9.28 砂浆搅拌机

任务9.3 学习墙体砌筑工艺

9.3.1 砖砌体的砌筑方法

砖砌体的砌筑方法有“三一”砌砖法、“二三八一”砌砖法、挤浆法、刮浆法和满口灰法。其中，“三一”砌砖法和挤浆法最为常用。

9.3.1.1 “三一”砌砖法

“三一”砌砖法，就是指砌砖时“一块砖、一铲灰、一挤揉”，并随手用大铲尖将挤出墙面的灰浆刮掉，放入墙中缝或灰桶中的砌筑方法。这种砌砖法的优点是灰浆容易饱满，黏结力好，墙面整洁。因此，是目前应用最广的砌砖方法之一，特别是实心砖墙或抗震烈度 8 度以上地震设防区的砌砖工程，更宜采用这种方法。

1. “三一”砌砖法的施工步骤

（1）铲灰取砖。理想的操作方法是将铲灰和取砖合为一个动作进行。先是右手利用工具勾起侧码砖的顶面，左手随之取砖，右手再铲灰。拿砖时就要看好下一块砖，以确定下一个动作的目标，这样有利于提高功效。铲灰量凭操作者的经验和技艺来确定，以一铲灰刚好能砌一块砖为准。

（2）铺灰。砌条砖铺灰采取正铲甩灰和反扣两个动作。甩的动作应用于砌筑离身较远且工作面较低的砖墙，甩灰时握铲的手利用手腕的挑力，将铲上的灰拉长而均匀地落在操作面上。扣的动作应用于正面对墙且操作面较高的近身砖墙，扣灰是握铲的手利用手臂的前推力将灰条扣出。

砌三七墙的里丁砖时，采取扣灰刮虚尖的动作，灰铲要呈扁平状，大铲尖部的灰要少，扣出灰要前部高后部底，随即用铲刮虚尖灰，使碰头灰浆挤严。砌三七墙的外丁砖时，铲灰呈扁平状，灰的厚薄要一致，由外往里平拉铺灰，采取泼的动作。平拉反腕泼灰用于侧面砌较远的外丁砖墙；平拉正腕泼灰用于正面身砌较近的外丁砖墙。

（3）揉挤。灰铺好后，左手拿砖在离已砌好的砖有 30～40mm 处开始平放，并稍稍蹭着灰面，把灰浆刮起一点到砖顶头的竖缝里，然后把砖揉一揉，顺手用大铲把挤出墙面的灰刮起来，在甩到竖缝里。揉砖时要做到上看线下看墙，做到砌好的砖下跟砖棱上跟挂线。

2. “三一”砌砖法的动作分解

“三一”砌筑法可分解为铲灰、取砖、转身、铺灰、揉挤和将余灰甩入竖缝 6 个动作（图 9.29）。

图 9.29 “三一”砌砖法的动作分解

3. “三一”砌筑法的步法

一般的步法是操作者背向前进方向（即退着往后），斜站成步距约 0.8m 的丁字步，以便随着砌筑部位的变化，铲灰、取砖时身体能够灵活转动。一个丁字步可能完成 1m 长的砌筑工作量。在砌筑身体较远的砖墙时，身体重心放在前足，后足跟可以略微抬起，砌到近身部位时，身体移到后腿，前腿逐渐后缩。在完成 1m 长的工作量，前足后移半步，人体正面对墙，还可以砌 0.5m 长，这时铲灰、砌砖脚步可以以后足为轴心稍微转动，每砌完 1.5m 长的墙，人就移动了一个工作段。

这种砌法的优点是操作者的视线能够看着已砌好的墙面，便于检查墙面的平直度，并能及时纠正，但因为人斜向墙面，竖缝不宜看准，因此，要严加注意。“三一”砌筑法的步法如图 9.30 所示。

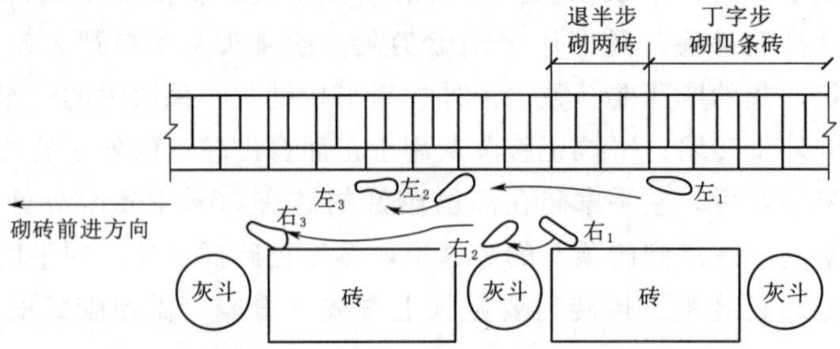

图 9.30 “三一”砌筑法的步法

4. “三一”砌筑法的手法

“三一”砌筑法的手法如图 9.31 所示。

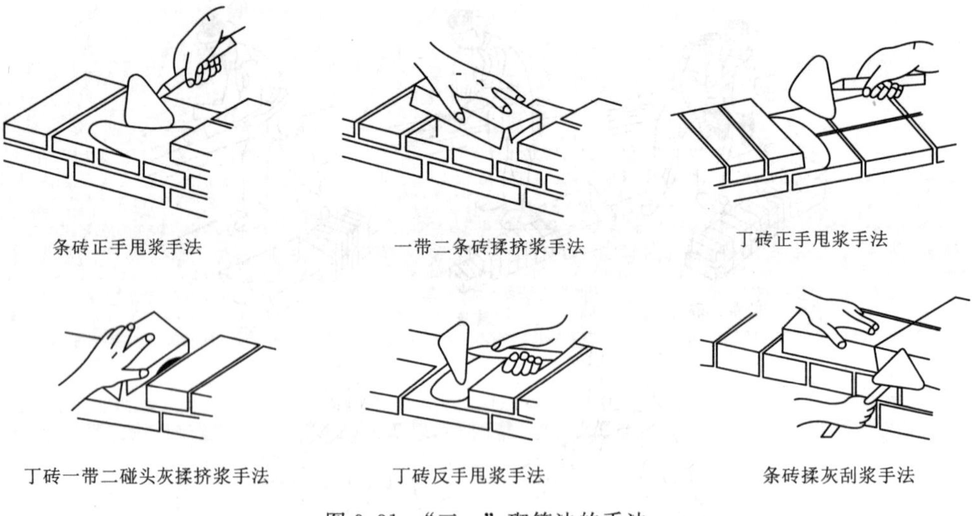

图 9.31 “三一”砌筑法的手法

5. 操作环境布置

砖和灰斗在操作面上的安放位置，应方便操作者砌筑，安放不当会打乱步法，增加砌筑中多余动作。

灰斗的放置由墙角开始，第一个灰斗布置在离大角 60～80cm 处，沿墙的灰斗间距为

1.5m 左右，灰斗之间码放两排砖，要求排放整齐（图 9.32）。

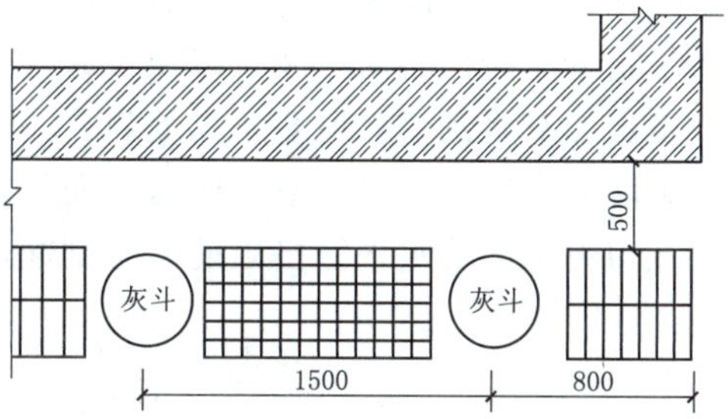

图 9.32 灰斗和砖的摆放（单位：mm）

9.3.1.2 “二三八一”砌砖法

该法即由二种步法（丁字步和并列步）、三种身法（丁字步与并列步的侧身弯腰、丁字步的正弯腰和并列步的正弯腰）、八种铺灰手法（砌条砖用的甩、扣、泼、溜和砌丁砖时的扣、溜、泼，一带二）和一种挤浆动作（砌砖时利用手指揉动，使落在灰槽上的砖产生轻微颤动，砂浆受振以后液化，砂浆中的水泥浆颗粒充分进入到砖的表面，产生良好吸附黏结作用）所组成的一套符合人体正常活动规律的先进砌砖工艺。

采用此法能较好地保证砌筑质量，它是基于“三一”砌砖法，而且动作连贯不间断，避免了铺灰时间长而影响砂浆的黏结强度。操作过程中对步法、身法和手法等都作了优化，明确规定远、近、高、低等不同操作面和操作位置应做的动作，消除了多余动作，提高了砌筑速度。使用这种方法，使现场操作平面的布置和材料的堆放，能够达到布置合理，作业规范，文明施工。符合人体生理和运行特点，能够大大降低操作人员的疲劳强度，对防止与消除工人职业性腰肌劳损具有一定的积极作用。操作方法简单易学，一般一个新工人通过两三个月的强化训练即可掌握要领。

9.3.1.3 挤浆法

挤浆法，是指砌砖时用灰勺、大铲或小灰桶将砂浆倒在墙面上，随即用大铲或推尺铺灰器将砂浆铺平，然后用单手或双手拿砖并将砖挤入砂浆层一定深度和所要求的位置的砌筑方法。挤浆法要求把砖放平并达到上限线（所拉的通线）、下齐边，横平竖直。采用挤浆法时，也可采用加浆挤砖的方法，即左手拿砖，右手用瓦刀从灰桶中舀适量灰浆放在顶头的立缝中（这种方法称“带头灰”），随即挤砌在要求的位置上。

挤浆法的优点是，一次铺灰后，可连续挤砌二到三排顺砖，减少了多次铺灰的重复动作，砌筑效率高。采用平推平挤砌砖或加浆挤砖均可使灰缝饱满，有利于保证砌筑质量，所以挤浆法也是应用最广的砌筑方法之一（图 9.33）。

当采用铺浆法砌筑时，铺浆长度不得超过 750mm。施工期间气温超过 30℃时，铺浆长度不得超过 50mm。铺浆挤砌法分为单手和双手挤浆方法。

图 9.33 挤浆法

1. *单手挤砌法*

一般铺灰器铺灰，操作者应沿砌筑方向退着走。砌顺装时，左手拿砖距前面的砖块 5～6cm 处将砖放下，砖稍稍蹭灰面，沿水平方向向前推挤，把砖前灰浆推起作为立缝隙处砂浆（俗称“挤头缝”）。并用瓦刀将水平灰缝挤出墙面的灰浆刮清甩出于立缝内［图 9.34(a)］。

砌顶砖时，将砖擦灰面放下后，用手掌横向往前挤，挤浆的砖口略倾斜，到距前面砖块约一指缝时砖块略向上翘，以便带起灰浆挤入立缝内，将砖压到与准线平齐为止，并将内外挤出的灰浆刮清，甩填于立缝内。

砌墙的内侧顺砖时，应将砖由外向里靠，水平向前挤，这样立缝出砂浆容易饱满，同时用瓦刀将反面墙水平缝挤出的砂浆刮起，甩填在挤砌的立缝内。

挤浆砌筑时，手掌要用力，使砖与砂浆紧密结合。

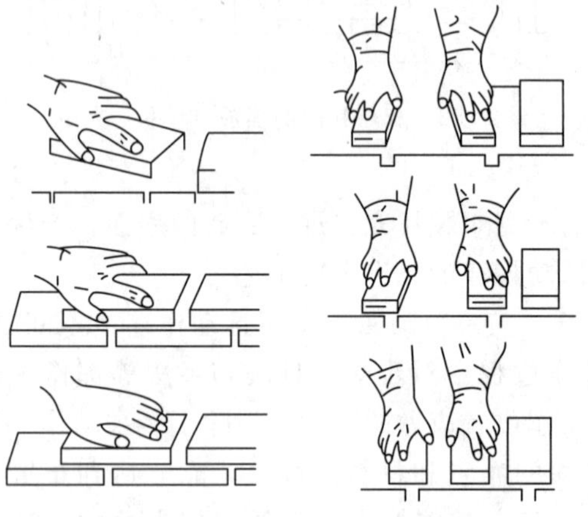

（a）单手挤浆法　（b）双手挤浆法

图 9.34　挤浆砌筑法

2. 双手挤浆法

双手挤浆法的操作方法基本与单手挤浆法相同，但它的要求与难度要更高一些。砌墙时，无论向哪个方向砌，都要把靠墙的一只脚固定站稳，脚尖稍稍偏向墙边，另一只脚同后斜方向踏好约半步，使两脚很自然地成丁字形，人体略向一侧倾斜，这样转身拿砖挤砌和看棱角都叫灵活方便。拿砖时，靠墙的一只手先拿，另一只手跟随着上去，也可同时取砖，两眼要迅速查看砖的边角，将棱角整齐的一边先砌墙的外侧，取砖和选砖可同时进行。为此操作必须熟练，无论是砌顶砖还是顺砖，靠墙的一只手先挤，另一只手迅速跟着挤砌［图 9.34（b）］。其他操作方法与单手挤浆方法相同。

铺浆挤砌法，可采用 2～3 人协作进行，劳动效率高，劳动强度较低吗，且灰缝饱满，砌筑质量较高，但快铺快砌应严格掌握平推平挤，保证灰浆饱满。该法适用于长度较大的混水墙及清水墙；对于窗间墙、砖垛、砖柱等短砌体不宜采用。

9.3.1.4　刮浆法

刮浆法主要用于多孔砖和空心砖。对于多孔砖和空心砖来说，由于砖的规格或厚度较大，竖缝较高，用“三一”法或挤浆法砌筑时，竖缝砂浆很难挤满，因此先在竖缝的墙面上刮一层砂浆后再砌筑。

9.3.1.5　满口灰法

满口灰法又称“打刀灰”，主要用于砌筑空斗墙。砌筑空斗墙时，不能采用“三一”法或挤浆法，而应使用瓦刀舀适量的稠度和黏结力较大的砂浆，并将其抹在左手拿着的普通砖需要黏结的位置上，随后将砖黏结在墙顶上。

9.3.2　砖墙的砌筑

9.3.2.1　砖墙的组砌形式

1. 普通烧结砖墙组砌形式

普通砖墙是用烧结普通砖与砂浆砌筑而成的。砖墙可分为清水墙和混水墙，清水墙是指表面只作勾缝处理，保持砖本身质地的一种做法，一般很少用了。混水墙是指墙面需进行装饰处理才能满足使用要求的墙体。该两种砌体施工工艺方法差不多，但清水墙的技术要求及质量要求却很高。普通砖墙常用一顺一丁、三顺一丁、梅花丁的砌筑方法（图 9.35）。

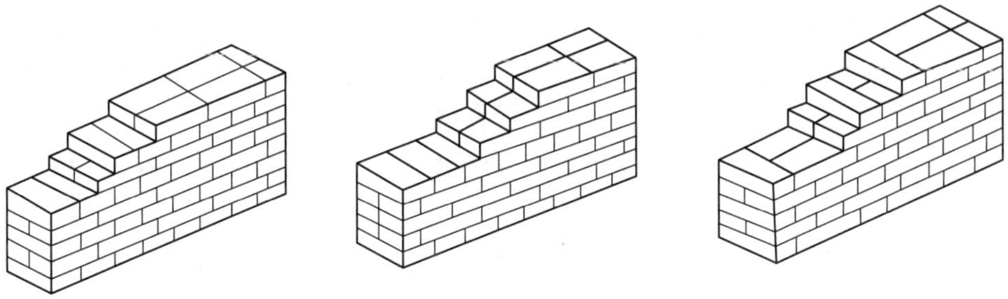

（a）一顺一丁　（b）三顺一丁　（c）梅花丁

图 9.35　常用的砖砌体砌合方法

2. 多孔砖组砌形式

这种形式常用 M 形模数多孔砖墙体和 P 形多孔砖墙体两种。

空心砖砌筑

（1）M 形多孔砖的砌筑形式。M 形多孔砖的砌筑形式只有全顺，即每皮均为顺砖，其抓孔平行于墙面，上、下皮竖缝相互错开 1/2 砖长（图 9.36）。

（2）P 形多孔砖的砌筑形式。P 形多孔砖的砌筑形式有一顺一丁和梅花丁两种砌筑形式。一顺一丁是一皮顺砖与一皮丁砖相隔砌筑，上、下皮竖缝相互错开 1/4 砖长；梅花丁是每皮中顺砖与丁砖相隔，丁砖坐中于顺砖，上、下皮竖缝错开 1/4 砖长（图 9.37）。

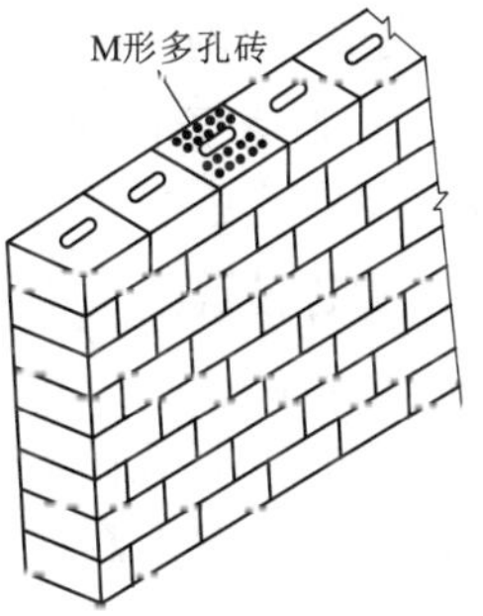

图 9.36　M 形多孔砖的砌筑形式

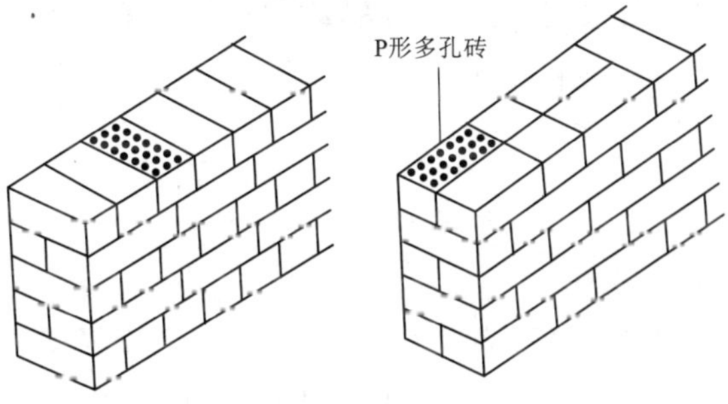

（a）一顺一丁　（b）梅花丁

图 9.37　P 形多孔砖的砌筑形式

3. 蒸压（养）砖墙组砌形式

蒸压（养）砖系指灰砂浆、粉煤灰砖。可用于一般工业与民用建筑的承重结构和基础的砌体。

蒸压（养）砖砌体应横平竖直、上下错缝、内外搭砌。实心砌体宜采用一顺一丁、梅花丁或三顺一丁的砌筑形式。

9.3.2.2 砖墙砌筑施工工艺

砖砌体的施工过程有抄平、放线、摆砖、立皮数杆、盘角、砌砖、勾缝、清理等工序。

1. 抄平

砌墙前应在基础防潮层或楼面上定出各层标高，并用M7.5水泥砂浆或C15细石混凝土找平，使各段砖墙底部标高符合设计要求。主要是测出四大角、平面几何特征变化处以及立皮数杆处的实际高程，找出与设计标高的差值并标注在地圈梁上，同时记录在放线记录上，以便确定和计算砌筑高度、灰缝厚度和组砌层数，保证砌体上口标高一致。

2. 放线

根据龙门板上给定的轴线及图纸上标注的墙体尺寸，在基础顶面上用墨线弹出墙的轴线和墙的宽度线，并定出门洞口位置线。

放线完成后应进行校验，其允许偏差应满足《砌体工程施工质量验收规范》（GB 50203—2011）的要求（表9.6）。

表9.6　放线尺寸的允许偏差

长度 L、宽度 B/m	允许偏差/mm	长度 L、宽度 B/m	允许偏差/mm
L（或 B）$\leqslant 30$	±5	$60 < L$（或 B）$\leqslant 90$	±15
$30 < L$（或 B）$\leqslant 60$	±10	L（或 B）> 90	±20

3. 试摆砖

试摆砖又称干摆砖，其目的是在墙体砌筑前，沿墙的纵横方向，特别是在内外墙交接处，通过调节竖向灰缝的宽窄，保证每一层砖的组砌都能规则统一并符合模数，以尽可能减少砍砖。当砖的长宽尺寸有正负差时，要注意丁砌和顺砌砖的竖向灰缝要相互协调，尽量避免竖向灰缝大小不匀（图9.38）。

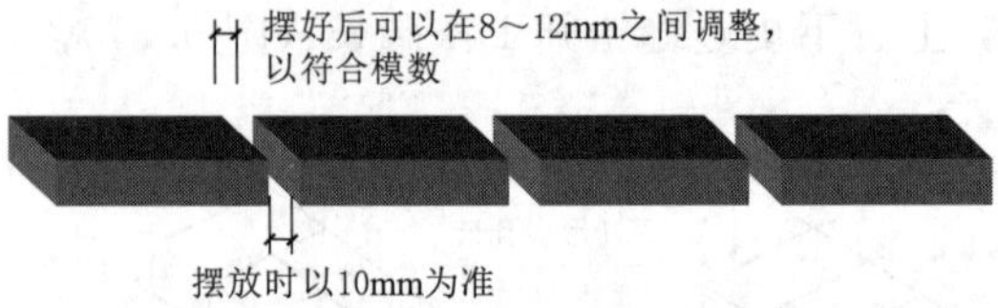

图9.38　试摆砖

摆放时以10mm为准摆好后可以在8～12mm之间调整，以符合模数。

4. 立皮数杆

为了保证砌体在高度上层数统一，并控制灰缝大小和砌筑竖向尺寸，在砖墙的转角处及交接处立起皮数杆（皮数杆间距不超过15m，过长应在中间加立），在皮数杆之间拉准线，依准线逐皮砌筑，其中第一皮砖按墙身边线砌筑。

应根据基层标高值为依据，调整皮数杆标识并安放皮数杆，保证各点的组砌模数和上口标高一致（图9.39）。

5. 盘角

先拉通线，按所排的干砖位置把第一皮砖砌好，然后在要求位置安装皮数杆，并按皮数杆标注，开始盘角，盘角时每次不得超过六皮砖高，并按“三皮一吊，五皮一靠”的原则随时检查，把砌筑误差消灭在操作过程中。

6. *砌砖*

砌砖的操作方法很多，常用的是“三一”砌砖法和挤浆法。盘角后再按准线砌中间的墙。砌筑过程中应三皮一吊、五皮一靠，保证墙面垂直平整。当墙身砌到一定高度（一般是一步架高）后，应弹出室内水平控制线（弹标高控制线：1000mm 线）。即在墙身砌到一定高度后，应根据基准面标高，用水准仪（对要求不高的建筑物，也可用连通器）在高出室内地坪标高一定高度（一般 1000mm）处弹出水平标志线，以控制墙体细部标高及指导楼（地）面、圈梁等的施工（图 9.40）。

7. *勾缝、清理*

清水墙砌完后，要进行墙面修正及勾缝。墙面勾缝应横平竖直，深浅一致，搭接平整，不得有丢缝、开裂和黏结不牢等现象。砖墙勾缝宜采用凹缝或平缝，凹缝深度一般为 4～5mm。勾缝完毕后，应进行墙面、柱面和落地灰的清理。

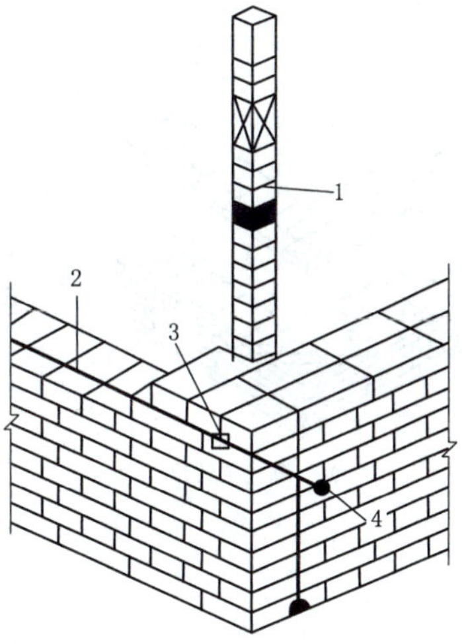

图 9.39 立皮数杆

1—皮树干；2—准线；3—竹片；4—铁钉

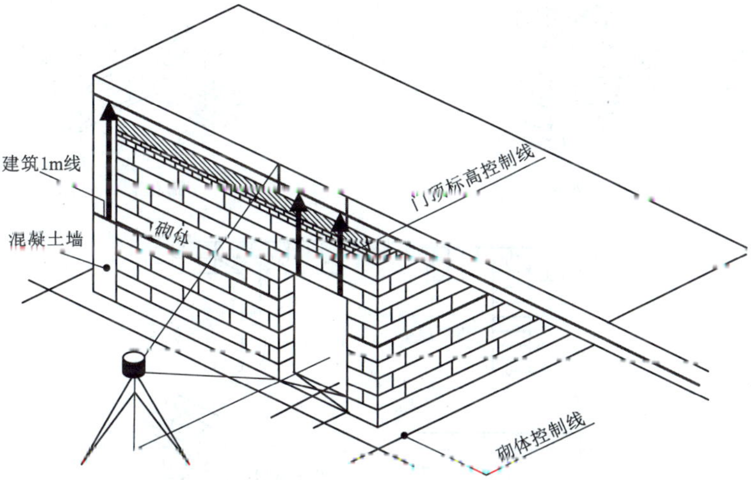

图 9.40 砌筑控制线

9.3.2.3 砖墙砌筑的施工要点

(1) 砌筑时，砖墙水平灰缝和竖向灰缝厚度宜为 10mm，但不小于 8mm，也不应大于 12mm。水平灰缝的砂浆饱满度用百格网检查，不得小于 80%；竖向宜采用挤浆或加浆的方法，不得出现透明缝，严禁用水冲浆灌缝。

(2) 砖墙的转角处，每皮砖的外角应加砌七分头砖。当采用一顺一丁组砌形式时，七分头砖的顺面方向依次砌顺砖，丁面方向依次砌丁砖。见图 9.41。

砖墙的丁字交接处，横墙的端头隔皮加砌七分头砖，纵墙隔皮砌通。当采用一顺一丁组砌形式时，七分头砖丁面方向依次砌丁砖。见图 9.42。

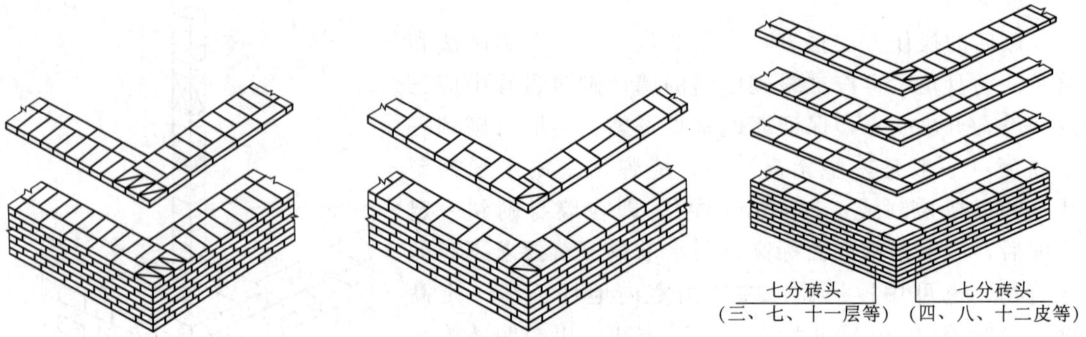

（a）一顺一丁转角　（b）梅花丁转角　（c）三顺一丁转角

图 9.41 转角处理

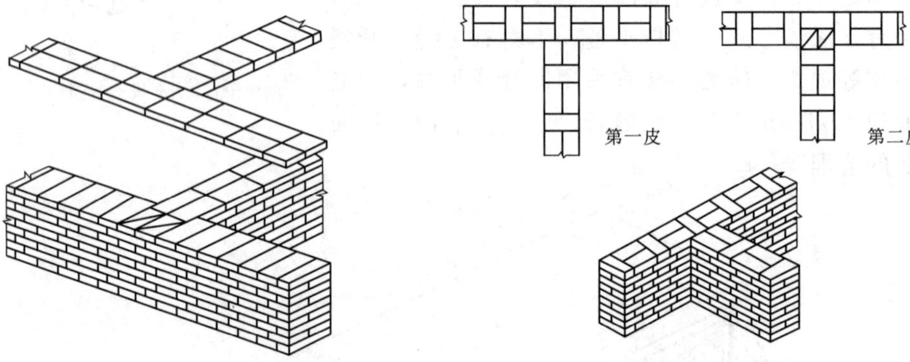

（a）一顺一丁丁字交接　（b）梅花丁丁字交接

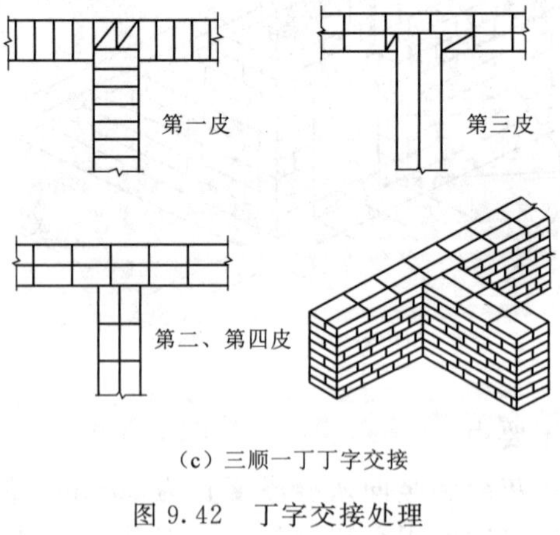

（c）三顺一丁丁字交接

图 9.42 丁字交接处理

砖墙的十字交接处，应隔皮纵横墙砌通，交接处内角的竖缝应上下错开 1/4 砖长。见图 9.43。

（3）宽度小于 1m 的窗间墙，应选用整砖砌筑，半砖或破损的砖应分散是用在受力较小的砖墙，小于 1/4 砖块体积的碎砖不能使用。

（4）砖墙的转角处和交接处应同时砌筑，严禁无可靠措施的内外墙分砌施工。对不能

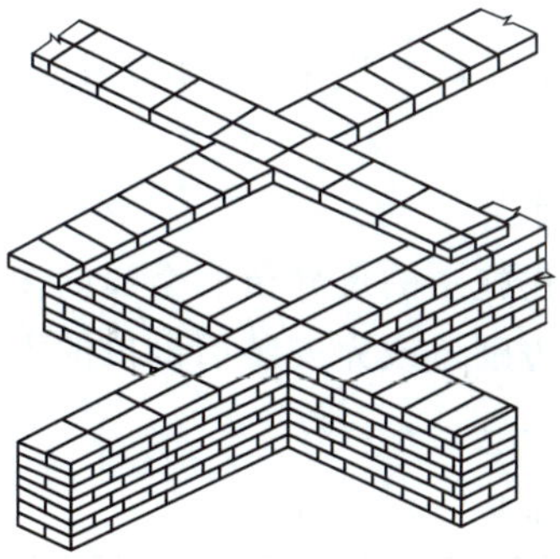

(a) 一顺一丁十字交接　　(b) 梅花丁十字交接

图 9.43 砖墙的十字交接

同时砌筑的而必须留槎时，应砌成斜槎，斜槎水平投影长度不应小于高度的 2/3，见图 9.44。非抗震设防及抗震设防烈度为 6 度、7 度地区的临时间断处，当不能留斜槎时，除转角处外，可留直槎，但是必须做成凸槎。留直槎处应加设拉结钢筋，拉结钢筋的数量为每 120mm 墙厚放置 1ϕ6 拉结钢筋（120mm 厚墙放置 2ϕ6），间距沿墙高不应超过 500mm；埋入长度从留槎处算起每边均不小于 500mm，对抗震设防烈度 6 度、7 度地区不应小于 1000mm；末端应有 90°弯钩。

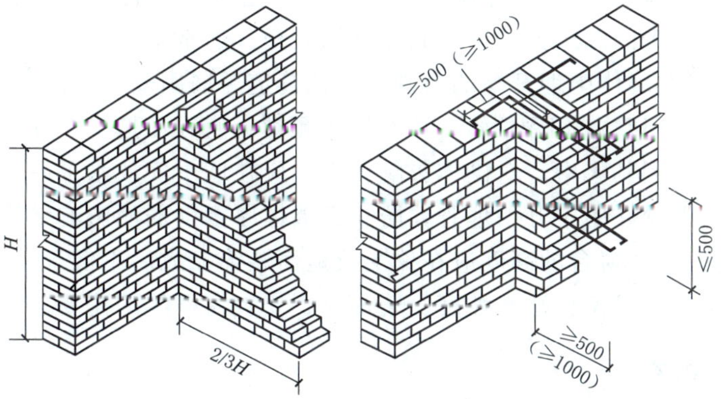

(a) 斜槎　　(b) 直槎

图 9.44 斜槎和直槎

隔墙与承重墙不能同时砌筑又留成直槎时，可于承重墙中引出凸槎，并在承重墙的水平灰缝中预埋拉结筋，其构造与上述直槎相同，但每道墙不得少于 2 根。

(5) 砖墙中留置临时施工洞口时，其侧边离交接处的墙面不应小于 500mm。洞口顶部宜设置过梁，也可在洞口上部采取逐层挑砖办法封口，并预埋水平拉结筋，洞口净宽不宜超过 1m。8 度以上地震区的临时施工洞位置，应会同设计单位研究决定。临时施工洞口补砌时，洞口周围砖块表面应清理干净，并浇水湿润，再用与原墙相同的材料补砌严密。

(6) 砖墙施工段的分段位置，宜设在伸缩缝、沉降缝、防震缝、构造柱或门窗洞口处，相邻施工段的砌筑高度差不得超过一个楼层的高度，也不宜大于 4m。砖墙临时间断处的高度差，不得超过一步脚手架的高度。

（7）墙中的洞口、管道、沟槽和预埋件等应于砌筑时正确留出或预埋，宽度超过300mm的洞口应砌筑平拱或设置过梁。

（8）砖墙的每天砌筑高度以不超过1.8m为宜。

（9）门窗洞口留设：施工中的门窗洞口应按建施图的尺寸留。金属门窗和塑料门窗安装应采用预留洞口的方法施工，不得采用边安装边砌口或先安装后砌口的方法施工，其间隙应符合表9.7的规定。

表9.7　　洞口与门窗框间隙

墙体饰面层材料	洞口与门、窗框间隙/mm	墙体饰面层材料	洞口与门、窗框间隙/mm
清水墙	10	墙体外饰面贴釉面瓷砖	20～25
墙体外饰面抹水泥砂浆或贴马赛克	15～20	墙体外饰面贴大理石或花岗岩板	40～50

注　门窗下框与洞口的间隙可根据设计要求选定。

门的构造尺寸应符合下列要求：无下框平开门门框的高度应比洞口高度小10～15mm；带下框平开门或推拉门门框高度应比洞口高度小5～10mm。根据以上规定，门窗的构造尺寸中已包括饰面厚度，预留尺寸按图施工，门窗加工尺寸可根据饰面材料厚度增减。

（10）水管、线管埋设。在砌体施工中，墙内预埋水管、电线管是常见的现象。为保证砌筑质量应采用合理的砌筑方法，以确保结构安全。通常采用下列处理方法：

1）水平管道可在墙体中埋开槽的预制砌块，管道后嵌固安装进去。

2）竖向单根ϕ20以内的PVC管，可在墙中预埋，宜在墙厚1/2处埋设，管道周边应用砂浆填实。多根时因其集中，对砌体影响较大，应在墙中安放水平墙拉筋，并在竖向浇筑混凝土来补强。严禁在墙中开槽埋管，防止因墙体厚度削弱而影响结构安全。

（11）窗台的砌筑。窗台的高度应在抹灰及地面装饰完成后不低于900mm，因此砌筑时应留出足够的空间满足窗台泄水坡度、装饰层、安装窗框等的需要。

9.3.2.4　砌块砌筑要点

1. 材料要求

砌块砌筑

所用材料必须符合图纸要求。水泥采用不小于32.5R的普通硅酸盐水泥；砂子采用中粗砂，含泥量不大于3%；小型砌块尺寸、强度等级应符合设计要求，砌块截面尺寸误差不得大于3mm，龄期不小于28d。砌体材料进场后，应堆码在干燥平整的地方，堆放不能超过2m（5皮），并设置防雨、排水措施。随车要有质保资料，缺棱少角破损一律要求退场。

2. 施工作业准备

（1）推行样板先行制度，在砌筑前做好样板，验收合格后全面施工（图9.45）。每层设一个样板间，挂标识及质量实测值上墙。

（2）根据墙体不同尺寸和砌块规格，妥善绘制砌筑平面排块设计小样图，尽可能地减少现场切割量。根据砌块厚度与结构净空高度及门窗洞口尺寸安排好立面、剖面的排块设计，避免浪费。统一锯切，严禁随意敲打砌块。

（3）墙体上按＋1m 标高线分层划出砌块的层数（图 9.46），安排好灰缝的厚度。在相应的部位弹好墙身门洞口尺寸线，在结构墙柱上弹好混凝土墙的立面边线，标注窗口位置。设两道皮数杆挂双通线砌筑。

图 9.45 砌筑样板

图 9.46 建筑 1m 线

（4）配筋砖砌体砌筑前必须做现场标示牌，墙体压筋按设计规格尺寸埋设。

（5）门窗洞内侧可用钢筋混凝土小立柱作为边框，也可以在砌筑同时按规定间距砌筑水泥砖用来固定门窗，水泥砖要对称居中设置。遇有穿墙管线，应预先核实其位置、尺寸，以预留为主，严禁墙体剔凿开洞。穿墙线管在砌筑时提前预留，所有隐蔽 PVC 管线应提前试穿钢丝疏通后用胶带封堵，便于后期穿线。

3. 二次结构砌体砌筑工艺及要点

墙体放线→基层处理→制备砂浆→砌块砌筑→校正→竖缝灌浆→勒缝→砌块与结构墙体拉结→门窗固定→砌块在板底梁底的堵塞。

（1）墙体放线：砌体施工前将墙体轴线、楼层结构标高按设计要求放线，轴线控制线为 200 控制线即轴线向外量 200mm 作为控制砌块砌筑使用标准，结构标高为 500 控制线即结构面标高上量 500mm 作为控制砌块砌筑标高控制。

（2）基层处理：将结构面楼层水泥浮浆、施工垃圾清理干净，混凝土砌块墙根部提前浇水湿润，拉线进行找平，20mm 以内采用水泥砂浆找平，超过 30mm 用细石混凝土找平，混凝土砌块墙体底部用水泥砖砌筑三皮（高度不小于 200mm）。

（3）制备砂浆：按照设计图纸要求进行配合比实验，按施工配合比制备砂浆。砂浆配置应严格计量，配置完成到使用的时间不得大于 3h。

（4）砌筑小型混凝土空心砌块：砌筑时按墙长度和砌块的规格，进行排列摆块，不够整块时可以锯割成需要的尺寸，控制竖缝宽 20mm，水平灰缝 15mm 为宜。当最下一皮的水平灰缝厚度大于 20mm 时，应用细石混凝土找平。砌筑时，满铺满挤，上下丁字错缝，正反手墙面均进行勾缝处理，保证灰缝宽度厚度均匀，横平竖直，灰浆饱满，饱满度不小于 80%。横向灰缝的一次性铺灰长度不应大于 2m，竖向灰缝应采用临时内外夹板夹紧后用灰浆灌缝。搭接长度不宜小于砌块长度的 1/3，转角处相互咬砌搭接。

砌块墙与结构剪力墙柱连接处，要求设置拉结筋。设计无要求时，竖向间距为 1m 左右，埋压 2ϕ6 钢筋，拉结筋的末端应做 90°弯钩，埋直平铺在水平灰缝内，伸入剪力墙内不小于 100mm。未预留拉结筋部位，需进行植筋作业，植筋必须做拉拔试验。

图 9.47 系梁施工

构造柱施工时按要求应留设马牙槎，马牙槎宜先退后进，进退尺寸不小于 60mm，高度为 250mm。按设计要求，构造柱应设置在填充墙的转角处、T 形交接处及端部、窗间垛，间距不大于 3.0m；当墙高大于 4m 时，应在 1/2 墙高处加设一道系梁，外围填充墙在半层处设系梁一道。电梯井四角砌块墙体内加设构造柱，电梯井四边砌块墙体内在 1/2 层高处加设一道系梁（图 9.47）。

填充墙砌至接近梁底、板底时，应留一定的空隙，待填充墙砌筑完并至少间隔 7d 后，再将其补砌挤紧，防止上部砌体因砂浆收缩而开裂。方法为：当上部空隙不大于 20mm 时，用 1∶2 水泥砂浆嵌填密实；稍大的空隙用细石混凝土镶填密实；大空隙用烧结标准砖或多孔砖呈 60°角斜砌挤紧，但砌筑砂浆必须密实，不允许出现平砌、生摆（填充墙上部斜砖砌筑时出现的干摆或砌筑砂浆不密实形成孔洞等）等现象（图 9.48）。

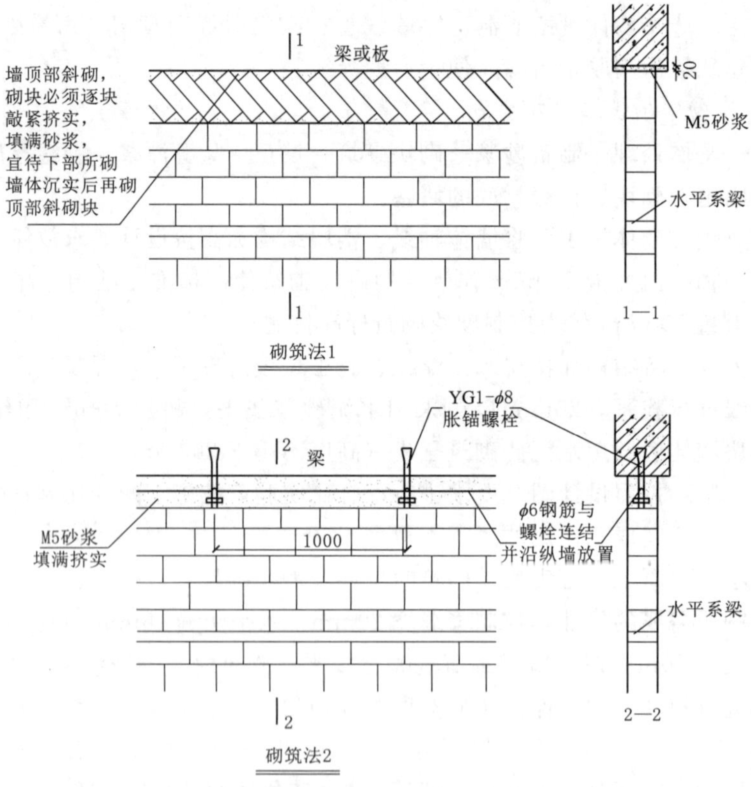

图 9.48 填充墙砌至接近梁底、板底时的处理

砌块与楼板（或梁底）的联结：当两者距离在 80～100mm 之间时，在楼板底（梁底）斜砌一排砖，如两者之间距离小于 80mm 时用膨胀混凝土堵实，以保证墙体顶部稳

定、牢固（图 9.49）。

（5）砌块与门窗口联结。如采用后塞口工艺时，使用水泥砖联结，按洞口高度在 2m 以内每侧砌三道，洞口高度大于 2m 时每侧砌四道，砂浆要饱满密实。设计要求窗侧需设置构造柱的按照设计要求施工。门洞上角过梁端部或其他可能出现裂缝的薄弱部位，应钉涂有防锈漆的铅丝网，减少抹灰层裂缝。

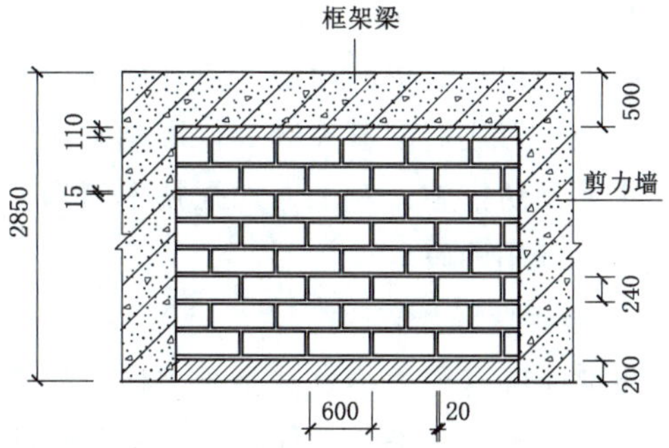

图 9.49　填充墙砌至接近梁底、板底时的堵实处理案例

（6）细节要求。砌体施工应严格按施工规范的要求进行错缝搭砌，避免因墙体形成通缝削弱其稳定性。混凝土砌块填充墙砌体的灰缝砂浆饱满度应符合施工规范中不小于 80％的要求，尤其是外墙，须防止因砂浆不饱满、假缝、透明缝等引起墙体渗漏。砌筑时，应向砌筑面适量浇水湿润，砌筑砂浆有良好的保水性，且砌筑砂浆铺设长度不应大于 2m，避免因砂浆失水过快引起灰缝开裂。砌筑过程中，应经常检查墙体的垂直度和平整度，并应在砂浆初凝前用小木槌或撬杠轻轻进行修正，防止因砂浆初凝造成灰缝开裂。墙体砌筑完成，施工单位自检后在墙体标注施工信息（砌筑人员、砌筑时间、墙体的垂直度、平整度）。

9.3.2.5　砌体工程质量通病与防治

砌筑砖砌体时，砖应提前 1～2d 浇水湿润，砌筑时宜随铺砂浆随即砌筑。采用铺浆法砌筑时，铺浆长度对砌体的抗剪强度影响最为明显，铺浆长度不得超过 750mm，施工期间气温超过 30℃时，铺浆长度不得超过 500mm，否则容易造成质量问题。

1. 砂浆强度偏低、不稳定

砂浆强度偏低有两种情况：一是砂浆标准养护试块的强度偏低；二是试块强度不低，甚至较高，但砌体中砂浆实际强度偏低。砂浆强度偏低的主要原因是计量不准，或不按配合比计量，水泥、砂质量低劣等。由于计量不准，砂浆强度离散性必然偏大。

主要预防措施：加强现场管理，加强计量控制，加强原材料质量控制，水泥复验合格后方能使用。

2. 砂浆和易性差，离析、沉底结硬

砂浆和易性差，主要表现在砂浆稠度和保水性不合规定，容易产生沉淀和泌水现象，铺摊和挤浆较为困难，降低砂浆与砖的黏结力。

主要预防措施：低强度水泥砂浆尽量不用高强度水泥配制，不用细砂，严格控制塑化材料的质量和掺量，加强砂浆拌制的计划性，随拌随用，灰桶中的砂浆经常翻拌、清底。

3. 灰缝砂浆不饱满

砌筑砂浆和易性差，挤浆费劲；铺制砂浆后，使底灰产生空穴，砂浆层不饱满；铺灰过长，砌筑速度跟不上，砂浆中水分被砖底吸收；用干砖砌筑，使砂浆早期脱水。

主要预防措施：改善砂浆和易性；铺刷砂浆应均匀不留空穴；改进砌筑方法，采用

“三一法”砌筑；应将砖面适当润湿后再砌筑。

4. 组砌方法错误

砖墙面出现数皮砖通缝、里外两张皮（内通缝）；砖柱采用包心法砌筑，里外皮砖层互不相咬，形成周围通天缝等，影响砌体强度，降低结构整体性。

主要预防措施：对工人加强技术培训，严格按规范方法组砌，缺损砖应分散使用，少用半砖，禁用碎砖。

5. 墙体留槎错误

砌墙时随意留直槎，甚至是阴槎，构造柱马牙槎不标准，槎口以碎砖砌，接槎砂浆填塞不严，影响接槎部位砌体强度，降低结构整体性。

主要预防措施：施工组织设计中应对留槎做统一考虑，严格按规范要求留槎；马牙槎高度，标准砖留5皮高，多孔砖留3皮高；对于施工洞所留槎，应加以保护和遮盖，防止运料车碰撞槎子。

6. 墙面灰缝不平直，游丁走缝，墙面凹凸不平

水平砖缝弯曲不平直，灰缝厚度不一致，出现“螺丝”墙，垂直灰缝歪斜，灰缝宽窄不匀，丁不压中（丁砖未压在顺砖中部），墙面凹凸不平。

主要预防措施：砖的尺寸应符合规范要求，尺寸不标准的砖用于不重要的部位；砌前应摆砖，并根据砖的实际尺寸对灰缝进行调整。采用皮数杆接线砌筑，以砖的小面跟线，拉线长度超长（15～20m）时，应加腰线；竖缝，每隔一定距离应弹墨线找齐，墨线用线锤引测，每砌一步架用立线向上引伸，立线、水平线与线锤应“三线归一”。

7. 层高超高

层高超高指层高实际高度与设计高度的偏差超过允许偏差。

主要预防措施：保证配置砌筑砂浆的原材料符合质量要求，并且控制铺灰厚度和长度；砌筑前应根据砌块、梁、板的尺寸和规格，计算砌筑皮数，绘制皮数杆，砌筑时控制好每皮砖的砌筑高度，对于原楼地面的标高误差，可在砌筑灰缝或圈梁、楼板找平层的允许误差内逐皮调整。

8. 墙面渗水

墙面及门窗框四周出现渗水、漏水现象。

主要预防措施：外墙脚手眼应按规范的方法填塞；加强灰缝砂浆饱满度控制；门窗框周边嵌缝应在墙面抹灰前进行，而且要待固定门窗框铁脚的砂浆（或细石混凝土）达到一定强度后进行。

9. 拉结钢筋安装遗漏

构造柱及接槎的水平拉结钢筋常被遗漏，或未按规定布置；配筋砖缝砂浆不饱满，露筋年久易锈。

主要预防措施：拉结钢筋应作为隐蔽检查项目对待，应加强检查，并填写隐蔽验收记录。施工中，对所砌部位需要的配筋应一次备齐，以备检查有无遗漏。尽量采用点焊钢筋网片，适当增加灰缝厚度（以钢筋网片厚度上、下各有2mm保护层为宜）。

9.3.3 砌体施工质量验收

9.3.3.1 砌体工程施工质量验收要点

(1) 地面以下或防潮层以下，常处于潮湿环境中、水位以下和冻胀作用影响的部位不宜采用砖砌体。

(2) 为保障砌体的完整性、整体性和受力的合理性，240mm 厚承重墙的每层墙的最上一皮砖，砖砌台阶水平面及挑出层，应整砖丁砌。

(3) 砖砌平拱过梁的灰缝应砌成楔形缝。灰缝的宽度，在过梁的底面不应小于 5mm；在过梁的顶面不应大于 15mm。拱脚下面应伸入墙内不小于 20mm，拱底应有 1%的起拱。

(4) 过梁底部模板是砌筑过程中的承重结构，过梁底部模板，应在灰缝砂浆强度不低于设计强度的 50%时，方可拆除。

(5) 多孔砖的孔洞应垂直于受压面砌筑，这能确保砌体有较大的有效受压面积，提高砌体的抗剪强度和整体性。

(6) 灰砂砖、粉煤灰砖早期收缩值大，如果过早用于墙体，将很容易出现明显的收缩裂缝。砌筑时，蒸压砖的龄期不应小于 28d。

(7) 竖向灰缝砂浆的饱满度对砌体的抗压强度影响不大，但对砌体的抗剪强度影响明显。当竖缝砂浆很不饱满甚至完全无砂浆时，砌体的抗剪强度将降低 40%～50%。此外，透明缝、瞎缝和假缝对房屋的使用功能也会产生不良影响。因此，竖向灰缝不得出现透明缝、瞎缝和假缝。

(8) 施工临时间断处的接槎部位是受力薄弱点，为保证砌体的整体性，砖砌体施工临时间断处补砌时，必须将接槎表面清理干净，浇水湿润，并填充砂浆，保持灰缝饱满。

9.3.3.2 砌体施工质量控制等级与验收

砌体施工质量控制等级分为三级，并应符合表 9.8 的规定。

表 9.8　砌体施工质量控制等级

项目	施工质量控制等级		
	A	B	C
现场质量管理	监督检查制度健全，并严格执行；施工方有在岗专业技术管理人员，人员齐全，并持证上岗	监督检查制度基本健全，并能执行；施工方有在岗专业技术管理人员，人员齐全，并持证上岗	有监督检查制度；施工方有在岗专业技术管理人员
砂浆、混凝土强度	试块按规定制作，强度满足验收规定，离散性小	试块按规定制作，强度满足验收规定，离散性较小	试块按规定制作。强度满足验收规定，离散性大
砂浆拌和	机械拌和；配合比计量控制严格	机械拌和；配合比计量控制一般	机械或人工拌和；配合比计量控制较差
砌筑工人	中级工以上，其中高级工不少于 20%	高、中级工不少于 70%	初级工以上

注　砂浆、混凝土强度离散性大小根据强度标准差确定；配筋砌体不得为 C 级施工。

砌体工程结构验收应参照《砌体结构工程施工质量验收规范》(GB 50203—2019) 进行验收。

9.3.4 安全与文明施工

在操作之前落实安全、环保责任制度以及安全交底、安全教育、安全检查等各项管理制度。操作环境、道路、机具、安全设施和防护用品，必须经检查符合要求后方可施工。

9.3.4.1 安全施工要求

墙身砌体高度超过地坪 1.2m 时，应搭设脚手架，在一层以上或高度超过 4m 时，采用里脚手架必须支搭安全网，采用外脚手架应设护身栏杆挡脚笆加立网封闭后才可砌筑。脚手架上堆料量不得超过规定荷载，堆砖高度不得超过 3 皮侧砖。

在楼层（特别是预制板面）施工时，堆放机械、砖块等物品不得超过使用荷载，如超过规定荷载时，必须经过验算采取有效加固措施后方可进行堆放和施工。

不准站在墙顶上做划线、刮缝和清扫墙面或检查大角垂直等工作。不准用不稳固的工具或物体在脚手板面垫高操作，更不准在未经过加固的情况下，在一层脚手板上随意再叠加一层，脚手板不允许有空头现象。砍砖时应面向墙内打，注意碎砖跳出伤人。

使用于垂直运输的砖笼、绳索具等，必须满足负荷要求，牢固无损；吊运时不得超载，并须经常检查，发现问题及时修理。砖料运输车辆两车前后距离平道上不小于 2m，坡道上不小于 10m，装砖时要先取高处后取低处，防止倒塌伤人。

砌好的山墙，应临时用联系杆（如檩条等）放置各跨山墙上，使其联系稳定，或采取其他有效的加固措施。在同一垂直面内上下交叉作业时，必须设置安全隔板，操作人员必须戴好安全帽。人工垂直向上或往下（深坑）传递砖块，架子上的站人板宽度应不小于 60cm。

9.3.4.2 文明施工要求

施工现场应符合现行国家标准《建筑工程施工现场环境与卫生标准》(JGJ 146—2013) 规定。施工现场必须采用封闭围挡，高度不得小于 1.8m。在工程的施工组织设计中应有防止大气、水土、噪声污染和改善环境卫生的有效措施。施工现场必须建立环境保护、环境卫生的管理和检查制度，并应做好检查记录。

水泥和其他易飞扬的细颗粒建筑材料应密闭存放或采取覆盖等措施。施工现场混凝土、砂浆搅拌场所应采取封闭、降尘措施。建筑物内施工垃圾的清运，必须采用相应容器或管道运输，严禁凌空抛掷。施工现场应设置密闭式垃圾站，施工垃圾、生活垃圾应分类存放，并应及时清运出场，现场严禁焚烧各类废弃物。

施工现场应设置排水沟及沉淀池，施工污水经沉淀后方可排入市政污水管网或河流。施工现场应按照现行国家标准《建筑施工场界噪声限制及其测量方法》制定降噪措施，并对噪声值进行监测和记录。强噪声设备宜设置在远离居民区的一侧，并应采取降低噪声的措施。因生产工艺要求或其他特殊要求，确需在夜间进行超过噪声标准施工的，施工前建设单位应向有关部门提出申请，经批准后方可进行夜间施工。现场使用照明灯具宜用定向可拆除灯罩，使用时应防止光污染。

项目10 钢结构施工

钢材材质均匀，性能稳定，由钢材建造的钢结构具有轻质高强、塑韧性好，制作简便，其装配式的施工具有方便快速的特点。但钢结构也存在耐腐蚀性差，耐热不耐火的缺点，因此应用没有混凝土结构广泛。钢结构在超高层建筑结构、大跨度结构、厂房建筑、桥梁等领域有广泛应用。钢结构各构件间的连接方式有铆接、螺栓连接和焊接连接，现代钢结构一般采用后两种连接方法。钢结构的施工主要解决钢结构的吊装和连接问题。

学习时建议参考以下规范：《钢结构设计标准》（GB 50017—2017）、《钢结构工程施工规范》（GB 50755—2012）、《钢结构工程施工质量验收标准》（GB 50205—2020），以及其他钢结构相关书籍。

任务10.1 学习钢结构基本知识

钢结构的设计主要解决强度、刚度、稳定性的问题，需要明确各构件的构造及连接方式，然后由工厂生产构件，运至施工现场由施工单位进行吊装。施工安装技术人员需要对钢材性能有一定的了解，避免由于对钢材性能的不了解而施工不当造成质量缺陷。

Ⓜ
钢结构构件加工

10.1.1 钢材的主要性能

10.1.1.1 强度

强度指标：比例极限 f_p，屈服强度 f_y，极限强度 f_u。

强度指标是由钢材的单向均匀受拉试验测得的。试验条件：标准试件在常温（20℃）下缓慢加载，一次完成。设计时以屈服强度 f_y 作为设计强度的依据，具有较大的强度储备，若出现偶然因素，有足够的安全系数和补救机会。

10.1.1.2 塑性性能

塑性是指在静力荷载作用下，钢材吸收变形能的能力。衡量塑性性能的指标：伸长率 δ，用以表征试件拉伸过程中的伸长能力，伸长率越大表示塑性越好。

10.1.1.3 冲击韧性

冲击韧性：在动力荷载作用下，材料吸收能量的能力。韧性是钢材强度和塑性的综合指标，衡量冲击韧性的指标：冲击功。

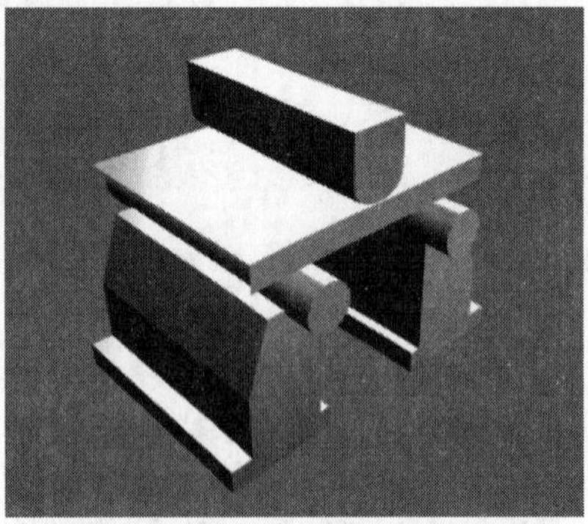

图 10.1 冷弯试验

冲击韧性指标由冲击韧性试验获得，我国采用夏比V形缺口试件进行试验。需要注意的是冲击韧性受温度的影响，在低温环境下工作的钢结构尤其需要注意这项指标。

10.1.1.4 冷弯性能

冷弯性能是检验钢材适应冷加工（常温下加工）的能力和显示钢材内部缺陷状况的一项指标，也是考察钢材在复杂应力状态下发展塑性变形能力的指标，由冷弯试验确定（图 10.1）。

10.1.2 钢材性能的影响因素

10.1.2.1 化学成分

钢材的化学成分对钢材的性能有很大的影响。普通碳素钢中铁元素（Fe）约占99%，其他杂质元素约占1%；普通低合金钢中有小于5%的合金元素。碳（C）元素是钢材强度的主要来源，但是随其含量增加，强度增加，塑性降低，可焊性降低，抗腐蚀性降低。一般控制在0.12%～0.2%，在0.2%以下时，可焊性良好。硫（S）元素导致钢材具有热脆性，不得超过0.05%。磷（P）元素导致钢材具有冷脆性，抗腐蚀能力略有提高，可焊性降低，不得超过0.045%。锰（Mn）、硅（Si）元素为合金元素，弱脱氧剂，Mn与Si形成MnSi，熔点为1600℃，可以消除一部分S的有害作用。此外，氧、氮均为钢材的有害杂质，含量超标均会导致钢材性能不良。

10.1.2.2 冶炼质量

钢材的冶金缺陷也会造成钢材性能不佳，常见的冶金缺陷有偏析、非金属夹杂、气孔、裂纹等。偏析指的是化学成分分布的不均匀程度。

10.1.2.3 加荷速率

加荷速度高，钢材屈服点提高，呈脆性。因此，材性试验要求缓慢加载，对有动载的结构要考虑动荷载对结构的不利影响。

10.1.2.4 钢材硬化

钢材在工作过程中还有硬化现象（图 10.2）。冷作硬化，是指当加载超过材料比例极限卸载后，出现残余变形，再次加载则屈服点提高，塑性和韧性降低的现象，也称“应变硬化”。时效硬化，是指随时间的增长，碳和氮的化合物从晶体中析出，使材料硬化的现象。应变时效，是指钢材产生塑性变形时，碳、氮化合物更易析出。即冷作硬化的同时可以加速时效硬化，因此也称“人工时效”。

10.1.2.5 温度影响

当温度低于常温时，钢材的脆性倾向随温度降低而增加。T_1～T_2之间温度转变脆性区，冲击功急剧下降，而且不同的钢材其脆性转变区温度不同，必须通过试验确定。使用

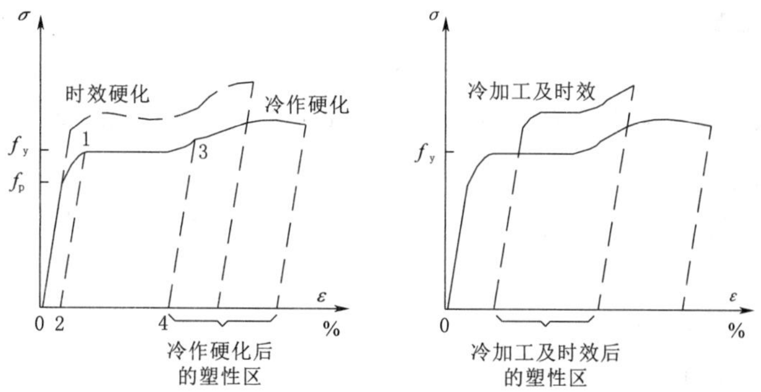

图 10.2　钢材的硬化

温度必须高于 T_1，但不一定高于 T_2（图 10.3）。

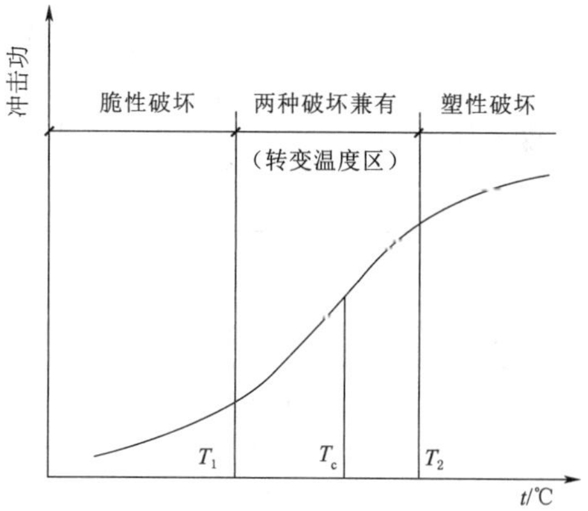

图 10.3　低温对钢材冲击韧性的影响

钢材在 100℃以上，随温度升高，总的趋势是强度、弹性模量降低，塑性增大。250℃左右抗拉强度略有提高，塑性和韧性降低，脆性增加，出现蓝脆现象。该温度区段称为“蓝脆区”。在 260～320℃应力不变的情况下，钢材以很缓慢的速度继续变形，出现徐变现象。600℃左右弹性模量趋于零，承载能力几乎完全丧失。由钢材在正温范围内性能的变化趋势看，钢结构是不耐火的。

10.1.2.6　应力集中的影响

应力集中是指由于构造缺陷，应力不均匀，力线变曲折，缺陷处有高峰应力。应力集中的危害是使得钢材塑性降低，脆性增加。构造设计和施工时应避免截面突变和有尖锐角的情况。

10.1.2.7　厚度的影响

随着材料厚度的增加，钢材的抗拉、抗压、抗弯、抗剪强度均下降。

10.1.3　钢结构对材料的要求

钢材按照化学成分分为普通碳素钢 Q235，普通低合金钢 Q345、Q390 和 Q420。按照冶炼炉种分为平炉和氧气顶吹转炉钢。按照脱氧程度分为：沸腾钢（F)、镇静钢（Z)、半镇静钢（b)、特殊镇静钢（TZ)，沸腾钢脱氧程度较差，镇静钢脱氧充分。

10.1.3.1　钢材的质量等级

A 级：保证抗拉强度、屈服点和伸长率，以及硫、磷含量。

B、C、D 级：保证抗拉强度、屈服点、伸长率、冷弯和冲击韧性（分别为 20℃、0℃、－20℃）及碳、硅、锰、硫、磷含量。

E 级：除满足 D 级的要求外，还要求－40℃时的冲击韧性。

10.1.3.2 钢材编号原则

碳素钢：Q×××质量等级（A～D）脱氧程度（F，b）。

低合金钢：Q×××质量等级（A～E），如 Q235－AF、Q345－C。

10.1.3.3 钢材的规格

1. 热轧钢板

$\frac{-宽\times厚}{板长}$，如$\frac{-400\times 20}{1200}$

2. 热轧型钢（可参照型钢表）

工字钢，如普通工字钢 I 20a、H 型钢 HW300×300×10×15；槽钢，如［32b；角钢，如 L125×10、L125×80×10；钢管，如 φ400×6。常用型钢表示方法见表 10.1。

表 10.1　　常用型钢表示方法

序号	名称	截面	标注	说明
1	等边角钢		∟ $b\times t$	b 为肢宽 t 为肢厚
2	不等边角钢		∟ $B\times b\times t$	B 为长肢宽 b 为短肢宽 t 为肢厚
3	工字钢		I N　Q I N	轻型工字钢加注 Q 字
4	槽钢		[N　Q [N	轻型槽钢加注 Q 字
5	方钢		□ b	—
6	扁钢	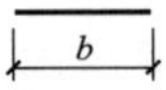	— $b\times t$	—
7	钢板		$-\frac{-b\times t}{L}$	$\frac{宽\times厚}{板长}$
8	圆钢		ϕtl	—
9	钢管		$\phi d\times t$	d 为外径 t 为壁厚
10	薄壁方钢管		B □ $b\times t$	薄壁型钢加注 B 字 t 为壁厚
11	薄壁等肢角钢		B ∟ $b\times t$	
12	薄壁等肢卷边角钢	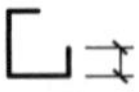	B ⊏ $b\times a\times t$	
13	薄壁槽钢	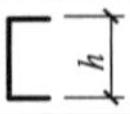	B [$h\times b\times t$	
14	薄壁卷边槽钢	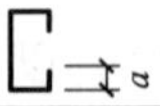	B ⊏ $h\times b\times a\times t$	
15	薄壁卷边 Z 型钢	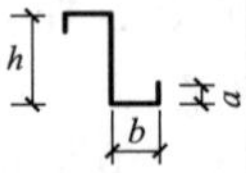	B ┐┘ $h\times b\times a\times t$	

续表

序号	名　称	截　面	标　注	说　明
16	T 型钢	T	TW ×× TM ×× TN ××	TW 为宽翼缘 T 型钢 TM 为中翼缘 T 型钢 TN 为窄翼缘 T 型钢
17	H 型钢	H	HW ×× HM ×× HN ××	HW 为宽翼缘 H 型钢 HM 为中翼缘 H 型钢 HN 为窄翼缘 H 型钢
18	起重机钢轨		 QU ××	详细说明产品规格型号
19	轻轨及钢轨		 ××kg/m钢轨	

10.1.3.4 钢材选择

《钢结构设计标准》(GB 50017—2017)对钢结构材料有以下规定：

承重结构的钢材应具有抗拉强度、伸长率、屈服强度和硫、磷含量的合格保证，对焊接结构尚应具有碳含量的合格保证。焊接承重结构以及重要的非焊接承重结构，还应具有冷弯试验的合格保证。需要验算疲劳的结构，钢材应具有冲击韧性的合格保证。吊车起重量不小于 50t 的中级工作制吊车梁，对冲击韧性的要求与需验算疲劳构件相同；重要的受拉或受弯的焊接结构，厚度较大的钢材应有冲击韧性合格保证。

承重结构宜采用的钢材为 Q235、Q345、Q390 和 Q420 钢。应根据结构的重要性、荷载特征、结构形式、应力状态、连接方法、钢材厚度、工作环境等因素综合考虑。主要焊接结构不能使用 Q235－A 级钢，因为 Q235－A 级钢的碳含量不作为交货条件，即不作为保证，即使生产厂提供碳含量，也只能视为参考，不能排除离散性大，质量不稳定等，因此如发生事故，生产厂在法律上不负任何责任。

钢结构的材料在设计阶段由设计者确定，并在图纸上明确，构件生产厂家必须按照设计图纸的要求选用相应的材质，并提供证明材料，确保材料质量合格。

10.1.4 钢结构的结构体系

钢结构建筑的常见结构体系有门式刚架体系和多层框架体系，大跨度结构往往采用网架，超高层建筑还有更加复杂的结构体系。在钢结构施工过程中，了解结构体系和受力特点非常重要，以便在施工过程中采取合适的临时固定措施，避免结构失稳造成工程事故。

10.1.4.1 刚架体系

刚架体系（图 10.4）在单层工业厂房和一些临时性建筑结构，如建材市场、仓库、风雨球场等建筑中使用。门式刚架为一种传统的结构体系，该类结构的上部主构架包括刚架斜梁、刚架柱、支撑、檩条、系杆、山墙骨架等。

门式刚架结构以柱、梁组成的横向刚架为主受力结构，刚架为平面受力体系。为保证纵向稳定，设置柱间支撑和屋面支撑。刚架柱和梁均采用截面 H 型钢制作，各种荷载通

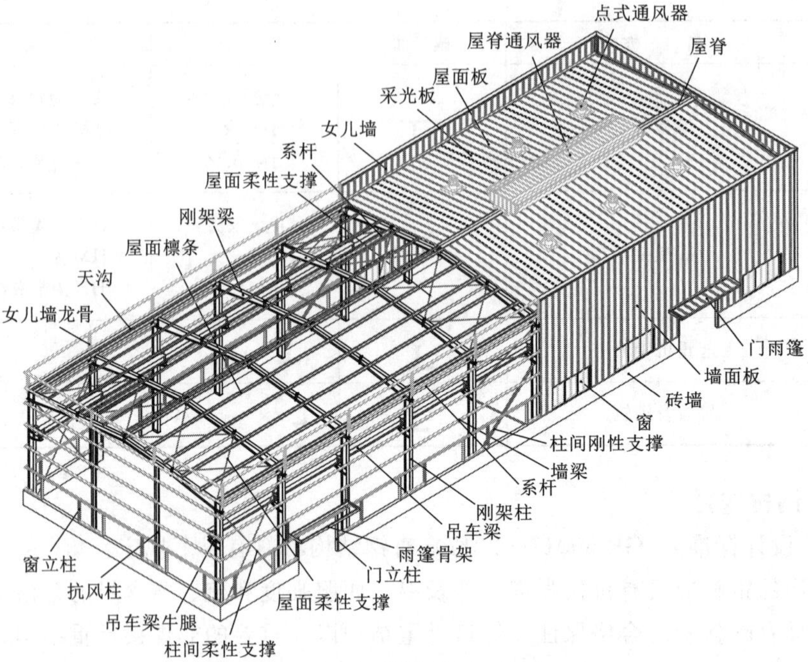

(a) 门式刚架单层工业厂房

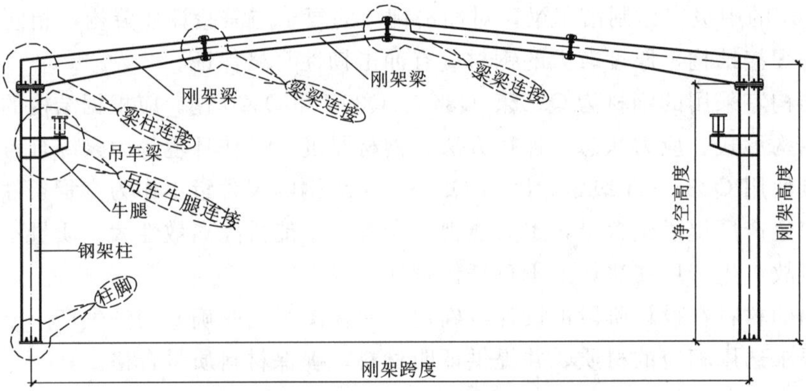

(b) 典型的门式刚架

图 10.4 门式刚架体系

过柱和梁传给基础。刚性支撑采用热轧型钢制作，一般为角钢。柔性支撑为圆钢。系杆为受压圆钢管，与支撑组成受力封闭体系。屋面檩条、墙梁一般为C型钢、Z型钢。承受屋面板和墙面板上传递来的力，并将该力传递给柱和梁。

门式刚架轻型房屋钢结构具有受力简单、传力路径明确、构件制作快捷、便于工厂化加工、施工周期短，因此广泛应用于工业与民用建筑中。门式刚架轻型房屋钢结构起源于美国，经历了近百年的发展，已成为设计、制作与施工标准相对完善的一种结构体系。门式刚架轻型房屋钢结构坚固耐用、建筑外形新颖美观、质优价宜、经济效益明显；柱网尺寸布置自由灵活、能满足不同气候环境条件下的施工和使用要求。

门式刚架承重结构主要结构方案，按刚架型式分为无内柱净跨结构和有内柱多跨连续结构两类，前者跨距可达到 48m，而后者之内柱连续跨距可达到 30m。应用时还可根据具体工程，采用单坡和多坡以及不等跨、不等高等多种形式。基础形式多采用钢筋混凝土独立式基础，其柱脚节点如图 10.5 所示。根据建筑对侧向位移和变形的不同要求，从节约用钢量的角度出发，可采用变截面梁柱、基础铰接结构方案，或采用等截面柱、变截面梁、基础刚接结构方案。刚架梁、柱连接一般采用高强度螺栓连接（图 10.6）。

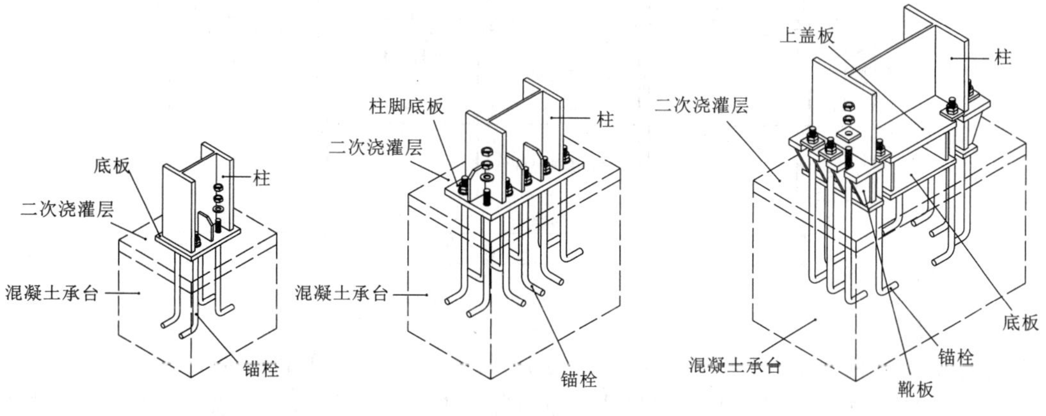

（a）铰接柱脚　（b）刚接柱脚一　（c）刚接柱脚二

图 10.5 刚架基础节点

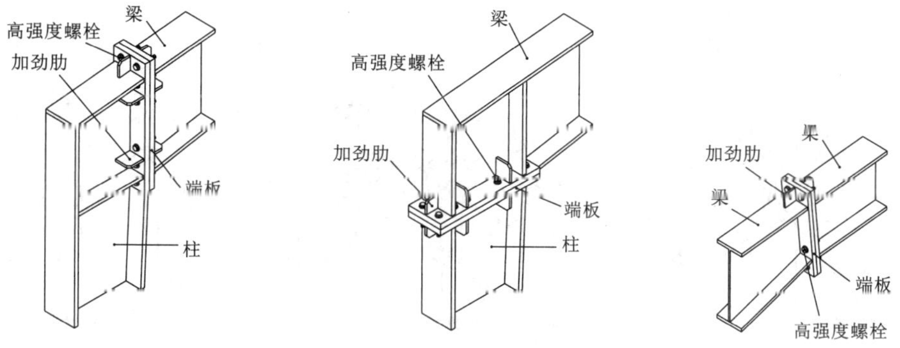

图 10.6 刚架梁、柱连接节点

10.1.4.2 多层框架体系

多层框架体系是利用梁柱组成的纵横两个方向的框架形成的结构体系（图 10.7）。它同时承受竖向荷载和水平荷载。其主要优点是建筑平面布置灵活，可形成较大的建筑空间，建筑立面处理比较方便。主要缺点是横向刚度小，当层数较多时，会产生过大的侧移，易引起非结构件构件（如隔墙、装饰等）破坏进而影响使用。

多层框架的力学模型分为纯刚接框架、刚接一支撑框架、支撑式框架，主要是纵横两个方向采用的节点是刚接还是铰接的区别。纯刚接框架纵横两个方向均采用刚接；刚接一支撑框架横向采用刚接，纵向采用铰接，并在纵向设置支撑，以传递水平力；支撑式框架纵横向均采用铰接，两向均设置支撑传递水平力。

框架柱可采用 H 型截面、箱形截面、十字形截面、圆管形截面等。所有上部结构的

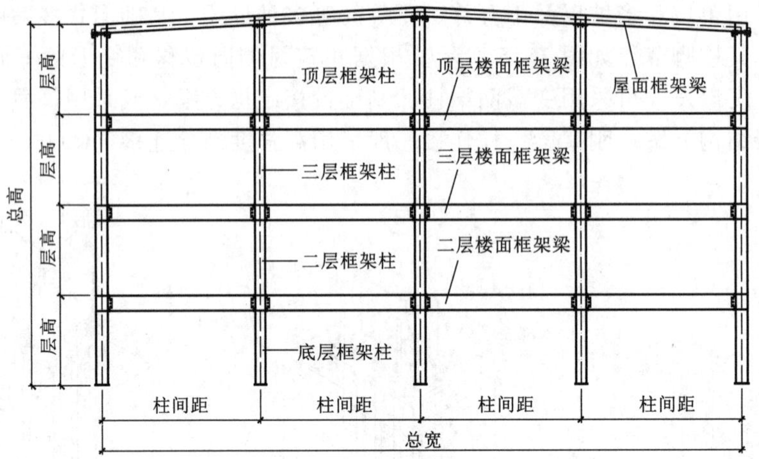

图 10.7　多层框架体系

力都通过框架柱传递给基础。框架梁一般采用 H 型截面。楼盖和屋盖上的力通过框架梁传递给框架柱。支撑采用一般采用热轧型钢制作，其功能是传递层间水平力和保证结构的刚度。

柱脚节点同门式刚架体系；柱、梁节点如图 10.8 所示，一般也多采用高强螺栓连接。

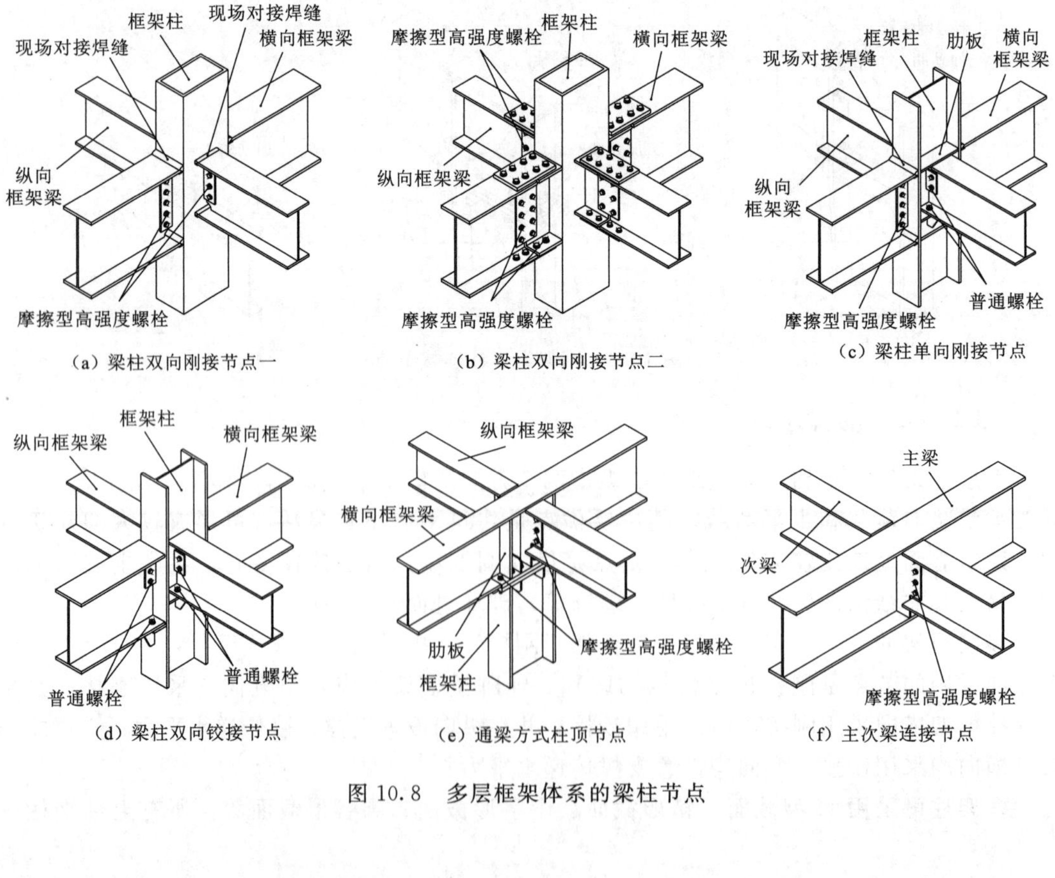

图 10.8　多层框架体系的梁柱节点

钢结构中支撑分为柔性支撑和刚性支撑两种（图 10.9）。柔性支撑由圆钢制作，安装时必须张紧，主要用于门式刚架结构。刚性支撑由型钢制作，用于多层框架、吊车梁下段支撑等刚度要求高的结构中。系杆和支撑联合作用，形成封闭的受力体系，根据需要，支撑还有人字形、八字形、K 形、V 形、门形、L 形、Y 形、单斜杆等形式。

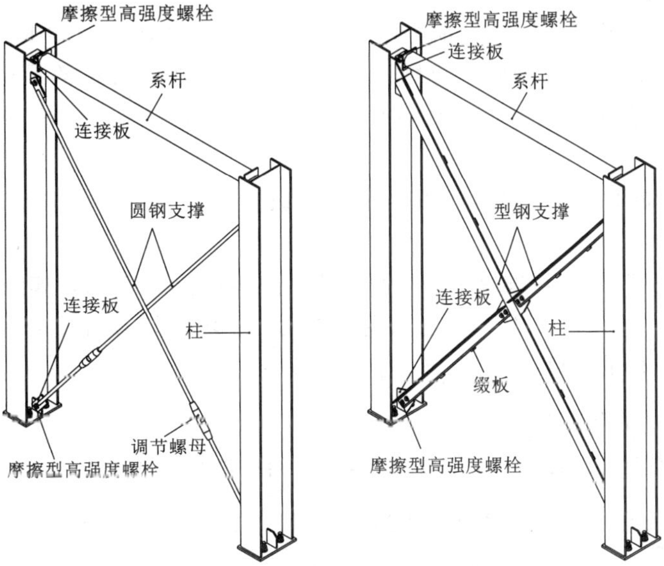

（a）柔性支撑　　（b）刚性支撑

图 10.9　钢结构的支撑

图 10.10　钢结构建筑事故

钢结构的施工，主要就是把结构体系的构件连接起来，使单个构件组合成系统的结构体系，在使用过程中能够抵抗各种荷载的作用。结构体系能否发挥作用，与设计是否合理有关，在设计合理的基础上，良好的制造、施工安装质量是确保结构能发挥作用的关键。应该这样理解：钢结构建筑的最终质量是设计、制造、安装施工各方面共同努力的结果，任何一个阶段出现问题，都有可能对最终的结构体系造成不良结果，甚至造成严重的工程事故，如泉州欣佳酒店发生坍塌，就是钢结构建筑违规改建，造成严重工程事故（图 10.10）。

任务 10.2　学习螺栓连接工艺

螺栓连接分普通螺栓连接和高强螺栓连接。普通螺栓是用 A_3F（Q235－AF）钢制造的，按加工精度分为A、B、C三级。高强螺栓系用高强钢材制成，可对栓杆施加很大的紧固预拉力，使板叠压得很紧，有摩擦型和承压型连接两种类型。

螺栓连接

10.2.1 普通螺栓连接的构造

10.2.1.1 螺栓的基本知识

螺栓有不同的性能等级，如“4.6级”“8.8级”“10－9级”等，是由螺栓材料而区分的。小数点前的数字表示螺栓材料的最低抗拉强度 f_u，4即为400N/mm^2；小数点及后面的数字（0.6、0.8等）则表示材料的屈强比，普通螺栓用Q235AF钢制成，属于4.6级。

A、B级螺栓配Ⅰ类孔适用于受剪连接；C级螺栓配Ⅱ类孔（冲孔或不用钻模钻孔）适用于受拉连接。

螺栓的代号用字母M与螺纹大径（公称直径）的毫米数表示，如M16、M18等，常用的螺栓是M16，M20和M24。螺栓长度的选用，在考虑连接件叠合厚度的同时，还应考虑两头垫圈、螺母的厚度并外露2～3扣丝扣。

10.2.1.2 螺栓与螺孔图例

钢结构施工图表示螺栓、螺栓孔和电焊铆钉的图例见表10.2。

表10.2 螺栓、螺栓孔和电焊铆钉的图例

序号	名称	图例	说明
1	永久螺栓	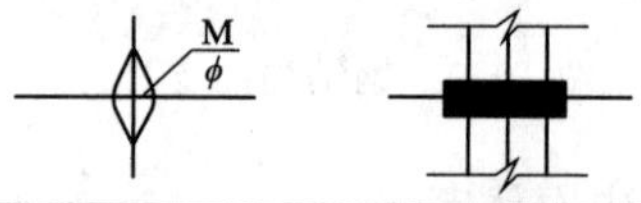	1. 细“＋”线表示定位线； 2. M表示螺栓型号； 3. ϕ 表示螺栓孔直径； 4. d 表示膨胀螺栓、电焊铆钉直径； 5. 采用引出线标注螺栓时，横线上标注螺栓规格，横线下标注螺栓孔直径
2	高强螺栓	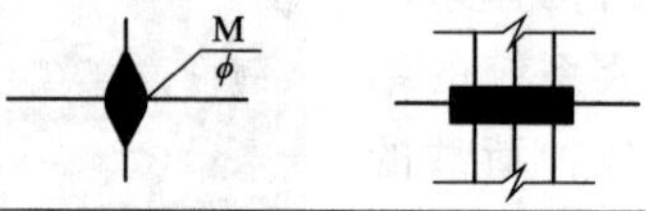	
3	安装螺栓	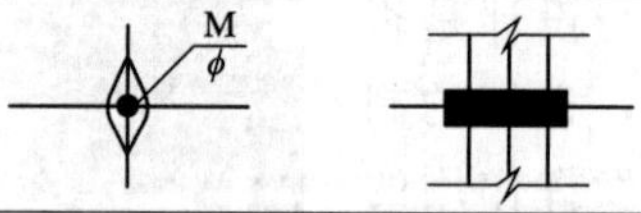	
4	膨胀螺栓	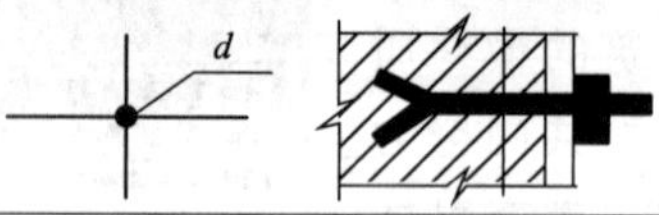	
5	圆形螺栓孔	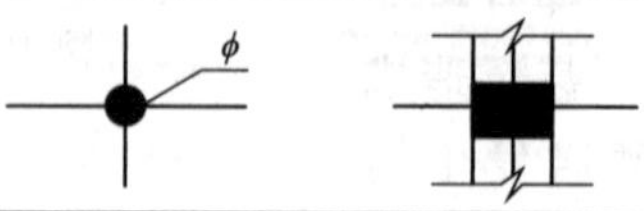	
6	长圆形螺栓孔	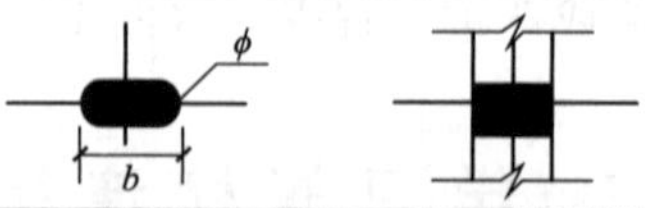	
7	电焊铆钉	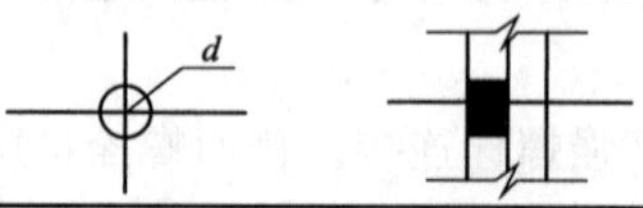	

10.2.1.3　螺栓连接的构造要求

每一杆件在节点上以及拼接接头的一端，永久性的螺栓（或铆钉）数不宜少于两个。对组合构件的缀条，其端部连接可采用一个螺栓（铆钉）。螺栓的排列分并列、错列两种。螺栓排列时，其中距、边距和端距应满足受力要求、构造要求及施工要求。

根据上述要求，设计规范制定了螺栓的最大、最小允许间距，见表 10.3。螺栓排列时，宜按最小允许间距选用，且取 5mm 的整数倍。

表 10.3　　螺栓或铆钉的最大、最小容许距离

<table>
<tr><th>名称</th><th colspan="3">位置和方向</th><th>最大容许距离
（取两者的较小值）</th><th>最小容许距离</th></tr>
<tr><td rowspan="5">中心间距</td><td colspan="3">外排（垂直内力方向或顺内力方向）</td><td>$8d_0$ 或 $12t$</td><td rowspan="5">$3d_0$</td></tr>
<tr><td rowspan="3">中间排</td><td colspan="2">垂直内力方向</td><td>$16d_0$ 或 $24t$</td></tr>
<tr><td rowspan="2">限内力方向</td><td>构件受压力</td><td>$12d_0$ 或 $18t$</td></tr>
<tr><td>构件受拉力</td><td>$16d_0$ 或 $24t$</td></tr>
<tr><td colspan="3">沿对角线方向</td><td>—</td></tr>
<tr><td rowspan="4">中心至构件边缘距离</td><td colspan="3">顺内力方向</td><td rowspan="4">$4d_0$ 或 $8t$</td><td>$2d_0$</td></tr>
<tr><td rowspan="3">垂直内力方向</td><td colspan="2">剪切边或手工气割边</td><td rowspan="2">$1.5d_0$</td></tr>
<tr><td rowspan="2">轧制边、自动气割或锯割边</td><td>高强度螺栓</td></tr>
<tr><td>其他螺栓或铆钉</td><td>$1.2d_0$</td></tr>
</table>

型钢（工字钢、槽钢、角钢）上的螺栓排列，除满足表 10.3 的要求外，还需考虑线距（为使螺栓的垫圈和螺母位于平整部位）、最大孔径 d_{0max}（避免截面过分削弱）的要求，见图 10.11 和表 10.4～表 10.6。

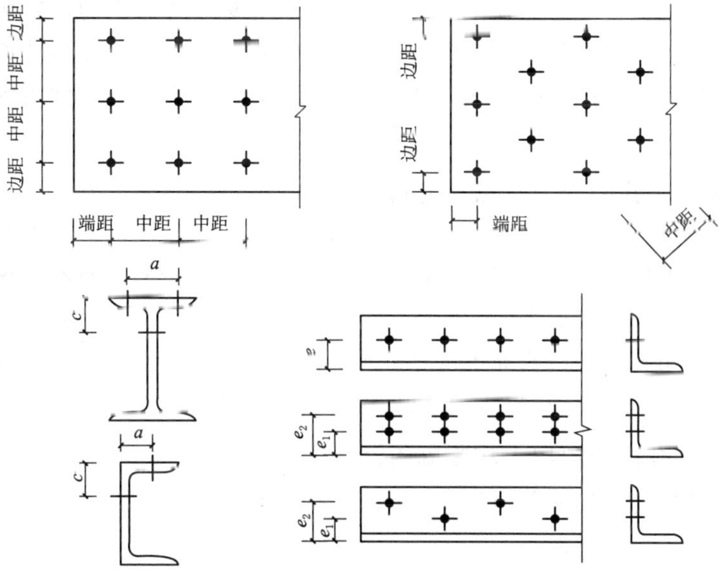

图 10.11　螺栓的排列

表 10.4　　角钢上螺栓或铆钉线距表　　单位：mm

单行排列	角钢肢宽	40	45	50	56	63	70	75	80	90	100	110	125
	线距 e	25	25	30	30	35	40	40	45	50	55	60	70
	钉孔最大直径	11.5	13.5	13.5	15.5	17.5	20	22	22	24	24	26	26
双行错排	角钢肢宽	125	140	160	180	200	双行并排	角钢肢宽			160	180	200
	e_1	55	60	70	70	80		e_1			60	70	80
	e_2	30	100	120	140	160		e_2			130	140	160
	钉孔最大直径	24	24	26	26	26		钉孔最大直径			24	24	26

表 10.5　　工字钢和槽钢腹板上的螺栓线距表　　单位：mm

工字钢型号	12	14	16	18	20	22	25	28	32	36	40	45	50	56	63
线距 c_{min}	40	45	45	45	50	50	55	60	60	65	70	75	75	75	75
槽钢型号	12	14	16	18	20	22	25	28	32	36	40	—	—	—	—
线距 c_{min}	40	45	50	50	55	55	55	60	65	70	75	—	—	—	—

表 10.6　　工字钢和槽钢翼缘上的螺栓线距表　　单位：mm

工字钢型号	12	14	16	18	20	22	25	28	32	36	40	45	50	56	63
线距 a_{min}	40	40	50	55	60	65	65	70	75	80	80	85	90	95	95
槽钢型号	12	14	16	18	20	22	25	28	32	36	40	—	—	—	—
线距 a_{min}	30	35	35	40	40	45	45	45	50	56	60	—	—	—	—

10.2.2 高强通螺栓连接

高强度螺栓连接按设计和受力要求可分为摩擦型和承压型两种。摩擦型连接在承受剪切时，以外剪力达到板件间可能发生的最大摩阻力为极限状态；当超过时板件间发生相对滑移，即认为连接已失效而破坏。承压型连接在受剪时，则允许摩擦力被克服并发生板件间相对滑移，然后外力可以继续增加，并以此后发生的螺杆剪切或孔壁承压的最终破坏为极限状态。

10.2.2.1 高强度螺栓的受力特点与材料

高强度螺栓由高强度钢材制成，拧紧螺母可使栓杆产生很高的预拉力将叠合钢板压得很紧。摩擦型高强度螺栓连接时剪力则由板叠间的摩擦力来传递，而不像普通螺栓那样由栓杆受剪和孔壁承压来传递剪力。

高强度螺栓所用材料的性能等级按热处理（淬火、回火）后的强度分 8.8 级和 10～9 级两种，其性能等级和采用的钢号查阅设计说明及相关规范。

10.2.2.2 高强度螺栓的预拉力和紧固方法

预拉力值为螺栓材料的屈服强度 f_y 和螺栓有效面积 A_e 的乘积考虑一定的降低系数而确定，见下式：

$$P=\frac{0.9\times0.9\times0.9f_yA_e}{1.2} \tag{10.1}$$

按上述计算的 P 值，取 5kN 的整倍数应用，见表 10.7。

表 10.7　　一个高强度螺栓的预拉力 P (kN)

螺栓的性能等级	螺栓公称直径/mm					
	M16	M20	M22	M24	M27	M30
8.8 级	80	125	150	175	230	280
10～9 级	100	155	190	225	290	355

高强度螺栓按形状不同，有大六角头和扭剪型两种类型，如图 10.12 所示。

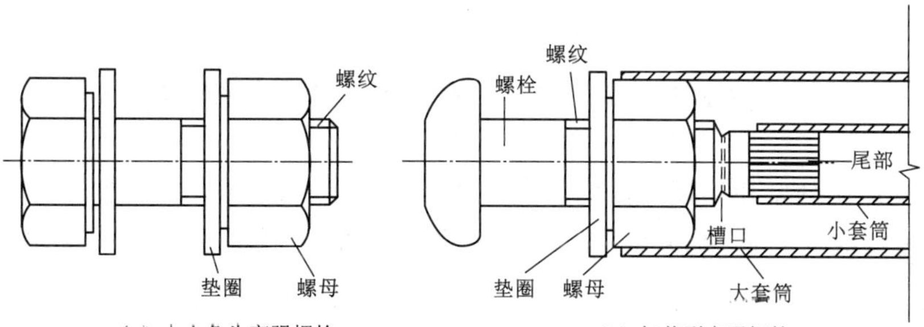

(a) 大六角头高强螺栓　　(b) 扭剪型高强螺枠

图 10.12　大六角头与扭剪型高强螺栓

高强螺栓的紧固方法如下：

(1) 高强螺栓的紧固必须分两次进行，第一次为初拧。初拧紧固到螺栓标准轴力（设计预拉力）的 60%～80%，初拧的扭矩值不得小于终拧扭矩值的 30%。第二次紧固为终拧，终拧时扭剪型高强螺栓应将梅花卡头拧掉。为使螺栓群中所有螺栓均匀受力，初拧、终拧都应按一定顺序进行。

(2) 一般接头：应从螺栓群中间顺序向外侧进行紧固。

(3) 从接头刚度大的地方向不受约束的自由端进行。

(4) 从螺栓群中心向四周扩散的方式进行。

对于扭剪型高强螺栓，先用普通扳手拧紧螺母，是为初拧，再用特制电动扳手的两个套筒中的大套筒套住螺母，小套筒套住螺栓尾部梅花卡头，一个套筒正转，一个套筒反转，由于螺栓尾部槽口深度是按终拧扭矩和预拉力之间的关系而确定的，所以梅花卡头被拧断之时，拧紧扭矩即达到终拧扭矩，而螺栓则达到预拉力。

初拧扳手应是可以控制扭矩的，初拧完毕的螺栓，应做好标记以供确认。为防止漏拧，当天安装的高强螺栓，当天应终拧完毕。终拧应采用专用的电动扳手，如个别作业有困难的地方，也可以采用手动扭矩扳手进行，终拧扭矩须按设计要求进行。用电动扳手时，螺栓尾部卡头拧断后即表明终拧完毕，检查外露丝扣不得少于 2 扣，断下来的卡头应放入工具袋内收集在一起，防止从高空坠落造成安全事故。

板件间的抗滑移系数与接触面的处理方法和构件钢号有关，其大小随板件间的挤压力的减小而减小。接触面的粗糙程度和处理方法是影响抗滑移系数 μ 值的主要因素，规范规定了 4 种方法，见表 10.8。

表 10.8　　　　摩擦面的抗滑移系数 μ

在连接处构件接触面的处理方法	构件的钢号		
	Q235 钢	Q345 钢、Q390 钢	Q420 钢、Q460 钢
喷硬质石英砂或铸钢棱角砂	0.45	0.45	0.45
抛丸（喷砂）	0.40	0.40	0.40
钢丝刷清除浮锈或未经处理的干净轧制表面	0.30	0.35	—

注　1. 钢丝刷除锈方向与受力方向垂直。
2. 当连接构件采用不同钢材牌号时，μ 按相应较低强度者取值。
3. 采用其他方法处理时，其处理工艺及抗滑移系数值均需经试验确定。

任务 10.3　学习钢结构的焊接连接

焊接是钢结构的常用连接方法。焊接方法有电弧焊、接触焊、气焊等。电弧焊又分为手工焊、自动焊和半自动焊三种。目前，钢结构施工中常用的是手工电弧焊。

焊接连接

10.3.1　焊接工艺

10.3.1.1　手工电弧焊与焊条

手工电弧焊的主要设备为电焊机，如图 10.13 所示，电焊机是一个降压变压器，其两个电极一极连焊钳（焊条），一极连焊件。常用的焊条牌号有 E43 型、E50 型和 E55 型等。

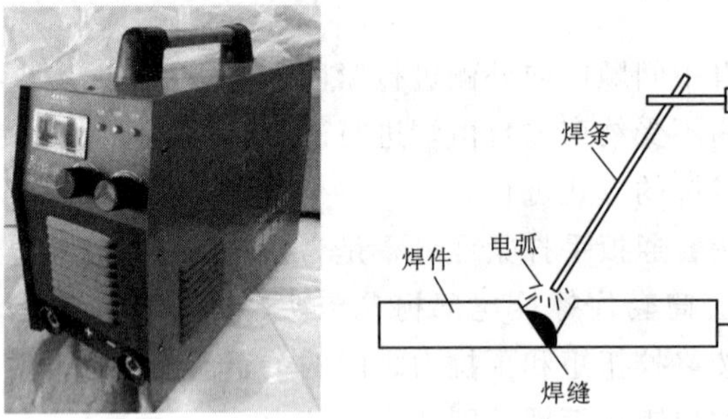

图 10.13　手工电弧焊机及工作原理

10.3.1.2　自动焊

自动焊设备（自动电焊机）工艺原理如图 10.14 所示。

10.3.1.3　二氧化碳气体保护焊

其优点是生产率高、焊接变形小、抗锈能力强、操作方便、二氧化碳气体廉价。缺点是设备复杂，易生事故；弧光很强，施工时需注意保护；金属熔滴易飞溅造成焊缝缺陷。

焊接时，焊条应与焊件钢材相适应。Q235 钢选择 E43 型焊条（E4300～4328）；

Q345 钢选择 E50 型焊条（E5000～5048）；Q390、Q420 钢选择 E55 型焊条（E5500～5518）。焊条中焊芯的作用是作为电极和填充金属。药皮的作用是稳定电弧，隔离空气，减缓冷却，改善焊缝性能。

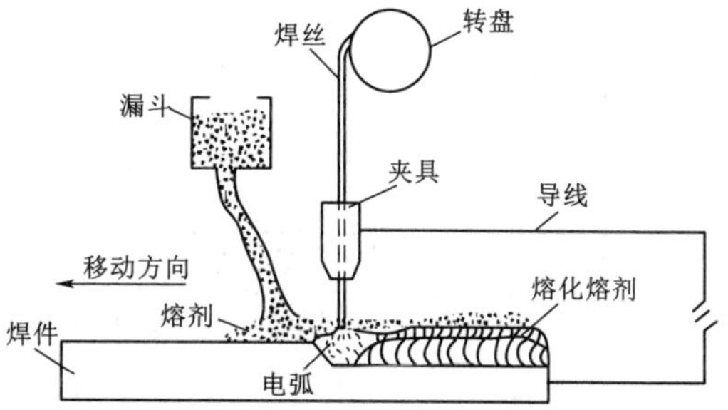

图 10.14 自动焊设备工艺原理

10.3.2 焊缝与焊缝连接形式

焊缝连接按构件的相对位置可分为平接、搭接、顶接、角接等形式。焊缝按构造可分为对接焊缝和角焊缝两种，如图 10.15 所示。对接焊缝省料、传力均匀、强度高，但边缘须作坡口，尺寸要求严且制造费工。

焊缝按施焊位置又可分为平焊、横焊、立焊、仰焊，平焊施焊最方便，质量易于保证；仰焊施焊条件最差，质量不易保证，设计时应尽量避免（图 10.16）。

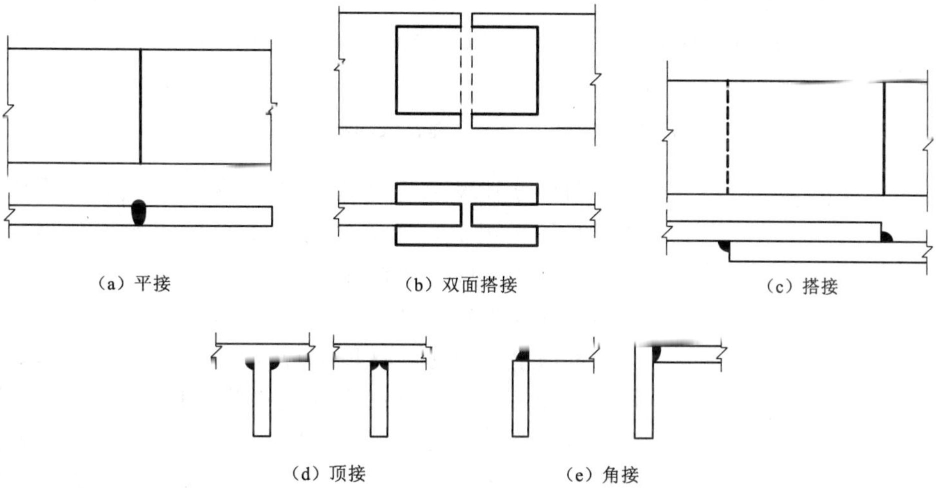

图 10.15 常见焊缝形式（对接焊缝和角焊缝）

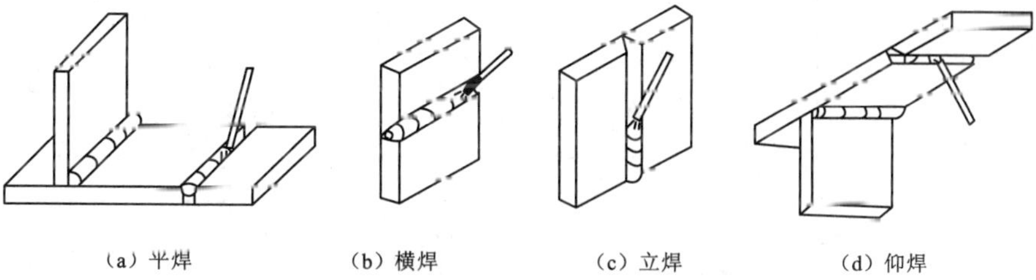

图 10.16 平焊、横焊、立焊、仰焊

10.3.3 焊缝符号与标注方法

在钢结构施工图中的焊缝，应遵照《焊缝符号表示法》(GB 324—2008) 和《建筑结构制图标准》(GB/T 50105—2010) 的规定予以标注。焊缝符号主要由图形符号、辅助符号和引出线等部分组成 (表 10.9)。正面焊缝、背面焊缝和安装焊缝的区别如图 10.17 所示。

表 10.9　　焊　缝　符　号

	角焊缝				对接焊缝	直接焊缝	三面围焊
	单面焊缝	双面焊缝	安装焊缝	相同焊缝			
形式	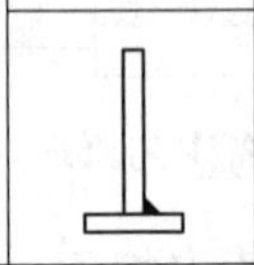		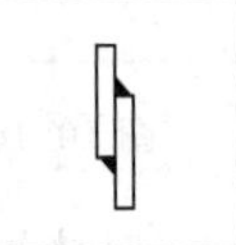		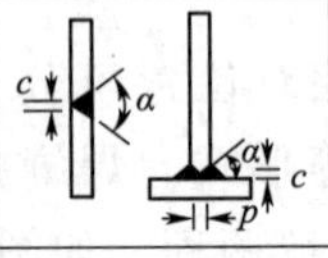	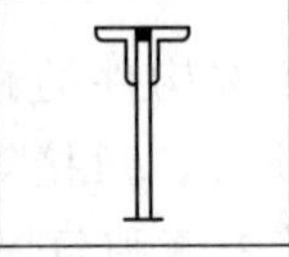	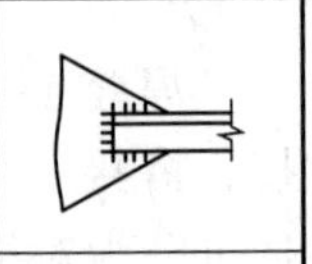
标注方法	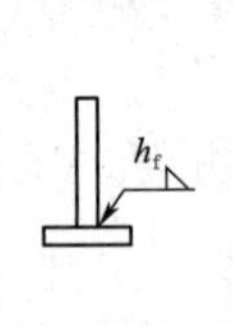	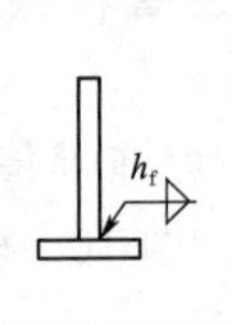	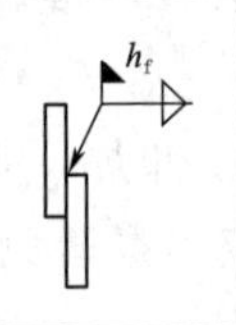	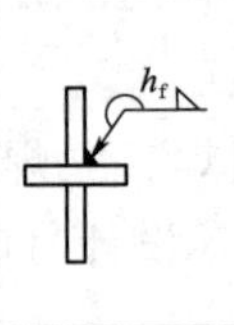	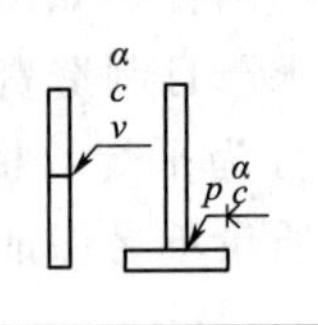		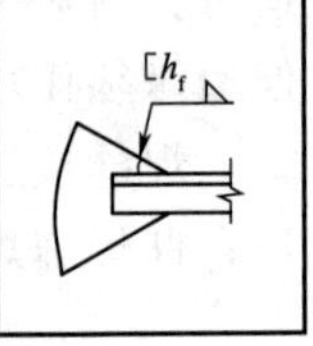

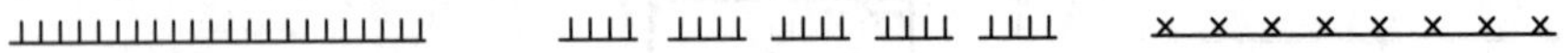

(a) 正面焊缝　　(b) 背面焊缝　　(c) 安装焊缝

图 10.17　基本符号与基准线的相对位置

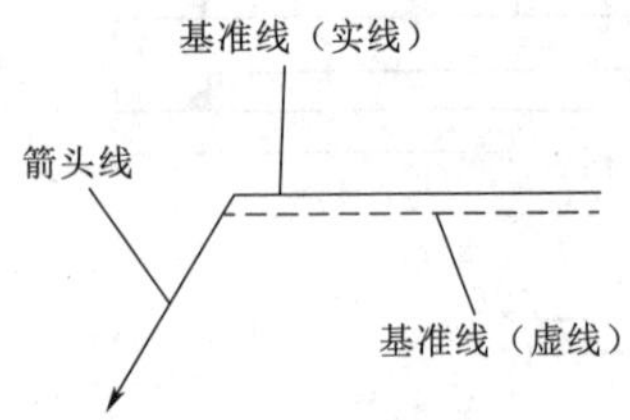

图 10.18　指引线

图形符号表示焊缝截面的基本形式。引出线由横线、斜线及箭头组成，而横线由两条平行的实线与虚线组成，可在实线侧或虚线侧标注符号 (图 10.18)，斜线和箭头则将整个焊缝符号指向图形的有关焊缝处 (图 10.19)。

看懂钢结构施工图是进行施工作业的基本要求，理解焊缝符号表示方法是读懂钢结构施工图的基础，建议认真阅读《焊缝符号表示法》(GB 324—2008) 和《建筑结构制图标准》(GB/T 50105—2010)，并结合实际施工图进行阅读理解。

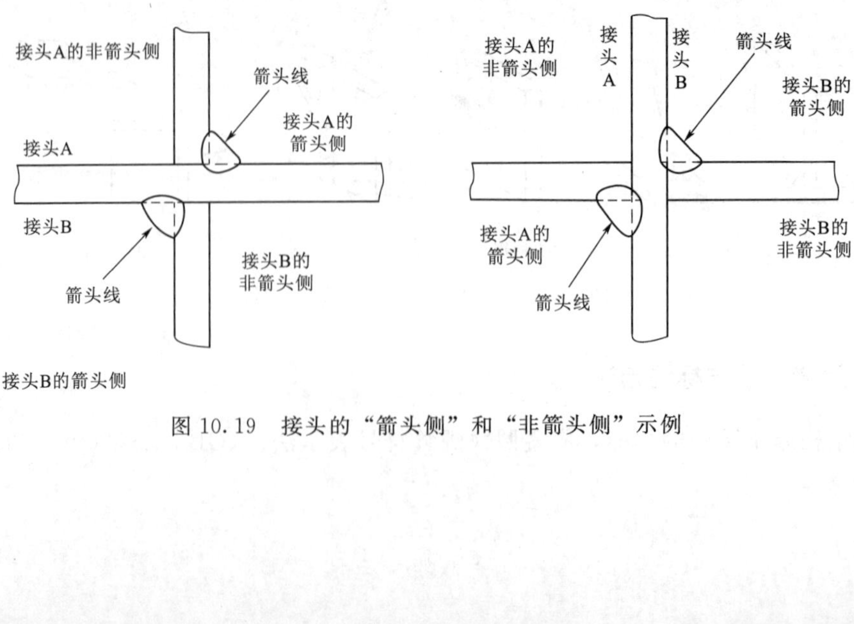

图 10.19　接头的“箭头侧”和“非箭头侧”示例

10.3.4　焊缝质量级别

焊接质量将直接影响焊缝的强度，对焊缝的质量应按其受力性质和所处的部位进行分级检验。质量检验分为三级，其中三级质量检验只对全部焊缝作外观检查，即只检查焊缝外观缺陷（气孔、咬边）和几何尺寸是否符合三级标准的要求；二级的检验项目规定除对全部焊缝按二级标准检查外观外，还须按要求用超声波抽查焊缝长度的 50%；一级的检验项目则规定除对全部焊缝按一级标准检查外观外，尚需按要求用超声波检查，并用 X 射线抽查焊缝长度 2%，且部分拍片。

对接焊缝的质量分一、二、三级，其中一、二级质量的强度与母材相同，三级质量的抗拉强度设计值则降低了 15%。角焊缝均为三级质量，其强度设计值不论拉、压、剪均取统一值。

10.3.5　焊缝的构造

10.3.5.1　对接焊缝的构造

1. 选择正确的坡口与间隙保证焊透

如图 10.20 所示，根据焊接条件和钢板的厚度可选择图中的各种坡口形式，图中的坡口形式（由钢板厚度决定）、间隙 c 和角度 α 可参见国家有关标准。

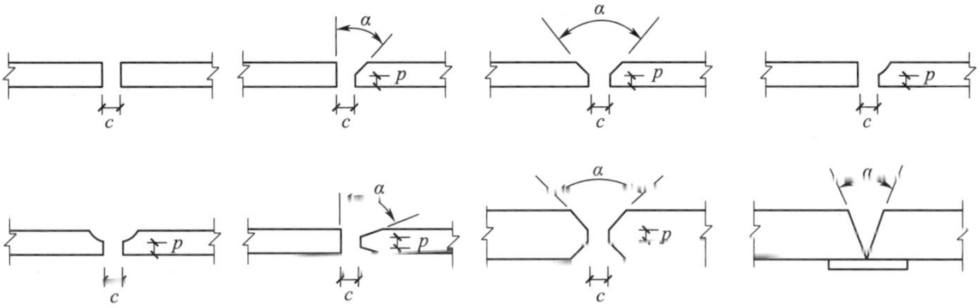

图 10.20　对接焊缝的坡口形式

2. 设置引弧板

焊缝的起弧灭弧处，常会出现弧坑等缺陷，引起应力集中并易产生裂纹。可设引弧板于两端，其材料和坡口形式同于焊件，在焊接完毕后切除（图 10.21）。

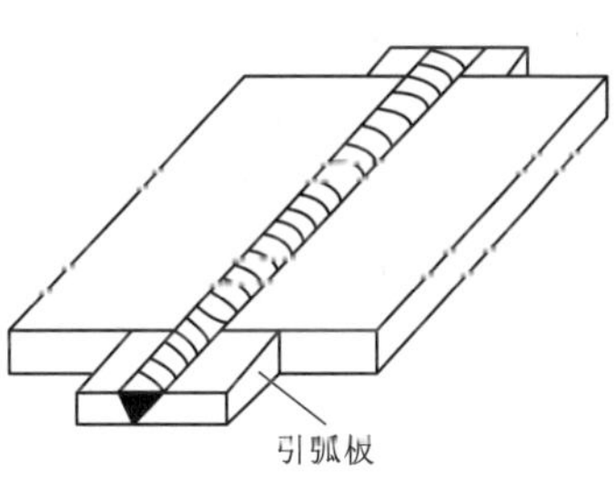

图 10.21　引弧板

3. 清渣补焊

U 形和 V 形焊缝主要为正面焊，其根部往往没有焊透而存在缺陷。所以一面焊完后，应反过来清渣补焊，以保证焊缝质量。

4. 不同厚度与宽度钢板的连接

在钢板拼接处，当焊件宽度不同或厚度在一侧相差超过 4mm 时，应分别在宽度或厚度方向从一侧或双侧做成坡度不大于 1∶2.5 的斜角（图 10.22），形成平缓过渡，减少应力集中。

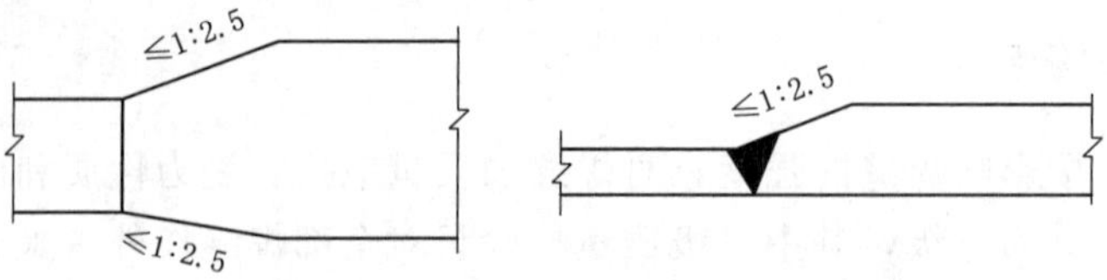

(a) 变宽度 (b) 变厚度

图 10.22 钢板变截面平接

10.3.5.2 角焊缝的构造

在搭接或顶接板件的边缘，所焊截面为三角形的焊缝叫做角焊缝。角焊缝按外力作用方向可分为平行于力作用方向的侧面角焊缝、垂直于力作用方向的正面角焊缝以及与力作用方向斜交的斜向角焊缝（图 10.23）。

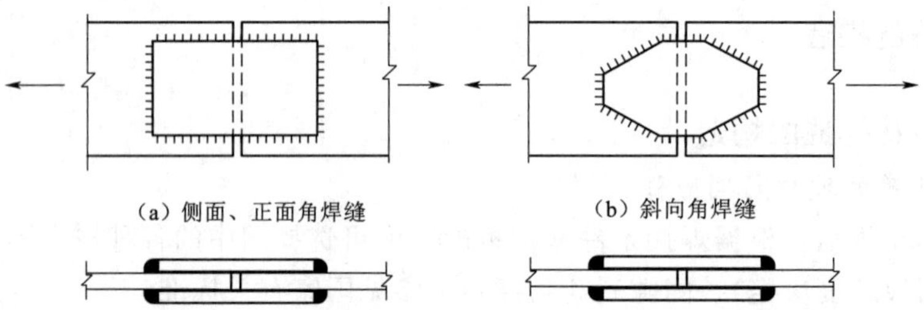

(a) 侧面、正面角焊缝 (b) 斜向角焊缝

图 10.23 侧面、正面与斜向角焊缝

角焊缝两边夹角为直角的称为直角角焊缝（图 10.24），夹角为锐角或钝角的称为斜角角焊缝（图 10.25）。

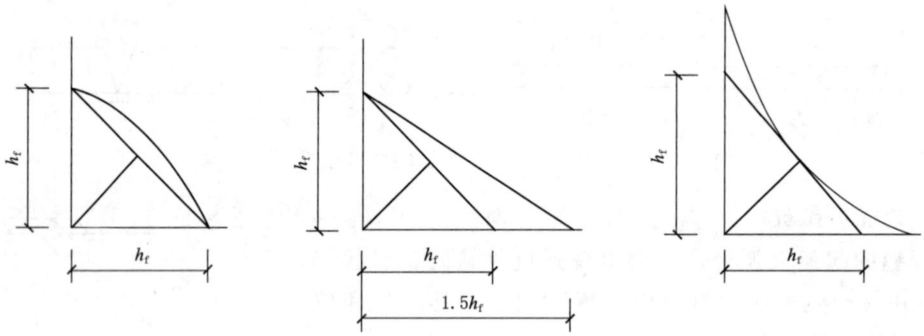

(a) 普通型 (b) 平坡式 (c) 凹式

图 10.24 直角角焊缝截面形式

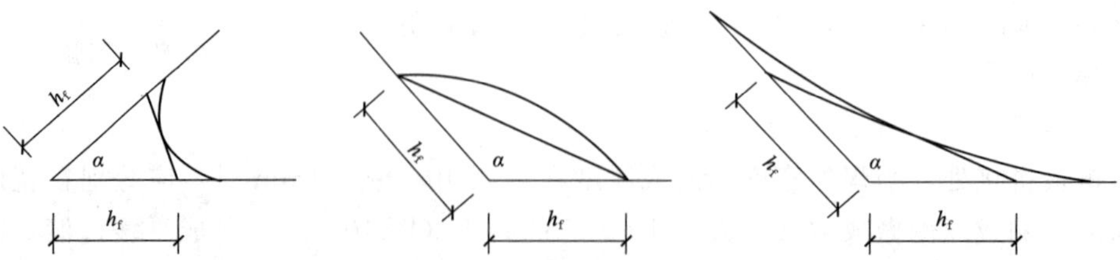

图 10.25 斜角角焊缝截面

直角角焊缝（简称“角焊缝”）截面分普通式、平坡式和凹式三种，一般多采用普通式。角焊缝的构造要求：

（1）角焊缝最小焊脚尺寸宜按表 10.10 取值，承受动荷载时角焊缝焊脚尺寸不宜小于 5mm。

表 10.10 角焊缝最小焊脚尺寸 单位：mm

母材厚度 t	角焊缝最小焊脚尺寸 h_f	母材厚度 t	角焊缝最小焊脚尺寸 h_f
$t \leqslant 6$	3	$12 < t \leqslant 20$	6
$6 < t \leqslant 12$	5	$t > 20$	8

注 1. 采用不预热的非低氢焊接方法进行焊接时，t 等于焊接连接部位中较厚件厚度，宜采用单道焊缝；采用预热的非低氢焊接方法或低氢焊接方法进行焊接时，t 等于焊接连接部位中较薄件厚度。

2. 焊缝尺寸 h_f 不要求超过焊接连接部位中较薄件厚度的情况除外。

（2）角焊缝的最小计算长度应为其焊脚尺寸 h_f 的 8 倍，且不应小于 40mm；焊缝计算长度应为扣除引弧、收弧长度后的焊缝长度。

（3）断续角焊缝焊段的最小长度不应小于最小计算长度。

（4）被焊构件中较薄板厚度不小于 25mm 时，宜采用开局部坡口的角焊缝。

（5）采用角焊缝焊接连接，不宜将厚板焊接到较薄板上。

（6）当板件端部仅有两侧角焊缝连接时，每条侧焊缝长度不宜小于两侧面角焊缝之间的距离，同时两侧面角焊缝之间的距离不宜大于 $16t$ 或 190mm，t 为较薄焊件的厚度。

（7）当角焊缝的端部在构件转角处作长度为 $2h_f$ 的绕角焊时，转角处须连续施焊，以避免在应力集中较大处因起、灭弧而出现缺陷。

（8）在搭接连接中，传递轴向力的部件，其搭接连接最小搭接长度应为较薄件厚度的 5 倍，且不应小于 25mm，并应施焊纵向或横向双角焊缝。

10.3.6 焊接残余应力与焊接变形

高度不均匀的温度场造成构件内部收缩与膨胀的不均匀性，致使构件产生变形，这种变形叫焊接变形（图 10.26）。而焊缝和焊缝附近钢材不能自由地变形，因受到周围钢材的约束而产生焊接残余应力。

为了减少和限制焊接残余应力和焊接变形，可以采取以下措施：

（1）在设计中不得任意加大焊缝，避免焊缝立体交叉和在一处集中大量焊缝。焊缝布置应尽可能对称于构件重心。

（2）采用合理的焊接顺序。例如钢板对接，当焊缝较长时可采用分段退焊［图 10.27（a）］；厚度较大时可采用分层焊［图 10.27（b）］；钢板分块拼接合理安排施焊顺序［图 10.27（c）］，工字形顶接采用对角跳焊［图 10.27（d）］。

（3）施焊前使构件有一个和焊接变形相反的预变形。如图 10.28（a）中将翼缘预弯，在（b）图中将平接的接缝处预弯，使其与焊接变形相抵消，但此法不能去除焊接应力。

（4）机械校正法和局部加热法矫正焊接变形，如弯曲变形可用机械顶压冷矫正，也可以在凸面局部加热，利用热后的冷缩进行热矫正。

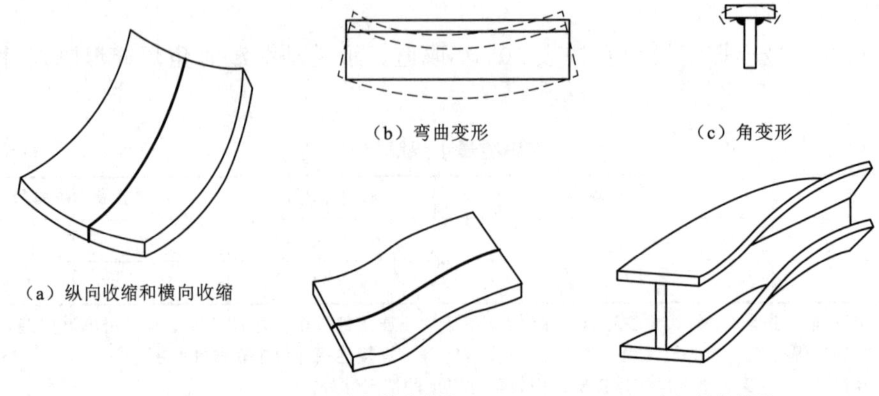

（a）纵向收缩和横向收缩　（b）弯曲变形　（c）角变形　（d）波浪变形　（e）扭曲变形

图 10.26 焊接变形

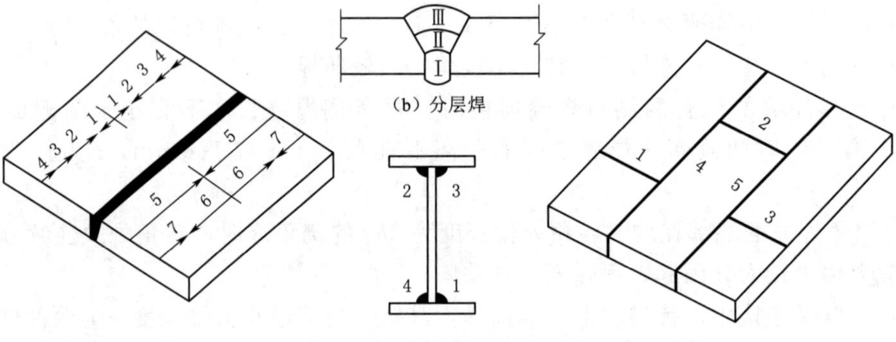

（a）分段退焊　（b）分层焊　（c）施焊　（d）对角跳焊

图 10.27 合理的焊接顺序

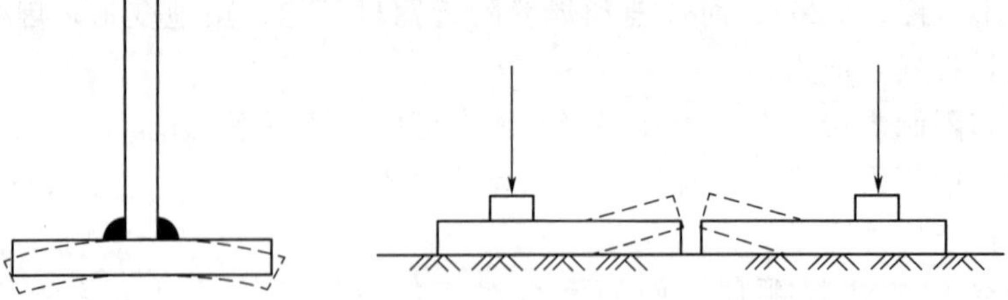

（a）翼缘预弯　（b）接缝处预弯

图 10.28 减小焊接变形的措施

(5) 对于小尺寸的焊件可焊前预热或焊后进行退火处理。退火是将构件加热至600℃后，使其缓慢冷却，可消除焊接应力。也可以在焊后锤击，以减小焊接应力和焊接变形。

任务 10.4　钢结构工程施工及质量验收

10.4.1　钢结构工程施工的基本知识

10.4.1.1　施工条件

钢结构工程施工单位应有相应的施工资质、技术标准、质量管理体系、质量控制及检验制度，施工现场应有经过审批的施工组织设计、施工方案等技术文件。施工组织设计、施工专项方案等技术文件应报监理工程师或业主代表审核。重要钢结构工程的施工方案和安全应急预案，要组织专家论证。

钢结构工程制作和安装应满足设计施工图的要求，施工单位应对施工图纸进行工艺性审查，当需要修改时应取得设计单位同意，并办理相应的设计变更文件。施工单位应具有有效的计量器具，以便进行工程质量验收及控制，施工用的专用机具和工具应满足施工要求，并在合格检定有效期内，如扭力扳手、焊接设备等。

10.4.1.2　技术准备

钢结构施工详图应根据结构设计文件和有关技术文件进行编制，并应经原设计单位确认；当需要进行节点设计时，节点设计文件也应经原设计单位确认。施工详图设计应满足钢结构施工构造、施工工艺、构件运输等有关技术要求。钢结构施工详图应包括图纸目录、设计总说明、构件布置图、构件详图和安装节点详图等内容；图纸表达应清晰、完整，空间复杂构件和节点的施工详图，宜增加三维图形表示。构件重量应在钢结构施工详图中计算列出，焊缝重量宜以焊接构件重量的 1.5%计算。

施工单位首次采用的钢材、焊接材料、焊接方法、接头形式、焊接位置、焊后热处理等各种参数及参数的组合，应在钢结构制作及安装前进行焊接工艺评定试验。焊接工艺评定试验方法和要求，以及免予工艺评定的限制条件，应符合现行国家标准《钢结构焊接规范》（GB 50661—2011）的有关规定。焊接施工前，施工单位应以合格的焊接工艺评定结果或采用符合免除工艺评定条件为依据，编制焊接工艺文件。焊接作业的条件应满足施工规范的要求，其主要控制要素为焊接时的温度、湿度、风速等。

10.4.1.3　质量控制

钢结构工程应按照下列规定进行质量过程控制：

（1）原材料及成品进场须经过验收，应具有质量合格证明文件；凡涉及安全、功能的原材料及半成品，按相关规定进行复验，见证取样、送样。

（2）各工序按照施工工艺要求进行质量控制，实行工序检验。

（3）相关各工种之间进行交接检验。

（4）隐蔽工程在封闭前进行质量验收。

钢结构工程在施工阶段需要进行施工阶段结构变形验算、结构预变形设计、施工图样设计等工作。在进行施工阶段设计时，选用的设计指标应符合设计文件和设计规范的规定，荷载取值应符合《钢结构工程施工规范》（GB 50755—2012）的规定。当钢结构施工方法或施工顺序对结构的内力和变形影响较大，或设计文件有特殊要求时，应进行施工阶段结构分析，确保施工阶段结构的强度、刚度、稳定性满足要求，避免施工事故。施工阶段对尚未成体系的构件要采取可靠的临时固定措施，并经过施工验算。构件要视工况确定是否采取预变形措施，预变形要符合预变形专项工艺设计要求。

采用紧固件连接的钢结构构件，其连接件加工及摩擦面的处理应严格按照施工规范和施工质量验收规范的要求处理。高强度螺栓的连接工艺及施工注意事项参照施工规范。

10.4.1.4 材料管理

钢结构使用的材料包括钢材、焊接材料、紧固件（各种螺栓）、涂装材料、钢铸件、锚具和销轴等均应符合规范要求，严格执行进场质量验收制度。材料储存与管理要有专人负责。材料入库前应进行检验，核对材料的品种、规格、批号、质量合格证明文件、中文标志和检验报告等，应检查表面质量、包装等。检验合格的材料应按品种、规格、批号分类堆放，材料堆放应有标识，材料入库和发放应有记录。发料和领料时应核对材料的品种、规格和性能，剩余材料应回收管理。回收入库时，应核对其品种、规格和数量，并应分类保管。钢材堆放应减少钢材的变形和锈蚀，并应放置垫木或垫块。

10.4.1.5 人员管理

钢结构施工人员应具有相应的施工经验，需经过培训方能上岗作业，尤其是焊接作业人员的从业资格要严格控制。焊接技术人员（焊接工程师）应具有相应的资格证书；大型重要的钢结构工程，焊接技术负责人应取得中级及以上技术职称并有五年以上焊接生产或施工实践经验。焊接质量检验人员应接受过焊接专业的技术培训，并应经岗位培训取得相应的质量检验资格证书。焊缝无损检测人员应取得国家专业考核机构颁发的等级证书，并应按证书合格项目及权限从事焊缝无损检测工作。焊工应经考试合格并取得资格证书，应在认可的范围内焊接作业，严禁无证上岗。

10.4.2 钢结构工程施工工艺

钢结构的施工具有装配式建筑的特点，构件在工厂生产，运至现场吊装。施工过程中高处作业安全、临时用电安全是安全管理的重点。另外在结构没有完全形成体系前，需要特别重视构件的临时固定措施。以下以某单层工业厂房为例，展示钢结构施工过程及工艺（图10.29）。

10.4.2.1 施工工艺流程

施工准备→原材料采、验、进厂→下料→制作→检验校正→预拼装→除锈→刷防锈漆一道→成品检验编号→构件运输→预埋件复验→钢柱吊装→钢梁吊装→檩条、支撑系统安装→主体初验→刷面漆→屋面板安装→墙面板安装→门窗安装→验收。

10.4.2.2 材料及构件准备

钢材、钢铸件的品种、规格、性能等应符合现行国家产品标准和设计要求。进口钢材产品的质量应符合设计和合同规定标准的要求。焊接材料的品种、规格、性能等应符合现行国家产品标准和设计要求。

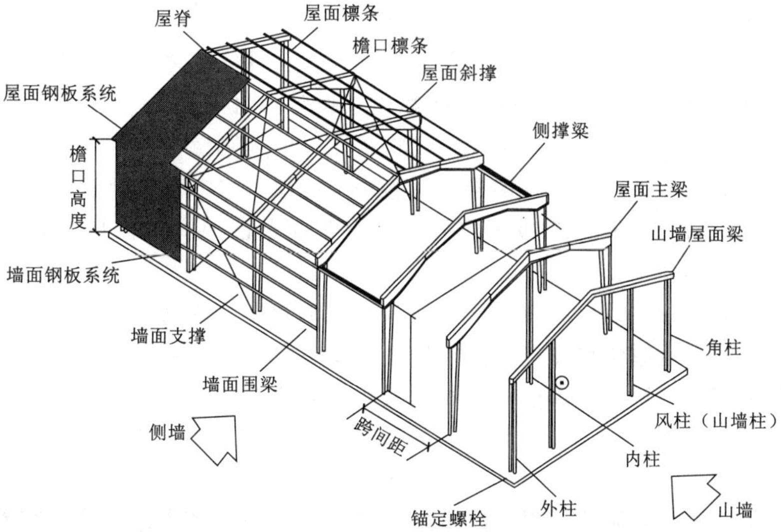

图 10.29　某单层工业厂房

钢结构连接用高强度大六角头螺栓连接副、扭剪型高强度螺栓连接副、钢网架用高强度螺栓、普通螺栓、铆钉、自攻钉、拉铆钉、射钉、锚栓（机械型和化学式剂型）、地脚锚栓等紧固标准件及螺母、垫圈等标准配件，其品种、规格、性能等应符合现行国家产品标准和设计要求。高强度大六角头螺栓连接副和扭剪型高强度螺栓连接副出厂时应分别随箱带有扭矩系数和紧固轴力（预拉力）的检验报告。

设计要求全焊透的一、二级焊缝应采用超声波探伤进行内部缺陷的检验，超声波探伤不能对缺陷作出判断时，应采用射线探伤，其内部缺陷分级及探伤方法应符合现行国家标准《钢焊缝手工超声波探伤方法和探伤结果分级法》（GB 1135—2013）或《金属熔化焊焊接接头射线照相》（GB 3323—2005）的规定。

钢柱、钢梁腹板下料时应注意截面尺寸的变化，应在两端留有加工余量。柱、梁的主要焊缝采用埋弧自动焊接，焊接顺序要按焊接工艺要求的顺序进行。制孔时，所有连接板、节点板必须配对钻孔，制孔精度应符合规范的要求。

防腐涂装可采用抛丸除锈，达到设计要求。构件表面不应误涂（特别是摩擦连接面）、漏涂、涂层不应脱皮和返锈等。涂层应均匀，无明显皱皮、流坠、针孔和气泡等。

构件出厂前要进行检验和编号，编号时一般要标注轴线列号，超重超长构件有时还要标注重量和起吊重心位置。

10.4.2.3　运输和堆放

要事先勘查道路，选择运输车辆型号，对运输不便的构件，采用现场拼装的方式。装卸时对容易变形的构件，要采取一定的措施。装卸时要保护构件的油漆面。堆放场地要坚实、平整，排水良好。构件不能直接置于地上，要垫高 200mm 以上，平稳地放在支座上，支座间距应不使构件产生残余变形为限。构件堆放位置，应考虑到现场安装的顺序。

10.4.2.4 基础施工

单层工业厂房钢结构建筑一般采用独立基础，在构件安装之前需要进行基础工程的施工，确保基础稳固（图 10.30）。先将地脚螺栓按设计尺寸排列组立；按照设计尺寸制作一块螺栓模板，标出轴线的位置；预埋时先将组立好的地脚螺栓放入支设好的混凝土模板内，把螺栓模板套到组立好的地脚螺栓上，利用经纬仪、水准仪把模板定位好，再用电焊机把地脚螺栓与钢筋及混凝土模板固定好，固定时要保证地脚螺栓与混凝土模板的相对位置。

混凝土浇筑前必须在螺栓的螺扣上缠油布以保护螺扣，待钢结构安装时再解开。混凝土浇筑过程中，要尽量避免踩在模板上，振动棒要尽量避免直接碰螺栓。混凝土浇筑完毕后要检查柱顶标高，不符合要求的在混凝土初凝前整改好。混凝土浇筑完毕后初凝前要重新校正地脚螺栓的位置。

图 10.30 基础施工

10.4.2.5 钢构件的安装

先复核预埋螺栓的规格、定位尺寸、标高、露出长度等，复核确认预埋件混凝土的龄期。对照图纸，查验核对现场构件编号与设计的一致性，防止错装。安装高强螺栓时，螺栓应能自由穿入孔内，不能随意扩孔，高强螺栓不能替代临时螺栓使用。

勘查作业现场，确定吊车行走路线，制定吊装实施方案（图 10.31）。一般选用轮式起重机作为吊装机械，体量不大的安装工程也可采用塔式起重机。钢柱采用一点或两点起

图 10.31 构件吊装

吊，就位后临时固定，经校正后最终固定。钢梁采用两点起吊法，吊装前应事先确定吊点，并进行试吊，以保障其稳定性。钢梁吊装后进行临时固定，安装水平支撑后，经复核垂直度后最终固定。整体框架安装完毕后，应当对已经安装的框架再作一次检查，确认所有构件的安装的正确性，如连接件是否都已紧固，整体弯曲度是否在规范规定的偏差以内。

钢框架经核对无误后，应及时浇灌柱底板混凝土，该混凝土应为膨胀混凝土。钢构件的面漆施工也可实施。

10.4.2.6　屋面工程

对进场的C形檩条进行检查，对几何尺寸超偏或在运输中已经严重变形的檩条，退场调换。檩条安装时，必须垂直于屋脊拉线，确保屋檩在一平面内。首先安装屋脊檩条，焊接屋脊撑杆，然后依次安装屋檩、屋面洞口加强檩，在安装下坡檩条时，必须安装拉条，并调平拉紧，保证檩条不扭曲变形，有效防止屋檩受压翼失稳（图 10.32）。对进场的屋面板，复核几何尺寸、数量、颜色等，对运输中变形严重、涂层划伤等严重缺陷的，退场调换。

图 10.32　檩条、拉条安装

设置安装基准线，基准线设在山墙端屋脊线的垂直线上，并根据此基准线，在檩条的横向标出每块或若干块压型钢板的截面有效覆盖宽度定位线，安排板图依次铺设，并应边铺设边调整其位置，边固定，应首先安装屋脊托板。铺设屋面压型钢板时，应在压型钢板上设置临时人行木板，施工人员必须穿软底鞋，不得聚集在一起。在压型钢板行走频繁地部位，应设临时板加固。

屋脊板、泛水板与屋面压型钢板的连接采用搭接连接，其搭接长度不小于 200mm，搭接部位应设置挡水板，并设置防水堵头及密封条，屋脊板之间搭接部位的搭接长度不小于 60mm，其连接件间距不大于 250mm，搭接处填密封胶。如果屋面设计有保温材料，需在安装屋面板前安装好保温材料（图 10.33）。天沟板的安装应注意纵向坡度，天沟在吊装时需多点受力，避免变形（图 10.34）。

10.4.2.7　墙面板安装

墙檩（墙梁）安装必须从顶部向下拉垂线，确保墙檩在一个平面，然后依次安装墙檩、洞口加强檩。对墙面板的检验同屋面板。

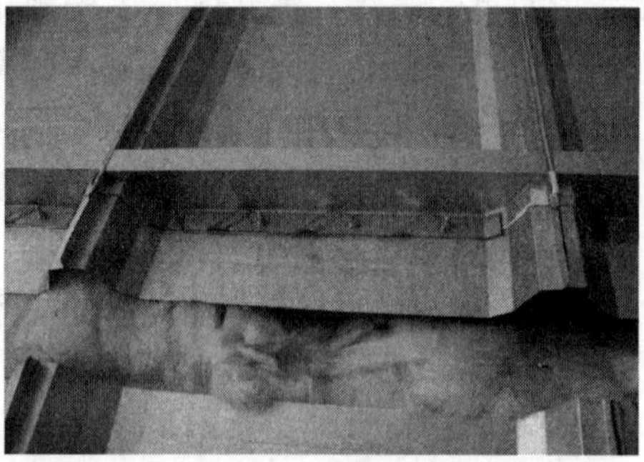

图 10.33 屋面板及保温材料

图 10.34 天沟安装

设置安装基准线，画出门窗洞口的准确位置，以便于墙板的切边，墙面压型钢板的安装基准线设在离山墙阳角线 200mm 处的垂直线上，并根据此基准线，在墙檩上标出角块墙面板的截面有效覆盖宽度线。墙面板的连接采用自攻螺丝与墙檩连接。在墙面压型板上开洞，采用按洞口尺寸画出边线法切割，然后再安装。

内、外墙板应逆主导风向铺设，泛水板之间、包角板之间以及泛水板、包角板与压型钢板之间的搭接部位，必须按照要求设置防水密封材料，山墙泛水板与屋脊板的搭接，必须先安装山墙泛水板，后安装屋脊板。

10.4.3 钢结构工程质量验收

钢结构工程施工质量验收在施工单位自检合格的基础上，按照检验批、分项工程、分部（子分部）工程分别进行验收，钢结构分部（子分部）工程中分项工程的划分，应按现行国家标准《建筑工程施工质量验收统一标准》（GB 50300—2013）的规定执行。钢结构分项工程应由一个或若干检验批组成，其各分项工程检验批应按《钢结构工程施工质量验收标准》（GB 50205—2020）的规定进行划分，并应经监理（或建设单位）确认。

10.4.3.1 检验批

检验批合格质量标准应符合下列规定：

（1）主控项目必须满足国标质量要求。

（2）一般项目的检验结果应有 80%及以上的检查点（值）满足国标的要求，且最大值（或最小值）不应超过其允许偏差值的 1.2 倍。

10.4.3.2 分项工程

分项工程合格质量标准应符合下列规定：

（1）分项工程所含的各检验批均应满足国标质量要求。

（2）分项工程所含的各检验批质量验收记录应完整。

当钢结构工程施工质量不符合国标的规定时，应按下列规定进行处理：

（1）经返修或更换构（配）件的检验批，应重新进行验收。

（2）经法定的检测单位检测鉴定能够达到设计要求的检验批，应予以验收。

（3）经法定的检测单位检测鉴定达不到设计要求，但经原设计单位核算认可能够满足结构安全和使用功能的检验批，可予以验收。

（4）经返修或加固处理的分项、分部工程，仍能满足结构安全和使用功能要求时，可按处理技术方案和协商文件进行验收。

（5）通过返修或加固处理仍不能满足安全使用要求的钢结构分部工程，严禁验收。

拓展阅读：钢结构工程施工中常见问题分析及解决方案

钢结构因其自身优点，在桥梁、工业厂房、高层建筑等现代建筑中得到广泛应用。在大量的工程建设过程中，钢结构工程也暴露出不少质量通病。

1. 构件的生产制作问题

门式钢架所用的板件很薄，最薄可用到4mm。薄板的下料应首选剪切方式，避免用火焰切割。用火焰切割会使板边产生很大的波浪变形。目前H型钢的焊接大多数厂家均采用埋弧自动焊或半自动焊。如果控制不好宜发生焊接变形，使构件弯曲或扭曲。

2. 柱脚安装问题

（1）预埋件（锚栓）问题：整体或局部偏移，标高有误，丝扣未采取保护措施，直接造成钢柱底板螺栓孔不对位，造成丝扣长度不够。

处理措施：钢结构施工单位协同土建施工单位一起完成预埋工作，混凝土浇捣之前，必须复核相关尺寸及固定牢固。

（2）锚栓不垂直现象：框架柱柱脚底板水平度差，锚栓不垂直，基础施工后预埋锚栓水平误差偏大。柱子安装后不在一条直线上，东倒西歪，使房屋外观很难看，给钢柱安装带来误差，结构受力受到影响，不符合施工验收规范要求。

处理措施：锚栓安装应坚持先将底板用下部调整螺栓调平，再用无收缩砂浆二次灌浆填实。锚栓施工时，可采用粗钢筋或者角钢等固定锚栓。焊成笼状，完善支撑，或采取其他有效措施，避免浇灌基础混凝土时锚栓移位。

（3）锚栓连接问题现象：柱脚锚栓未拧紧，垫板未与底板焊接；部分未露2～3个丝扣的锚栓。

处理措施：应采取焊接锚杆与螺帽；在化学锚栓外部，应加厚防火涂料与隔热处理，以防失火时影响锚固性能；应补测基础沉降观测资料。

3. 连接问题

（1）高强螺栓连接。

1）螺栓安装面不符合要求，造成螺栓不好安装，或者螺栓紧固的程度不符合设计要求。

原因分析：

a. 表面有浮锈、油污等杂质，螺栓孔壁有毛刺、焊瘤等。

b. 螺栓安装面虽经处理仍有缺陷。

解决方案：

a. 高强螺栓表面浮锈、油污以及螺栓孔壁毛病，应逐个清理干净。使用前必须经防锈处理，临时拼装用的螺栓，不得在正式拼装时使用。螺栓应由专人保管和发放。

b. 处理装配面应考虑施工安装顺序，防止重复进行，并尽量在吊装之前处理。

2）螺栓丝扣损伤，螺杆不能自由旋入螺母，影响螺栓的装配。

原因分析：丝扣严重锈蚀。

解决方案：

a. 使用前螺栓应进行挑选，清洗除锈后作预配。

b. 丝扣损伤的螺栓不能做临时螺栓使用，严禁强行打进螺孔。

c. 预先选配的螺栓组件应按套存放，使用时不得互换。

（2）焊接连接。现场焊缝质量难以保证；设计要求全焊透的一、二级焊缝未采用超声波探伤；楼面主梁与柱未施焊；未采用引弧板施焊。

解决方案：钢结构施焊前，对焊条的合格证进行检查，按设计要求选用焊条，按说明书和操作规程要求使用焊条，焊缝表面不得有裂纹、焊瘤。一、二级焊缝不得有气孔、夹渣、弧坑裂纹；一级焊缝不得有咬边、未满焊等缺陷；一、二级焊缝按要求进行无损检测，在规定的焊缝及部位要检查焊工的钢印。不合格的焊缝不得擅自处理，定出修改工艺后再处理，同一部位的焊缝返修次数不宜超过两次。

4. 构件的变形问题

（1）构件在运输时发生变形，出现死弯或缓弯，造成构件无法进行安装。

原因分析：

1）构件制作时因焊接产生的变形，一般呈现缓弯。

2）构件待运时，支垫点不合理，如上下垫木不垂直等或堆放场地发生沉陷，使构件产生死弯或缓变形。

3）构件运输中因碰撞而产生变形，一般呈现死弯。

预防措施：

1）构件制作时，采用减小焊接变形的措施。

2）组装焊接中，采用反方向变形等措施，组装顺序应服从焊接顺序，使用组装胎具，设置足够多的支架，防止变形。

3）待运及运输中，需注意垫点的合理配置。

解决方案：

1）构件死弯变形，一般采用机械矫正法治理，即用千斤顶或其他工具矫正或辅以氧乙炔火焰烤后矫正。

2）结构发生缓弯变形时，采取氧乙炔火焰加热矫正。

（2）钢梁构件拼装后全长扭曲超过允许值，造成钢梁的安装质量不良。

原因分析：

1）拼接工艺不合理。

2）拼装节点尺寸不符合设计要求。

解决方案：

1）拼装构件要设拼装工作台，定位焊时要将构件底面找平，防止翘曲。拼装工作台应各支点水平，组焊中要防止出现焊接变形。尤其是梁段或梯道的最后组装，要在定位焊后调整变形，注意节点尺寸要符合设计，否则易造成构件扭曲。

2）自身刚性较差的构件，翻身施焊前要进行加固，构件翻身后也应进行找平，否则构件焊后无法矫正。

(3) 构件起拱，数值大于或小于设计数值。构件起拱数值小时，安装后梁下挠；起拱数值大时，易产生表面标高超标。

原因分析：

1) 构件尺寸不符合设计要求。

2) 架设过程中，未根据实测值与计算值的出入进行修正。

3) 跨径小的梁，起拱度较小，拼装时忽视。

解决方案：

1) 严格按钢结构构件制作允许偏差进行各步检验。

2) 在架设过程中，杆件组装完毕，以及工地接头施工结束后，都要进行上拱度测量，并在施工中对其进行调整。

3) 在小拼装过程，应严格控制累计偏差，注意采取措施，消除焊接收缩量的影响。

5. 钢结构安装问题

(1) 钢柱底脚有空隙。

预控措施：钢柱吊装前，应严格控制基础标高，测量准确，并按其测量值对基础表面仔细找平；如采用二次灌浆法，在柱脚底板开浇灌孔（兼作排气孔），利用钢垫板将钢柱底部不平处垫平，并预先按设计标高安置好柱脚支座钢板，然后采取二次灌浆。

(2) 钢柱位移。

预控措施：浇筑混凝土基础前，应用定型卡盘将预埋螺栓按设计位置卡住，以防浇灌混凝土时发生位移；柱低钢板预留孔应放大样，确定孔位后再做预留孔。

(3) 柱垂直偏差过大。

预控措施：钢柱应按计算的吊挂点吊装就位，且必须采用二点以上的吊装方法，吊装时应进行临时固定，以防吊装变形；柱就位后应及时增设临时支撑；对垂直偏差，应在固定前予以修正。

在施工管理过程中，加强对技术人员、工人对规范、标准和操作规程的培训学习，切实做好开工前的准备，加强施工过程中的质量控制和监督检查，积极发挥施工、监理等各方面的作用，做好各分项工程的工序验收工作，就能保证钢结构工程的整体质量。

工 作 页

项目1 施工基础知识（工作页）

工作页1　组建项目部，配备相应人员（课外：2学时）

● **任务情境：**

公司中标了某学院一栋教学楼施工项目，合同造价为3500万元，合同工期为450d，主体结构为钢筋混凝土结构，建设地点为某学院内。为了履行施工合同，公司拟组建项目部进行开工准备。假如你是公司人事部门负责人，应为项目部选派哪些人员？对项目经理、施工现场管理人员的选派要注意哪些事项？请结合学习资料及拓展阅读完成以下任务，达成学习目标。

● **学习目标：**

（1）能知道施工项目部人员组成及选派要求。

（2）能知道项目经理的任职资格。

（3）能知道项目部作业层人员需求，及特种作业人员的任职资格。

（4）能模拟组建项目团队，并对项目部人员进行分工。

（5）能理解建设行政主管部门对项目部人员的管理要求。

● **学习任务：组建项目部**

（1）根据项目概况，为该项目选派1名项目经理，请阐述选派要求，填写在下面横线上。（30分）

项目经理选派要求：

首要条件：______________________________

工作经验：______________________________

职业道德：______________________________

得分：

（2）根据项目施工要求，项目部至少需要选派哪些现场管理人员？这些人员有何要求？请罗列现场管理岗位，并查阅资料，简要描述岗位职责（至少罗列4个岗位）。（20分）

工作岗位					
工作职责描述					
教师评分 （评价依据： 岗位描述准确性）					

得分：

（3）根据项目结构特点，请为该项目罗列所需工种，其中至少包含两个特殊工种？（20分）

工种					
是否为特殊工种（填是或否）					
工作内容描述					
教师评分 （评价依据： 岗位描述准确性）					

得分：

（4）如果某全过程咨询企业中标了该项目的监理业务，请说明该公司应为项目监理部派驻哪些工作人员？（30 分）

岗位					
工作内容描述					
教师评分 （评价依据： 岗位描述准确性）					

得分：

综合得分：　　　　　　　　　　　　　　　　　教师签名：

工作页2 布置施工场地，保障施工条件（课外：4学时）

● **任务情境：**

公司中标了某学院一栋教学楼的施工项目，合同造价为3500万元，合同工期为450d，主体结构为钢筋混凝土结构，建设地点为某学院内。请结合学校现有的某栋教学楼，假定它为拟建建筑，结合周边道路、现有建筑情况进行施工现场布置，并绘制简要布置图。

● **学习目标：**

（1）能知道施工现场平面布置的要素，要安排哪些内容。

（2）能知道现场道路布置要考虑的因素。

（3）能知道现场临时用电布置的要求。

（4）能理解施工现场各区域划分的目的，及设置要点。

● **学习任务：**

一、设置拟建项目建设场地

（1）选择某栋教学楼假定为拟建建筑。

（2）现场踏勘，调查周边道路、建筑物情况，并绘平面图。

二、分组进行场地布置

（1）根据拟建建筑场地，思考需要施工场地的布置要素有哪些（至少5项）？（50分）

布置要素	布　置　要　点
教师评价 （评价依据：要点描述准确性）	

得分：

（2）绘制简要施工平面布置图。（50 分）

说明：也可另外用教师指定纸张绘制，建议使用 A3 图幅。

得分：

综合得分：　　　　　　　　　　　　　　　　　　　　　　　　教师签名：

工作页3 做好施工准备，确保顺利开工（课外：2学时）

● **任务情境：**

公司中标了某学院一栋教学楼的施工项目，合同造价为3500万元，合同工期为450d，主体结构为钢筋混凝土结构，建设地点为某学院内。请结合任务1、任务2的工作，继续为本项目的开工做好前期准备工作。

● **学习目标：**

（1）能知道施工许可证的作用、办理条件及流程。

（2）能知道图纸会审的目的和会审工作要点。

（3）能理解施工组织设计的作用。

（4）能理解专项施工方案的作用及编审流程。

● **学习任务：**

一、办理施工许可证（30分）

（1）进行角色扮演，设置业主、建设行政主管部门、施工单位等角色，办理施工许可证，描述各单位应完成的工作内容。

（2）讨论施工单位在没有获得施工许可证的情况下是否可以开工，有何后果？

业主工作	建设行政主管部门工作	施工单位工作
未办理施工许可证，施工单位是否可以开工？（填可以或不可以）		
教师评价：		

得分：

二、走访施工项目部（20分）

走访附近合作企业的一个项目部，并完成以下调查：

（1）该项目部人员配备情况：有项目经理______人、施工员______人、安全员______人、资料员______人。

（2）该项目施工有施工组织设计？______（填是或否）

（3）项目的施工组织设计是否在开工前编制？______（填是或否）

（4）该项目是否有符合危险性较大工程标准的施工内容？______（填是或否）

（5）如果有危险性较大的分部分项工程，是否按照要求编制了专项方案？______（填是或否）

（6）通过项目部走访，你是否理解了施工准备工作的内容和重要性？______（填是或否）

得分：

三、分组进行施工图纸会审

根据教师给定的成套施工图纸，学生分组进行图纸阅读，并扮演业主、施工单位、监理单位角色进行分组讨论，完成以下任务。（50 分）

<table>
<tr><td>根据成套施工图阅读，建筑施工图纸由哪些图纸构成？</td><td>建筑施工图、结构施工图、设备施工图之间有何关系？通过读图，在下面空格进行简要描述</td><td>请简要描述结构施工图设计说明有哪些关键信息？请把你所看到的罗列在下面横线上，至少 4 项</td></tr>
<tr><td rowspan="4"></td><td rowspan="4"></td><td>关键信息 1：</td></tr>
<tr><td>关键信息 2</td></tr>
<tr><td>关键信息 3：</td></tr>
<tr><td>关键信息 4：</td></tr>
<tr><td>图纸会审是否应在开工前完成？（填是或否）</td><td colspan="2"></td></tr>
<tr><td>图纸会审纪要应该有哪些单位签字？</td><td colspan="2"></td></tr>
<tr><td colspan="3">教师评价：</td></tr>
</table>

得分：

综合得分：　　　　　　　　　　　　　　　　　　教师签名：

工作页4 做好交底，确保施工安全（课外：2学时）

● 任务情境：

公司中标了某学院一栋教学楼的施工项目，合同造价为3500万元，合同工期为450d，主体结构为钢筋混凝土结构，建设地点为某学院内。请结合任务1～任务3的工作，为本项目的施工安全管理做好准备。

● 学习目标：

（1）能知道施工现场常规安全管理措施。

（2）能知道正确使用安全帽。

（3）能进行现场临时安全用电、起重吊装安全技术交底。

（4）能对现场设备的安全状态进行常规检查，并撰写汇报材料。

● 学习任务：

一、现场常规安全管理

（1）进行角色扮演，检查作业层人员的上岗资格，编制进场人员安全台账。

（2）观看进场安全教育视频，并撰写学习体会。

二、拓展学习

通过在网站、图书馆查阅资料，进一步拓展阅读建筑安全相关法律法规、技术标准、规范等资料，拓展安全知识，为保障安全施工奠定基础。

（1）根据拓展学习，你了解到的建筑工程施工安全管理相关法律法规有哪些？请写出至少4部相关法律或部门规章。（20分）

得分：

（2）列举近两年内发生的建筑施工触电事故或起重伤害事故1例，并结合所学知识简要分析事故原因。（20分）

事故概况：

事故原因分析：

得分：

(3) 我国安全生产的管理方针是什么？你认为施工与安全之间有何关系？(20 分)

安全管理方针：

施工与安全的关系：

得分：

三、走访施工项目部（30 分）

走访附近合作企业的一个项目部，并完成以下调查：

(1) 该项目配备了（　　）名专职安全人员。

(2) 施工现场是否有人不佩戴安全帽？（　　）(填是或否)

(3) 该项目的临时用电是否采用三相五线制？（　　）(填是或否)

(4) 该项目有（　　）台塔吊？塔吊作业半径是否覆盖生活区？（　　）(填是或否)

(5) 该项目是否采取封闭管理？（　　）(填是或否)

(6) 通过项目部走访，你是否理解了施工安全管理的重要性？（　　）(填是或否)

得分：

综合得分：　　　　　　　　　　　　　　　　　　教师签名：

项目2 材料进场质量控制（工作页）

工作页1　钢筋进场质量验收（课内：1学时）

● **任务情境：**

公司中标了某学院一栋教学楼的施工项目，合同造价为3500万元，合同工期为450d，主体结构为钢筋混凝土结构，建设地点为某学院内，现已进入施工阶段。某日施工现场运来80t HRB400级钢筋，钢筋直径规格有18mm、20mm、25mm、28mm等，材料管理人员须对其进行进场质量验收。

● **学习目标：**

（1）能知道钢筋进场验收要求。

（2）能知道钢筋质量证明文件查验内容及外观检查标准。

（3）能知道钢筋复检取样标准及取样方法。

（4）能开展钢筋进场验收工作，并编写相关资料。

（5）能正确判定运来的钢筋能否入场。

● **工作任务：钢筋进场验收**

（1）根据运至现场的钢筋吨数，该批钢筋应划分____________个检验批进行验收。(10分)

得分：

（2）哪些人应参与本次钢筋的进场验收？(15分)

角色1：________________________

角色2：________________________

角色3：________________________

得分：

（3）钢筋外观及牌号检查。(25分)

项目	检查内容	检查结果	异常描述
1	钢筋外观		
2	钢筋牌号		
3	合格证		
4	直径检查		

得分：

（4）钢筋复检取样方法描述：（20分）

得分：

（5）简述钢筋堆放方案：（30分）

得分：

<table>
<tr><td rowspan="3">实施评价</td><td>班级</td><td></td><td>第（ ）组</td><td>组长签字</td><td></td></tr>
<tr><td>教师签字</td><td></td><td>分数</td><td colspan="2"></td></tr>
<tr><td colspan="5">评语：</td></tr>
</table>

工作页 2 混凝土进场质量控制（课内：1 学时）

● **任务情境：**

公司中标了某学院一栋教学楼的施工项目，合同造价为 3500 万元，合同工期为 450d，主体结构为钢筋混凝土结构，基础为地下一层的箱型基础，建设地点为某学院内。现阶段正处在基础底板施工阶段，有一批商品混凝土共 800m^3 要进场，施工单位组织对其质量进行验收。

● **学习目标：**

（1）能知道商品混凝土进场验收要求。

（2）能知道混凝土原材料及商品混凝土质量证明文件查验内容及检查标准。

（3）能知道混凝土见证取样标准及取样方法。

（4）能开展混凝土原材料及混凝土进场验收工作，并编写相关资料。

（5）能正确判定运来的商品混凝土能否入场。

● **工作任务：钢筋进场验收**

（1）根据运至现场的商品混凝土数量，该批混凝土应划分＿＿＿＿＿＿＿个检验批进行验收。（20 分）

得分：

（2）根据商品混凝土公司提供的资料及验收情况，填写材料、构配件进场检验记录。（40 分）

材料、构配件进场检验记录					资料编号		
工程名称					进场日期		
施工单位					分包单位		
序号	名称	规格型号	进场数量	生产厂家	质量证明文件核查	外观检查结果	复验情况
1					符合□ 不符合□	合格□ 不合格□	不需复验□ 复验合格□ 复验不合格□
2					符合□ 不符合□	合格□ 不合格□	不需复验□ 复验合格□ 复验不合格□
3					符合□ 不符合□	合格□ 不合格□	不需复验□ 复验合格□ 复验不合格□
4					符合□ 不符合□	合格□ 不合格□	不需复验□ 复验合格□ 复验不合格□

续表

<table>
<tr><td colspan="4">施工单位检查意见：
外观及质量证明文件：　　符合要求□　　不符合要求□　　日期：　年　月　日
需要复验项目的复验结论：　　符合要求□　　不符合要求□　　日期：　年　月　日
附件共（　　）页</td></tr>
<tr><td colspan="4">监理单位审查意见：
符合要求，同意使用□　　不符合要求，退场□　　日期：　年　月　日</td></tr>
<tr><td rowspan="2">签字栏</td><td>施工单位材料验收负责人</td><td>分包单位材料验收负责人</td><td>专业监理工程师</td></tr>
<tr><td></td><td></td><td></td></tr>
<tr><td>制表日期</td><td colspan="3">年　月　日</td></tr>
</table>

注 1. 本表由施工单位填写。
2. 本表由专业监理工程师签字批准后代替材料进场报验表。
3. 此表代替材料进场检验批验收记录。

得分：

（3）该批混凝土准备用于地下室底板浇筑，请确定需制作的试块组数为________组。（20分）

得分：

（4）商品混凝土公司随车呈报了混凝土配合比通知单、混凝土质量合格证、强度检验报告（可以后提供）、必要的原材料合格检验报告、混凝土运输单（简称“小票”）以及合同规定的其他资料。请问该批次混凝土可否进场？（　　　　）（20分）

得分：

<table>
<tr><td rowspan="3">实施评价</td><td>班级</td><td></td><td>第（ ）组</td><td>组长签字</td><td></td></tr>
<tr><td>教师签字</td><td></td><td>分数</td><td colspan="2"></td></tr>
<tr><td colspan="5">评语：</td></tr>
</table>

工作页3 支模架材料的选用与质量控制（课内：1学时）

● 任务情境：

公司中标了某学院一栋教学楼的施工项目，合同造价为3500万元，合同工期为450d，主体结构为钢筋混凝土结构，教学楼局部层高达到8.5m，建设地点为某学院内。现项目部采购了一批用于模板工程的建筑材料，包括钢管、可调托座、底座、竹胶板、铝模板等，项目部拟组织进场验收。

● 学习目标：

（1）能知道商品混凝土进场验收要求。

（2）能知道混凝土原材料及商品混凝土质量证明文件查验内容及检查标准。

（3）能知道混凝土见证取样标准及取样方法。

（4）能开展混凝土原材料及混凝土进场验收工作，并编写相关资料。

（5）能正确判定运来的商品混凝土能否入场。

● 工作任务：支模架材料进场验收

（1）请简述支模架材料的验收重点。（20分）

得分：

（2）请简述钢丝绳的验收重点。（20分）

得分：

（3）根据材料供应商提供的资料及验收情况，填写材料、构配件进场检验记录。（60 分）

<table>
<tr><td colspan="5">材料、构配件进场检验记录　表 C4 - 44</td><td>资料编号</td><td colspan="2"></td></tr>
<tr><td colspan="2">工程名称</td><td colspan="3"></td><td>进场日期</td><td colspan="2"></td></tr>
<tr><td colspan="2">施工单位</td><td colspan="3"></td><td>分包单位</td><td colspan="2"></td></tr>
<tr><td>序号</td><td>名称</td><td>规格型号</td><td>进场数量</td><td>生产厂家</td><td>质量证明文件核查</td><td>外观检查结果</td><td>复验情况</td></tr>
<tr><td>1</td><td></td><td></td><td></td><td></td><td>符合□
不符合□</td><td>合格□
不合格□</td><td>不需复验□
复验合格□
复验不合格□</td></tr>
<tr><td>2</td><td></td><td></td><td></td><td></td><td>符合□
不符合□</td><td>合格□
不合格□</td><td>不需复验□
复验合格□
复验不合格□</td></tr>
<tr><td>3</td><td></td><td></td><td></td><td></td><td>符合□
不符合□</td><td>合格□
不合格□</td><td>不需复验□
复验合格□
复验不合格□</td></tr>
<tr><td>4</td><td></td><td></td><td></td><td></td><td>符合□
不符合□</td><td>合格□
不合格□</td><td>不需复验□
复验合格□
复验不合格□</td></tr>
<tr><td colspan="8">施工单位检查意见：
外观及质量证明文件：　符合要求□　不符合要求□　日期：　年　月　日
需要复验项目的复验结论：　符合要求□　不符合要求□　日期：　年　月　日
附件共（　）页</td></tr>
<tr><td colspan="8">监理单位审查意见：
符合要求，同意使用□　不符合要求，退场□　日期：　年　月　日</td></tr>
<tr><td rowspan="2">签字栏</td><td colspan="3">施工单位材料验收负责人</td><td colspan="2">分包单位材料验收负责人</td><td colspan="2">专业监理工程师</td></tr>
<tr><td colspan="3"></td><td colspan="2"></td><td colspan="2"></td></tr>
<tr><td>制表日期</td><td colspan="7">年　月　日</td></tr>
</table>

注　1. 本表由施工单位填写。

2. 本表由专业监理工程师签字批准后代替材料进场报验表。

3. 此表代替材料进场检验批验收记录。

得分：

<table>
<tr><td rowspan="3">实施评价</td><td>班级</td><td></td><td>第（　）组</td><td>组长签字</td><td></td></tr>
<tr><td>教师签字</td><td></td><td>分数</td><td colspan="2"></td></tr>
<tr><td colspan="5">评语：</td></tr>
</table>

项目3 施工测量与放样（工作页）

工作页1　建筑物定位与放样（课外：4学时）

● **任务情境：**

公司中标了某学院一栋教学楼的施工项目，假定它为拟建建筑，该项目建设地点为某学院内。如图1和图2所示，请结合学校现有的某栋教学楼（即已有建筑），完成该拟建建筑的定位放样工作。

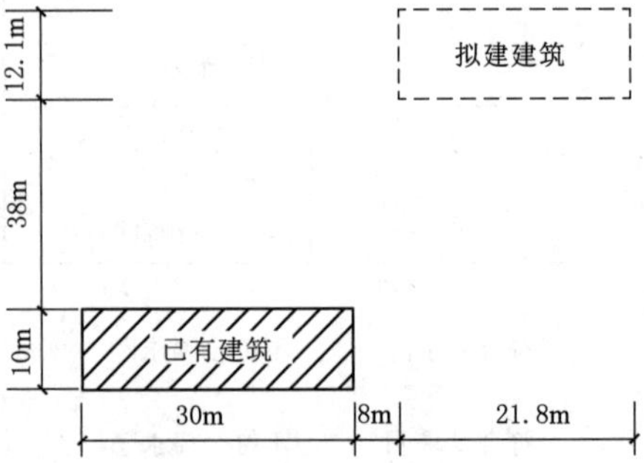

图1　拟建建筑定位图

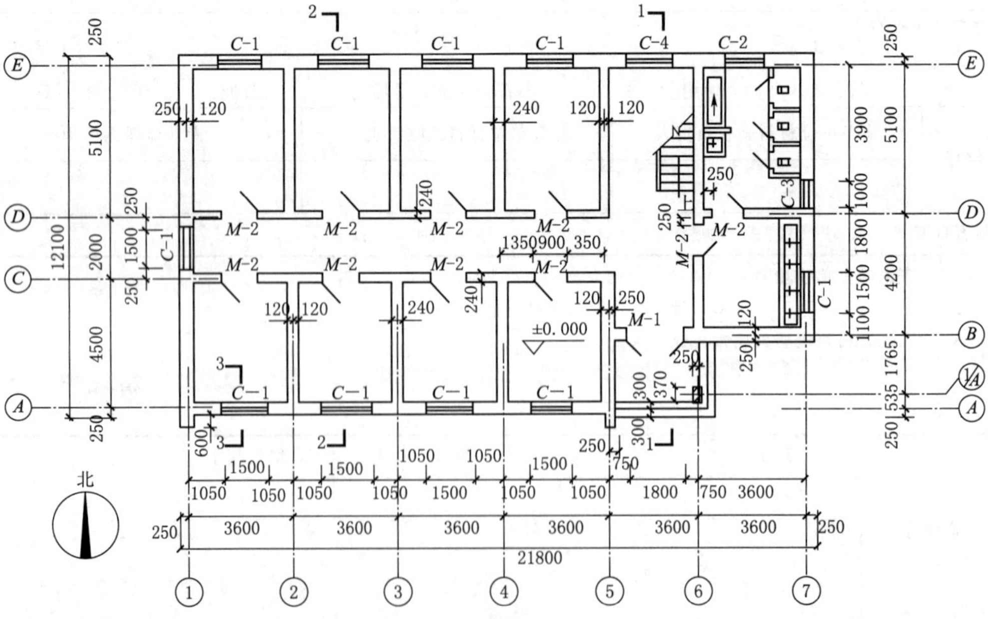

图2　建筑物平面图

● **学习目标：**

（1）能根据不同的施工现场情况和已知条件，设计相应的建筑物定位方法。

（2）能计算测设数据。

（3）会选择测设放样的仪器工具。

（4）能组织建筑物定位放样工作。

● **学习任务：建筑物定位和放样方法**

（1）展开讨论点的平面位置测设方法有哪几种？各适用于什么场合？各需要哪些测设数据？（20分）

得分：

（2）根据本项目概况，请在下面写出测设方案，并指出需要计算哪些测设数据？并写出放样所需的仪器工具。（40分）

技术要求：

1）轴线桩离基槽外边线的距离可取2～4m。

2）龙门板上±0.00的容许误差±5mm。

3）轴线钉投点的容许误差±5mm。

4）用钢尺沿龙门板顶面检查轴线钉的间距，其相对误差不应超过1/2000。

得分：

(3) 根据测设方案，请在下面表格中写出测设中所需的数据，并开展相关放样工作。(40 分)

<table>
<tr><th>放样过程</th><th>角桩号</th><th>放样步骤要点及放样数据计算</th><th>精度检核</th></tr>
<tr><td rowspan="4">建筑物
主轴线的测设</td><td></td><td></td><td></td></tr>
<tr><td></td><td></td><td></td></tr>
<tr><td></td><td></td><td></td></tr>
<tr><td></td><td></td><td></td></tr>
<tr><td rowspan="12">建筑物细部
轴线的测设</td><td>主轴线编号</td><td>放样步骤要点及放样数据计算</td><td>精度检核</td></tr>
<tr><td></td><td></td><td></td></tr>
<tr><td></td><td></td><td></td></tr>
<tr><td></td><td></td><td></td></tr>
<tr><td></td><td></td><td></td></tr>
<tr><td></td><td></td><td></td></tr>
<tr><td></td><td></td><td></td></tr>
<tr><td></td><td></td><td></td></tr>
<tr><td></td><td></td><td></td></tr>
<tr><td></td><td></td><td></td></tr>
<tr><td></td><td></td><td></td></tr>
<tr><td></td><td></td><td></td></tr>
<tr><td colspan="2">教师评价
（评价依据：要点描述准确性）</td><td>评语：</td><td></td></tr>
</table>

得分：

综合得分：　　　　　　　　　　　　　　　　　教师签名：

工作页 2　根据控制点测设楼面高程（课外：4 学时）

● **任务情境：**

公司中标了某学院一栋教学楼的施工项目，合同造价为 3500 万元，合同工期为 450d，主体结构为钢筋混凝土结构，建设地点为某学院内。请结合学校现有的某栋教学楼，假定它为拟建建筑，结合周边控制点情况，布设工程施工水准控制网，并进行楼层高程放样工作。

● **学习目标：**

（1）能知道建筑物施工中高程测设方法。

（2）能根据周边已知水准点，布设工程施工所需的四等水准网。

（3）知道建筑物高程传递方法，能进行现场高程放样工作。

● **学习任务：高程传递方法**

（1）展开讨论建筑物的高程传递方法有哪几种？各适用于什么场合？各需要哪些仪器工具？（20 分）

得分：

（2）根据项目概况，请在下面写出高程测设方案。该方案中需包括施工水准网的建立以及楼层高程的传递方法、操作步骤、实施路线、技术要求和注意事项等，并绘出相应水准点布设图。（40 分）

技术要求：

1）仪器应安置于前、后视点中间位置。

2）读数应读到毫米位，记录四位数字，不能省略其中的“0”。

3）水准网的建立采用高差法；楼面高程测设采用仪高法。

4）每组每人以不同仪器高观测同一前、后视点，高差之差不能超过 5mm。

得分：

(3) 根据测设方案，开展楼层高程测设工作，并在下面表格中写出相关的测量数据。(40分)

水准测量外业记录手簿（高差法）

日期：__________ 天气：__________ 仪器型号：__________ 组号：__________

观测者：__________ 记录者：__________ 立尺者：__________

测点	水准尺读数		高差 h/m	高程/m	备注
	后视 a/m	前视 b/m			
Σ					
计算校核	$\Sigma a-\Sigma b=$　$\Sigma h=$　$H_{终}-H_{始}=$　$f_h=$　$f_{h容}=$				

水准测量平差计算表

计算者：__________　　检核者：__________

点号	距离/km 或测站数	实测高差/m	改正数/m	改正后高差/m	高程/m
Σ					
辅助计算					

水准测量外业记录手簿（仪高法）

日期：__________　天气：__________　仪器型号：__________　组号：__________

观测者：__________　记录者：__________　立尺者：__________

测站	测点	水准尺读数/m		视线高/m	高差 h/m	已知点高程/m	所测点高程
		后视	前视或应读数				
精度检核							

得分：

综合得分：　　　　　　　　　　教师签名：

项目4　混凝土结构施工：钢筋工程（工作页）

工作页 1　柱钢筋下料长度计算（课外：2 学时）

● **任务情境：**

现有某三层框架结构，其中一根边柱 KZ3，该柱及其相关构件在结构施工图中的信息截取如图 1 所示。

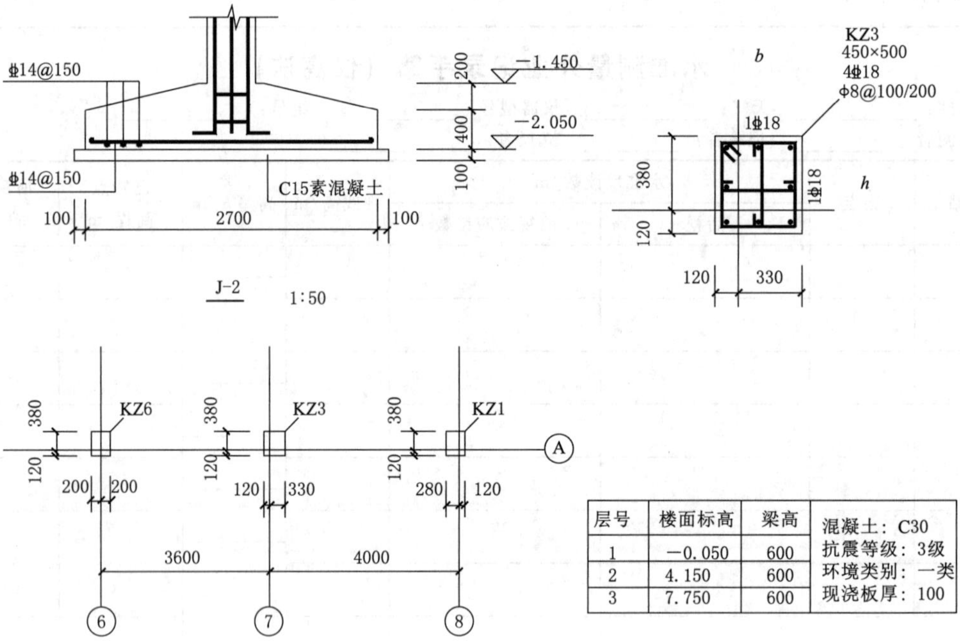

层号	楼面标高	梁高
1	−0.050	600
2	4.150	600
3	7.750	600

混凝土：C30
抗震等级：3级
环境类别：一类
现浇板厚：100

图 1

● **学习目标：**

（1）能正确获取框架柱的结构施工图信息。

（2）能掌握柱纵筋及箍筋的构造要求。

（3）能正确计算非连接区及相邻焊接点间隔距离。

（4）能正确计算柱箍筋根数及箍筋实际加密区长度。

（5）能正确计算柱纵筋下料长度。

● **学习任务：柱钢筋下料长度计算**

试根据给定信息，计算 KZ3 各非连接区的长度，箍筋实际加密区长度，相邻焊接点间隔距离，柱箍筋根数，柱纵筋下料长度。（100 分）

计算项目	钢筋简图	计 算 公 式	计算结果

得分：　　　　　　　　　　　　　　　　　　　　　　　　教师签名：

工作页 2 梁钢筋下料长度计算（课外：2 学时）

● **任务情境：**

现有某框架结构，截取其中 KL1 的平法配筋图。该梁为两跨加一端悬挑，各定位轴线及支座尺寸，框架抗震等级，环境类别等条件如图 1 所示。柱箍筋为Φ 8，纵筋为⏀ 20，框架抗震等级为 3 级，混凝土强度等级为 C30，环境类别为一类。

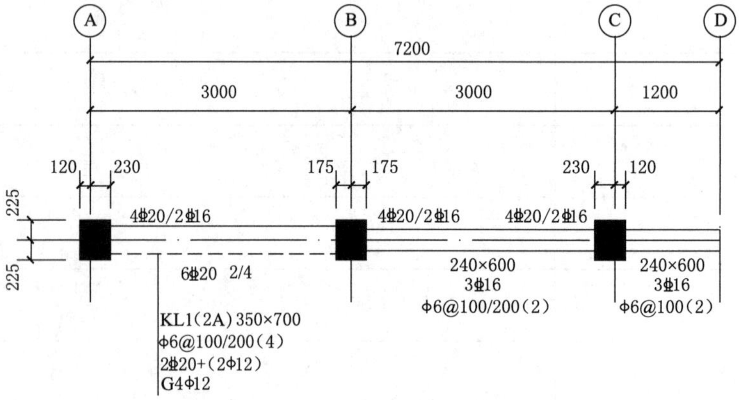

图 1

● **学习目标：**

（1）能正确获取框架梁的结构施工图信息。

（2）能掌握梁纵筋及箍筋的构造要求。

（3）能正确计算梁箍筋根数及箍筋实际加密区长度。

（4）能正确计算梁纵筋下料长度。

● **学习任务：柱钢筋下料长度计算**

试根据给定信息，计算 KL1 箍筋实际加密区长度，箍筋根数，梁纵筋下料长度。(100 分)

计算项目	钢筋简图	计 算 公 式	计算结果

续表

计算项目	钢筋简图	计　算　公　式	计算结果

得分：　　　　　　　　　　　　　　　　　　　　教师签名：

工作页3 板钢筋下料长度计算（课外：2学时）

● **任务情境：**

现有某框架结构，其中的一部分现浇板的平法配筋图，如图1所示。框架抗震等级为3级，混凝土强度等级为C30，环境类别为一类。

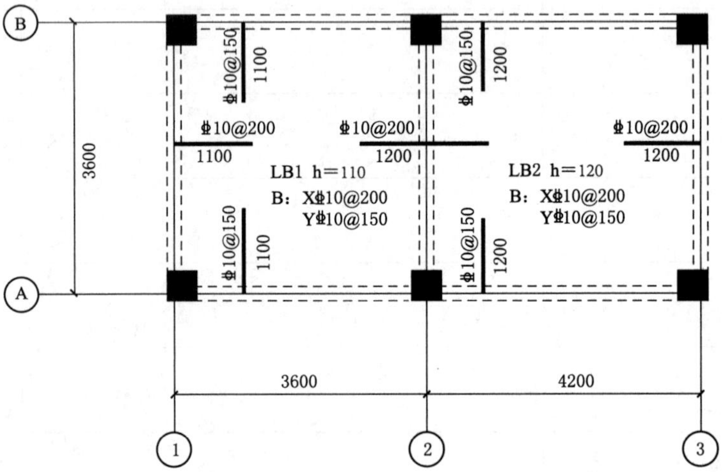

图1

● **学习目标：**

（1）能正确获取板的结构施工图信息。

（2）能掌握板配筋的构造要求。

（3）能正确计算梁纵筋下料长度及根数。

● **学习任务：柱钢筋下料长度计算**

试根据给定信息，计算该现浇板钢筋的下料长度及根数。（100分）

计算项目	钢筋简图	计 算 公 式	计算结果

续表

计算项目	钢筋简图	计　算　公　式	计算结果

得分：　　　　　　　　　　　　　　　　　　　　　教师签名：

工作页4 柱子钢筋隐蔽验收（课外：1学时）

● **任务情境：**

现有某框架结构，其柱子钢筋绑扎完成（可在校内实训场设置），请参照图纸进行钢筋隐蔽验收，并填写下表。（100分）

<table>
<tr><td colspan="3" rowspan="2">隐蔽工程验收记录</td><td>资料编号</td><td></td></tr>
<tr><td></td><td></td></tr>
<tr><td>工程名称</td><td colspan="4"></td></tr>
<tr><td>施工单位</td><td></td><td>监理单位</td><td colspan="2"></td></tr>
<tr><td>验收项目</td><td></td><td>验收日期</td><td colspan="2"></td></tr>
<tr><td>验收部位</td><td colspan="4"></td></tr>
<tr><td colspan="5">验收内容：</td></tr>
<tr><td>附影像资料</td><td colspan="4">页</td></tr>
<tr><td colspan="5">验收意见：</td></tr>
<tr><td colspan="5">验收结论：　□同意隐蔽　□不同意，修改后进行复查</td></tr>
<tr><td rowspan="2">签字栏</td><td>专业监理工程师</td><td>专业质检员</td><td colspan="2">专业工长</td></tr>
<tr><td></td><td></td><td colspan="2"></td></tr>
<tr><td>制表日期</td><td colspan="4"></td></tr>
</table>

注　本表可在校内实训场模拟钢筋验收，由学生填写。

得分：　　　　　　　　　　　　　　　　教师鉴名：

项目5 混凝土结构施工：模板工程（工作页）

工作页1 学习支模架的搭设（课外：2学时）

● **任务情境：**

某项目工地现场采用盘扣式脚手架，请结合学习资料及拓展阅读完成以下任务，达成学习目标。

● **学习目标：**

（1）能熟悉盘扣式脚手架支撑系统各构件名称。

（2）能知道盘扣式脚手架特点（优点）。

（3）能知道盘扣式脚手架安装步骤。

（4）能知道盘扣式脚手架技术交底的内容。

● **学习任务：**

根据《建筑施工承插盘口式脚手架安全技术规程》（JGJ 231—2010）的规定，查找相关资料，完成盘扣式脚手架技术交底内容。（100分）

盘扣式脚手架技术交底

<table>
<tr><td>工程名称</td><td></td><td>施工单位</td><td colspan="3"></td></tr>
<tr><td>分项工程名称</td><td>脚手架工程</td><td>交底部位</td><td></td><td>交底时间</td><td></td></tr>
<tr><td colspan="6">交底内容</td></tr>
<tr><td>主要参数（30分）</td><td colspan="5">材料：

搭设：

荷载：

</td></tr>
</table>

续表

安装示意图	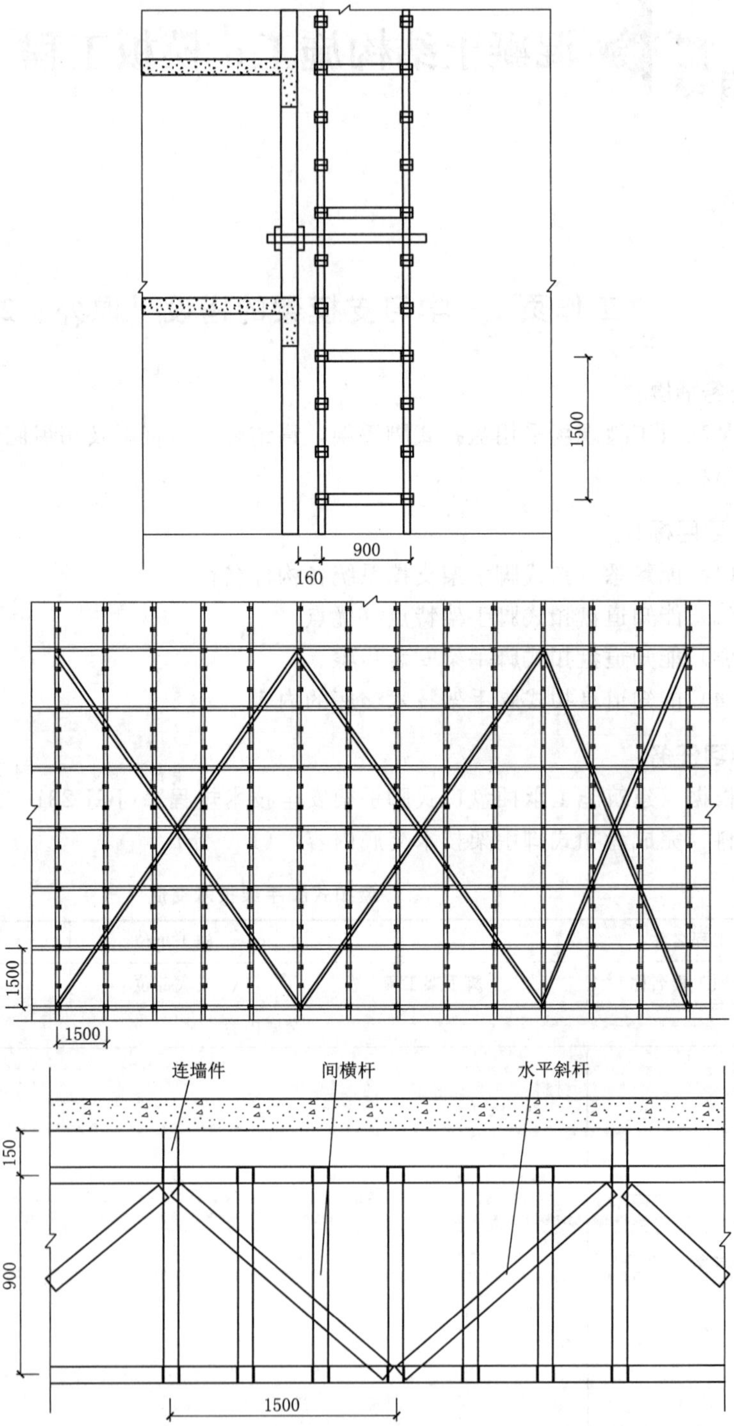1500 900 160 1500 1500 连墙件 间横杆 水平斜杆 150 900 1500

续表

<table>
<tr><td>施工工艺
流程（15分）</td><td colspan="3"></td></tr>
<tr><td>质量要求（20分）</td><td colspan="3">盘扣式脚手架搭设允许偏差
<table><tr><th>序号</th><th colspan="2">项目</th><th>允许偏差/mm</th></tr><tr><td>1</td><td colspan="2">立杆的垂直不大于 $L/500$，且±50</td><td></td></tr><tr><td>2</td><td colspan="2">水平杆水平度</td><td></td></tr><tr><td rowspan="2">3</td><td rowspan="2">可调
底座</td><td>垂直度</td><td rowspan="2"></td></tr><tr><td>插入立杆深度不小于150</td></tr><tr><td>4</td><td colspan="2">立杆组合对角线长度</td><td></td></tr></table></td></tr>
<tr><td>质量保证
措施（10分）</td><td colspan="3"></td></tr>
<tr><td>安全保证
措施（10分）</td><td colspan="3"></td></tr>
<tr><td>注意事项（5分）</td><td colspan="3"></td></tr>
<tr><td>文明施工（5分）</td><td colspan="3"></td></tr>
<tr><td>应急措施（5分）</td><td colspan="3"></td></tr>
<tr><td>交底人</td><td></td><td>被交底人</td><td></td></tr>
</table>

综合得分：　　　　　　　　　　　　　　　　　　　　教师签名：

工作页2 熟悉模板材质、构造与应用（课外：2学时）

● **任务情境：**

某建筑项目为高层住宅，标准层部分采用铝模板，请结合学习资料及拓展阅读完成以下任务，达成学习目标。

● **学习目标：**

（1）能知道铝合金模板的特点。

（2）能熟悉铝合金模板构造及安装特点对材料性能的要求。

● **学习任务：**

（1）根据铝合金模板系统各构件组成（有条件参观工地现场），请把各构件名称填写在图1对应矩形方框内。（30分）

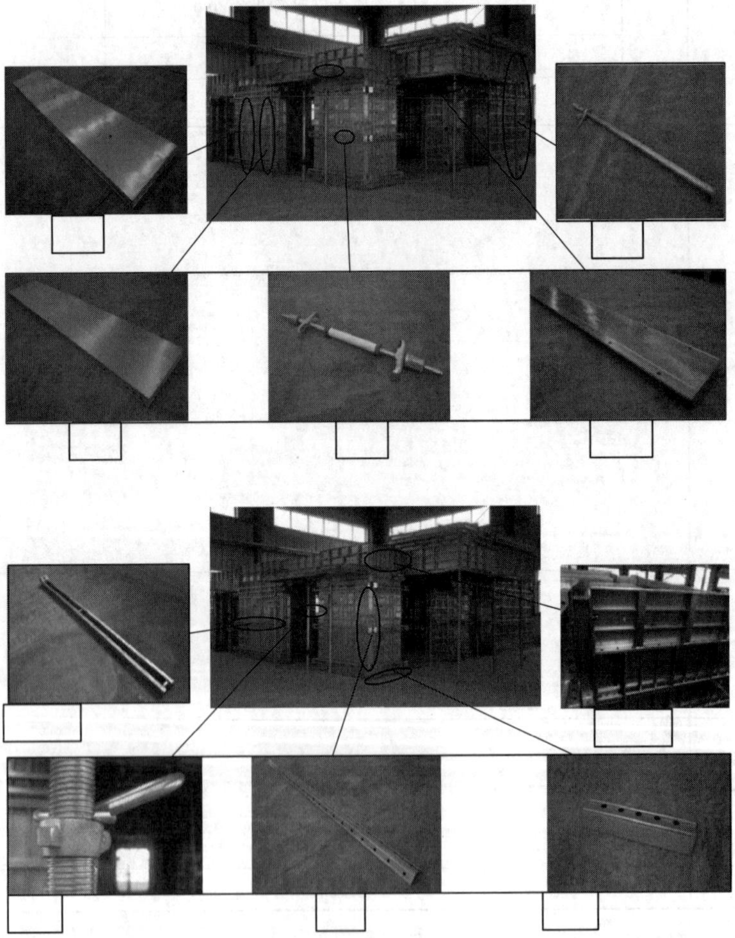

图1（一）

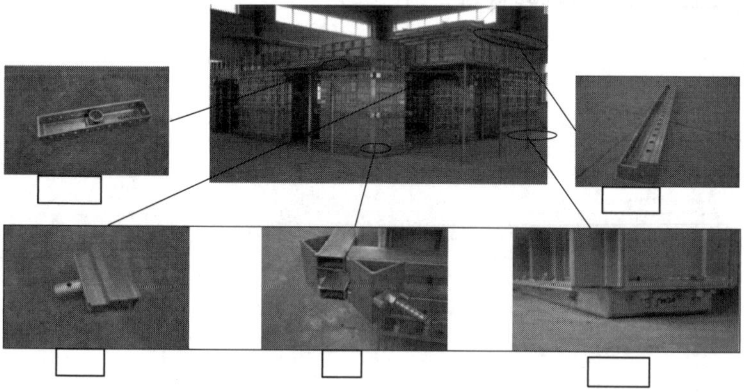

图 1（二）

（2）结合图 2，说明柱子模板的构造特点，并说明柱箍的作用。（20 分）

图 2

得分：

（3）结合图 3，回答以下问题。（50 分）

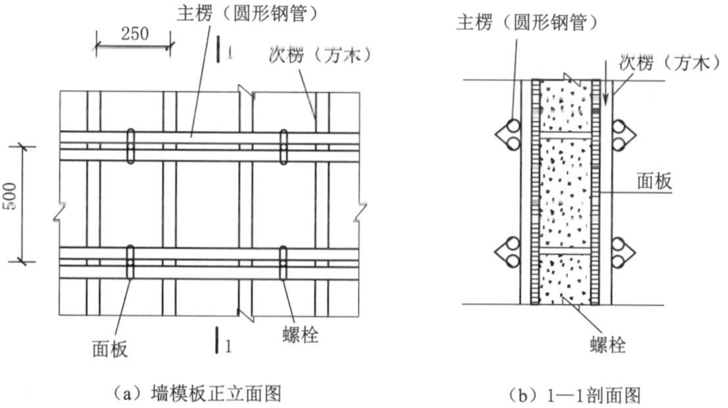

图 3

1）剪力墙模板可以采用哪些材料？（10分）

2）次楞和主楞的作用是什么？绘制次楞和主楞的受力分析图。（30分）

3）简述穿墙螺杆的作用和安装、拆除要求。（10分）

得分：

综合得分：

教师签名：

工作页 3　模板安装施工（课外：2 学时）

● **任务情境：**

某建筑项目为商住楼，部分楼层层高为 12m，标准层部分采用铝模板，请结合学习资料及拓展阅读完成以下任务，达成学习目标。

● **学习目标：**

（1）熟悉模板安装的一般规定。

（2）掌握支架立柱安装要求。

（3）掌握基础、柱子、梁、剪力墙、楼梯模板的安装技术。

（4）熟悉模板工程安全管理要求。

● **学习任务：**

一、资料查阅

（1）查阅《危险性较大的分部分项工程安全管理规定》（住房和城乡建设部令第 37 号），简述危险性较大的支模架工程标准是什么？（30 分）

（2）查阅《危险性较大的分部分项工程安全管理规定》（住房和城乡建设部令第 37 号），简述危险性较大的支模架工程专项施工方案的编制和管理流程？（15 分）可否先施工后补方案？（5 分）（本题合计 20 分）

得分：

二、案例分析

2005年9月5日晚10时，由某公司施工的西单西西工程4号地项目，在进行高大厅堂顶盖模板支架预应力混凝土空心板现场浇筑施工时，模板支撑体系坍塌（图1），共造成8人死亡，21人受伤。

图1

事故发生时存在的问题：

- 支模架方案未经审批就已经开始搭设，在报送二稿时，支架已经搭设完毕。
- 本高支模完全达到专家论证项目标准，但没有进行组织论证审查。
- 监理虽未在方案送审稿上签字，但也没有行文制止搭设和浇筑混凝土。
- 方案未对支架立杆上部的自由长度 a 作出限制。

（1）该支模架施工在管理上存在什么问题？（5分）

（2）超高支模架的水平杆间距可否按照普通住宅的标准设计？为什么？（5分）

（3）超高支模架缺乏扫地杆会有危险吗？为什么？（5分）

（4）应该如何检查验收支模架工程？（5分）

得分：

三、施工实践

（1）柱子模板由地面起每隔 2m 留一道浇筑口，为什么这么处理？柱子模板底部清扫口为何一定要预留？浇筑混凝土前应如何处理？（10 分）

（2）简述大跨度梁模板为何需要起拱？起拱的标准是什么？（10 分）

（3）简述模板拆除的顺序及注意事项。（10 分）

得分：

综合得分：　　　　　　　　　　　　　　　　教师签名：

工作页4　模板工程质量验收与拆除（课外：2学时）

● **任务情境：**

某建筑项目为商住楼，部分楼层层高为12m，标准层部分采用铝模板，请结合学习资料及拓展阅读完成以下任务，达成学习目标。

● **学习目标：**

（1）能熟悉模板拆除的技术要求。

（2）能对工人进行模板拆除作业技术交底。

● **学习任务：**

该项目第3层楼板混凝土浇筑已经28d，各构件已经达到拆除模板的要求，为加快材料周转，项目部需要对工人进行拆除作业技术交底，请完善以下模板拆除令。（100分，教师根据措施编制质量评分）

模板拆除（安全）令　　　　编号：1-03

单 位 名 称		工 程 名 称	
混凝土浇捣日期		申请拆除日期	
设计拆模强度	设计强度C30 拆模强度75%～100%	混凝土实际强度	
拆 除 部 位		试块报告编号	
拆模安全技术措施：（可另附纸张）			
申请人（班组负责人）签字	年　月　日	班组监护人签字	年　月　日
组团负责人（生产经理）意见	年　月　日	安全部经理意见	年　月　日
项目技术负责人意见	年　月　日	项目经理意见	年　月　日

注　本模板拆除令一式两份，施工现场一份，安全留存一份。

得分：　　　　　　　　　　　　　　　　教师签名：

项目6 混凝土结构施工：混凝土工程（工作页）

工作页1　混凝土搅拌与运输（课外：1学时）

● **任务情境：**

某建筑工程建筑面积12382m^2，地上10层，地下2层（地下水位−2.0m）。采用筏板基础，底板厚度110mm，混凝土强度等级C30。主体结构为非预应力现浇混凝土框架剪力墙结构（柱网为9m×9m，局部柱距为6m），梁模板起拱高度分别为20mm、12mm。抗震设防烈度7度。梁、柱受力钢筋为HRB335，接头采用挤压连接。各层柱混凝土强度等级为C30。该工程室内地面采用木地板。混凝土采用商品混凝土，那么混凝土生产过程是什么样的？混凝土生产完成后如何运输到施工现场？运输过程当中要注意哪些方面？请结合学习资料完成以下任务，达成学习目标。

● **学习目标：**

（1）能熟悉混凝土搅拌方法。

（2）能熟悉混凝土搅拌制度。

（3）能熟悉混凝土运输方法。

● **学习任务：**

一、认识混凝土搅拌机

混凝土搅拌站是生产商品混凝土的主要场所，混凝土搅拌站应该有哪几部分？各部分应实现什么功能？请完成下表。（30分）

组成部分	功　　能

得分：

二、熟悉混凝土运输工具

（1）请按照图片内容书写对应混凝土运输工具，并进行相应要求描述。（20 分）

序号	照片	特征
1		
2		
3		

得分：

（2）列出商品混凝土要收集哪些资料。（30 分）

得分：

（3）混凝土泵是通过输送管将混凝土输送到浇筑地点的一种工具，混凝土输送方式采用泵送时有什么要求？（20 分）

得分：

综合得分： 教师签名：

工作页 2　混凝土浇筑、振捣与养护（课外：1 学时）

● 任务情境：

某建筑工程建筑面积 12382m^2，地上 10 层，地下 2 层（地下水位－2.0m）。采用筏板基础，底板厚度 110mm，混凝土强度等级 C30。主体结构为非预应力现浇混凝土框架剪力墙结构（柱网为 9m×9m，局部柱距为 6m），梁模板起拱高度分别为 20mm、12mm。抗震设防烈度 7 度。梁、柱受力钢筋为 HRB335，接头采用挤压连接。各层柱混凝土强度等级为 C30。该工程室内地面采用木地板。混凝土采用商品混凝土，那么混凝土如何进行浇筑？混凝土浇筑过程中施工缝如何留置？混凝土振捣要注意哪些方面？混凝土浇筑完成后如何进行养护？请结合学习资料完成以下任务，达成学习目标。

● 学习目标：

（1）能熟悉混凝土浇筑的要求。

（2）能掌握施工缝的留设位置及处理。

（3）能熟悉混凝土的振捣要求。

（4）能掌握自然养护的要求。

（5）能熟悉混凝土蒸汽养护的过程。

● 学习任务：

一、认识混凝土振捣工具

请按照图片内容书写对应混凝土运输工具，并进行相应要求描述。(10 分)

序　号	照　　片	特　　点
1		
2		
3		

得分：

二、施工缝的留设位置及处理

（1）柱子施工缝的留设位置有什么要求？（10 分）

（2）梁板、肋型楼板施工缝留设位置有哪些要求？（10 分）

（3）楼梯、圈梁施工缝留置应符合哪些要求？（10 分）

（4）箱型基础施工缝的留置有什么要求？（10 分）

得分：

三、混凝土振捣要求

采用插入式振动器振捣混凝土时有什么要求？（10 分）

得分：

四、混凝土养护

（1）请简述自然养护的要求。（20 分）

得分：

（2）简述混凝土蒸汽养护过程。（20 分）

得分：

综合得分： 教师签名：

工作页 3　混凝土冬雨季施工措施（课外：1 学时）

● **任务情境：**

某建筑工程建筑面积 12382m²，地上 10 层，地下 2 层（地下水位－2.0m）。采用筏板基础，底板厚度 110mm，混凝土强度等级 C30。主体结构为非预应力现浇混凝土框架剪力墙结构（柱网为 9m×9m，局部柱距为 6m），梁模板起拱高度分别为 20mm、12mm。抗震设防烈度 7 度。梁、柱受力钢筋为 HRB335，接头采用挤压连接。各层柱混凝土强度等级为 C30。该工程室内地面采用木地板。混凝土采用商品混凝土，那么冬季来临混凝土施工注意哪些方面？混凝土冬期施工有哪些方法？如雨季来临混凝土施工要采取哪些措施？请结合学习资料完成以下任务，达成学习目标。

● **学习目标：**

（1）能熟悉混凝土冬期施工的常用方法。

（2）能熟悉混凝土雨期施工措施。

● **学习任务：**

（1）请简述混凝土冬期常用的施工方法。（50 分）

得分：

（2）请简述混凝土雨季施工的措施。（50 分）

得分：

综合得分：　　　　教师签名：

工作页4 混凝土工程质量验收（课外：1学时）

● **任务情境**：

某建筑工程建筑面积12382m²，地上10层，地下2层（地下水位－2.0m）。采用筏板基础，底板厚度110mm，混凝土强度等级C30。主体结构为非预应力现浇混凝土框架剪力墙结构（柱网为9m×9m，局部柱距为6m），梁模板起拱高度分别为20mm、12mm。抗震设防烈度7度。梁、柱受力钢筋为HRB335，接头采用挤压连接。各层柱混凝土强度等级为C30。该工程室内地面采用木地板。混凝土采用商品混凝土，那么混凝土在施工前、施工中、养护后质量如何检查？如何对浇筑的混凝土强度进行评定？请结合学习资料完成以下任务，达成学习目标。

● **学习目标**：

（1）能掌握混凝土施工前、施工中、养护后的检查内容。

（2）能熟悉混凝土强度评定。

● **学习任务**：

（1）请简述混凝土养护后进行质量主要检查哪些内容。（50分）

得分：

（2）混凝土施工质量记录应包括哪些方面？（50分）

得分：

综合得分： 教师签名：

工作页 5　混凝土质量缺陷与修补（课外：1 学时）

● **任务情境：**

某建筑工程建筑面积 12382m²，地上 10 层，地下 2 层（地下水位－2.0m）。采用筏板基础，底板厚度 110mm，混凝土强度等级 C30。主体结构为非预应力现浇混凝土框架剪力墙结构（柱网为 9m×9m，局部柱距为 6m），梁模板起拱高度分别为 20mm、12mm。抗震设防烈度 7 度。梁、柱受力钢筋为 HRB335，接头采用挤压连接。各层柱混凝土强度等级为 C30。该工程室内地面采用木地板。混凝土采用商品混凝土，在混凝土浇筑拆模后，发现一些质量缺陷。那么混凝土质量缺陷有哪些？混凝土质量缺陷是如何产生的呢？发现质量缺陷如何进行处理？请结合学习资料完成以下任务，达成学习目标。

● **学习目标：**

（1）能熟悉混凝土常见质量缺陷及其产生的原因。

（2）能掌握常见质量缺陷处理措施。

● **学习任务：**

（1）假设混凝土质量检查中发现混凝土出现质量缺陷，请简述混凝土蜂窝的特征及处理措施。（50 分）

得分：

（2）混凝土质量检查中发现混凝土出现空洞，请简述混凝土空洞的特征及处理措施。（50 分）

得分：

综合得分：　　　　　　　　　　　　　　　　　教师签名：

项目7 预应力混凝土结构施工（工作页）

● 任务情境：

公司中标了某学院一栋教学楼的施工项目，合同造价为 3500 万元，合同工期为 450d，主体结构为钢筋混凝土结构，其楼盖采用应力混凝土结构。为了确保预应力混凝土楼盖施工能正常开展，需要对施工人员尤其是操作工人进行技术交底，请结合学习资料完成以下任务，达成学习目标。

● 学习目标：

（1）能知道预应力的基本原理。

（2）能知道先张法工艺和后张法工艺原理。

（3）能掌握先张法工艺要点和后张法的关键工艺。

（4）能知道预应力混凝土结构的质量验收标准。

● 学习任务：

一、学习预应力原理（共 30 分）

（1）请绘制预应力梁的受力分析图。（15 分）

得分：

（2）预应力钢筋位于梁的________（填上部或下部）。（5 分）

（3）施加预应力后，梁在没有承受外部荷载前，梁底部的应力为______（填拉应力或压应力）。（5 分）

（4）施加预应力能起到的关键作用是______________________。（5 分）

得分：

二、学习先张法工艺

（1）先张法需要哪些设备？（5分）

（2）先张法的工艺特点是什么？（5分）

（3）先张法主要用于生产哪些构件？能否用于生产大型构件？（5分）

（4）预应力筋张拉注意事项有哪些？（5分）

（5）预应力筋的放松方法有哪几种？（5分）

（6）构件预应力筋较多时应采用哪种放张方法？（5分）

得分：

三、学习后张法工艺

（1）后张法需要哪些设备？（5分）

（2）先张法的工艺特点是什么？（5分）

（3）后张法主要用于生产哪些构件？能否用于生产大型构件？（5分）

（4）简述无黏结预应力混凝土构件的生产工艺。（5分）

（5）预应力筋张拉程序为何要进行超张拉？（10分）

（6）预应力筋张拉锚固后实际建立的预应力值与工程设计规定检验值的相对允许偏差为多少？造成预应力损失的原因有哪些？如何预防预应力损失？（10分）

得分：

综合得分：　　　　　　　　　　　　　　　　　　　　　　　　　　教师签名：

项目8 装配式混凝土结构施工（工作页）

工作页 1　装配式构件生产与运输（课外：2 学时）

● 任务情境：

某建设工程项目，建筑面积为 13701.6m^2，地下 1 层，地上 17 层，其中 4～17 层为装配式，单体预制率为 25.8%，包含七种构件：叠合剪力墙、外墙板、叠合楼板、阳台、空调板、装饰柱、楼梯，空间布局复杂、结构形式多，吊装难度大。为保证项目的顺利开展，PC 工厂应按照建设需要生产预制构件。那么 PC 构件厂由哪几部分组成，生产预制构件的工艺流程是什么样的？在构件厂，成品是如何保存的，以及预制构件该如何运送至施工现场？请结合学习资料完成以下任务，达成学习目标。

● 学习目标：

（1）能知道 PC 工厂的组成及其功能。

（2）能熟悉预制混凝土剪力墙外墙板的生产工艺流程。

（3）能知道预制构件生产需要的生产工具及器具。

（4）能熟悉预制构件成品在露天堆放场的要求。

（5）能掌握不同预制构件的运输方式。

● 学习任务：

一、认识 PC 工厂

假设你要投资建设一个 PC 工厂，该工厂应该有哪几部分？各部分应实现什么功能？请完成下表。(20 分)

组成部分	功能

得分：

二、熟悉构件生产工艺

（1）请按照图片内容书写对应生产工序，并进行相应要求描述。（30分）

序号	照片	工序	要求
1			
2			
3			

得分：

（2）简要书写一下预制混凝土剪力墙外墙按照反打法的生产工艺流程。（10分）

得分：

（3）预制构件生产好以后，并不一定就运送至施工现场，需要在PC构件厂存储一定时间，那构件的存放需要注意哪些事项？运输至施工现场时，不同的预制构件是否都是按照相同的方式运输？为什么，以及该如何运输？（20分）

得分：

三、走访 PC 工厂（共 30 分）

走访附近合作 PC 工厂，并完成以下内容：

（1）该 PC 工厂车间长度为（ ），层高（ ），单跨宽（ ），有（ ）跨。（5 分）

（2）该 PC 工厂的生产流水线能够生产哪些预制构件？（5 分）

（3）你观察到该 PC 构件厂由哪几部分组成，并拍照（至少填 3 个）。（5 分）

组成部分	照片	备注

（4）请写出该 PC 构件厂生产某预制构件（预制剪力墙、叠合板、楼梯等）的工艺流程。（5 分）

（5）通过观察，请问不同预制构件生产的工艺流程是否完全相同？（是/否）（5 分）

（6）该 PC 构件厂的成品堆放区域，是否按照不同存放区进行堆放？（是/否）（5 分）

得分：

综合得分： 教师签名：

工作页2 装配式构件吊装（课外：2学时）

● 任务情境：

某建设工程项目，建筑面积为13701.6m²，地下1层，地上17层，其中4～17层为装配式，单体预制率为25.8%，包含七种构件：叠合剪力墙、外墙板、叠合楼板、阳台、空调板、装饰柱、楼梯，空间布局复杂、结构形式多，吊装难度大。那么吊装的工具该如何选择，如何精准地将预制构件吊装至需要位置。请结合学习资料完成以下任务，达成学习目标。

● 学习目标：

(1) 能熟悉吊装作业工具系统。

(2) 能掌握预制混凝土剪力墙外墙板的吊装工艺流程。

(3) 能熟悉预制混凝土剪力墙外墙灌浆连接的工艺流程。

● 学习任务：

一、认识预制剪力墙外墙吊装工具

施工现场需要吊装一块预制剪力墙外墙，吊装现场情况见图1，请辨认吊装系统中各部位工具，并将其名字书写在横线后方。(20分)

图1

得分：

二、掌握吊装工艺

(1) 吊装前需要对构件进行检查，遇到哪些情况需要将问题预制构件退回工厂？(10分)

(2) 测量放线时，为保证预制墙体安装过程中精确定位，需要如何放线？(10分)

（3）吊装过程中遇到哪些情况应停止一切吊装工作？（10 分）

（4）吊装过程中如何保证预制墙体吊装到位，保证钢筋与套筒精准连接？（10 分）

（5）预制墙体安装就位后，墙体的垂直度如何校核并调整？（10 分）

得分：

三、熟悉灌浆工艺

（1）图 2 为全灌浆套筒还是半灌浆套筒，请填写至图片下方横线，并完成图片斜线所示各部位名称。（15 分）

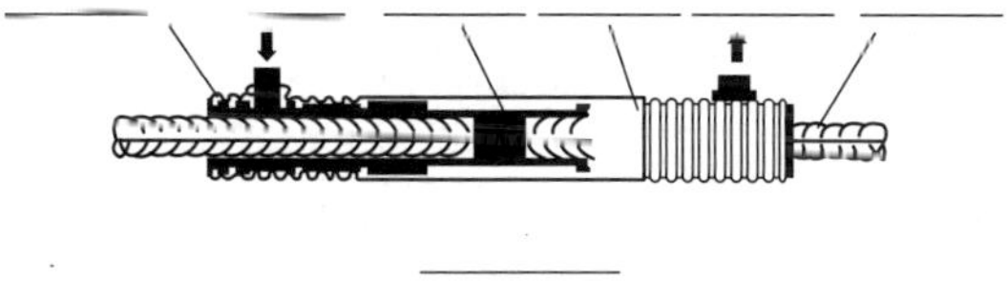

图 2

得分：

（2）图 3 为灌浆施工的工艺流程，请填写完整。（15 分）

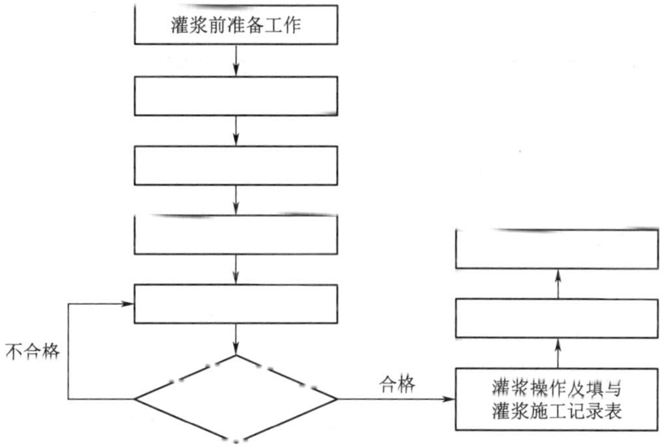

图 3

得分：

综合得分：　　　　　　　　　　　　　　　　　　教师签名：

工作页3 装配式结构质量验收（课外：2学时）

● **任务情境：**

某建设工程项目，建筑面积为13701.6m^2，地下1层，地上17层，其中4～17层为装配式，单体预制率为25.8%，包含七种构件：叠合剪力墙、外墙板、叠合楼板、阳台、空调板、装饰柱、楼梯，空间布局复杂、结构形式多，吊装难度大。装配式混凝土结构如何进行质量验收？相关程序是怎么样的？需要验收哪些内容？请结合学习资料完成以下任务，达成学习目标。

● **学习目标：**

（1）能了解装配式混凝土结构质量验收程序。

（2）能熟悉装配式混凝土结构的验收内容及标准。

（3）能理解装配式混凝土结构的验收结果及处理方式。

● **学习任务：**

（1）请简述接头工艺检验的内容及要求。（50分）

得分：

（2）装配式混凝土结构子分部工程施工质量验收时，需要提供哪些文件和记录？（50分）

得分：

综合得分： 教师签名：

项目9 砌体结构施工（工作页）

● 任务情境：

公司中标了某学院一栋宿舍楼的施工项目，合同造价为1200万元，合同工期为360d，主体结构为砖混结构，其楼盖采用现浇混凝土结构。为了确保砌筑质量，需要对施工人员尤其是操作工人进行技术交底，请结合学习资料完成以下任务，达成学习目标。

● 学习目标：

（1）能知道砌体结构材料（砖、砌块、砂浆）进场控制要求。

（2）能知道砌筑工艺要点及质量验收标准。

（3）能掌握砌体结构构造要求，知道防止砌体结构房屋开裂的措施。

（4）能知道常见砖砌体工程质量通病的防治技术。

● 学习任务：

查阅资料，完善砌体结构施工质量技术交底记录表。（100分）

分部（分项）工程质量技术交底记录表

编号：001

建设单位名称		交底时间	年　月　日
单位工程名称			
交底部位		工　种	泥工
交底依据：简述2条（10分）			
交底内容： 一、砌体施工准备（10分） （请简述施工准备要求）			

续表

二、标准砖、多孔砖砌筑（30分）

（1）地下室烧结普通砖采用“三一”砌筑法，请补充“三一”砌筑法的特点。（10分）

（2）砌筑前由现场抄好水平线，画好皮数杆，并根据轴线弹出相应的墙体位置及门洞位置，在每道墙的转角处设置________杆，然后先进行排砖。（5分）

（3）砌筑砖砌体时，砖应提前______h浇水湿润（5分）。

（4）多孔砖的孔洞应垂直于受压面砌筑，多孔砖窗台上浇筑60～100mm厚C20素混凝土。

（5）砖砌体的灰缝应____________；竖向灰缝不得出现透明缝、瞎缝、和假缝。砖砌体施工临时间断处补砌时，必须将接槎处表面清理干净，浇水湿润，并填实砂浆，保持灰缝平直。（5分）

（6）砖和砂浆的__________等级必须符合设计要求。（5分）

（7）砖砌体水平灰缝的砂浆饱满度不得小于80%。砖砌体的转角处和交接处应同时砌筑，严禁无可靠措施的内外墙分砌施工。

（8）砖砌体的水平灰缝厚度宜为10mm，但不应小于8mm，也不应大于12mm。

三、蒸压加气混凝土砌块砌筑（40分）

（1）蒸压加气混凝土砌块施工时的含水率宜控制在小于15%（对粉煤灰加气混凝土砌块宜小于20%），砌筑蒸压加气混凝土砌块前提前____h向砌筑面适量浇水。（5分）

（2）砌筑加气混凝土墙体时，墙底部应砌烧结普通砖或多孔砖，或普通混凝土小型空心砌块，或现浇混凝土坎台，其高度不宜小于________mm。（5分）

（3）砌筑加气混凝土砌块使用专用工具，砌筑时应上下错缝，搭接长度不宜小于砌块长度的______，并不应小于150mm。如不能满足时在水平灰缝中应设置2Φ6钢筋或Φ4钢筋网加强，加筋长度不应小于________mm。（10分）

（4）灰缝应横平竖直，砂浆饱满，竖向灰缝宜用内外临时角铁夹板灌缝，灰缝控制在________mm，一堵墙体灰缝要求均匀。

（5）墙体顶部预留___________mm暂时不砌筑，待混凝土主体结构完成后从最顶层开始往下封墙，使用标准砖或多孔砖斜砌，斜砖砌筑前下部墙体必须有一个星期的保养期。

针对第（5）条，回答这么做的原因是什么？（10分）

（6）木门的预留木砖，采用木砖在防腐沥青漆涂刷后，由现场小构件加工点做在混凝土块内，混凝土块的大小按砖的模数来制作，安装时每樘门每侧间放________块。木砖面朝门框边放置，直接砌在砖墙内，门框预埋砖地面向上300mm，过梁下200mm，中间地面向上1000mm设置，窗框预埋砖窗台向上150mm，窗顶向下150mm，中间预埋砖间距小于600mm设置。（5分）

（7）墙体超过5m按规范及设计要求在墙体中间设置构造柱，砌砖应砌成________，先退后进，并预留插筋，碰到水电预埋管较多部位，设置构造柱现浇，按抗震规范施工。（5分）

续表

（8）加气混凝土砌块砌体工程质量要求。

加气混凝土砌块砌体工程主控项目：

1）砌块和砌筑砂浆的强度等级应符合设计要求。

2）加气混凝土砌块砌体一般允许偏差应符合以下规定。

加气混凝土砌块砌体一般允许偏差

项次	项目		允许偏差/mm	检验方法
1	轴线偏移		10	用尺检验
	垂直度	不小于3m	5	用2m托线板和吊线、尺检查
		大于3m	10	
2	表面平整度		8	用2m靠尺和楔形塞尺检查
3	门窗洞口高、宽（后塞口）		±5	用尺检查
4	外墙上、下窗口偏移		20	用经纬仪或吊线检查

四、砌体冬期施工注意事项（10分）

（1）室外日平均气温连续5d稳定低于________℃时，作为划定冬期施工的界限。（5分）

（2）砌筑砂浆的各种原材料必须在解冻后方可进行砌筑砂浆拌制，冬期砂浆设置同条件养护试块。

（3）砖砌体湿润程度对砌体强度的影响较大，在气温高于0℃条件下砌筑时，仍应对砖进行浇水湿润，但在气温低于或等于0℃条件下砌筑时，不宜对砖浇水，不浇水施工时必须适当增大砂浆______。（5分）

（4）无法浇水湿润时，不得砌筑。

交底人		被交底人	

综合得分：　　　　　　　　　　　　　　　　教师签名：

项目10 钢结构施工（工作页）

● **任务情境：**

公司中标了某学院一栋钢结构实训厂房的施工项目，合同造价为900万元，合同工期为300d。其主要构件（柱、梁、檩条）在附近钢结构工厂制作，构件主要采用高强螺栓连接，为了确保施工质量，需要对工人进行技术交底，请结合学习资料完成以下任务，达成学习目标。

● **学习目标：**

（1）能知道钢结构材料（焊条、构件）进场控制要求。

（2）能知道钢结构连接工艺要点及质量验收标准，会进行钢结构外观质量验收。

（3）能掌握螺栓连接施工工艺，具备对安装工人技术交底的能力。

（4）熟悉钢结构施工工艺流程，能针对钢结构工程施工中常见的质量问题制定解决预案。

● **学习任务：**

查阅资料，完善钢结构工程施工技术交底表。

钢结构工程施工技术交底

<table>
<tr><td>工程名称</td><td></td><td>施工单位</td><td></td></tr>
<tr><td>工程地点</td><td></td><td>交底日期</td><td></td></tr>
<tr><td>参加人员</td><td colspan="3"></td></tr>
<tr><td colspan="4">交底内容</td></tr>
<tr><td colspan="4">钢构件制作工程：

（共40分，按照交底方案质量评分）　　　　得分：</td></tr>
<tr><td>交底人</td><td></td><td>接受人</td><td></td></tr>
</table>

钢结构工程施工技术交底

<table>
<tr><td>工程名称</td><td></td><td>施工单位</td><td></td></tr>
<tr><td>工程地点</td><td></td><td>交底日期</td><td></td></tr>
<tr><td>参加人员</td><td colspan="3"></td></tr>
<tr><td colspan="4">交底内容</td></tr>
<tr><td colspan="4">钢结构安装工程：

（共 40 分，按照交底方案质量评分）　　得分：</td></tr>
<tr><td>交底人</td><td></td><td>接受人</td><td></td></tr>
</table>

钢结构工程施工技术交底

<table>
<tr><td>工程名称</td><td></td><td>施工单位</td><td></td></tr>
<tr><td>工程地点</td><td></td><td>交底日期</td><td></td></tr>
<tr><td>参加人员</td><td colspan="3"></td></tr>
<tr><td colspan="4">交底内容</td></tr>
<tr><td colspan="4">墙面板的安装工程：
（1）墙面板安装之前应先核对墙面板的数量、规格、型号及材质是否与设计相符，并对进场的所有材料进行报验。
（2）墙面板安装必须在墙面系统安装完毕并且已通过验收后进行。
（3）首先应安装窗上口泛水及砖墙泛水，并确保泛水的平直，这也是保证墙面板安装质量的关键，同时也是保证墙面板安装外观的重点所在。墙面板安装应先安装__________板后安装外层板。保温棉在铺设过程中，应使______面朝内（无铝箔的可以随意朝向），必要时用双面胶将保温棉粘在墙面檩条上，搭接不少于50mm，墙面板的安装顺序应保证主立面观感质量。为了保证墙面板的垂直度，安装第一块墙面板的时候应用________指导安装，以确保第一块板的垂直，以后每隔三块板必须用经纬仪检查调整，遇有门窗洞口更要提前调整。这里应注意污染的墙面板必须________后才可以进行安装。安装时另外要注意的一点就是，必须保证墙面隅撑在墙面板上的开孔正确，并且墙面板安装后及时将墙面隅撑安装。
（4）墙面板安装过程中应按要求用______螺钉进行固定并保持螺钉在一条直线上，外层板要一波一钉，内层板可以采用两波一钉，遇有门窗洞口可以进行裁口后安装也可以直接裁掉不需要的部分，但必须保证裁口的准确性。注意墙面板安装时一定要保证墙面板下口与砖墙泛水或门窗泛水留有3～5mm的距离，并把错边控制在2mm以内。
（5）墙面板安装结束后应及时安装门窗收边、泛水并保证其的平直度，另外还必须可靠固定，搭接时应________________确保不漏水。
（6）雨、雾及大风天气__________（填“能”或“不能”）进行墙面板安装。工地应设专职安全员以便及时发现事故隐患，并经常性对职工进行__________教育，使安全深入人心。
（每空2.5分，总20分）
得分：</td></tr>
<tr><td>交底人</td><td></td><td>接受人</td><td></td></tr>
</table>

综合得分：　　　　　　　　　　　　　　　　教师签名：

施工综合实训（任务书）

任务1　钢筋混凝土结构施工实训

● **实训任务**：学生结合给定的施工图纸，参照最新施工标准、规范和图集开展钢筋混凝土结构的建造训练，完成以下任务：

（1）按照班级进行分组，模拟项目部管理模式，对班级人员进行分工，组建项目部和施工班组，建议每个施工班组人数为5人左右。

（2）开展图纸阅读训练，模拟图纸会审会议，分组汇报对施工图的理解及疑问。

（3）对主要构件进行下料分析，编制钢筋下料单。

（4）利用校内实训场地和设备进行钢筋加工、绑扎作业。

（5）制订支模方案，针对框架结构开展支模架搭设和模板安装训练。

● **教学组织**：钢筋混凝土结构施工与管理技能是建筑工程技术专业的核心技能，本次综合实训需集中安排2周（60学时）教学，采用理实一体化教学。

● **教学目标**：培养学生针对钢筋混凝土结构的施工技术与相关管理能力，并通过实训达成劳动教育目标。通过学习，使学生能够掌握钢筋混凝土结构施工图的应用能力；会根据结构施工图完成施工过程中施工员应做的基础性工作，包括施工技术准备与交底，钢筋下料单编制与放样等；掌握钢筋的加工与安装技术，并能够检查钢筋安装质量，会整改相关质量问题；学会混凝土的施工工艺，掌握相关工程机械的使用技术要领，以及混凝土结构配套措施项目（支模架、模板）的施工技能和相关安全技术；掌握钢筋混凝土工程的施工质量验收程序和方法，能够处理常规的工程质量通病；掌握与混凝土结构施工相关的管理措施，能够理解并应用钢筋混凝土工程相关的专项施工方案。

1.1　教学内容与计划

项　目	教学内容	学习目标	课时
项目1任务导入与实训交底	1. 任务内容、目标、学习方法； 2. 前续课程的相关知识点回顾； 3. 实训项目实施方案交底； 4. 入场安全教育	1. 回顾前续课程相关知识点； 2. 掌握学习方法，理解实训方案； 3. 明确实训安全要求	2
项目2施工图审查与交底	1. 施工图的阅读与审查要点及相关训练； 2. 施工图相关法规、规范解析	1. 掌握施工图审查的要点； 2. 能分享读图感受	4

续表

项　目	教 学 内 容	学 习 目 标	课时
项目 3 基础及柱子钢筋下料	1. 基础施工图详解及相关平法规则解读； 2. 基础钢筋下料实训（以独立柱基为例）； 3. 柱钢筋平法制图规则及构造详图解读； 4. 柱子钢筋下料单编制，包括主筋与箍筋算量	1. 掌握平法的基本原理； 2. 能独立进行基础和柱的施工图识读； 3. 会独立进行基础和柱钢筋的下料计算； 4. 能编制钢筋下料单	6
项目 4 梁钢筋下料	1. 梁平法施工图解读； 2. 梁平法制图规则及构造详图应用； 3. 梁钢筋下料单编制实训； 4. 梁钢筋构造解析	1. 能进行梁的平法图纸识读； 2. 会进行梁的断面分析； 3. 能进行梁钢筋的下料计算并会编制配料单	12
项目 5 施工准备	1. 钢筋加工及模板准备； 2. 测量放样、轴线投测； 3. 钢筋进场及验收	1. 会钢筋加工机械操作； 2. 会进行建筑轴线投测及复核； 3. 能开展钢筋进场验收工作	4
项目 6 框架柱钢筋安装实训	1. 柱子钢筋绑扎安装； 2. 柱子钢筋质量验收	1. 树立“施工安全”意识； 2. 了解钢筋绑扎的要求，并会进行简单的绑扎操作	2
项目 7 脚手架、支模架施工	1. 脚手架、支模架安全专项施工方案解析； 2. 模板技术要求及规范解析； 3. 脚手架技术要求及规范解析； 4. 支模架设计、安装实训	1. 能看懂脚手架、支模架安全专项施工方案； 2. 熟悉模板、脚手架安装工艺及操作要求	6
项目 8 框架梁钢筋安装实训	1. 钢筋连接技术； 2. 梁钢筋安装技术要求； 3. 梁钢筋工程质量验收	1. 了解框架梁、楼板钢筋安装流程； 2. 掌握框架梁、楼板钢筋安装质量要求，能进行质量验收，指出质量偏差	12
项目 9 混凝土施工工艺及质量控制（虚拟施工实训）	1. 混凝土材料质量控制； 2. 混凝土施工配合比控制与调整； 3. 混凝土搅拌与运输； 4. 混凝土泵送技术； 5. 混凝土入模质量控制； 6. 混凝土的振捣技术； 7. 混凝土养护技术； 8. 混凝土施工质量验收； 9. 混凝土质量通病及防治技术	1. 掌握混凝土施工配合比控制与调整技术； 2. 熟悉混凝土施工的工艺流程及要求； 3. 了解混凝土施工的质量通病及防治技术	4
项 10 拆除施工及物料整理（劳动教育）	1. 拆模技术要求； 2. 拆模安全要求； 3. 拆除实际操作； 4. 支模架、模板材料的整理与保养	1. 熟悉模板拆除的技术与安全要求； 2. 熟悉劳动素养要求； 3. 养成良好劳动习惯	6
合　计			60

1.2　教学条件

为更好地开展综合实训教学，应具备以下条件：

(1)《混凝土结构施工图平面整体表示方法制图规则和构造详图（现浇混凝土框架、剪力墙、梁、板）》(22G101—1）系列图集，每组1套。

(2）全套施工图，每人1册。

(3）实训场地条件：具备钢筋加工台、钢筋加工机械、切割机、各种类钢筋、支模架材料、木模板、绑扎铁丝、绑扎工具、老虎钳、手套、卷尺、铁锤等，满足学生实训人数要求。

(4）聘请钢筋加工、安装经验丰富的实践指导教师（1人）负责实训现场指导，辅助教学。

(5）可移动基础，用于柱子钢筋的临时固定；500m² 以上教学场地，场地需平整硬化处理，建议采用室内场地（图1）。

图1　校内实训场地

1.3　成绩考核建议

成绩评定以百分制，满分100分；采用形成性考核模式进行评分，包括平时表现、施工实操、职业素养、平时作业等。评分标准如下：

(1）平时表现（20分）：要求遵守课堂纪律，无缺课、旷课、迟到、早退现象，专心听讲，不扰乱课堂纪律。扣分标准：旷课2分/次；迟到、早退1分/次，请假按审批程序不扣分；上课不认真听课，不积极参与实训，违反课堂纪律，经提醒不改正的，视情节每次扣0.5～1分。以上分数扣完为止。

(2）平时作业（20分）：实训日志，每日一记录，实训总结报告1篇，根据完成质量由指导教师酌情评定，参考依据为文字工整程度、图表绘制规范性、记录可读性，心得体会描述合理性。

（3）施工实操（40 分）：由实训教师和各小组长共同验收评分，方案全面、合理，组织有序，全部完成实训内容，钢筋安装、支模架搭设、模板安装等经过质量验收符合规范的得满分，其他情况酌情评分。

（4）职业素养（20 分）：根据平时的劳动表现由教师和小组长共同评分，劳动习惯良好，能吃苦耐劳，工作勤奋，场地日日清理，工作精益求精的得满分，其余表现可酌情评分，并指出扣分原因。

1.4 实操训练

1.4.1 实训流程

识读实训图纸→钢筋翻样→测量放线→安放基础底座→柱插筋安装→柱箍筋安装→脚手架搭设→模板搭设→梁上部纵筋安装→梁箍筋安装→梁下部纵筋安装→梁侧面钢筋安装→梁拉筋安装→次梁纵筋安装→次梁箍筋安装→板钢筋安装→施工质量验收。

1.4.2 实训教学组织

（1）指导教师以集中讲解、现场演示、分步指导、巡视检查的方式进行指导。

（2）应安排专任教师 1 名，具有工地实践经验的实践指导教师（企业导师）1 名共同指导实训教学。

（3）班级分组开展实训，分组名单由班长确定，上报给指导老师，经指导教师确定后的各小组成员不得私自随意进行变动。每组设组长 1 名。组长应具有较强的责任心，负责组织、协调本组同学开展各项实训工作，例如按时集合、纪律监督、考勤、事务联系、计划制订、任务分工等。组员应服从组长安排，无特殊情况，不得拒绝任务。

（4）学生每天实训结束后应将每日实训情况记录在实训日志上，实训日志应记录当天的实训内容、心得体会。实训日志每日 1 篇，每篇字数不少于 200 字，于实训结束后上交指导老师。

（5）实训结束后，学生应撰写实训总结。实训总结应包括实训内容、技术总结、实训体会等方面的内容，要求总字数不少于 2000 字。

（6）实训结束后一周内，以班级为单位上交实训书面成果资料，便于指导老师评阅给出各项成绩。

1.4.3 实训教学纪律及安全

（1）要求有高度的责任心、组织性、纪律性，协调一致完成本小组的各项实训任务。组员的实训任务由组长进行分配，组员须服从统一工作安排。小组成员应团结一致，互相督促，相互帮助，人人动手，共同完成任务。

（2）实训过程中需爱护教学设备，每日以小组为单位领取实训工具及实训材料，课后应及时将工具收集整理，放置在指定位置，不得随意丢弃实训工具及材料，并保持场地整洁，供完料清。

（3）实训期间应严格遵守实训场相关规章制度，严格进行日常考勤，不得迟到、旷课、早退。

(4) 进入实训场后应注意安全，遵守实训场的各项安全管理制度。进场后应全程穿工作服，佩戴安全帽，操作时应佩戴手套，课后将工作服及安全帽整理摆放整齐。不得在实训场所进餐，不得随意丢弃垃圾，场地日日清理。

(5) 对于危险性较大的操作，应使用工具，不得徒手进行。当进行较大构件安装时，小组成员应相互配合，协同工作，并配有专人进行指挥、监控，避免伤及他人。模板拆除时，应及时将模板上的钉子拔除，并将钉子集中收集、丢弃，避免扎伤。

(6) 拆除过程中，应避免抛扔重物，易倒塌或危险性较大的物体应安排人员进行监督。拆除的构件应放置在指定位置，不得随意丢弃。

1.4.4 实训过程中需注意的事项及要求

(1) 每个小组完成一根轴线及附属的构件搭设安装，原则上组号应与轴号对应。领料时，由组长安排人员到指定的堆放场地领取。领取材料应适量，不要超额领取，不得占用其他小组材料。取料及搬运过程中，应注意安全，仔细观察周围环境、人员站位，避免造成伤害。

(2) 钢筋翻样。

1) 在认真识读图2和图3参考实训图纸的基础上，根据识图知识，对实训图纸进行钢筋翻样。

2) 翻样应画出典型截面的截面图，并在截面上标注钢筋型号并进行编号，计算加密区、非加密区箍筋的根数及实际加密区长度。

3) 编制配料单。根据钢筋编号，画出各编号钢筋的草图，计算钢筋尺寸，并在草图上注明外包尺寸，汇总形成下料单。

4) 截面图及配料单应图面干净整洁，排版合理，计算准确。

(3) 测量放线，应利用经纬仪和卷尺对轴线进行放样，建立轴网，应保证轴线的准确性。

(4) 安放基础底座。

1) 根据图纸所示定位尺寸，将基础底座安放就位。

2) 基础底座应以内部小框架轮廓为准进行定位。

3) 注意底座摆放方向应与图纸一致。

4) 安装就位后，应在底座四周做好标记，方便以后定位。

5) 由于底座并未完全固定，应尽量避免实训过程中移动底座。

(5) 柱插筋安装：柱纵筋应长短错开布置。

(6) 柱箍筋安装。

1) 首先根据钢筋翻样结果，用粉笔划线标记出箍筋的安装位置。为保证箍筋定位准确，要求每个柱子4根角部钢筋中至少在3根柱角部钢筋上进行划线。

2) 第一道柱箍筋距基础底座顶面距离为50mm。其后按加密区进行箍筋布置。

3) 柱箍筋安装时，应注意箍筋的开口方向应错开，按顺时针或逆时针方向旋转。

4) 柱纵筋与箍筋应用扎丝绑扎牢靠。

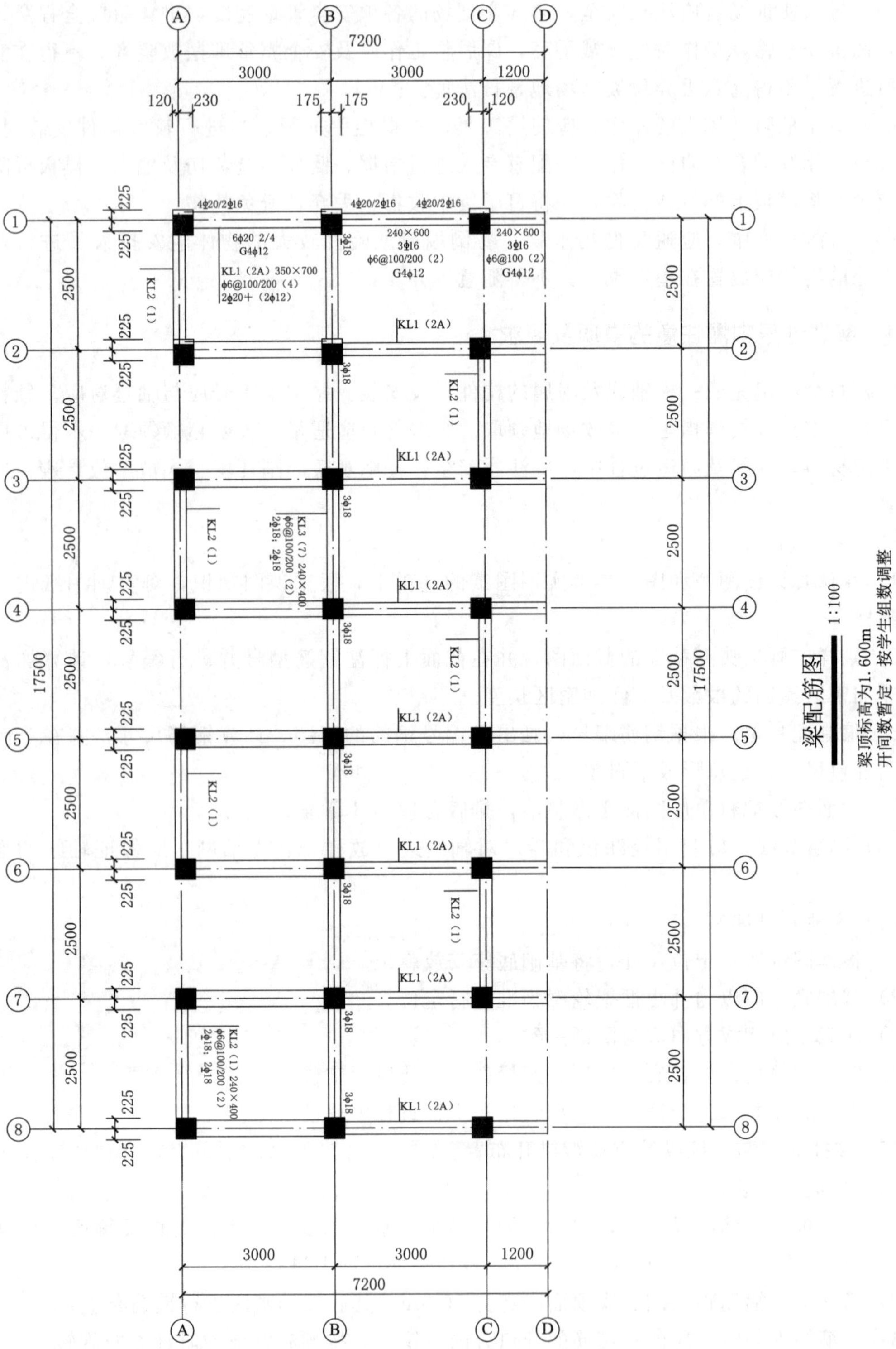

梁配筋图 1:100
梁顶标高为1.600m
开间数暂定，按学生组数调整
7200
3000
3000
1200
120
230
175
175
230
120
225
2500
17500
4ϕ20/2ϕ16
240×600
3ϕ16
ϕ6@100/200（2）
G4ϕ12
ϕ6@100（2）
6ϕ20 2/4
KL1（2A）350×700
ϕ6@100/200（4）
2ϕ20+（2ϕ12）
KL1（2A）
KL2（1）
KL3（7）240×400
ϕ6@100/200（2）
2ϕ18；2ϕ18
KL2（1）240×400
3ϕ18

图 2 实训参考图纸一

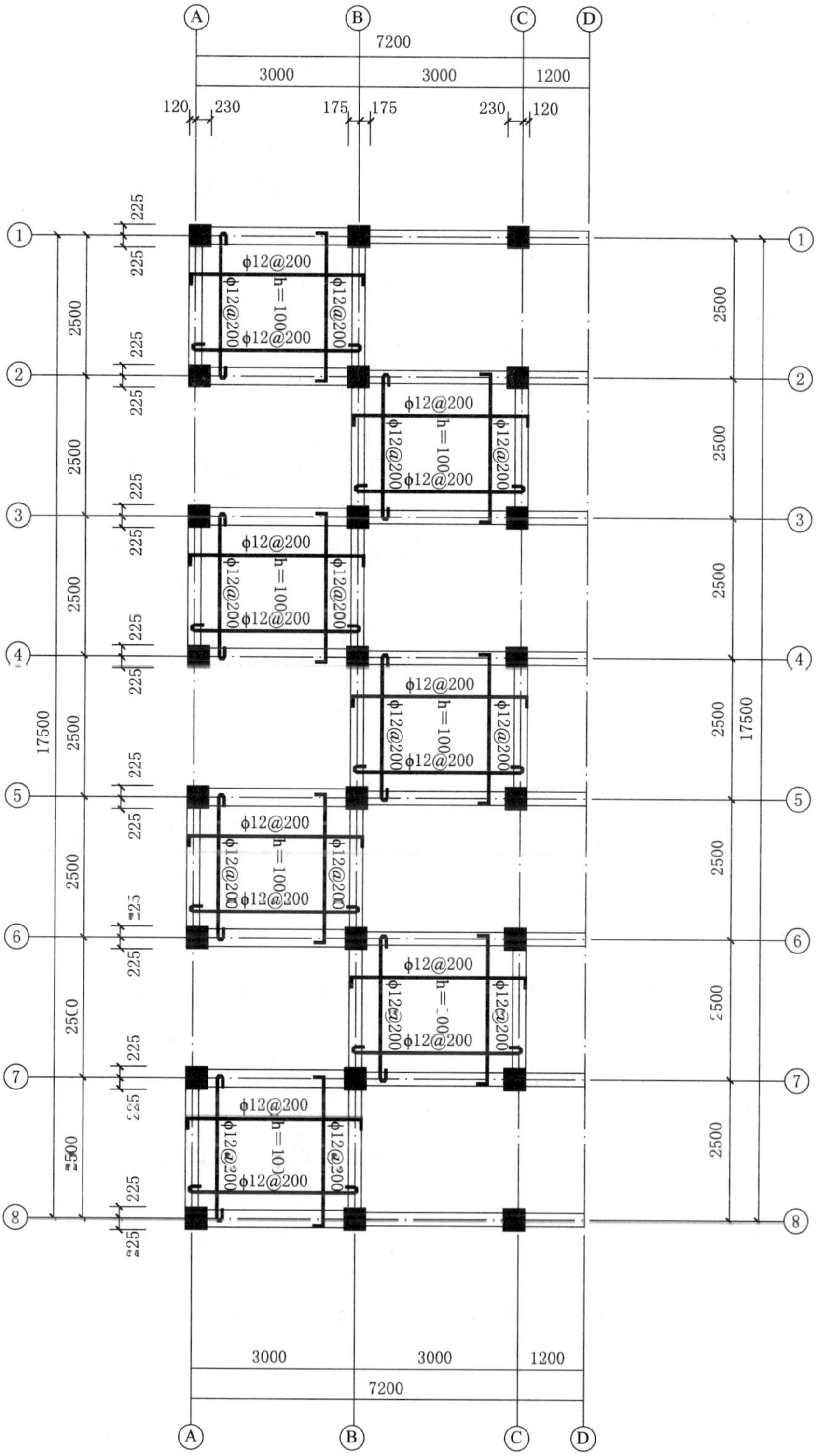

板配筋图　1:100

板顶标高为1.600m

图 3　实训参考图纸二

（7）脚手架搭设。

1）搭设前应认真研读搭设规范，掌握构造要求。

2）脚手架搭设时应注意杆件接头处需相互错开；各杆件伸出长度需满足要求，不可过短。

3）立杆搭设时，若没有可靠侧向支撑，应由专人负责固定，避免倒塌伤人。

4）上层杆件安装完毕后，应进行标高检查，若未达到规定标高，应进行调整。

（8）模板搭设。

1）应注意梁底模宽度与图纸对应，放置在正确跨度。

2）模板初步安装就位后，应用吊锤调整与地面轴线对齐后再进行固定。

3）模板安装完毕后应再次检查板面标高及轴线位置。

4）模板施工时需使用铁钉，应注意防止铁钉伤人，废弃铁钉应及时起出。

（9）梁钢筋安装。

1）应先架设梁上部纵筋，再安装箍筋，然后安装梁下部钢筋，最后安装构造筋。

2）梁钢筋在搬运及安装过程中，应注意安全，防止捅伤人。

3）框架梁箍筋安装时，应箍筋开口朝上放置，且相邻箍筋的开口方向应相互错开。悬挑端梁箍筋的开口应朝下放置，开口方向相互错开。

4）梁箍筋安装前，应先用粉笔标记出箍筋位置，非加密区箍筋应均匀布置，悬挑端箍筋应全加密布置。

5）应采取措施，保证梁下部钢筋的保护层厚度满足要求。梁同一排钢筋的水平净距、不同排钢筋的竖向净距都应满足要求。

6）350mm 宽度的梁，采用四肢箍，大箍与小箍应紧贴安装。

7）梁侧面钢筋安装前应用粉笔划出安装位置。构造筋及拉筋的安装位置应严格按照图集规定确定。

1.4.5 实训结果验收

（1）每个小组在完成本小组的全部实训内容后，由组长带领本小组所有组员对搭设模型进行自检。自检应严格按照验收标准进行，并对发现的错、漏处进行返工。

（2）小组自检完毕后，由组长向教师提出申请，进行正式验收。

（3）专任老师、企业导师和小组长共同组成验收小组对实训成果进行验收。

（4）验收应严格按照钢筋工程质量检查记录表和混凝土工程质量检查记录表中所列出的检查项目及检查标准进行。

（5）验收过程中应在验收记录表中做好检查记录。记录表每小组 1 份，由学生填写。

任务 2　砌体结构施工实训

● **实训任务**：学生结合给定的施工图纸，参照最新施工标准、规范和图集开展砌筑训练，完成以下任务：

（1）按照班级进行分组，模拟项目部的管理模式，对班级人员进行分工，组建项目部和施工班组，建议每个施工班组人数为 5 人。

（2）开展图纸阅读训练，模拟组织图纸会审会议，分组汇报对施工图的理解及疑问。

（3）对主要构件进行下料分析，编制材料需求清单。

（4）利用校内实训场地和设备进行砌筑作业。

● **教学组织**：本次综合实训需集中安排 1 周教学，采用理论实践一体化教学。

● **教学目标**：让学生通过模拟现场施工操作，获得一定的施工生产体验并训练施工技能。通过实训，提高学生现场放样能力，砌筑操作能力，现场施工组织能力，质量、安全管理能力，巩固所学的专业理论知识，为毕业实习、就业打下必要的基础。

2.1　教学内容与计划

（1）实训准备及资讯：实训交底、墙体构造及砌体结构施工图、砌体结构基本构件相关知识、砖砌体施工、砌筑工程安全技术等知识。

（2）砌筑操作工艺：砖墙砌筑练习，要求学生在实训场砌筑一堵砖墙，长度 2m，高度为 6 皮砖。

（3）综合项目砌筑：要求学生按图纸进行砌筑施工，图纸见图 4。

（4）砌体工程质量验收：学生根据砌体结构质量合格标准以及砌体结构质量验收程序对完成的实训成果进行互评和自评。

项　目	教　学　内　容	学　习　目　标	课时
项目 1 任务导入与实训交底	1. 任务内容、目标、学习方法； 2. 前续课程的相关知识点回顾； 3. 实训项目实施方案交底； 4. 入场安全教育	1. 回顾前续课程相关知识点； 2. 掌握学习方法，理解实训方案； 3. 明确实训安全要求	2
项目 2 施工图审查与交底	1. 施工图的阅读与审查要点及相关训练； 2. 施工图相关法规、规范解析	1. 掌握施工图审查的要点； 2. 能分享读图感受	4
项目 3 砖墙砌筑练习	1. 材料准备； 2. 砖墙砌筑工艺学习； 3. 砖墙砌筑实操； 4. 拆除与整理	1. 掌握砌筑技术要求； 2. 能独立进行砖墙砌筑； 3. 养成良好劳动习惯	6
项目 4 综合实操	1. 测量放样； 2. 砖基础砌筑； 3. 砖墙砌筑； 4. 构造柱施工	1. 会测量放样； 2. 会排砖； 3. 掌握砌筑工艺	12
项目 5 质量验收与场地整理	1. 砌筑成品质量验收； 2. 验收表格填写； 3. 拆除与整理	1. 熟悉质量验收标准； 2. 会实测实量技术； 3. 养成良好劳动习惯	6
合　计			30

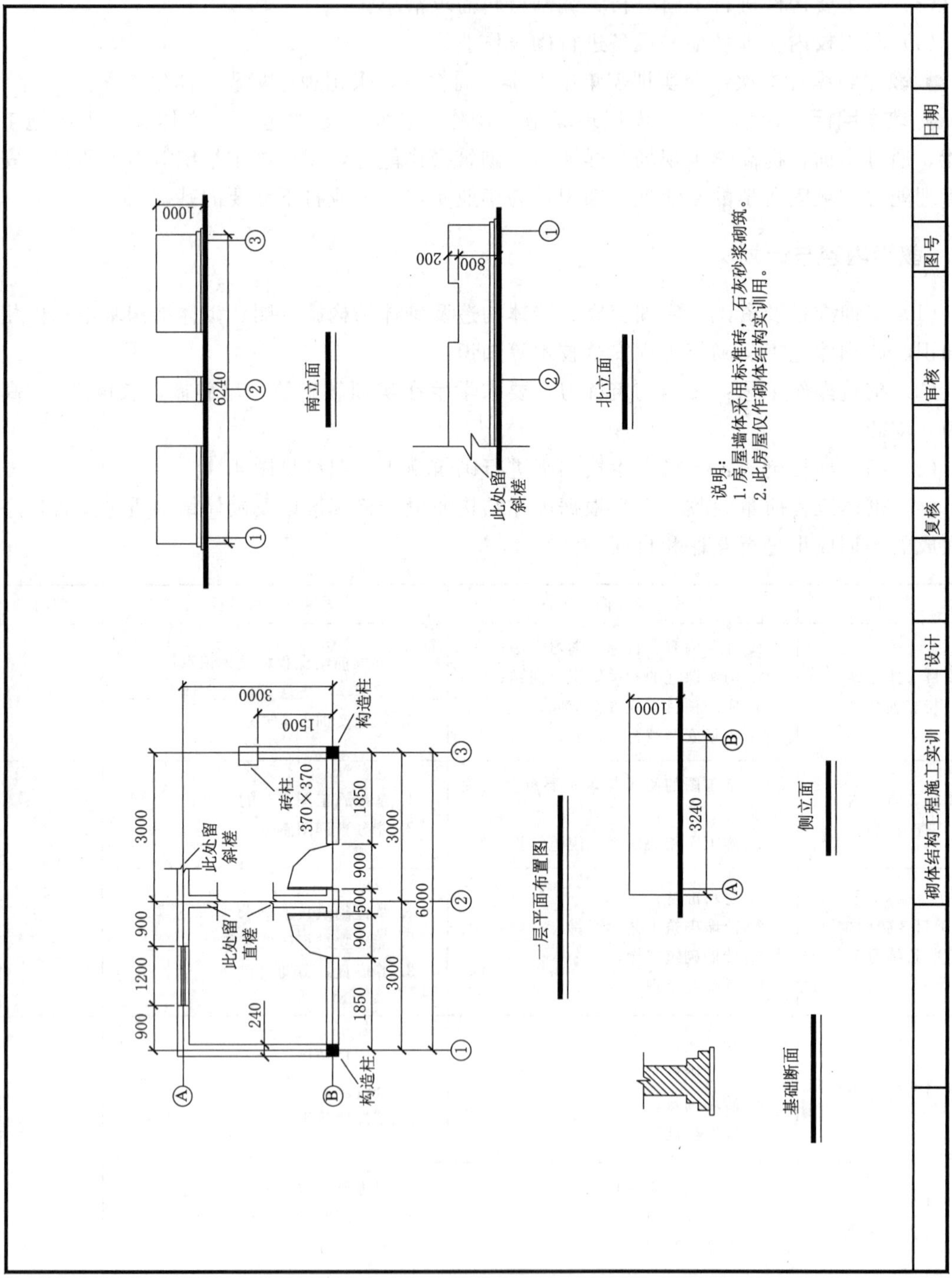
一层平面布置图
构造柱
砖柱
370×370
此处留
斜槎
此处留
直槎
900
1200
900
3000
240
1850
900
500
900
1850
3000
3000
6000
1500
3000
南立面
6240
1000
北立面
200
800
此处留
斜槎
侧立面
3240
1000
基础断面
说明：
1. 房屋墙体采用标准砖，石灰砂浆砌筑。
2. 此房屋仅作砌体结构实训用。
砌体结构工程施工实训
设计
复核
审核
图号
日期

图 4

2.2　教学条件

为更好地开展综合实训教学，应具备以下所需条件：

（1）结构施工图及砌体结构相关规范。

（2）实训场地条件：具备砌筑工具、砖、老虎钳、手套、卷尺、铁锤等，满足学生实训人数要求。

（3）聘请具有丰富砌筑经验的实践指导教师（1 人）负责实训现场指导，辅助教学。

（4）500m^2 室内实训场地，地面硬化处理。

2.3　成绩考核建议

成绩评定以百分制，满分 100 分；采用形成性考核模式进行评分，包括平时表现、职业素养、平时作业等。评分标准如下：

（1）平时表现（20 分）：要求遵守课堂纪律，无缺课、旷课、迟到、早退现象，专心听讲，不扰乱课堂纪律。扣分标准：旷课 2 分/次；迟到、早退 1 分/次，请假按审批程序不扣分；上课不认真听课，违反课堂纪律，经提醒不改正的，视情节每次扣 0.5～1 分。以上分数扣完为止。

（2）平时作业（20 分）：实训日志，每日一记录，实训总结报告 1 篇，根据完成质量由指导教师酌情评定，参考依据为文字工整程度、图表绘制规范性、记录可读性，心得体会描述合理性。

（3）施工实训（40 分）：由实训教师和各小组长共同验收评分，方案全面、合理，组织有序，全部完成实训内容，砌筑质量验收符合规范得满分，其他情况酌情评分。

（4）职业素养（20 分）：根据平时的劳动表现由教师和小组长共同评分，劳动习惯良好，能吃苦耐劳，工作勤奋，工作精益求精的得满分，其余表现可酌情评分，并指出扣分原因。

2.4　实操训练

2.4.1　实训教学组织

（1）指导教师以集中讲解、现场演示、分步指导、巡视检查的方式进行指导。

（2）每个班级实训教学时，应安排专任教师 1 名，具有工地实践经验的实践指导教师 1 名共同指导实训教学。

（3）班级分组，分组名单由班长确定，上报给指导老师，经指导教师确定后的各小组成员不得私自随意进行变动。每组设组长 1 名。组长应具有较强的责任心，负责组织、协调本组同学开展各项实习工作，例如按时集合、纪律监督、考勤、事务联系、计划制定、任务安排及分工等。组员应服从组长安排的各项工作，无特殊情况，不得拒绝。

（4）学生每天实训结束后应将每日实训情况记录在实训日志上，实训日志应记录当天的实训内容、必要的技术资料以及所学到的知识，自己的心得体会。实训日志要求每日 1 篇，每篇字数不少于 200 字，于实训结束后上交指导老师。

（5）实训结束后，学生应撰写实训总结。实训总结应包括实训内容、技术总结、实训体会等方面的内容，要求总字数不少于1000字。

（6）实训结束后一周内，以班级为单位上交实训材料给指导老师评阅。

2.4.2 实训教学纪律及安全

（1）要求小组成员有高度的责任心、组织性、纪律性，协调一致完成本小组的各项实训任务。成员的实训任务分配由组长进行分配，组员须服从统一工作安排。小组成员应团结一致，互相督促、相互帮助，人人动手，共同完成任务。

（2）实训过程中需爱护教学设备，每日以小组为单位领取实训工具及实训材料，课后应及时将工具收集整理，放置在指定位置，不得随意丢弃实训工具及材料，并保持场地整洁，供完料清。

（3）实训期间应严格遵守实训场相关规章制度，严格进行日常考勤，不得迟到、旷课、早退。

（4）进入实训场后应注意安全，遵守实训场的各项安全管理制度。进场后应佩戴安全帽，操作时应佩戴手套，对于危险性较大的操作，应使用工具，不得徒手进行。当进行较大构件安装时，小组成员应相互配合、协同工作，并配有专人进行指挥、监控，避免伤及他人。模板拆除时，应及时将模板上的钉子拔除，并将钉子集中收集、丢弃，避免扎伤。

（5）不得在实训场所进餐，不得随意丢弃垃圾。

（6）进入实训场必须穿工作服、佩戴安全帽，课后将工作服及安全帽整理摆放整齐。

（7）安装过程中小组成员应合理分工，相互配合，通力合作。在进行有危险性的作业时，应有人指挥，密切观察，确认安全后方可进行作业。

（8）拆除过程中，应避免抛扔重物，易倒塌或危险性较大的物体应安排人员进行监督。拆除的构件应放置在指定位置，不得随意丢弃。

2.4.3 实训过程中需注意的事项及要求

每个小组完成规定砌筑任务。领料时，由组长安排人员到指定的堆放场地领取。领取材料应适量，不要超额领取，不得占用其他小组材料。取料及搬运过程中，应注意安全，仔细观察周围环境、人员站位，避免造成伤害。

2.4.3.1 施工准备

1. 浇水润砖

本实训使用烧结普通砖。砖应提前1～2d浇水湿润，烧结普通砖、多孔砖以及填充墙砌筑用的空心砖的含水率宜为10%～15%；灰砂砖、粉煤灰砖含水率宜为8%～12%。

2. 拌制砂浆

实训项目采用石灰砂浆，使用人工或机械拌制。

根据砌筑砌体的体积估算出需要的拌制的砂浆用量，并按砂浆配合比计算出水泥、砂子、石灰以及外加剂的重量。

由于施工条件不同，分人工拌制和机械拌制两种方法。人工拌制砂浆投料顺序是：首先将砂子和水泥干拌至颜色一致，然后放入石灰膏和水至拌和均匀为止；机械投料顺序是：机斗内先放水和水泥，搅拌成水泥浆，再放入石灰膏和砂子，其拌和时间，自投料完算起，不得少于 2min。砂浆拌成后和使用时，均应盛入贮灰桶内。如砂浆出现泌水现象，应在砌筑前再次拌和，才能使用。

为使砂浆具有良好的保水性，在砂浆内可掺适量的掺加料（石灰膏、磨细的粉煤灰等）。

2.4.3.2 砌筑施工

1. 找平弹线

砌筑砖墙前，先在楼地面上找平，然后定出要砌筑墙体墙身的轴线、边线和门洞口等的位置。

2. 摆砖样

在放好线的基面上按选定的组砌方式用干砖试摆，核对所弹出的墨线在门洞、窗口、墙垛等处是否符合砖的模数，以便借助灰缝进行调整，尽可能减少砍砖，并使砖墙灰缝均匀，组砌得当。

3. 立皮数杆

皮数杆是用来保证墙体每皮砖水平、控制墙体竖向尺寸和各部件标高的木质标志杆。根据设计要求、砖的规格和灰缝厚度，皮数杆上标明皮数以及门窗洞口、过梁、楼板等竖向构造变化部位的标高。皮数杆一般立于墙的转角及纵横墙交接处，其间距一般不超过 15m，立皮数杆时要用水准仪抄平，使皮数杆上的楼地面标高线位于设计标高处。

4. 砌筑工艺

(1) 拉线（又称“拉准线”“挂线”）。砌砖时为了保证墙面垂直，水平灰缝平整，必须拉线作为砌墙的标准。一道长墙的两端大角是根据皮数杆、线锤、靠尺。砌起一定高度（一般为 3～5 皮砖），使之垂直平整，中间部分的砌筑主要依靠拉线，一砖厚以下的墙，可以单面拉线，一砖厚以上的墙，则必须双面拉线。

拉线时，两端必须将线拉紧。当明砖作坠线重量时，要检查线的强度，防止线断砖掉下砸人。拉线后，在墙角处用别棍（小竹片、22 号铅丝或小圆钉）别住，防止线陷入灰缝中去。线拉紧后，用眼睛穿看，检查有没有触线的地方，或由于线本身重量中间下垂，一般在 5～8m 长度内垫一块砖来稳定线，俗称“腰线”，使线平直无误后才能砌筑。拉线虽然使砌砖有了依据，但线有时会受风或其他原因使之偏离正确位置。所以砌墙时还要学会“穿墙”，即穿看下面已砌好的墙面来找出新砌砖的位置是否正确。在砌砖操作中不要碰线。

(2) 砌筑。砌筑时宜采用“三一”砌砖法，即一铲灰、一块砖、一挤揉。操作时右手拿铲。左手拿砖，当用大铲从灰浆桶中舀起一铲灰时，左手顺势取一块砖，右手把灰铺在墙上，左手将砖稍稍蹭着灰面，把灰挤一点到砖顶头的立缝里，然后把砖揉一揉，顺手用大铲把挤出墙的灰刮下，甩到前面的竖缝中或灰桶中。

如采用铺灰法砌筑，铺灰长度不得超过 750mm。

（3）注意事项。

1）砖必须砌正，做到横平竖直。

2）墙砌到一步架高时，要用靠尺全面检查墙面的垂直和平整度。另外要随时注意头角的垂直和方正，发现问题应及时纠正。

3）应学会选砖，尤其是清水墙，砖面的选择很重要。有经验的人在取砖时，看在眼里，边取边选，得心应手，就能砌出整齐美观的墙面。

4）必须做到每皮砖拉通线，砌时砖必须跟线走，俗称“上跟线，下跟楞，左右相跟要对平”。

5）砌好的墙不能砸。如果墙面有臌出，不能用砸砖方式来调整。若墙体有较大偏差，应拆除重砌，以保证质量。

6）每层承重墙的最上一皮砖，应用丁砖砌筑。在梁或梁垫的下面、砌体的台阶水平面上及砖砌体的挑出层（挑檐、腰线等）中，也应用丁砖砌筑。

7）当天砌的墙体，由于砂浆强度较低，因此墙体每天的砌筑高度不大于1.8m。

8）相邻工作段的临时间断处，留槎高度不能超过一层楼高，最好留在门窗洞口处。

9）小于1m宽的窗间墙，应用整砖砌，并要求采用一顺一丁的方法砌筑。

10）砌筑要在实践中注意练好基本功。掌握操作要领，从严要求，混水墙要当清水墙砌，养成良好习惯。此外，砍砖要注意砍得整齐和准确，砂浆要求做到随拌随用。注意墙面清洁，不要污损墙面。

2.4.3.3 砌体结构施工安全注意事项

（1）学生进入实训区内必须按作业要求正确穿戴个人防护用品，不准穿拖鞋、高跟鞋进入实训区；实训区内不准吸烟、打闹。

（2）作业前，必须检查作业环境是否符合安全要求，道路是否畅通，施工机具是否完好，脚手架及安全设施、防护用品是否齐全，检查合格后，方可作业。

（3）严禁站在墙顶上进行砌砖、勾缝、清洗墙面及检查四大角等工作。

（4）砌砖使用的工具应放在稳妥的地方。砍砖时应面向墙面，工作完毕应将脚踏板上的碎砖、灰浆清扫干净，防止掉落伤人。

（5）吊运砌块的夹具要牢固，就位放稳后，方可公开夹具。使用斗车时，装车不得超重，卸车要平稳，不得在临边倾倒和停放。

（6）脚手架上堆料量不得超过规定荷载，脚手架上堆砖高度不得超过3皮侧砖，同一块脚手板上的操作人员不应超过2人。

（7）不准勉强在超过胸部以上的墙体上进行砌筑，以免将墙体碰撞倒塌或上料时失手掉下造成安全事故。

（8）在高处作业时不准往上或往下乱抛材料或工具，必须采用传递的方式。

（9）砖墙（柱）每日砌筑高度不宜超过1.8m。作业环境中的碎料、落地灰、杂物、工具集中清运，做到活完料净场地清。

2.4.3.4 实训结果验收

（1）每个小组在完成本小组的全部实训内容后，由组长带领本小组所有组员对砌筑成品进行自检。自检应严格按照验收标准进行，并对发现的错、漏处进行返工。

（2）小组自检完毕后，由组长向教师提出申请，进行正式验收。

（3）专任老师、企业导师和小组长共同组成验收小组对实训成果进行验收。

（4）验收应严格按照砌体工程质量检查记录表中所列出的检查项目及检查标准进行。

（5）验收过程中应在验收记录表中做好检查记录。记录表每小组 1 份，由学生填写。

施工综合实训（工作页）

任务1　钢筋混凝土结构施工实训

施工实操综合评分表

<table>
<tr><td colspan="2">班级</td><td colspan="2"></td><td>综合得分</td><td></td></tr>
<tr><td colspan="2">组号</td><td colspan="2"></td><td>检查日期</td><td></td></tr>
<tr><td colspan="2" rowspan="2">参检人员签名</td><td>校内教师</td><td>企业导师</td><td colspan="2">学生代表</td></tr>
<tr><td></td><td></td><td colspan="2"></td></tr>
<tr><td colspan="4">验收项目</td><td>现场评定记录</td><td>扣分</td></tr>
<tr><td>1</td><td colspan="3">工位整洁，无杂物，场地清理干净（10分）</td><td></td><td></td></tr>
<tr><td>2</td><td colspan="3">外观质量无严重缺陷，整体美观（10分）</td><td></td><td></td></tr>
<tr><td>3</td><td colspan="2">支模架搭设缺陷（20分），每处扣2分</td><td rowspan="7">验收标准参考相关规范</td><td></td><td></td></tr>
<tr><td>4</td><td colspan="2">模板位置偏差（10分），每处扣2分</td><td></td><td></td></tr>
<tr><td>5</td><td colspan="2">轴线偏差（10分），每处扣2分</td><td></td><td></td></tr>
<tr><td>6</td><td colspan="2">钢筋：保护层厚度偏差（10分），每处扣1分</td><td></td><td></td></tr>
<tr><td>7</td><td colspan="2">钢筋：锚固长度偏差（10分），每处扣2分</td><td></td><td></td></tr>
<tr><td>8</td><td colspan="2">钢筋：纵筋根数偏差（10分），每处扣2分</td><td></td><td></td></tr>
<tr><td>9</td><td colspan="2">钢筋：箍筋根数、位置偏差（10分），每处扣2分</td><td></td><td></td></tr>
</table>

职业素养评分表

考核内容	评分标准	标准分100	得分	备注
职业素养与操作规范	施工前检查给定的图纸、资料是否齐全，施工材料、工具、记录表格等是否到位，戴好安全帽，认真做好施工前的准备工作	20		出现明显失误造成图纸、工具、安全帽和设备严重损坏，或严重违反考场纪律，造成恶劣影响的本项记0分
	文字、图表作业应字迹工整、填写规范	20		
	严格遵守考场纪律。有良好的环境保护意识，文明施工意识	20		
	不浪费材料和不损坏实训工具及设施	20		
	任务完成后，整齐摆放图纸、工具书、劳保用品、座椅，认真清扫场地	20		
总　分				

钢筋配料单（不够可复印）

构件名称	钢筋编号	简图	直径/mm	钢筋级别	下料长度/mm	单位根数	质量/kg

下料长度计算书

实训日志（第1天）

日　期	年　月　日	天　气	上午：○晴 ○阴 ○雨 ○雪 下午：○晴 ○阴 ○雨 ○雪
课程教学及实训内容记录：			
收获体会：			

实训日志（第 2 天）

日　期	年　月　日	天　气	上午：○晴 ○阴 ○雨 ○雪 下午：○晴 ○阴 ○雨 ○雪
课程教学及实训内容记录：			
收获体会：			

实训日志（第 3 天）

<table>
<tr><td>日　期</td><td>年　月　日</td><td>天　气</td><td>上午：○晴 ○阴 ○雨 ○雪
下午：○晴 ○阴 ○雨 ○雪</td></tr>
<tr><td colspan="4">课程教学及实训内容记录：</td></tr>
<tr><td colspan="4">收获体会：</td></tr>
</table>

实训日志（第 4 天）

<table>
<tr><td>日　　期</td><td>年　月　日</td><td>天　气</td><td>上午：○晴 ○阴 ○雨 ○雪
下午：○晴 ○阴 ○雨 ○雪</td></tr>
<tr><td colspan="4">课程教学及实训内容记录：</td></tr>
<tr><td colspan="4">收获体会：</td></tr>
</table>

实训日志（第5天）

日　期	年　月　日	天　气	上午：○晴 ○阴 ○雨 ○雪 下午：○晴 ○阴 ○雨 ○雪
课程教学及实训内容记录：			
收获体会：			

实训日志（第 6 天）

日　期	年　月　日	天　气	上午：○晴 ○阴 ○雨 ○雪 下午：○晴 ○阴 ○雨 ○雪
课程教学及实训内容记录：			
收获体会：			

实训日志（第 7 天）

日　期	年　月　日	天　气	上午：○晴 ○阴 ○雨 ○雪 下午：○晴 ○阴 ○雨 ○雪
课程教学及实训内容记录：			
收获体会：			

实训日志（第8天）

<table>
<tr><td>日　　期</td><td>年　月　日</td><td>天　气</td><td>上午：○晴 ○阴 ○雨 ○雪
下午：○晴 ○阴 ○雨 ○雪</td></tr>
<tr><td colspan="4">课程教学及实训内容记录：</td></tr>
<tr><td colspan="4">收获体会.</td></tr>
</table>

实训日志（第 9 天）

日　期	年　月　日	天　气	上午：○晴 ○阴 ○雨 ○雪 下午：○晴 ○阴 ○雨 ○雪
课程教学及实训内容记录：			
收获体会：			

实训日志（第10天）

日　期	年　月　日	天　气	上午：○晴 ○阴 ○雨 ○雪 下午：○晴 ○阴 ○雨 ○雪
课程教学及实训内容记录：			
收获体会：			

任务 2　砌体结构施工实训

施工实操综合评分表

<table>
<tr><td colspan="2">班级</td><td colspan="2"></td><td>综合得分</td><td></td></tr>
<tr><td colspan="2">组号</td><td colspan="2"></td><td>检查日期</td><td></td></tr>
<tr><td colspan="2" rowspan="2">参检人员签名</td><td>校内教师</td><td>企业导师</td><td colspan="2">学生代表</td></tr>
<tr><td></td><td></td><td colspan="2"></td></tr>
<tr><td colspan="4">验收项目</td><td>现场评定记录</td><td>扣分</td></tr>
<tr><td>1</td><td colspan="3">工位整洁，无杂物，场地清理干净（10 分）</td><td></td><td></td></tr>
<tr><td>2</td><td colspan="3">外观质量无严重缺陷，整体美观、门窗洞口留设无尺寸偏差（20 分），每处扣 2 分</td><td></td><td></td></tr>
<tr><td>3</td><td colspan="2">测量放线（20 分），每处扣 2 分</td><td rowspan="6">验收标准参考《砌体工程施工质量验收规范》(GB 50203—2015)</td><td></td><td></td></tr>
<tr><td>4</td><td colspan="2">墙面垂直度偏差（10 分），每处扣 2 分</td><td></td><td></td></tr>
<tr><td>5</td><td colspan="2">墙面平整度（10 分），每处扣 2 分</td><td></td><td></td></tr>
<tr><td>6</td><td colspan="2">灰缝厚度偏差（10 分），每处扣 1 分</td><td></td><td></td></tr>
<tr><td>7</td><td colspan="2">阴阳角方正度（10 分），每处扣 2 分</td><td></td><td></td></tr>
<tr><td>8</td><td colspan="2">留槎合理性（10 分），每处扣 2 分</td><td></td><td></td></tr>
</table>

职业素养与操作规范评分表

<table>
<tr><td>考核内容</td><td>评分标准</td><td>标准分 100</td><td>得分</td><td>备注</td></tr>
<tr><td rowspan="5">职业素养与操作规范</td><td>施工前检查给定的图纸、资料是否齐全，施工材料、工具、记录表格等是否到位，戴好安全帽，认真做好施工前的准备工作</td><td>20</td><td></td><td rowspan="5">出现明显失误造成图纸、工具、安全帽和设备严重损坏，或严重违反考场纪律，造成恶劣影响的本项记 0 分</td></tr>
<tr><td>文字、图表作业应字迹工整、填写规范</td><td>20</td><td></td></tr>
<tr><td>严格遵守考场纪律。有良好的环境保护意识，文明施工意识</td><td>20</td><td></td></tr>
<tr><td>不浪费材料和不损坏实训工具及设施</td><td>20</td><td></td></tr>
<tr><td>任务完成后，整齐摆放图纸、工具书、劳保用品、座椅，认真清扫场地</td><td>20</td><td></td></tr>
<tr><td colspan="2">总 分</td><td colspan="3"></td></tr>
</table>

实训日志（第 11 天）

<table>
<tr><td>日　　期</td><td>年　月　日</td><td>天　气</td><td>上午：○晴 ○阴 ○雨 ○雪
下午：○晴 ○阴 ○雨 ○雪</td></tr>
<tr><td colspan="4">课程教学及实训内容记录：</td></tr>
<tr><td colspan="4">收获体会：</td></tr>
</table>

实训日志（第 12 天）

日　期	年　月　日	天　气	上午：○晴 ○阴 ○雨 ○雪 下午：○晴 ○阴 ○雨 ○雪
课程教学及实训内容记录：			
收获体会：			

实训日志（第 13 天）

<table>
<tr><td>日　　期</td><td>年　月　日</td><td>天　气</td><td>上午：○晴 ○阴 ○雨 ○雪
下午：○晴 ○阴 ○雨 ○雪</td></tr>
<tr><td colspan="4">课程教学及实训内容记录：</td></tr>
<tr><td colspan="4">收获体会：</td></tr>
</table>

实训日志（第 14 天）

日　期	年　月　日	天　气	上午：○晴 ○阴 ○雨 ○雪 下午：○晴 ○阴 ○雨 ○雪
课程教学及实训内容记录：			
收获体会：			

实训日志（第 15 天）

日　期	年　月　日	天　气	上午：○晴 ○阴 ○雨 ○雪 下午：○晴 ○阴 ○雨 ○雪
课程教学及实训内容记录：			
收获体会：			

实训总结报告

（实训总结报告是学生对实训的系统性总结，应包括实训目的与任务、实训内容和安排、实训任务完成情况、实训总结。总结中要求对问题进行系统分析，内容完整。书写时要求字体工整，规范。不够可另附页。）

施工综合实训成绩评定

任务 1 成绩评定

序号	考核内容	权重	得分	备注
1	平时表现	20		
2	平时作业	20		
3	施工实操	40		
4	职业素养	20		
合计				

任务 2 成绩评定

序号	考核内容	权重	得分	备注
1	平时表现	20		
2	平时作业	20		
3	施工实操	40		
4	职业素养	20		
合计				

注　综合成绩评定办法：任务一占 60%，任务二占 40%。

综合成绩（百分制）：

指导教师签名：

年　　月　　日

参 考 文 献

[1] 游普元．钢筋混凝土主体结构施工［M］．3版．天津：天津大学出版社，2016．

[2] 丁士昭．工程项目管理［M］．2版．北京：中国建筑工业出版社，2014．

[3] 王洪德．安全员［M］．3版．北京：机械工业出版社，2016．

[4] 《材料员通用与基础知识》编委会．材料员通用与基础知识・建筑与市政工程施工现场专业人员职业培训教材［M］．北京：中国建材工业出版社，2016．

[5] 李健雄．建筑工程施工现场管理人员实操系列——测量员实操技能全图解［M］．北京：化学工业出版社，2020．

[6] 中国建筑标准设计研究院．混凝土结构施工图平面整体表示方法制图规则和构造图集 16G101［S］．北京：中国计划出版社，2016．

[7] 中国建筑标准设计研究院．混凝土结构施工钢筋排布规则与构造详图（现浇混凝土框架、剪力墙、梁、板）18G901—1［S］．北京：中国计划出版社，2016．

[8] 中华人民共和国住房和城乡建设部．建筑施工高处作业安全技术规范 JGJ 80—2016［S］．北京：中国建筑工业出版社，2016．

[9] 中华人民共和国住房和城乡建设部．建筑施工扣件式钢管脚手架安全技术规程 JGJ 130—2011［S］．北京：中国建筑工业出版社，2011．

[10] 中华人民共和国住房和城乡建设部．混凝土结构工程施工质量验收规范 GB 50204—2015［S］．北京：中国建筑工业出版社，2015．

[11] 黄锐锋．图解危险性较大的分部分项工程安全管理规定［M］．北京：中国建筑工业出版社，2018．

[12] 中华人民共和国住房和城乡建设部．混凝土结构工程施工规范 GB 50666—2011［S］．北京：中国建筑工业出版社，2012．

[13] 郭学明．装配式混凝土结构建筑的设计、制作与施工［M］．北京：机械工业出版社，2017．

[14] 杜常岭．装配式混凝土结构建筑——施工安装 200 问［M］．北京：机械工业出版社，2017．

[15] 中华人民共和国住房和城乡建设部．砌体结构工程施工规范 GB 50924—2014［S］．北京：中国建筑工业出版社，2014．

[16] 中华人民共和国住房和城乡建设部．砌体结构工程施工质量验收规范 GB 50203—2011［S］．北京：中国建筑工业出版社，2012．

[17] 中华人民共和国住房和城乡建设部．钢结构工程施工规范 GB 50755—2012［S］．北京：中国建筑工业出版社，2012．

[18] 中华人民共和国住房和城乡建设部．钢结构工程施工质量验收标准 GB 50205—2020［S］．北京：中国建筑工业出版社，2020．